国家科学技术学术著作出版基金资助出版

混凝土结构耐久性学术丛书

混凝土结构耐久性电化学方法

——防护、修复、提升和控制

Electrochemical Technology for Durability of Concrete Structures in Protection, Repair, Enhancement and Control

金伟良 夏 晋 毛江鸿 著

科 学 出 版 社

北 京

内 容 简 介

本书按照电化学作用的“防护—修复—提升—控制”认知过程，共分为9章，包括绪论，混凝土内部的离子传输，双向电迁移的电化学作用，电化学的防护、修复、提升和控制技术，预应力结构的电化学方法和工程应用等内容，涉及混凝土结构耐久性的电化学方法的理论与工程应用。

本书对土木、交通、水利、铁道和能源等行业从事混凝土结构耐久性的电化学方法研究的教学、科研和工程应用的教师、科研工作者、研究生和工程技术人员具有指导意义和参考价值。

图书在版编目(CIP)数据

混凝土结构耐久性电化学方法：防护、修复、提升和控制=Electrochemical Technology for Durability of Concrete Structures in Protection, Repair, Enhancement and Control / 金伟良，夏晋，毛江鸿著. —北京：科学出版社，2021.8

(混凝土结构耐久性学术丛书)

ISBN 978-7-03-068576-6

Ⅰ. ①混… Ⅱ. ①金… ②夏… ③毛… Ⅲ. ①混凝土结构-耐用性-电化学-研究 Ⅳ. ①TU37

中国版本图书馆 CIP 数据核字(2021)第 062691 号

责任编辑：吴凡洁 李丽娇 / 责任校对：彭珍珍
责任印制：吴兆东 / 封面设计：蓝正设计

科 学 出 版 社 出版
北京东黄城根北街 16 号
邮政编码：100717
http://www.sciencep.com
北京厚诚则铭印刷科技有限公司 印刷
科学出版社发行 各地新华书店经销
*
2021 年 8 月第 一 版 开本：787×1092 1/16
2022 年 9 月第二次印刷 印张：21 3/4
字数：468 000

定价：198.00 元

(如有印装质量问题，我社负责调换)

前　　言

相对于结构的安全性和适用性而言，耐久性问题是由点的问题向着线、面和空间的发展，是时间的函数。因此，从结构全寿命周期角度来看，结构的耐久性是工程结构可靠性的有机组合部分，而工程结构的可靠性则是衡量工程结构全寿命周期性能的重要标志。混凝土结构是当今世界上使用最为广泛的结构形式之一，其耐久性问题是伴随着工程结构全寿命周期的变化而变化的。混凝土结构耐久性可以从“防”“抗”“治”三个基本概念出发，可以实现由耐久性的防护和修复扩展到耐久性的提升和控制，实现混凝土结构全寿命周期性能的被动防御向主动控制的转变。

所谓“防”的概念，就是在混凝土结构表面实施物理或化学的方式来防止外部有害介质入侵到混凝土结构内部，从根本上消除混凝土结构的劣化问题，这对于新建混凝土结构是必需的，同时对已建混凝土结构也是必要的。而“抗”的概念，则是针对混凝土结构内部的防御腐蚀的措施，如采用高性能混凝土、环氧涂层钢筋或不锈钢钢筋和阻锈剂等抵抗有害介质对钢筋混凝土的锈蚀作用。从本质上讲，“防”和“抗”的概念都是混凝土结构耐久性的被动防御。那么，混凝土结构耐久性“治”的概念，就是当混凝土结构出现耐久性劣化或耐久性能退化时采取的物理与化学的性能修复和提升技术，以达到混凝土结构全寿命周期性能的要求，是混凝土结构耐久性的主动控制。因此，混凝土结构的耐久性不仅是结构本体的性能要达到全寿命周期的要求，还要求混凝土结构具有“防”“抗”“治”的能力，才能实现混凝土结构全寿命周期的性能保证。

混凝土结构内钢筋和混凝土的腐蚀本质上为电化学作用的效应，因此混凝土结构耐久性的本质为电化学作用。浙江大学混凝土结构耐久性研究团队从 2008 年开始，围绕着混凝土结构耐久性的演变(化)规律，以电化学作用的效应为主线，按照“防护—修复—提升—控制”这一认知过程，对混凝土结构耐久性的电化学作用进行机理分析、效果评价和工程应用，形成了我国第一部混凝土结构耐久性的电化学技术规范，有力地推动了混凝土结构的耐久性研究和应用领域的发展。

本书涉及混凝土结构耐久性的电化学方法的理论与工程应用，共分为 9 章。第 1 章为绪论，第 2 章为混凝土内部的离子传输，第 3 章为双向电迁移的电化学作用，第 4～7 章分别为电化学的防护、修复、提升和控制技术，第 8 章为预应力结构的电化学方法，第 9 章为电化学方法的工程应用。

在此，我要特别感谢我的学生夏晋博士、毛江鸿博士、许晨博士、吴航通博士以及其他诸多博士和硕士研究生，他(她)们围绕着混凝土结构耐久性的电化学方法及其应用不断地开拓、进取和发展，历时十三年，终于形成了本书。

本书的工作得到了国家自然科学基金委员会、科学技术部、浙江省自然科学基金委员会等的大力支持；感谢浙江大学和浙江大学宁波理工学院混凝土结构耐久性的研究团队的教师和研究生，特别是王蓬桢、吴俊、黄爽和朱明江等研究生对本书出版工作的大力支持。同时，还要感谢社会各界朋友对本书出版给予的帮助。

我还要特别感谢中国工程院侯保荣院士和岳清瑞院士、厦门大学林昌健教授热忱推荐申报国家科学技术学术著作出版基金。

书中不妥之处，敬请读者不吝赐教。

金伟良

2020 年 8 月于求是园

目　　录

CONTENTS

表 目 录

图　目　录

符 号 清 单

a_{H}	吸附在铁表面的氢原子活度
a_{H^+}	氢离子活度
b	混凝土中胶凝质量
c	真空中的光速
c_{z}	阻锈剂的浓度
$c^{\ominus}$	溶液标准态浓度
C_{e}	氯离子浓度的实验结果
C_{H}	金属中的氢浓度
C_{m}	氯离子浓度的模拟结果
C_k	第 k 种离子在混凝土中的浓度
C_{cr}	混凝土的临界氯离子浓度
C_{ini}	氯离子初始浓度
C_{sa}	表面氯离子浓度
C_{f}	自由氯离子浓度
$C_{\mathrm{con}}^{\mathrm{fCl}}$	混凝土中自由氯离子浓度
$C_{\mathrm{con}}^{\mathrm{bCl}}$	混凝土中结合氯离子浓度
$C_{\mathrm{con}}^{\mathrm{Cl}}$	混凝土中总的氯离子浓度
$C_{\mathrm{con}}^{\mathrm{fCl,e}}$	模拟结果中的自由氯离子浓度
$C_{\mathrm{con}}^{\mathrm{fCl,m}}$	试验的自由氯离子浓度
$C_{\mathrm{b}}(C,T)$	T 温度下自由氯离子浓度为 C 时结合氯离子在混凝土中的浓度
d	钢筋直径
D	氯离子扩散系数
D_{E}	基于残余刚度定义的受弯梁疲劳损伤变量
D_k	第 k 种离子的扩散系数
D_0^k	第 k 种离子在水中的扩散系数
D_{cp}^k	第 k 种离子在水泥浆中的扩散系数
D^* / D_{app}	氯离子表观扩散系数
$D(T)$	温度 T 时离子的扩散系数

E	抗弯刚度
E_a	辅助阳极的初始电位
E_b	氯离子结合作用活化能
E_c	辅助阴极的初始电位
E_g	牺牲阳极的消耗率
E_k	开路电位
E_D	离子的活化能
E_T	阻锈剂溶液的双向电迁移过程中析氢反应的极化电位
E_0	电化学除氯过程中析氢反应的极化电位
E_∞	粒子速度方向的电场强度
E_{N_i}	经历了 N_i 次循环荷载后试验梁的刚度
E_{N_f}	构件失效时的刚度
E_{ini}	受弯梁疲劳初始刚度
E_{corr}	腐蚀电位
ΔE	腐蚀金属电极的极化值
f	挠度
f_s	牺牲阳极的利用系数
F	法拉第常量；粉煤灰占胶凝材料质量分数
F_l	钢筋所受拉力
F_H	氢脆系数
ΔG	吸附自由能
ΔG_T	阻锈剂存在下的析氢反应吉布斯自由能变化
ΔG_{ad}	吸附反应的自由能变化
ΔG_{H_2}	析氢反应的吉布斯自由能变化
$\Delta G^\ominus$	标准吸附自由能
h	混凝土保护层厚度
i	极化电流密度；设计电流密度
i_c	完全析氢电流密度
i_n	各阴极保护单元的保护电流密度
i_L	阴极反应的极限扩散电流密度
i_0	临界析氢电流密度；建议电流密度
i_1	实际工况下的通电电流密度
i_{corr}	腐蚀电流密度

∇i	电流密度的散度
I	极化电流；平均保护电流；直流电源最大电流
I_z	阴极保护所需的总电流
I_f	其他附加保护电流
I_i	各阴极保护单元所需电流
I_n	各阴极保护单元的保护电流
I_{corr}	腐蚀电流
J_k	第 k 种离子在混凝土中的通量
$K^{\ominus}$	标准吸附平衡常数
l	钢筋暴露长度
l_s	有效黏结长度
L	梁支撑点之间的跨径
L_0	电缆长度
m	阴极保护单元个数
M	截面弯矩
M_s	牺牲阳极的质量
n	离子类型总数；直流电源个数
n_a	龄期系数
n_0	光纤的折射率
N	摩尔电子转移数
pK_a	解离常数
P	直流电源的总功率
P_j	单台直流电源的功率
P_{H_2}	缺陷处的氢压
q	拟合参数
R	摩尔气体常量
R_i	各阴极保护单元回路电阻
R_p	极化电阻
R_0	电缆电阻
R_{Cl}	氯离子结合能力
s	平均黏结滑移
S	Sievert 常数；矿渣占胶凝材料质量分数
S_d	电缆芯横截面积

S_n	各阴极保护单元内表层钢筋的表面积
S_0	腐蚀面积
t_0	建议通电时间
t_1	实际工况下的通电时间
T	发出脉冲光至接收到散射光的时间间隔；保护年限
T	热力学温度
U	直流电源最大电压限值
v	析氢反应速率
v_∞	粒子相对流体的迁移速率
V	电缆的允许压降
V_i	腐蚀体积
V_{agg}	粗骨料所占混凝土体积分数
w	混凝土中水的质量
W	电化学修复后钢筋的断裂能
W_b	腐蚀后质量
W_0	普通钢筋的断裂能
z_k	第 k 种离子的电价数
Z	断裂能比
Z_b	布里渊散射光到光纤起点的距离
Z_{Cl}	氯离子浓度与临界氯离子浓度的差值

希腊字母

α	挠度系数
β_a、β_c	阳极与阴极的塔费尔斜率
δ	断后伸长率
ε	电容率
ε_0	真空绝对介电常数
ε_r	介质相对介电常数
$\Delta\varepsilon$	应变变化量
η	直流电源的效率
θ	覆盖率
μ	位移延性系数
μ_0	流体黏度

ν_{B}	布里渊散射频移量
$\nu_{\mathrm{B}}(0)$	初始应变，初始温度时布里渊频率频移量
$\nu_{\mathrm{B}}(\varepsilon,T)$	在应变 ε、温度 T 时布里渊频率漂移量
$\frac{\mathrm{d}\nu_{\mathrm{B}}}{\mathrm{d}\varepsilon}$	应变比例系数
$\frac{\mathrm{d}\nu_{\mathrm{B}}}{\mathrm{d}T}$	温度比例系数
ξ	数值模拟和试验之间的误差
ξ_0	电动电位
ρ	电阻率
φ	通电量
φ_{cp}	水泥浆中的孔隙率
Φ	混凝土内部电势
ψ	断面收缩率
ω_{u}	构件极限承载力对应的位移值
ω_{y}	构件屈服时的位移值

第1章

绪　　论

工程中的混凝土结构耐久性问题一直以来都是工程界和学术界关注的重点。本章就混凝土结构耐久性问题的重要性、成因、劣化阶段和解决方法做了简明扼要的阐述，介绍了传统的混凝土结构耐久性防护与修补方法；给出了传统耐久性的电化学技术和各种相关技术；由此引出本书的写作目的和具体安排。

1.1 问题的提出

1.1.1 耐久性问题的重要性

1824 年，阿斯普丁发明了波特兰水泥(一般指硅酸盐水泥)，开始了人类应用混凝土建造建筑物的历史。1849 年，钢筋混凝土的问世更是开创了混凝土在建筑结构应用中的新纪元。随着混凝土和钢筋材料性能的不断改善，以及结构理论和施工技术的进步，钢筋混凝土结构得到了飞速的发展，在工业和民用建筑、桥梁、隧道、矿井以及水利、海港等多个工程领域得到了广泛的应用。在中国，钢筋混凝土结构是所有结构形式中应用最多的，而且也是世界上使用钢筋混凝土结构最多的地区。据国家统计局统计，2010 年全国水泥产量为 18.8 亿 t，占世界总产量的 70%左右，到 2019 年，水泥产量已达 23.5 亿 t；钢筋产量也由 2010 年的 1.4 亿 t 上升到 2019 年的 2.5 亿 t，10 年时间上涨了 79.9%，如图 1-1 所示。

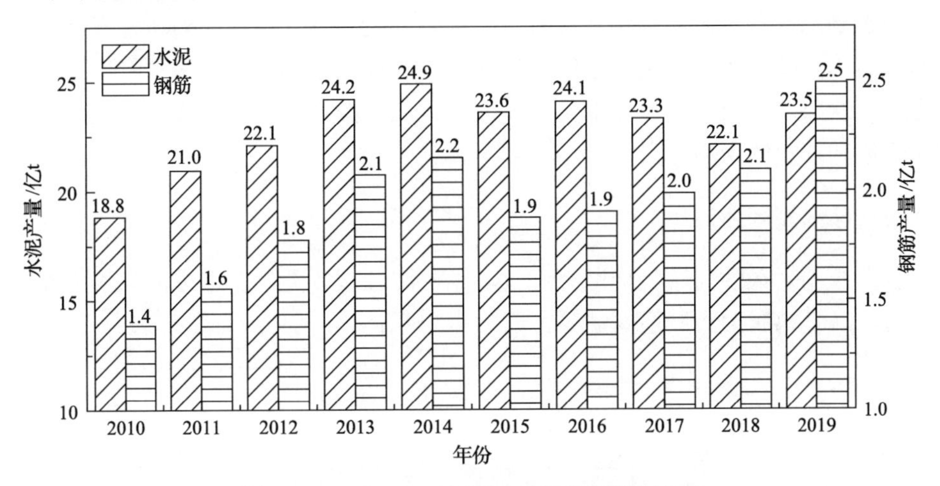

图 1-1　2010～2019 年国内水泥和钢筋年产量

Figure 1-1　Total production of cement and steel bar in China from 2010 to 2019

随着混凝土结构的大量应用，混凝土结构的耐久性问题也越来越引起人们的重视。混凝土结构的耐久性，是指混凝土结构在环境作用和维修、使用条件下，结构或构件在设计使用年限内保持其适用性和安全性的能力[1-1]。造成混凝土结构耐久性问题的因素有很多，包括结构自身的原因，如水泥、钢筋等材料的品质与质量，结构有关耐久性的设计，施工的质量等；也包括环境因素，如碳化、腐蚀(氯盐侵蚀)、冻融、碱骨料反应等。造成混凝土结构耐久性的经济损失也是巨大的。据相关数据统计，在美国，1975 年总腐蚀损失为 700 亿美元，其中与钢筋腐蚀有关的占 40%；1995 年，总腐蚀损失达到 3000 亿美元，2000 年为 4400 亿美元[1-1]。在英国，30 年来的年平均腐蚀损失占全国 GDP 的 3.5%。英国政府每年在海洋环境对混凝土结构侵蚀破坏问题上投入约 20 亿英镑。在日本，每年因房屋维修就需要花费 400 亿日元，其中约 21.4%的损失是由钢筋腐蚀导致的。在加拿大，所有桥梁的维修费统计至2005年已达到5000亿美元[1-2]。在我国，1999年全年因腐蚀引起的经济损失就多达1800亿～3600亿元人民币，而钢筋锈蚀所引起的约占40%，损失为720亿～1440亿元人民币。2000年我国公路普查[1-2]，发现有公路危桥9597座，受损路段达到了323451每延米，每年公路桥梁需要维修费用高达38亿元，有6137座铁路桥梁存在不同程度的劣化损害，占铁路桥梁总数的18.8%。2004年《中国腐蚀调查报告》表明，每年建筑腐蚀造成的直接损失约1000亿元，其中氯盐环境的腐蚀占主要部分。“我国腐蚀状况及控制战略研究”阶段性研究成果[1-3]表明，2014年我国腐蚀总成本超过2.1万亿元人民币，约占当年GDP的3.34%。

国外学者曾用“五倍定律”形象地描述了混凝土结构耐久性设计的重要性，即设计阶段对钢筋防护方面节省1美元，那么就意味着发现钢筋锈蚀时采取措施将追加维修费5美元，混凝土表面顺筋开裂时采取措施将追加维修费25美元，严重破坏时采取措施将追加125美元[1-4]。五倍定律不仅说明了耐久性问题造成的损失之大，更强调了耐久性问题应当尽早解决。对于新建的工程项目，应根据其所处的环境，充分考虑在设计使用年限内可能受到的碳化、氯盐侵蚀、冻融等耐久性问题，做好相应的耐久性设计；对既有的混凝土结构建筑，可以采用科学的方法进行耐久性评定和剩余寿命预测，选择正确的处理方法。这将对混凝土结构耐久性理论和工程应用的发展产生积极的影响，具有重要的理论价值和现实的应用意义。

1.1.2 耐久性问题的成因

混凝土结构耐久性问题的成因有许多，发生腐蚀破坏类型及造成的因素主要包括混凝土腐蚀、碱骨料腐蚀和钢筋腐蚀等，如图1-2所示。

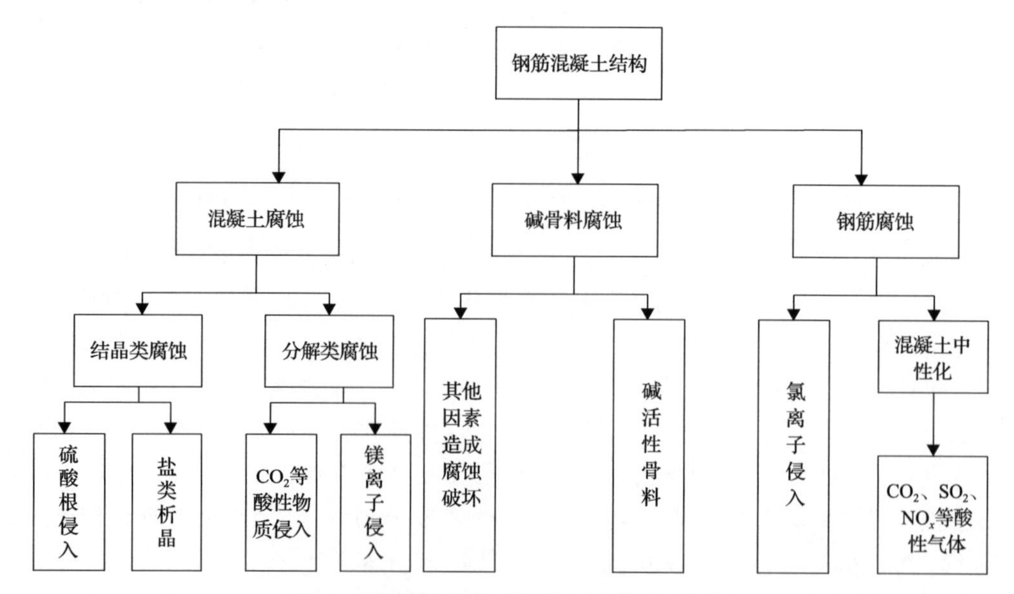

图1-2 混凝土结构耐久性腐蚀类型及因素

Figure 1-2 Types and factors of corrosion of reinforced concrete structural durability

1. 混凝土的腐蚀

环境中含有CO_2等侵蚀性介质，而混凝土的多孔性，决定了它容易被有害气体和溶于水中的有害离子渗入。当混凝土孔隙系统被有害离子侵入时，这些离子就会与混凝土水泥石中的氢氧化钙及水化铝酸钙发生化学反应，生成石膏和硫铝酸钙，这些产物或者溶于水，导致混凝土材料的损失和削弱；或者产生体积膨胀，使混凝土成为一种易碎的，甚至松散的状态；同时，有些次生产物如钙矾石在生成过程中体积膨胀，含量少时可增进混凝土的密实性，不会产生很大的影响，但如果含量很高，则会造成混凝土的膨胀开裂。

2. 碱骨料反应

碱骨料反应(AAR)是指来自混凝土原材料中的水泥或环境中的碱性物质(Na_2O 或 K_2O 等)与骨料中碱活性矿物成分发生化学反应，造成混凝土体积膨胀，甚至开裂。由于骨料的广泛分布，混凝土一旦发生碱骨料反应，破坏将是整体性的。混凝土因碱骨料反应产生的裂缝，同样有利于氯离子和氧侵入内部，加速钢筋锈蚀破坏，进而导致混凝土工程使用寿命显著缩短，严重的可使混凝土完全丧失使用功能。

3. 冻融破坏

冻融破坏是当今世界混凝土破坏的最主要原因之一。它是指混凝土凝固硬化后微孔隙中的游离水，在温度正负交替下，形成膨胀压力及渗透压力联合作用的疲劳应力，使混凝土产生由表及里的剥蚀破坏，并导致混凝土力学性能降低的现象。混凝土发生冻融破坏的必要条件有两个：一是有水渗入使其处于高饱和状态；二是温度正负交替。因此，不难理解混凝土冻融破坏经常发生于寒冷地区的各种海工、水工建筑物；另外，厂房、桥梁和路面等时常接触雨水、蒸汽作用的部分也会受到冻害。混凝土的冻融破坏是寒冷地区建筑物老化病害的主要问题之一，严重影响了建筑物的长期使用和安全运行，为使这些工程继续发挥作用和效益，各部门每年都耗费巨额的维修费用，而这些维修费用为建设费用的1～3倍。

4. 钢筋腐蚀

通常情况下，混凝土内部 pH 一般大于 12.5。在这样高的碱性环境中埋置的钢筋容易发生钝化作用，使钢筋表面产生一层钝化膜，能够阻止混凝土中钢筋的锈蚀。但当有二氧化碳和水汽从混凝土表面通过孔隙进入混凝土内部与混凝土材料中的碱性物质发生中和反应时，就会导致混凝土的 pH 降低。当混凝土完全碳化后，就出现 $pH<9$ 的情况，在这种环境下，混凝土中埋置钢筋表面的钝化膜就会逐渐失效；在其他条件具备的情况下，钢筋就会发生锈蚀。另外，氯盐污染环境下的钢筋混凝土结构物，造成钢筋活化腐蚀、结构物破坏的主要因素是氯离子。当混凝土与含有氯离子的介质接触时，氯离子会透过混凝土毛细孔到达钢筋表面；由于氯离子具有极强的穿透能力，当钢筋周围的混凝土液相中的氯离子含量达到临界值时，钢筋钝化膜就会发生局部破坏而使钢筋活化，从而为钢筋的腐蚀提供了动力学条件。一般认为，此临界值受混凝土成分、组织与外界环

境因素的影响。

钢筋腐蚀后，导致混凝土结构性能的劣化和破坏，其主要表现为：钢筋的腐蚀导致钢筋截面积的减少，从而使得钢筋的力学性能下降。大量的试验研究表明，钢筋腐蚀损失 1.2%、2.4%和 5%时，钢筋混凝土板的承载能力分别下降了 8%、17%和 25%；钢筋腐蚀损失达 60%时，构件承载能力降低到与未配筋构件相近；钢筋腐蚀会导致钢筋和混凝土之间的结合强度下降，从而不能把钢筋所受的拉伸强度有效传递给混凝土。混凝土保护层的破坏一般表现为顺筋开裂、空鼓和层裂。混凝土保护层破坏后，一方面使钢筋与混凝土界面结合强度迅速下降甚至完全丧失，另一方面环境中氯离子、二氧化碳及参加腐蚀反应的氧气、水等介质会长驱直入，钢筋腐蚀速率就大大加快，结构物迅速破坏乃至丧失功能。

1.1.3 耐久性的劣化阶段

在影响混凝土结构耐久性能衰减的众多因素中，钢筋锈蚀是导致混凝土结构性能退化的最主要原因[1-5,1-6]。从结构全寿命周期的角度来看，结构性能变化可分为五个阶段，都与混凝土结构耐久性密切关联，如图 1-3 所示。其中，t_0 为结构建成时刻；t_1 为钢筋脱钝时刻；t_2 为混凝土表面开裂时刻；t_3 为裂缝开展宽度达到限定裂宽所对应时刻；t_4 为结构达到承载能力极限所对应的时刻；t_R 为修复时刻；$PI_{enhance}$、PI_{design}、$PI_{cracking}$、$PI_{service}$、PI_{safety} 分别为修复后性能、设计性能、出现开裂时性能、适用性极限性能、安全性极限性能。

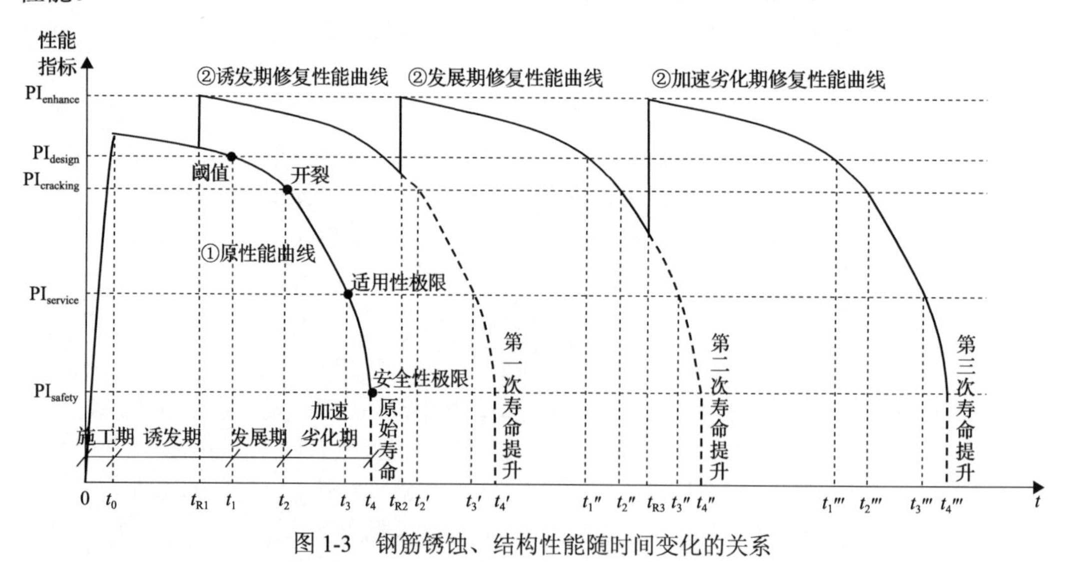

图 1-3 钢筋锈蚀、结构性能随时间变化的关系

Figure 1-3 Relationship between steel corrosion and structural property with time

1. 0～t_0 阶段的结构建造期

结构性能主要受设计、施工质量等众多不确定的因素控制。目前主要采用高性能混凝土配合比设计、环氧涂层钢筋、耐蚀钢筋、阴极保护装置以及良好施工质量控制等使

得混凝土结构的使用寿命达到设计年限的要求。应当注意，高性能混凝土配合比、环氧涂层钢筋和耐蚀钢筋的使用是以牺牲结构的经济性来达到设计使用要求的。若应用于整个基本设施的建设将会产生巨额的财政支出。因此，目前仅限于重要的基础设施建设。

阴极保护技术[1-7]是将钢筋与直流电源相连，电流通过连续的混凝土介质到达钢筋表面，使钢筋发生阴极极化而受到保护。研究表明[1-8]涂有钛的金属氧化物材料作为阳极具有较好的应用效果。阴极保护法应用于钢筋混凝土结构中，总体是可行的，但该方法从结构建设期就需要专人管理和维护，并且需要长期维护，成本较高[1-9]。因此，其推广应用受到了一定的限制[1-10]。

2. t_0～t_1阶段的结构设计使用年限

在这个阶段中，混凝土内部已存在一定氯离子或者表层混凝土碳化至一定深度，此时通常采用电化学除氯和电化学再碱化这两种电化学修复方法来提升混凝土结构耐久性能。目前，电化学除氯技术提升钢筋混凝土结构耐久性方面的研究比较丰富，包括钢筋-混凝土界面结合强度、碱骨料反应、氢脆及混凝土微裂缝的变化等多方面研究[1-11,1-12]。经过电化学除氯处理，钢筋附近区域混凝土的Cl^-含量明显低于外表层混凝土，且均远低于除氯前混凝土[1-13,1-14]。但值得注意的是，电化学除氯虽然对受氯盐侵蚀的钢筋混凝土结构具有较好的除氯效果，但却会对其产生一些不利影响，如钢筋表面会发生析氢反应，即“氢脆”，产生膨胀压力，导致钢筋-混凝土间黏结力下降和钢筋延性的降低[1-15]。另外，当混凝土中使用的骨料中含有SiO_2等活性组分时，电化学除氯会使K^+、Na^+向钢筋阴极附近大量聚集，从而加剧局部碱骨料反应造成骨料破坏[1-16]。

3. t_1～t_2阶段的结构表面呈微裂状态(≤0.1mm)

这个阶段钢筋已发生一定锈蚀，但混凝土表面的裂缝宽度较小，此时可采用防锈-涂层法、电化学除氯法、电渗阻锈剂和双向电迁移提升技术。

在防锈-涂层法中，渗入型阻锈材料由于比普通阻锈材料具有更好的阻锈效果而得到广泛的应用，但是当保护层厚度较大、密实性较高时，这类阻锈材料往往因不能达到钢筋表面而起不到应有的阻锈效果。因此其在混凝土保护层厚度较大、密实度较高的沿海混凝土基础设施结构中尚未得到有效的应用[1-17]。

在电化学除氯法中，需要注意的是，对于Cl^-侵蚀较为严重的情况，电化学除氯技术只能除去混凝土保护层中的Cl^-，钢筋后方的Cl^-仍无法去除；如此，在处理结束后，位于钢筋后方的Cl^-在浓度梯度的作用下会向钢筋内侧表面扩散，仍会发生后期的锈蚀。

电渗阻锈技术，利用电化学方法将阻锈剂电迁移至钢筋混凝土内部，达到阻锈效果，降低钢筋后期锈蚀的风险[1-18]。2005年，Sawada等[1-19,1-20]使用电化学方法将阻锈剂迁入了碳化后的混凝土，达到了阻止钢筋锈蚀的效果；但其使用的方法仅对保护层完全被碳化的钢筋混凝土结构具有较好的效果，并且未考虑结构受到氯盐侵蚀的情况，因此应用范围较窄。国内唐军务等[1-21]和洪定海等[1-22]提出电渗阻锈技术和研制了BE阻锈剂，采用电化学方法，使其在短期内迁移至10cm厚的混凝土内，并证实其对钢筋具有明显的阻锈效果[1-23]。虽然该技术在以上方面取得了一定的效果，但是该技术的长期作用效果仍需进行试验验证和现场长期检测跟踪，并且对应力状态下钢筋的氢脆问题仍无法解决。

双向电迁移技术的基本原理是将钢筋混凝土结构内部的钢筋作为阴极，而钢筋混凝土结构外表面设置的阻锈剂溶液作为阳极，通过施加电场来迁出混凝土内部的氯离子，将带正电荷的阻锈剂阳离子迁入至钢筋表面形成保护膜，从而起到阻锈的作用。文献[1-24]～文献[1-26]系统地介绍了适用于双向电迁移技术的胺类阻锈剂、双向电迁作用效果的影响、对混凝土表面强度和钢筋-混凝土黏结性能作用及工程应用的情况。同时，浙江大学团队设计了新型的阳离子阻锈基团，并对双向电迁移技术进行优化，在析氢控制方面，双向电迁移技术具有独一无二的技术优势，也将为电化学修复技术在受力混凝土构件的应用提供技术保障。

4. t_2～t_3阶段的结构表面呈现限定的裂缝宽度(≤0.3mm)

在这个阶段中，钢筋锈蚀会继续发展，混凝土表面出现一定宽度的裂缝，但不影响结构的安全性能，需要重点关注的是混凝土裂缝修复问题。目前，在裂缝修复方面，主要有裂缝注浆封堵技术和电化学沉积方法。

裂缝注浆封堵技术使用最为常见，目前也开发了许多裂缝修复材料，性能参差不齐。此方法虽能有效封堵裂缝，但是无法解决耐久性劣化的本质问题，即在修复裂缝的同时阻止钢筋发生进一步锈蚀。

电沉积方法是最近兴起的一种修复混凝土裂缝的新方法[1-27]。早期的电沉积方法主要应用于化工、微电子、陶瓷、新材料等产业之中。20 世纪 90 年代的初期，日本学者 Sasaki 等[1-28]首先尝试利用电沉积方法修复海工混凝土结构的裂缝，取得了不错的效果。海水本身就是良好的电沉积溶液，因此电沉积法用于海工和水工结构都有很好的修复效果。但当该技术应用于陆地混凝土结构裂缝的修复时，仍存在一定的局限性。日本、美国近年来对电沉积法修复陆上混凝土裂缝的可行性和经电沉积法修复后混凝土的干缩性能进行了初步研究[1-29]。国内学者近年来也对电沉积法进行了一系列研究。蒋正武等[1-30]对电沉积法的机理进行了研究，阐述了其修复原理、修复关键技术以及修复效果的评价方法与评价指标。总体来说，在修补陆上混凝土结构裂缝时，相对于灌浆修补技术，电沉积方法在施工便捷性、经济性和可靠性方面都远远不及。

5. t_3～t_4阶段的结构呈现承载能力降低

近年来，国内外对于混凝土结构加固的理论和工程实践研究做了大量的工作，已经有大批成果出现，并颁布了一系列既有建筑物加固改造的国家技术规范，为混凝土结构的维修、加固和改造提供了技术保障。目前常用的加固技术，如增大截面加固法、预应力加固法、黏钢加固法及外包纤维增强塑料加固法等，主要利用加固材料的力学性能以提升结构承载能力或通过加固材料对结构提供外部保护以提升结构的耐久性能。深圳大学[1-31]提出了一种新型的基于电化学的结构性能增强方法——阴极保护-结构增强法，该方法利用碳纤维布的导电特性，进行结构加固时，将包裹于混凝土外部的碳纤维布作为阳极，从而达到阴极保护的目的。因此，该方法具有腐蚀控制和承载力增强的双重优势。此外，为了充分利用碳纤维的导电性能，唐祖全、李卓球等[1-32]提出了将短切碳纤维掺入混凝土中，制成导电混凝土，给混凝土通电后，用以加速冬季冰雪的融化。将碳纤维导电复合砂架/混凝土用于阴极保护法的相关文献也有很多。Xu 和 Yao[1-33]指出，只要将电子导电涂料涂覆在钢筋混凝土表面就能解决混凝土中保护电流不均匀的问题，使阴极保护法在钢筋混凝土建筑中得以应用。Zhang 等[1-34]指出采用高性能水泥砂浆和碳纤维网格复合加固法可以有效地提升构件的承载能力。目前的加固技术主要是通过外加措施单方面地提升混凝土结构承载能力，并未解决引起结构承载力下降的混凝土结构耐久性劣化问题，同时实现加固后结构力学性能的提升以及耐久性能的保障，而这些都是非常值得关注的问题。

1.1.4 耐久性问题的解决方案

纵观混凝土结构整个全寿命周期，针对混凝土结构全寿命设计与维护方法的研究，在建筑、港口、道路、桥梁、水利、铁道及电力等领域均有开展，其中，以桥梁方面的研究较为深入。邵旭东等[1-35]在满足桥梁服务水平的前提下，以桥梁寿命周期成本最小为优化目标对设计方案进行评估，研究了桥梁寿命周期成本的组成，并以此建立桥梁寿命周期成本优化模型；吴海军等[1-36]给出了桥梁寿命周期成本的预测模型，并探讨了全寿命成本分析对桥梁设计和维护管理的重要性；彭建新等[1-37]发展了一种基于全寿命成本的桥梁材料决策新思路，在满足桥梁结构服役期内性能要求下，考虑桥梁服役期的维护策略和维护成本，以桥梁寿命期内全寿命总成本现值最小为目标对设计方案进行决策。此外，张克波等[1-38]、徐岳等[1-39]也都从不同的角度对桥梁结构的维护、维修策略及寿命周期成本进行了研究。在港口方面，王胜年等[1-40]考察了华南地区的大型海洋环境暴露试验站以及该地区的部分港口码头结构，对结构现状进行了腐蚀程度的等级划分，认为按照现行规范和标准设计的港口结构难以满足 50 年的耐久年限，而且我国港口建筑还普遍存在施工质量控制不严格的现象；赵铁军等[1-41]针对海底隧道的衬砌结构进行分析，提出了环境侵蚀因素及相应的设计要点。但是，应当看到，这些研究成果主要集中在全寿命经济分析方面，涉及的内容主要是成本构成、成本预测模型建立，维护、维修策略的理论分析，而有关全寿命综合性能(成本、寿命、性能及生态等)设计以及全寿命整体管理方面的研究尚缺乏。

因此，混凝土结构全寿命周期的耐久性问题，涉及结构的不同类型的环境作用效应、结构的损伤失效及结构全寿命的不同性能演化历程等问题。以电化学修复混凝土结构耐久性的方法为基础，以控制钢筋混凝土的氢脆失效为突破口，针对结构全寿命周期各个关键阶段，提出基于适用性和安全性的耐久性能提升和控制策略，最终形成考虑全寿命周期成本的混凝土结构设计理论和维护方法，这将对混凝土结构耐久性理论和工程应用的发展产生积极的影响，具有重要的意义。

1.2 传统的耐久性防护与修补

混凝土结构耐久性的防护与修补方法主要是针对混凝土材料本身出现的耐久性问题而提出的，主要包括表面涂层法、阻锈剂法、修补方法等。

1.2.1 表面涂层法

混凝土防腐涂料能够有效地阻隔氯离子等有害物质在混凝土内的渗透和扩散，既可提高混凝土的耐久性，又可使混凝土中的钢筋免遭腐蚀。表面涂层法对于以盐雾水汽为特征的海洋侵蚀环境下的混凝土保护尤为适用，在海工混凝土结构中应用广泛，已经在杭州湾跨海大桥等大量工程实践中得到应用[1-42,1-43]。

国内外混凝土防腐涂料抗氯离子侵蚀性能的实验研究表明[1-44]，采用防腐涂料的混凝土结构抗氯离子侵蚀显著改善，从而提高混凝土结构的耐久性能。混凝土防腐涂层能够有效抵抗氯离子向混凝土深部的渗透，对钢筋混凝土结构具有明显的保护效果[1-45]。混凝土防护涂层施工简便，涂层保护费用低，在国内军内重大工程的防腐中得到了广泛的应用[1-46]。例如，连云港庙岭码头在1982年始建时，考虑到其腐蚀的严重性，在部分混凝土梁上采用了涂层封闭措施进行防腐蚀保护。1991年对其防腐效果做了调查，对自然状态下的碳化深度和氯离子渗透率做了同等对比，未涂覆试件(即自然状态下)的碳化深度为采取涂料保护试件的 7.6 倍；未涂覆试件的氯离子渗透率为采取涂料保护试件的4.35倍。湛江港在1996年对已经投入使用过5年的码头试涂施工的梁柱进行考察，有涂层保护的梁柱中氯离子的含量为没有涂层保护的梁柱中的1/6左右[1-46]。

1.2.2 阻锈剂法

钢筋阻锈剂可有效降低钢筋的腐蚀速率，抑制钢筋锈蚀，被认为是一种经济可靠、长期有效的钢筋防腐蚀措施。例如，美国混凝土协会(American Concrete Institute, ACI)认为钢筋阻锈剂是抑制钢筋锈蚀的长期有效措施之一，有十几个州下达指令性文件要求采用钢筋阻锈剂。在日本，钢筋阻锈剂主要用于海洋环境的建筑物和开发利用海砂。我国《海港工程混凝土结构防腐蚀技术规范》(JTJ 275—2000)中也规定使用阻锈剂作为钢筋防腐蚀的措施之一。目前已开发研制出多种有效的钢筋阻锈剂，如亚硝酸盐类、单氟磷酸钠、NS-2型阻锈剂和RI系列阻锈剂等，但这些阻锈剂只能在混凝土浇筑时以外加剂的形式加入。

随着混凝土结构修复工程的日益增加，在已建的混凝土结构中，用于修复和抑制钢筋锈蚀的迁移型阻锈剂，逐渐在混凝土结构中得到应用与发展。迁移型阻锈剂最早由美国 Cortec 公司[1-47]生产，是一种以胺、醇胺类及其盐类或脂类为主要成分的具有渗透性能的环境友好型有机阻锈剂。目前市场上的产品主要有瑞士 Sika 公司研发的 Sika FerroGard 系列和美国 Cortec 公司生产的 MCI 系列。基于欧美地区的工程应用，欧洲标准化委员会在 PR ENV1504-9 标准中指出：使用迁移型阻锈剂是一种有效控制腐蚀的方法。我国于1990年引入MCI产品，经国家建材检测中心认证后，已在许多工程中得到应用。

迁移型阻锈剂一般为水溶液或水乳液。在涂敷于混凝土表面后，其主要成分以水为载体借助毛细作用，通过混凝土保护层内的毛细孔和微裂缝向内渗透。若水分蒸发，有机物会形成高浓度的气体，通过混凝土孔缝，继续向内扩散，直至钢筋表面。当到达钢筋表面后，阻锈剂分子将逐步在钢筋表面吸附，形成一层致密的保护膜，将钢筋与水分、氯离子等腐蚀介质隔离开，从而达到阻锈效果。Bavarian 等[1-48]对 MCI 2020 和 MCI 2020M 等具有代表性的迁移型阻锈剂进行研究，发现表面涂敷处理后，钢筋锈蚀速率下降并在其表面检测到 N 的存在。Schutter 等[1-49]在研究中发现氨基醇和酯类阻锈剂涂敷于表面时对混凝土性能并未产生不利影响，而且由于混凝土表面的孔隙被封住，改善了混凝土的吸水率、抗冻性能。Nmai[1-50]采用电化学阻抗谱、傅里叶变换红外光谱、线性极化等方法证实钢筋表面存在保护性膜及其降低腐蚀速率的有效性。

迁移型阻锈剂有其自身优势，改善了混凝土各项性能，但有研究指出，迁移型阻锈剂的渗透深度与混凝土保护层厚度、混凝土密实程度有密切关系；当混凝土保护层较厚或密实度较大时，阻锈剂不能到达钢筋表面或钢筋表面附近阻锈剂浓度不足，无法起到应有的阻锈效果。另外，有研究发现，对于海工混凝土结构，迁移型阻锈剂渗入深度达到 50mm 所需的时间几乎为一年。对于水灰比为 0.65 的混凝土结构，XPS 测试显示，迁移型阻锈剂到达 25mm 的深度需要约 450d。因此，对于混凝土保护层较厚、密实度较高的海工混凝土结构来说，迁移型阻锈剂并不是理想的修复延寿技术，目前在混凝土保护层厚度和密实性相对较大的海港工程上尚没有得到工程应用。

1.2.3 修补方法

修补方法主要适用于混凝土出现缺陷、局部破损和裂缝现象。

(1) 表面缺陷、病害的修补。对不影响结构受力安全的混凝土表面的缺陷、病害，如数量不多的麻面、蜂窝、露筋、小块脱落或轻微腐蚀等现象，一般可采用聚合物改性水泥砂浆或环氧树脂配合剂进行表面修补。

(2) 局部修补。对混凝土中较大的蜂窝、孔洞、破损、露筋或较深的腐蚀等，查清范围后，可通过嵌填新混凝土或环氧树脂配合剂的方法，消除局部缺陷、病害，恢复材料功能。如果缺陷对构件的承载能力有影响，修补时应采取临时局部卸荷措施或临时支撑加固措施，如修补区基层和结合面处理、嵌填新混凝土、环氧砂浆、环氧混凝土或其他聚合物改性砂浆修补等。

(3) 水泥压浆法修补。对影响结构强度安全的蜂窝或空洞，可采取不清除其薄弱层而用水泥压浆的方法进行补强，以防止结构遭到较大程度的削弱。该方法对于新建构件有一定的效果，对已遭受氯离子污染的老混凝土结构效果不太理想。

上述技术措施的特点是，需清除已被污染的混凝土与钢筋锈蚀产物，必要时需凿除至主筋背后 1～3cm 处，并大量更换已锈蚀钢筋，且其修复效果与清除被氯离子污染的混凝土以及钢筋背后锈蚀坑内含氯离子的腐蚀产物的彻底程度直接相关，故而凿除方量与除锈工作量大，且环境污染相对严重。

因此，要提高局部修补的保护效果，理论上说，就必须扩大局部修补范围，这样必然会大大增加凿除和修补工程量、修补费(包括增加修补时为结构安全而增加的临时支架)，大大延长结构修补期和大大增加结构停止营运带来的巨大间接损失。这也是采用该方法屡坏屡修、屡修屡坏的原因所在。

1.3 传统的耐久性电化学技术

耐久性的电化学技术是一种电防护技术，它的实施方式是在混凝土结构表面设置阳极，使钢筋成为阴极，构成回路对钢筋进行保护。该技术不需像传统的修补方法那样，要凿除大量尚未锈胀破坏但已污染的混凝土保护层。因此与传统方法相比，电化学技术能大大节省修补时间，减少繁重的工作量和粉尘，减少凿除过程中造成的混凝土微裂缝，并可以从根本上抑制被氯离子污染所引起的钢筋的腐蚀，具有显著的经济效益和社会效益。美国国家公路合作研究计划(National Cooperative Highway Research Program, NCHRP)[1-51]指出：目前，对于已发生钢筋锈蚀的混凝土结构，电化学方法是使混凝土结构中钢筋立即停止锈蚀的唯一无损修复方法。电化学修复方法主要包括阴极保护(cathodic protection)、电化学除盐、钢筋阻锈剂与电渗阻锈技术等。

1.3.1 阴极保护技术

阴极保护技术[1-52]是以抑制钢筋表面形成腐蚀电池为目的的电化学防腐技术，主要包括外加电流阴极保护(impressed current cathodic protection)和牺牲阳极阴极保护(sacrificial anode cathodic protection)。其基本原理是对钢筋持续施加一定的阴极电流，将其极化到一定程度，从而使钢筋上的阳极反应降低到非常小的程度。

1. 外加电流阴极保护

外加电流阴极保护是由直流电源设备通过辅助阳极提供阴极电流，抑制钢筋发生阳极反应的电化学修复技术。自 1973 年美国在已遭受氯盐污染的钢筋混凝土公路桥的桥面板上成功地安装了外加电流阴极保护系统后，此方法迅速发展。1985 年 6 月，美国俄勒冈州新港区的 Yaquina 海湾桥实施外加电流阴极保护[1-53]；1995 年，沙特阿拉伯 Jubail 海水进口混凝土结构物的水上部分完成外加电流保护[1-54]；1996 年，澳大利亚悉尼歌剧院西宽行道下部结构实施外加电流阴极保护[1-55]。国外对阴极保护技术的研究进入了成熟阶段，国内研究起步相对较晚，近年来发展迅速。潘峻等[1-56]结合工程实际经验探讨了外加电流阴极保护系统的设计原理及系统现场安装和调试的主要施工工艺。朱雅仙等[1-57]对氯盐环境中钢筋混凝土阴极防护技术进行了研究，初步探讨了保护准则和防护系统寿命，为钢筋混凝土阴极防护技术有效合理应用提供了参考。深圳大学[1-58]研究了一种 CFRP/碱激发胶凝复合材料作为辅助阳极，对钢筋已腐蚀部分起到了加固作用。对采用外加电流阴极保护的钢筋混凝土结构调查[1-59]表明，其中大多数可长期可靠地抑制钢筋的腐蚀，大大降低了维修成本。

2. 牺牲阳极阴极保护

牺牲阳极阴极保护是由牺牲阳极提供阴极电流，抑制钢筋发生阳极反应的电化学修复技术。通常情况下在混凝土内的钢筋上连接一种电极电位更负的金属或合金，通过牺牲阳极的自我溶解和消耗，使得钢筋得到阴极电流而受到保护。与外加电流辅助阳极法相比，牺牲阳极阴极保护方法施工简便，无需提供辅助电源，维护管理更加容易。因此，20世纪80年代后，国内外对混凝土牺牲阳极保护法的研究日益广泛和深入。Redaelli等[1-8]认为牺牲阳极法对混凝土中的钢筋有较好的保护效果。Funahashi 等[1-9]指出阳极材料对阴极保护效果影响较大，较差的阳极材料会使阴极保护电流分布不均匀，而且会使阳极混凝土表面产生酸，研究表明涂有钛的金属氧化物材料作为阳极具有较好的应用效果。天津港的工程中采用高效牺牲阳极阴极保护钢桩技术，阳极材料 Al-Zn-In 系合金中加入 Mg-Ti 合金，使阳极的电化学性能得到大大提高[1-60]。葛燕等[1-61]综述了电弧喷锌或电弧喷铝-锌-铟合金、锌箔/导电黏结剂、锌网/水泥浆护套、锌网/压板和埋入式等牺牲阳极保护系统等国外近20年来研究开发的牺牲阳极保护系统，指出其能够有效控制氯化物环境下钢筋混凝土腐蚀。李祝文等[1-62]发现在沿海挡潮闸中牺牲阳极保护系统运行10年后，钢闸门保护效果检查和保护电位检测显示钢闸门表面无锈蚀，阴极保护电位均满足规范要求且分布均匀，表明镁阳极适用于淡海水环境介质中且保护效果优异。

阴极保护法广泛应用于钢结构的防腐蚀中，而在钢筋混凝土结构上的应用，总体是可行的，但该方法从结构建设期就需要专人管理和维护，并且需要长期维护，成本较高，因此其推广应用受到了一定的限制[1-63]。并且，阴极保护技术主要应用于在建结构物，对于已经建成并已经出现钢筋锈蚀的结构物，其应用效果仍有待进一步研究。

1.3.2 电化学除盐

1. 电化学再碱化

电化学再碱化(electrochemical realkalization)技术是给钢筋短期施加密度较大的阴极电流，提高钢筋周围已中性化(包括碳化)混凝土的pH，使钢筋再钝化的电化学修复技术。它于20世纪70年代末在美国和欧洲开始兴起[1-64]，主要通过无损伤的电化学手段来提高被碳化混凝土保护层的碱性。其基本原理是在混凝土试件表面上的外部电极和钢筋之间通直流电，钢筋作为阴极，外部电极作为阳极，对钢筋进行阴极极化。

混凝土中，在电场和浓度梯度的作用下，阴极反应产物 OH^- 由钢筋表面向混凝土表面及内部迁移、扩散，阳离子(Ca^{2+})由阳极向阴极迁移。OH^- 的持续产生和移动，使得钢筋周围已碳化混凝土的pH逐渐升高[1-65]。

碳化混凝土结构再碱化技术，可以用于所有碳化的混凝土构筑物，已经成为世界各国公认的事实。目前国内外对再碱化技术研究结果不尽相同：朱雅仙[1-66]认为在电位的作用下，阴极反应产物 OH^- 由钢筋向混凝土表面迁移，阳离子(Na^+、K^+和 Ca^{2+})由阳极向阴极迁移。阴极钢筋处产生的 OH^- 除迁移一部分外，还有一部分 OH^- 滞留在钢筋周围的混凝土中，使得钢筋周围碳化混凝土 pH 升高，从而达到再碱化的目的。Velivasakis 等[1-67]认为外部的碱性溶液通过电渗作用渗透到混凝土内部，到达钢筋附近，恢复钢筋周围混凝土的碱性环境，从而实现再碱化的目的，如果电渗不能进行，只通过电化学反应也能达到再碱化的目的。Andrade 等[1-68]认为碳化混凝土的再碱化是同时通过电化学反应和电渗作用实现的。童芸芸等[1-69]研究了碳化混凝土板内钢筋腐蚀程度对电化学再碱化处理效果的影响，结果表明无论钢筋初始腐蚀程度如何，外加电源式电化学再碱化处理均是有效的。蒋正武等[1-70]提出采用 pH 与钠离子迁移量来评价电化学再碱化的效果：随着再碱化时间的增长，碳化混凝土内部的 pH 增大，但 pH 增长速率逐渐减缓。对于相同种类电解质溶液，随着其浓度升高，再碱化后碳化混凝土中的钠离子迁移量增大；对于同浓度不同种类的电解质溶液，再碱化后碳化混凝土中的钠离子迁移量不同。

2. 电化学除氯

电化学除氯(electrochemical chloride extraction)技术是短期内施加阴极电流，通过电迁移作用降低混凝土中氯离子含量的电化学修复技术。它于 20 世纪 70 年代首先由美国联邦高速公路管理局提出，后来用于美国战略公路研究规划，并被欧洲 Norcure 使用[1-71]。据统计，自 20 世纪 80 年代末开发成功到 1994 年短短几年时间内，该技术已在北美、英国、德国、瑞典、日本及中东等约 20 个国家和地区被应用，应用面积达 15 万 m^2[1-72]。

电化学除氯技术在有效去除混凝土保护层中氯离子的同时，还可以增大混凝土孔隙液的 pH，从而使钢筋处于钝化状态，阻止其锈蚀。在电化学除氯技术对钢筋与混凝土界面结合强度、氢脆、碱骨料反应以及混凝土微裂缝的变化等诸多方面，许多学者都已进行了相关研究。Siegwart 等[1-13]在试验中发现，在除盐后混凝土的孔隙率增加，孔径减小，阴极和阳极附近区域的混凝土孔隙分布产生差异，其中阳极附近的混凝土孔隙率最小，并且孔隙尺寸的改变会影响离子的迁移性能，从而影响混凝土电阻。Castellote 等[1-11]的研究却发现，经过电化学除氯之后，混凝土的孔隙率增加，孔径增大；其中孔径小于 0.05μm 的孔隙增加，而 0.05～5μm 的孔隙减少。孙文博等[1-73]认为，除盐之后钢筋附近区域的孔隙率增大和大孔含量增多，结构疏松；而外层混凝土结构致密，孔隙细化。而从宏观角度来看，混凝土渗透性在电化学处理过程中也有所变化，郭育霞等[1-74]及 Broomfield 等[1-75]的研究均表明电化学除氯使得保护层渗透性减小，电阻增大，抗氯离子渗透性也有所提高。在实际工程中，混凝土保护层厚度较大，且较为密实，因此需要采用较长的通电时间或较大的电流密度来去除混凝土保护层中的氯离子。有学者研究[1-16,1-76]指出，混凝土骨料中 SiO_2 等活性组分的存在，会使电化学除氯时钾、钠离子向钢筋阴极附近大量聚集，造成加剧碱骨料反应的不良后果。另有研究[1-77]指出，电化学除氯技术只能消除诱发钢筋锈蚀的外部因素，电化学除氯后，若钢筋仍处于活化状态，则钢筋将继续锈蚀。可见电化学除氯技术还有待改进和发展。

1.3.3　钢筋阻锈剂与电渗阻锈

钢筋阻锈剂(corrosion inhibitor)，又称缓蚀剂，少量加入环境介质中就能显著地降低金属的腐蚀速率。近十几年来，钢筋阻锈剂作为一种使用简单、经济有效的钢筋防腐措施，被大量用于工程中。目前市场上阻锈剂为数众多，根据钢筋阻锈机理的不同，可以将钢筋阻锈剂划分为三种类型，包括阳极型阻锈剂、阴极型阻锈剂及复合型阻锈剂，三种阻锈剂或者单一地抑制腐蚀的阳极反应、阴极反应，或者同时抑制腐蚀的阴阳极反应而发挥阻锈作用[1-78]。

1. 阳极型阻锈剂

阳极型阻锈剂(anodic inhibitor)是最早出现的阻锈剂，主要代表为亚硝酸盐、铬酸盐、钼酸盐等无机盐。根据钢筋锈蚀的电化学反应机理，在发生锈蚀的钢筋混凝土中，阴阳极反应之间存在得失电子平衡的关系，因此钢筋锈蚀的进度与阳极反应或者阴极反应中速度较慢的同步。由这一机理出发，阳极型阻锈剂是通过减缓阳极区铁失去电子速度来减缓钢筋锈蚀的进度，达到阻锈效果。在众多阳极型阻锈剂中，亚硝酸盐类最为典型，其中 $Ca(NO_2)_2$ 作为掺入型阻锈剂的主流产品在工程上得到了大量应用。一般认为亚硝酸盐中的亚硝酸根离子和亚铁离子发生化学反应生成 Fe_2O_3[1-79]，其化学反应方程式如下：

$$2Fe^{2+} + 2OH^- + 2NO_2^- \longrightarrow Fe_2O_3 + 2NO\uparrow + H_2O \tag{1-1}$$

从上述反应式可以看到，NO_2^-在 OH^-参与的条件下，能够在裸露的钢筋表面产生 Fe_2O_3 沉淀重新形成钝化膜，从而阻止或延缓腐蚀的进一步发生。

2. 阴极型阻锈剂

阴极型阻锈剂(cathodic inhibitor)主要是通过阻止或减缓钢筋锈蚀的阴极反应达到阻锈效果。该类阻锈剂达到一定浓度时，可使阴极区钢筋保持钝化状态，从而起到抑制或减缓阴极反应的作用。阴极型阻锈剂能够在阴极区的钢筋与孔隙液之间形成隔离层，以增大电阻或者阻碍有害物质(如水、氧气、氯离子中的一种或多种)入侵的方式阻止或减缓电化学反应的阴极过程而起到阻锈作用。同时阴极阻锈剂能通过提高介质 pH 的方式，起到降低铁锈溶解度的作用。

阴极型阻锈剂的典型代表包括脂肪酸酯阻锈剂和磷酸盐类阻锈剂，二者均能通过生成不溶盐来阻止有害离子侵入阴极区钢筋而起到阻锈作用。例如，单氟磷酸钠内所含 PO_3F_2 能与 $Ca(OH)_2$ 反应生成磷灰石，在钢筋表面以物理沉淀的方式形成致密的阻碍层[1-80]，从而起到阻锈效果。而脂肪酸酯会在强碱性环境中发生水解形成羧酸和相应的醇。酸根负离子很快与钙离子(Ca^{2+})结合形成脂肪酸盐。脂肪酸盐在水泥石微孔内侧沉积成膜。这层膜可以改变毛细孔中液相与水泥石接触角，表面张力作用有把孔中水向外排出的趋势，并阻止外部水分进入混凝土内部。因此，脂肪酸盐能够减少进入到混凝土内部有害物质的量，大大延长钢筋表面氯离子浓度达到临界值的时间，提高混凝土结构的使用寿命[1-81]。

3. 复合型阻锈剂

复合型阻锈剂(composite inhibitor)的协同效应广泛存在于阻锈过程中，包括无机类和有机类。其阻锈机理主要包括[1-82]：①通过物理或者化学吸附方式在钢筋阴极区和阳极区同时形成保护层；②增大钢筋附近混凝土环境的电阻率；③调节混凝土孔隙液的 pH；④提高混凝土的密实度等。比较有代表性的无机类复合型阻锈剂，如 ZnO 与 $Ca(OH)_2$ 的复合物，在阻锈过程中将发生如下反应[1-83]：

$$ZnO + H_2O + 2OH^- \longrightarrow [Zn(OH)_4]^{2-} \tag{1-2}$$

$$2[Zn(OH)_4]^{2-} + Ca^{2+} + 2H_2O \longrightarrow Ca[Zn(OH)_3]_2 \cdot 2H_2O + 2OH^- \tag{1-3}$$

在这一过程中，作为阴极型阻锈剂的 ZnO 在阴极区消耗掉 OH^-，阳极区产生的 Fe^{2+}不能快速、充分地转化为 $Fe(OH)_2$或者 $Fe(OH)_3$沉淀；作为阳极型阻锈剂的 $Ca(OH)_2$在阳极区通过 NO_2^-和 Fe^{2+}发生化学反应，在钢筋表面生成阻碍层(Fe_2O_3)。两种阻锈剂的同时添加，除了能在阴阳极区分别生成阻碍层外，$Zn(OH)_2$与 Ca^{2+}生成的 $Ca[Zn(OH)_3]_2 \cdot 2H_2O$可使钢筋再次钝化，同时减小混凝土的孔隙率，阻碍有害离子进入混凝土，推迟钢筋的锈蚀，强化了单一阻锈剂类型的阻锈效果。

有机阻锈剂大多是复合型阻锈剂，主要包括烷醇胺和胺类阻锈剂。烷醇胺和胺类有机阻锈剂是对含有氨基或羟基的有阻锈能力的有机化合物的统称。具有代表性的有乙醇胺(MEA)、环已胺、阻锈剂 T(TETA)、*N,N*-二甲基乙醇胺(DMEA)、三乙醇胺、二甲胺等。Gaidis[1-84]研究指出，胺类阻锈剂，如乙醇胺、*N,N*-二甲基乙醇胺可以通过抑制钢筋阴极反应、阻断氧气获得电子的途径等作用延缓钢筋锈蚀的发展。Welle 等[1-85]采用 X 射线光电子能谱仪(XPS)观察钢筋表面，发现 *N,N*-二甲基乙醇胺可以取代钢筋表面吸附的氯离子，并使钢筋表面形成稳定的钝化膜。Elsener 等[1-86]研究发现，当氯离子与胺类阻锈剂的摩尔比接近 1 时，有较好的阻锈效果。Heiyantuduwa 等[1-87]研究发现在氯盐溶液中胺类阻锈剂可以延迟钢筋锈蚀的发生。Jamil 等[1-88]采用电化学阻抗谱研究发现，在氯离子浓度较低的情况下，将胺类阻锈剂掺入混凝土或涂敷于混凝土表面，均可以明显降低钢筋的锈蚀速率。

4. 迁移型阻锈剂

传统的阻锈剂大多是掺入型阻锈剂。迁移型阻锈剂(migrating corrosion inhibitor)简称 MCI[1-89]，最早由美国 Cortec 公司开发使用，是一种以胺、醇胺类及其盐类或脂类为主要成分的具有渗透性能的环境友好型有机阻锈剂[1-90]，能够对钢筋表面的阴极和阳极同时进行保护。由于 MCI 具有渗透移动至钢筋表面并进行保护的特性，它既可应用于新建结构，也可用于既有结构，是钢筋防锈技术的一次革命。我国也于 1990 年引入 MCI 产品，经过几年的发展，已经在许多工程中得到应用[1-91]。迁移型阻锈剂的渗透深度和渗透效果与混凝土保护层厚度、混凝土密实程度有密切关系，当混凝土保护层厚度较厚或密实度较大时，阻锈剂难以达到钢筋表面或达到钢筋表面的阻锈剂浓度不足，也同样无法达到理想的阻锈效果[1-17]。

5. 电渗阻锈

电渗阻锈技术利用电化学方法将阻锈剂电迁移至钢筋混凝土内部，达到阻锈效果，降低钢筋后期锈蚀的风险[1-92]，该技术采用的有机阻锈剂较为昂贵，且需要较长的通电时间才能达到满意的效果，因此发展较慢，直到最近几年才有所进展。2005 年，Sawada 等[1-72]创造性地使用电化学方法将阻锈剂迁入了保护层被完全碳化的混凝土，达到了较好的修复效果。国内对于电迁移阻锈过程也有一些研究。2008 年，唐军务等[1-93]提出了电渗阻锈技术，并将该技术实验性地应用于军港码头。洪定海等[1-22]研制出 BE 阻锈剂，采用电化学方法，使其在短期内迁移至 10cm 厚的混凝土内，并证实其对钢筋具有明显的阻锈效果；同时，研究表明[1-94]，与单一的电化学除氯及阻锈剂自然渗透修复技术相比，电渗阻锈技术可加速阻锈剂基团迁移到钢筋表面，能显著提高防腐修复效果，并通过试验提出了以钢筋的腐蚀电位或 N/Cl 值作为电渗阻锈效果的评判方法。国内外研究[1-95]表明，电渗阻锈技术的关键是含阳离子的迁移型阻锈剂，具有一定的电迁移能力，在短期内施加适当的阴极电流后，该阻锈剂能迅速迁移至钢筋表面上，并且能在电迁移结束后实现对钢筋的长期保护。电渗阻锈技术目前的研究短板或者说是研究前景是长期作用效果的试验验证和现场长期检测跟踪，并且着力解决应力状态下钢筋的氢脆问题。

1.4 电化学方法的技术标准

合理地设置电化学作用过程中的电化学参数可以有效地提高电化学作用的效率；相反，电化学作用的参数控制不当，不仅会降低电化学修复效率，还会造成钢筋-混凝土黏结能力降低、钢筋表面析氢，甚至诱发碱骨料反应等不良后果。电化学作用过程中的方法选择和参数设计则主要根据规范、试验与经验来确定。表 1-1 列举了国内外有关电化学修复技术的一些主要规范。但是，不同国家(组织)和不同行业之间的规范对电化学作用的方法和参数的设计取值尚存在较大的差异，其中包括阴极保护、电化学沉积、电化学再碱化、电化学除氯四种电化学技术关键参数的国内外规范对比，有关参数仍需要通过试验来确定。

表 1-1 国内外主要的电化学技术规范

Table 1-1 Electrochemical rehabilitation standards of domestic and overseas

规范区域	规范名称	规范编号	规范类型
中国	《混凝土结构耐久性电化学技术规程》	T/CECS 565—2018	中国工程建设标准化协会标准
	《混凝土结构耐久性修复与防护技术规程》	JGJ/T 259—2012	中国住建部行业标准
	《海港工程钢筋混凝土结构电化学防腐蚀技术规范》	JTS 153-2—2012	中国交通运输部行业标准
美国	*Electrochemical realkalization and chloride extraction for reinforced concrete*	NACE SP0107—2017	美国防腐蚀协会标准(NACE)
	Standard practice: Cathodic protection of reinforcing steel in buried or submerged concrete structures	NACE SP0408—2014	美国防腐蚀协会标准(NACE)
	Standard practice: Impressed current cathodic protection of reinforcing steel in atmospherically exposed concrete structures	NACE SP0290	美国防腐蚀协会标准(NACE)
日本	《電気化学的防食工法》	20011012-CP-ECR-ER-ED	日本标准
欧洲	*Electrochemical realkalization and chloride extraction treatments for reinforced concrete*	BS EN 14038-1: 2020	欧盟标准(EN)
ISO	*Cathodic protection of steel in concrete*	BS EN ISO 12696: 2016	国际标准化组织(ISO)

1.5 本书的目的

混凝土结构内钢筋和混凝土的腐蚀本质上为电化学作用的效应，因此，混凝土结构耐久性的本质为电化学作用。与传统修复方法相比，电化学方法优势体现在可以大大节省修补时间，减少繁重的工作量和粉尘污染，可以避免凿除过程中产生混凝土微裂缝，能显著降低经济成本和扩大社会效益。因此，本书作者及其所在的浙江大学研究团队围绕混凝土结构耐久性的演变(化)规律，以电化学作用的效应为主线，按照“防护—修复—提升—控制”这一认知过程，对混凝土结构耐久性的电化学作用进行分析、评价和工程应用，形成了我国第一部混凝土结构耐久性的电化学作用技术规范，有力地推动了混凝土结构耐久性的发展。

结合混凝土结构耐久性的电化学作用机理、分析、评价和工程应用，便于同行的交流和工程应用，特撰写本书。具体的章节编排和主要内容介绍如下：

第 1 章简明扼要地提出了工程建设中混凝土结构耐久性问题的重要性、成因、劣化阶段和解决方法，介绍了传统的混凝土结构耐久性防护与修补方法；给出了传统耐久性的电化学技术标准。

第 2 章给出了电化学过程中离子迁移、生成和结合等物理和化学过程，揭示外加电场作用下混凝土内部的多离子传输机理，通过修正 PNP 方程建立电场作用下多离子传输模型；利用该模型考虑电极边界处的离子反应、混凝土孔隙中的离子结合与分解作用，解释环境温度和钢筋分布对电化学效率的影响。

第 3 章重点阐述混凝土结构耐久性的双向电迁移电化学的基本理论，阐述电化学过程的钢筋氢脆和极化电流密度的基本方法，以及纳米粒子电迁移技术在电化学技术中的应用。

第 4 章介绍了混凝土结构耐久性中电化学的防护技术问题，给出了电化学阴极保护的基本原理、分类和特点，分别介绍了电化学的外加电流阴极保护方法和牺牲阳极阴极保护方法，包括系统的组成和系统设计等部分，给出了电化学防护技术的工程应用案例。

第 5 章介绍了混凝土结构耐久性中电化学的修复技术问题，提出了电化学修复前的技术准备和电化学修复技术的特点与局限性，给出了电化学的除氯技术、电化学再碱化技术、电沉积技术、迁移型阻锈技术和双向电迁移技术，以及相应的基本原理、应用技术的组成和特点等；给出了电化学修复技术的工程应用案例。

第 6 章介绍了耐久性电化学方法在混凝土结构全寿命阶段的提升效果，给出了电化学作用对钢筋、混凝土及其黏结性能的提升效果，获取了钢筋耐蚀性能、混凝土碱度、混凝土孔结构等指标与电化学修复参数之间的变化规律，并提出纳米电迁方法实现了混凝土性能的综合提升。研究了混凝土结构在氯离子侵蚀、钢筋脱钝及锈胀开裂阶段的电化学作用，掌握了不同劣化阶段电化学作用后的寿命提升效果。

第 7 章通过系统试验和理论研究，探明电化学参数对钢筋变形性能、混凝土构件静力及疲劳性能的影响，介绍了氯离子浓度、钢筋锈蚀及锈胀开裂监测技术，并提出了不同耐久性劣化的寿命控制指标。

第 8 章主要针对预应力混凝土结构的耐久性问题，提出了采取预应力混凝土结构的电化学方法来提升和控制预应力结构的耐久性。以断裂能比来评价电化学修复对预应力筋的氢脆影响，研究了电流密度、通电时间、电解质溶液等因素与预应力筋氢脆敏感性之间的关系，分析了电化学修复过程通电参数与电解质溶液对预应力筋氢脆的影响。

第 9 章主要介绍了电化学方法在桥梁工程运营期的预防性维护、桥梁工程施工期缺陷治理、房屋建筑施工期缺陷治理、“海砂屋”的防治与提升等工程案例，开发研制了一系列设备，提出了成套技术路线。

参 考 文 献

[1-1] 金伟良, 赵羽习. 混凝土结构耐久性[M]. 北京: 科学出版社, 2002.

[1-2] 陈肇元. 混凝土结构安全性耐久性及裂缝控制[M]. 北京: 中国建筑工业出版社, 2013.

[1-3] 侯保荣, 路东柱. 我国腐蚀成本及其防控策略[J]. 中国科学院院刊, 2018, 33(6): 601-609.

[1-4] Mehta P K. Durability of concrete—fifty years of progress[C]. CANMET/ACI. 2nd International Conference of Durability, Montreal, 1991.

[1-5] 金伟良, 赵羽习. 混凝土结构耐久性[M]. 2 版. 北京: 科学出版社, 2014.

[1-6] 牛荻涛. 混凝土结构耐久性与寿命预测[M]. 北京: 科学出版社, 2003.

[1-7] 葛燕. 混凝土中钢筋的腐蚀与阴极保护[M]. 北京: 化学工业出版社, 2007.

[1-8] Redaelli E, Lollini F, Bertolini L. Cathodic protection with localised galvanic anodes in slender cabornated concrete elements[J]. Materials and Structures, 2014, 47(11): 1839-1855.

[1-9] Funahashi M, Sirola T, McIntaggart D. Cost effective cathodic protection system for concrete structures[J]. Materials Performance, 2014, 53(11): 32-37.

[1-10] 侯保荣. 海洋腐蚀环境理论及其应用[M]. 北京: 科学出版社, 1999.

[1-11] Castellote M, Andrade C, Alonso M C. Changes in concrete pore size distribution due to electrochemical chloride migration trials[J]. ACI Structural Journal, 1999, 96(3): 314-319.

[1-12] 郭育霞. 钢筋混凝土电化学除氯及除氯后性能研究[M]. 北京: 煤炭工业出版社, 2013.

[1-13] Siegwart M, Lyness J F, McFarland B J. Change of pore size in concrete due to electrochemical chloride extraction and possible implications for the migration of ions[J]. Cement and Concrete Research, 2003, 33(8): 1211-1221.

[1-14] 张邦庆, 储洪强, 蒋林华, 等. 电化学脱盐对结合氯离子稳定性的若干影响因素研究[J]. 材料导报, 2015, 29(20): 70-75.

[1-15] 韦江雄, 王新祥, 郑靓, 等. 电除盐中析氢反应对钢筋-混凝土黏结力的影响[J]. 武汉理工大学学报, 2009, 31(12): 30-34.

[1-16] Orellan J C, Escadeillas G, Arliguie G. Electrochemical chloride extraction: efficiency and side effects[J]. Cement and Concrete Research, 2004, 34(2): 227-234.

[1-17] Eydelnant A, Miksic B, Gelner L. Migrating corrosion inhibitors for reinforced concrete[J]. Con Chem Journal, 1993, 2: 38-52.

[1-18] Asaro M F, Gaynor A T, Hettiarachchi S. Electrochemical chloride removal and protectionof concrete bridge components (injection of synergistic inhibitors) strategic highway research program, SHRP-S-310[R]. Washington DC: National Research Council, 1990.

[1-19] Sawada S, Kubo J, Page C L, et al. Electrochemical injection of organic corrosion inhibitors into carbonated cementitious materials: Part 1. Effects on pore solution chemistry[J]. Corrosion Science, 2007, 49(3): 1186-1204.

[1-20] Kubo J, Sawada S, Page C L, et al. Electrochemical injection of organic corrosion inhibitors into carbonated cementitious materials: Part 2. Mathematical modelling[J]. Corrosion Science, 2007, 49(3): 1205-1227.

[1-21] 唐军务, 黄长虹. 高桩码头钢筋混凝土结构延寿技术现场试验研究[J]. 中国港湾建设, 2009, (4): 26-28.
[1-22] 洪定海, 王定选, 黄俊友. 电迁移型阻锈剂[J]. 东南大学学报(自然科学版), 2006, (S2): 154-159.
[1-23] 余其俊, 费飞龙, 韦江雄, 等. 阳离子型咪唑啉阻锈剂的合成及防腐蚀性能[J]. 华南理工大学学报(自然科学版), 2012, 40(10): 134-141.
[1-24] 章思颖. 应用于双向电渗技术的电迁移型阻锈剂的筛选[D]. 杭州: 浙江大学, 2012.
[1-25] 郭柱. 三乙烯四胺阻锈剂双向电渗效果研究[D]. 杭州: 浙江大学, 2013.
[1-26] 黄楠. 双向电渗对氯盐侵蚀混凝土结构的修复效果及综合影响[D]. 杭州: 浙江大学, 2014.
[1-27] Otsuki N, Ryu J S. Use of electrodeposition for repair of concrete with shrinkage cracks[J]. Journal of Materials in Civil Engineering, 2001, 13(2): 136-142.
[1-28] Sasaki H, Fukute T, Yokoda M. Repair method of marine reinforced concrete by electro-deposition technique[C]. Proceedings of Annual Conference of JCI. Kyoto: Japanese Concrete Institute, 1992: 849-854.
[1-29] Ryu J S, Otsuki N. Crack closure of reinforced concrete by electrodeposition technique[J]. Cement and Concrete Research, 2002, 32(1): 159-164.
[1-30] 蒋正武, 邢锋, 孙振平, 等. 电沉积法修复钢筋混凝土裂缝的基础研究[J]. 水利水电科技进展, 2007, (3): 5-8+20.
[1-31] 邢锋, 朱继华, 韩宁旭, 等. 采用 CFRP 阳极的钢筋混凝土结构阴极保护方法及装置: 201310131345.6[P]. 2013.
[1-32] 唐祖全, 李卓球, 钱觉时. 碳纤维导电混凝土在路面除冰雪中的应用研究[J]. 建筑材料学报, 2004, (2): 215-220.
[1-33] Xu J, Yao W. Current distribution in reinforced concrete cathodic protection system with conductive mortar overlay anode[J]. Construction and Building Materials, 2009, 23(6): 2220-2226.
[1-34] Zhang D W, Ueda T, Furuuchi H. Concrete cover separation failure of overlay-strengthened reinforced concrete beams[J]. Construction and Building Materials, 2012, 26(1): 735-745.
[1-35] 邵旭东, 彭建新, 晏班夫. 基于结构可靠度的劣化桥梁维护方案成本优化研究[J]. 工程力学, 2008, (9): 149-155, 197.
[1-36] 吴海军, 陈艾荣. 桥梁结构耐久性设计方法研究[J]. 中国公路学报, 2004, (3): 60-64, 70.
[1-37] 彭建新, 邵旭东, 晏班夫. 使用概率模型的桥梁维护成本计算方法研究[J]. 湖南大学学报(自然科学版), 2009, 36(4): 13-18.
[1-38] 张克波, 朱建华. 基于价值工程与变权综合评价的服役桥梁维修加固方案决策[J]. 中外公路, 2006, (1): 121-124.
[1-39] 徐岳, 武同乐. 桥梁加固工程生命周期成本横向对比分析[J]. 长安大学学报(自然科学版), 2004, (3): 30-34.
[1-40] 王胜年, 黄君哲, 张举连, 等. 华南海港码头混凝土腐蚀情况的调查与结构耐久性分析[J]. 水运工程, 2000, (6): 8-12.
[1-41] 赵铁军, 金祖权, 王命平, 等. 胶州湾海底隧道衬砌混凝土的环境条件与耐久性[J]. 岩石力学与工程学报, 2007, (S2): 3823-3829.
[1-42] 陈韬, 马悦, 刘凯, 等. 海工混凝土延寿涂装技术[J]. 中国港湾建设, 2017, 37(7): 27-30, 52.
[1-43] 赵羽习, 杜攀峰, 金伟良. 混凝土防腐涂料抗氯离子侵蚀性能试验研究[J]. 建筑科学与工程学报, 2009, 26(2): 26-31.
[1-44] 郭思瑶, 赵铁军, 戴建国, 等. 纳米 TiO_2/石墨烯对环氧树脂混凝土防腐涂料的界面改性及抗氯离子渗透性能研究[J]. 中国科技成果, 2017, 18(4): 64-65.
[1-45] 张宝胜, 干伟忠, 陈涛. 杭州湾跨海大桥混凝土结构耐久性解决方案[J]. 土木工程学报, 2006, (6): 72-77.
[1-46] 张燕, 邓智平, 刘朝辉, 等. 喷涂聚脲弹性体在军事永久工程防腐中的应用[J]. 表面技术, 2012, 41(4): 110-112.
[1-47] 杨磊. 高分子钢筋阻锈剂阻锈效果的研究[D]. 广州: 华南理工大学, 2012.
[1-48] Bavarian B, Reiner L. The efficacy of using migrating corrosion inhibitors(MCI 2020 & MCI 2020M) for reinforced concrete[R]. Northridge: California State University. 2004.
[1-49] de Schutter G, Luo L. Effect of corrosion inhiliting admixtures on concrete properties[J]. Construction and Building Materials, 2004, 18: 483-489.
[1-50] Nmai C K. Multi-functional organic corrosion inhibitor[J]. Cement and Concrete Composites, 2004, 26(3): 199-207.
[1-51] Sohanghpurwala A A, Scannell W T, Hartt W H. Repair and Rehabilitation of Bridge Components Containing Epoxy-Coated Reinforcement[M]. NCHRP Web Document, 2002.
[1-52] 张羽, 张俊喜, 王昆, 等. 电化学修复技术在钢筋混凝土结构中的研究及应用[J]. 材料保护, 2009, 42(8): 51-55+1.

[1-53] Cramer S D, Bullard S J, Covino B S, et al. Carbon paint anode for reinforced concrete bridges in coastal environments[Z]. Denver: NACE International, 2002.

[1-54] Ali M, Al-Ghannam H A. Cathodic protection for above-water sections of a steel-reinforced concrete seawater intake structures[J]. Material Performance, 1998, 37(6): 11-16.

[1-55] Tettamanti M, Rossini A, Cheaitani A. Cathodic prevention and protection of concrete elements at the sydney opera house[J]. Material Performance, 1997, 36(9): 21-25.

[1-56] 潘峻, 陈龙, 王迎飞, 等. 混凝土外加电流阴极保护系统的设计和施工[J]. 华南港工, 2008, (2): 51-54.

[1-57] 朱雅仙, 蔡伟成, 吴烨, 等. 氯盐环境中钢筋混凝土阴极防护技术有关问题初探[J]. 混凝土, 2010, (4): 31-33.

[1-58] 彭王威. CFRP/碱激发胶凝复合材料作为ICCP-SS系统辅助阳极的性能研究[D]. 深圳: 深圳大学, 2016.

[1-59] Lambert P. Cathodic protection of reinforced concrete[J]. Anti-Corrosion Methods and Materials, 1995, 42(4): 4-5.

[1-60] 方琴. 高效牺牲阳极阴极保护技术在天津港改扩建工程中的应用[J]. 水道港口, 2002, 23(3): 152-153.

[1-61] 葛燕, 朱锡昶. 氯化物环境钢筋混凝土的腐蚀和牺牲阳极保护[J]. 水利水电科技进展, 2005, (4): 67-70.

[1-62] 李祝文, 李岩, 项明, 等. 牺牲阳极阴极保护在沿海挡潮闸中的应用[J]. 材料保护, 2017, 50(8): 96-99.

[1-63] 黄晓刚, 何健, 储洪强. 电化学防腐技术在混凝土结构中的应用研究概况[J]. 建筑技术开发, 2008, 35(8): 33-34.

[1-64] 樊云昌. 混凝土中钢筋腐蚀的防护与修复[M]. 北京: 中国铁道出版社, 2001.

[1-65] van den Hondel A J. Electrochemical realkalisation and chloride removal of concrete[J]. Construction Repair, 1992, 6(3): 19.

[1-66] 朱雅仙. 碳化混凝土再碱化技术的研究[J]. 水运工程, 2001, (6): 12-14, 16.

[1-67] Velivasakis E E, Henriksen S K, Whitmore D. Chloride extraction and realkalization of reinforced concrete stop steel corrosion[J]. Journal of Performance of Constructed Facilities, 1998, 12(2): 77-84.

[1-68] Andrade C, Castellote M, Sarría J, et al. Evolution of pore solution chemistry, electro-osmosis and rebar corrosion rate induced by realkalisation[J]. Materials & Structures, 1999, 32(6): 427-436.

[1-69] 童芸芸, Véronique B, Elisabeth M V. 钢筋腐蚀程度对电化学再碱化处理效果的影响[J]. 浙江大学学报(工学版), 2011, 45(11): 1991-1996.

[1-70] 蒋正武, 杨凯飞, 潘微旺. 碳化混凝土电化学再碱化效果研究[J]. 建筑材料学报, 2012, 15(1): 17-21.

[1-71] Polder R, van der Hondel H J. Electrochemical realkalisation and chloride remove of concrete, state of the art, laboratory and field experience[Z]. Melboume: RILEM, 1992.

[1-72] Sawada S, Page C L, Page M M. Electrochemical injection of organic corrosion inhibitors into concrete[J]. Corrosion Science, 2005, 47(8): 2063-2078.

[1-73] 孙文博, 高小建, 杨英姿, 等. 电化学除氯处理后的混凝土微观结构研究[J]. 哈尔滨工程大学学报, 2009, 30(10): 1108-1112.

[1-74] 郭育霞, 贡金鑫, 尤志国. 电化学除氯后混凝土性能试验研究[J]. 大连理工大学学报, 2008, (6): 863-868.

[1-75] Broomfield J P, Buenfeld N R. Effect of electrochemical chloride extraction on concrete properties: investigation of field concrete[J]. Transportation Research Record, 1997, 1597(1): 77-81.

[1-76] 吕忆农, 朱雅仙, 卢都友. 电化学脱盐对混凝土碱骨料反应的影响[J]. 南京工业大学学报(自然科学版), 2002, 24(6): 35-39.

[1-77] Miranda J M, González J A, Cobo A, et al. Several questions about electrochemical rehabilitation methods for reinforced concrete structures[J]. Corrosion Science, 2006, 48(8): 2172-2188.

[1-78] Hansson C M, Mammoliti L, Hope B B. Corrosion inhibitors in concrete—part Ⅰ: The principles[J]. Cement and Concrete Research, 1998, 28(12): 1775-1781.

[1-79] Soeda K, Ichimura T. Present state of corrosion inhibitors in Japan[J]. Cement and Concrete Composites, 2003, 25(1): 117-122.

[1-80] Chaussadent T, Nobel-Pujol V, Farcas F, et al. Effectiveness conditions of sodium monofluorophosphate as a corrosion inhibitor for concrete reinforcements[J]. Cement and Concrete Research, 2006, 36(3): 556-561.

[1-81] Monticelli C, Frignani A, Trabanelli G. A study on corrosion inhibitors for concrete application[J]. Cement and Concrete Research, 2000, 30(4): 635-642.

[1-82] Al-Amoudi O S B, Maslehuddin M, Lashari A N, et al. Effectiveness of corrosion inhibitors in contaminated concrete[J]. Cement and Concrete Composites, 2003, 25(4-5): 439-449.

[1-83] de Rincón O T, Pérez O, Paredes E, et al. Long-term performance of ZnO as a rebar corrosion inhibitor[J]. Cement and Concrete Composites, 2002, 24(1): 79-87.

[1-84] Gaidis J M. Chemistry of corrosion inhibitors[J]. Cement and Concrete Composites, 2004, 26(3): 181-189.

[1-85] Welle A, Liao J D, Kaiser K, et al. Interactions of *N*, *N'*-dimethylaminoethanol with steel surfaces in alkaline and chlorine containing solutions[J]. Applied Surface Science, 1997, 119(3-4): 185-198.

[1-86] Elsener B, Büchler M, Stalder F, et al. Migrating corrosion inhibitor blend for reinforced concrete: Part 1-Prevention of corrosion[J]. Corrosion, 1999, 55(12): 1155-1163.

[1-87] Heiyantuduwa R, Alexander M G, Mackechnie J R. Performance of a penetrating corrosion inhibitor in concrete affected by carbonation-induced corrosion[J]. Journal of Materials in Civil Engineering, 2006, 18(6): 842-850.

[1-88] Jamil H E, Shriri A, Boulif R, et al. Electrochemical behaviour of amino alcohol-based inhibitors used to control corrosion of reinforcing steel[J]. Electrochimica Acta, 2004, 49(17-18): 2753-2760.

[1-89] 周华林，胡达和. 迁移复合型钢筋阻锈(MCI)新技术[J]. 工业建筑, 2001, 31(2): 65-67.

[1-90] 黄洁，张松. 钢筋阻锈剂综述[J]. 工业建筑, 2008, (S1): 826-829.

[1-91] 周华林，胡达和. 钢筋锈蚀状态的检测与MCI阻锈技术的应用[J]. 工业建筑, 2001, 31(4): 76-78.

[1-92] 费飞龙. 新型电迁移性阻锈剂的研制及其阻锈效果与机理的研究[D]. 广州：华南理工大学, 2015.

[1-93] 唐军务，朱雅仙，黄长虹，等. 军港码头采用不同延寿修复技术比较研究[J]. 海洋工程, 2009, 27(4): 116-120.

[1-94] 王卫仑，徐金霞，高国福，等. 电化学除氯法和二-甲基乙醇胺电渗透的联合修复技术[J]. 河海大学学报(自然科学版), 2014, 42(6): 535-540.

[1-95] 麻福斌. 醇胺类迁移型阻锈剂对海洋钢筋混凝土的防腐蚀机理[D]. 北京：中国科学院研究生院(海洋研究所), 2015.

第2章

混凝土内部的离子传输

电场作用下，混凝土内部将发生一系列复杂的物理和化学变化。各种离子在孔隙液中各处浓度随时间不断发生变化。本章通过介绍电化学过程中离子迁移、生成和结合等物理和化学过程，揭示外加电场作用下混凝土内部的多离子传输机理，通过修正 PNP 方程建立电场作用下多离子传输模型。最后，利用该模型考虑电极边界处的离子反应、混凝土孔隙中的离子结合与分解作用，并解释环境温度和钢筋分布对电化学效率的影响。

电化学作用过程是一个离子迁移与物质反应的复杂物理和化学过程。目前，许多学者对各类电化学过程中的离子迁移、化学反应进行了大量、深入的研究。在电化学作用过程中，混凝土内孔隙液中阴、阳离子向电极正、负两端发生迁移，离子的迁移受到电化学电位梯度的驱动作用，离子与离子之间，以及离子扩散速率不同产生的电场之间存在复杂的耦合作用；在离子的传输过程中，一部分离子存在于混凝土孔隙液中成为自由离子，另一部分与混凝土的固相成分和孔结构表面发生物理吸附或化学结合成为结合离子，外界的增益型阳离子与混凝土内部碱性成分发生化学反应。这是混凝土在电化学作用下离子传输过程的基本关系。

2.1 多离子传输模型

2.1.1 基本方程

根据物质守恒方程，电化学过程中混凝土内部各离子的浓度可描述为

$$\frac{\partial C_k}{\partial t} = -\nabla J_k, \qquad k = 1, 2, \cdots, n \tag{2-1}$$

式中，n 为各离子类型总数；C_k 为第 k 种离子在混凝土中的浓度(mol/m^3)；t 为时间(s)；J_k 为第 k 种离子在混凝土中的通量[mol/(m^2·s)]。

电场作用下各离子的扩散系数和电迁移通量 J_k 关系如下：

$$J_k = -D_k \nabla C_k - z_k D_k \left(\frac{F}{RT} \nabla \Phi \right) C_k \tag{2-2}$$

式中，D_k 为第 k 种离子的扩散系数(m^2/s)；z_k 为第 k 种离子的电价数；T 为热力学温度(K)；$R = 8.314$J/(mol·K)，为摩尔气体常量；$F = 96485$C/mol，为法拉第常量；Φ 为混凝土内部电势。

将上述式(2-2)代入式(2-1)，即为电化学过程离子浓度场控制方程：

$$\frac{\partial C_k}{\partial t} = D_k \nabla^2 C_k + \frac{z_k D_k F}{RT} \nabla [(\nabla \Phi) C_k] \tag{2-3}$$

由式(2-3)可知，浓度场控制方程由 n 个方程组成，未知量包括 C_k 与 Φ，共计 n+1 个未知量，因此，为求解上述浓度场控制方程，需引入电势场条件。

目前，针对钢筋混凝土结构电化学过程的数值模拟主要基于求解物质守恒方程和 Nernst-Planck 方程的离子传输模型[2-1]，通过引入电势场条件考虑电场作用对离子传输的影响，常用的电势场条件有常电势条件[2-2]、电中性条件[2-3]以及高斯静电理论[2-4]等。

尽管采用上述三类电势场条件均可耦合物质平衡方程和 Nernst-Planck 方程求解，而实际上，常电势条件反映的是电势条件对离子传输的单向耦合问题，未考虑不同离子之间的相互作用；而电中性和高斯静电理论表现了电势条件和离子传输之间的双向耦合关系，可考虑离子之间的相互作用。因此，采用不同电势场条件模拟钢筋混凝土结构电化学过程的数值结果会存在显著差异。

2.1.2　电势场条件

本章分别采用常电势、电中性、高斯静电理论三类电势场条件模拟分析电化学过程电势、离子浓度、离子通量和净电荷数等参数在混凝土内部的分布，通过模拟结果与试验测试结果比较三类电势场条件模型模拟结果的准确性。

常电势条件假定电化学过程中混凝土内各处的电势为定值，不随时间变化，并在空间线性分布，即混凝土内部电势 $\varPhi$ 满足：

$$\frac{\partial \varPhi}{\partial t}=0 \tag{2-4}$$

$$\nabla^2 \varPhi=0 \tag{2-5}$$

在常电势假定下，混凝土内部的电势分布与结构几何、外加直流电源电压值有关。混凝土内部离子的分布和传输对电势分布没有影响，各类离子独立传输，相互之间各不影响，因此，电势条件对离子传输是一种单向耦合关系。

电中性条件的假定是假设混凝土内部净电荷为 0，对外不显示电性，即

$$\sum_{k=1}^{n} z_k C_k=0 \tag{2-6}$$

则电流密度 i 须满足下式：

$$i=F\sum_{k=1}^{n} z_k J_k \tag{2-7}$$

根据式(2-1)，此时电流密度的散度 ∇i 须满足下式：

$$\nabla i=-F\sum_{k=1}^{n} z_k \frac{\partial C_k}{\partial t} \tag{2-8}$$

对式(2-6)左右两边 t 求导，并代入式(2-8)，得

$$\nabla i=0 \tag{2-9}$$

再将式(2-2)代入式(2-7)得

$$\frac{F}{RT}\nabla \varPhi=-\frac{\dfrac{i}{F}+\sum_{k=1}^{n} z_k D_k \nabla C_k}{\sum_{k=1}^{n} z_k^2 D_k C_k} \tag{2-10}$$

式(2-10)为电势梯度与电流密度在电中性条件下的关系。当外接电源是恒电流电源时，根据式(2-10)可将电流条件转化成电势条件。在电中性假定下，混凝土内部的电势分布与各种离子的传输通量有关，会随着时间和空间变化而改变。电势分布受离子传输

通量的影响，电势梯度决定了离子电迁移通量，电势条件与离子浓度密切相关，是双向耦合的关系。

高斯静电理论是最为严格的电势条件，描述了电势变化和颗粒表面电荷密度之间的关系：

$$\nabla^2 \Phi = \frac{F}{\varepsilon_0 \varepsilon_r} \sum_{k=1}^{n} z_k C_k \tag{2-11}$$

式中，$\varepsilon_0 = 8.85 \times 10^{-12}$F/m 为真空绝对介电常数；$\varepsilon_r$ 为介质相对介电常数，对于混凝土取 5。高斯静电理论下，混凝土内部的电势分布与各种离子的浓度有关，也会随着时间与空间变化发生改变。

综上所述，三种模型的电势条件受离子传输的影响存在差异。高斯静电理论是最为严格的电势条件，电中性条件是在离子浓度较高时适用的一个假定，而常电势条件是在离子浓度较低时适用的假定。

2.1.3 电势场条件的模拟分析

为比较三类电势场条件对电化学数值模拟的影响，以电化学除氯为例，采用如图 2-1 所示一维模型模拟电化学除氯修复过程，$x = 0$ 处为辅助阳极表面，$x = 40$mm 处为阴极钢筋表面，考虑混凝土内部的 Cl^-、OH^-、Na^+、Ca^{2+} 4 种离子，外接电源为恒压 10V，电化学时间为 13d。阳极溶液与初始孔隙液为饱和氢氧化钙，孔隙率为 10%。氢氧根离子与钙离子浓度为饱和氢氧化钙在混凝土中的浓度；氯离子浓度为 0.18%水泥质量的换算浓度；离子的扩散系数考虑了离子在混凝土中由于曲折度、连通性等因素的折减。阳极电解质溶液浓度、各离子扩散系数、电价数与混凝土内初始浓度值如表 2-1 模型参数所示。最后，利用 3 类电势场条件分别模拟电化学除氯 13d 的修复过程。

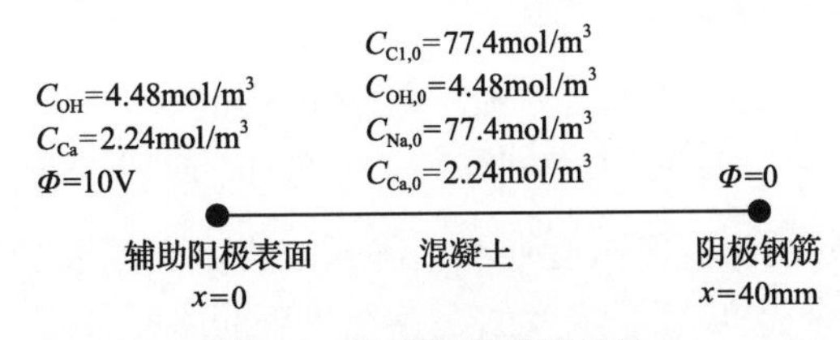

图 2-1 数值模拟模型条件

Figure 2-1 Model of numerical simulation

表 2-1 模型参数

Table 2-1 Parameters of model

离子	阳极电解质溶液浓度/(mol/m³)	初始浓度/(mol/m³)	离子扩散系数 D_k/(10^{-12}m²/s)	电价数 z_k
Cl^-	0	77.4	4	–1
OH^-	4.48	4.48	10.36	–1
Na^+	0	77.4	3.84	+1
Ca^{2+}	2.24	2.24	0.64	+2

图 2-2 为常电势条件模拟结果，从图 2-2(a) 电势分布曲线发现，0～13d 的电势分布

曲线重合，表明常电势条件下电势不随时间改变，且在空间上线性分布，在 $x = 40$mm 阴极钢筋表面电势值为 0，在 $x = 0$ 辅助阳极表面电势值为 10V。

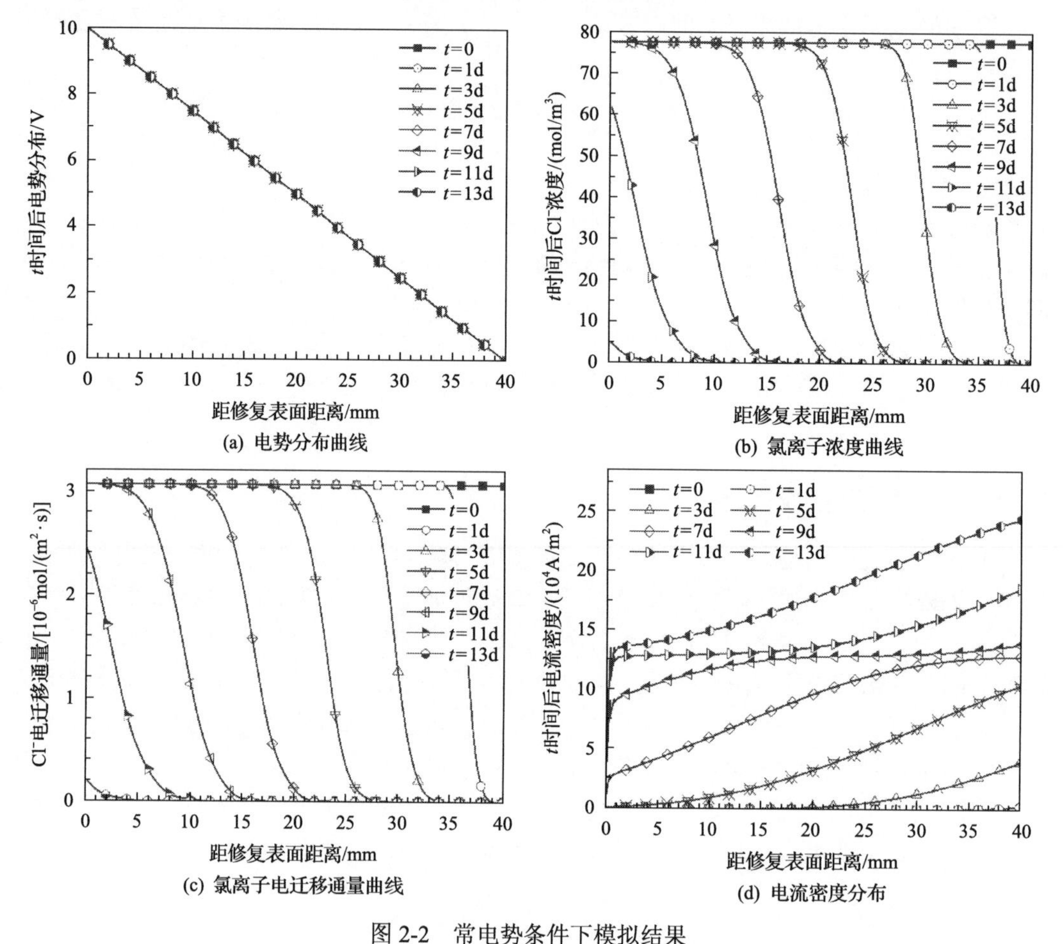

(a) 电势分布曲线　(b) 氯离子浓度曲线

(c) 氯离子电迁移通量曲线　(d) 电流密度分布

图 2-2　常电势条件下模拟结果

Figure 2-2　Simulation results of constant potential condition model

图 2-2(b)为 0～13d 的氯离子浓度曲线，除氯过程中钢筋表面氯离子浓度近似为 0，阳极表面氯离子浓度为初始浓度，浓度曲线存在显著的除氯前端，在除氯前端附近氯离子浓度梯度较大，随着时间推移，除氯前端向阳极移动，表明在电化学除氯开始后，阴极钢筋附近氯离子浓度迅速降低，在 $t = 1$d 时，距钢筋表面 1mm 处的氯离子浓度接近 0，距钢筋表面 6mm 处的氯离子浓度仍维持在初始浓度，除氯前端发生在距钢筋表面 1～6mm 附近，之后除氯前端以接近 3～4mm/d 的速度向混凝土表面移动，在 $t = 13$d 时，除氯前端移动至 36mm 之外，表明此时整个混凝土区域氯离子已基本除尽。

图 2-2(c)为氯离子电迁移通量曲线，由式(2-2)可知，在电势梯度为常数的情况下，离子电迁移通量与离子的浓度成正比，故图 2-2(c)与(b)曲线形状一致。

图 2-2(d)为电流密度分布曲线。电流密度随时间推移不断增大，在 $t = 13$d 时达到 $10^5 A/m^2$ 数量级水平。这是由于在常电势模型中，未考虑离子传输对电势场条件的影响，OH^-的通量随 OH^-浓度升高而无限制增大。

由采用电中性条件与高斯静电理论模型的计算结果(图 2-3)可以发现,两类条件在电势分布、电势梯度分布、加速与抑制区界线、氯离子浓度分布、氯离子电迁移通量和电流密度分布的计算结果较为接近。

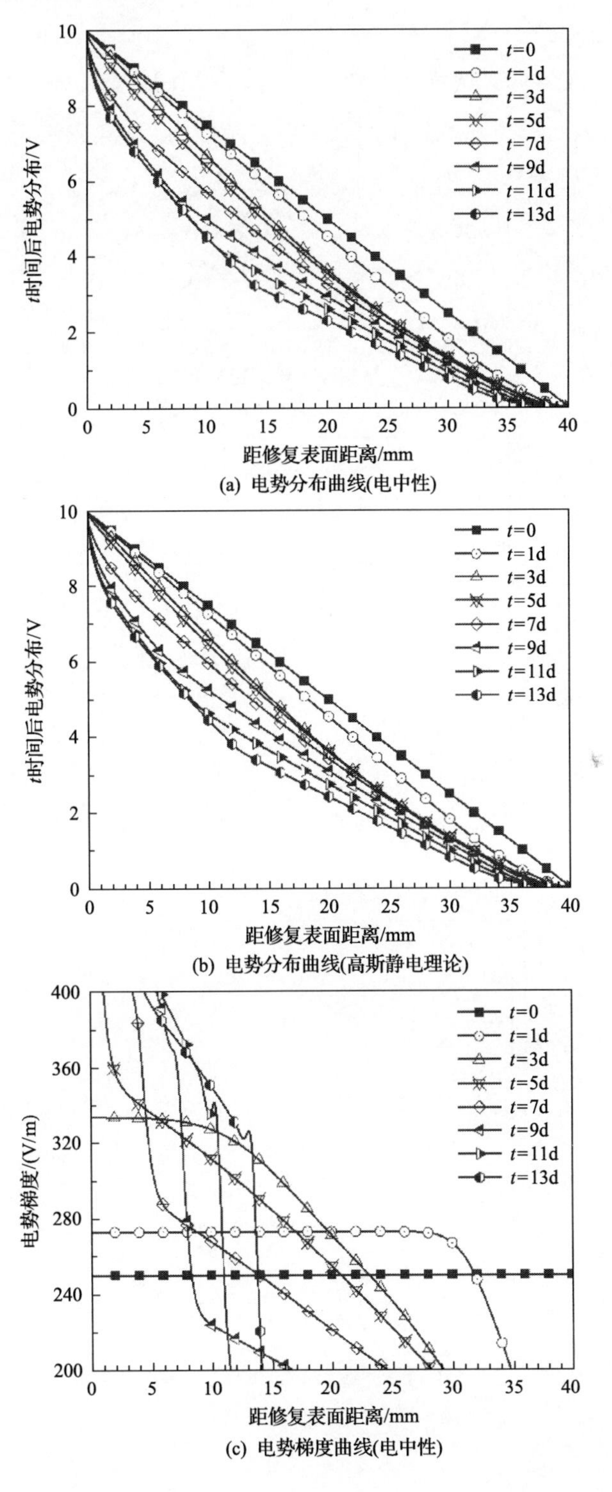

(a) 电势分布曲线(电中性)

(b) 电势分布曲线(高斯静电理论)

(c) 电势梯度曲线(电中性)

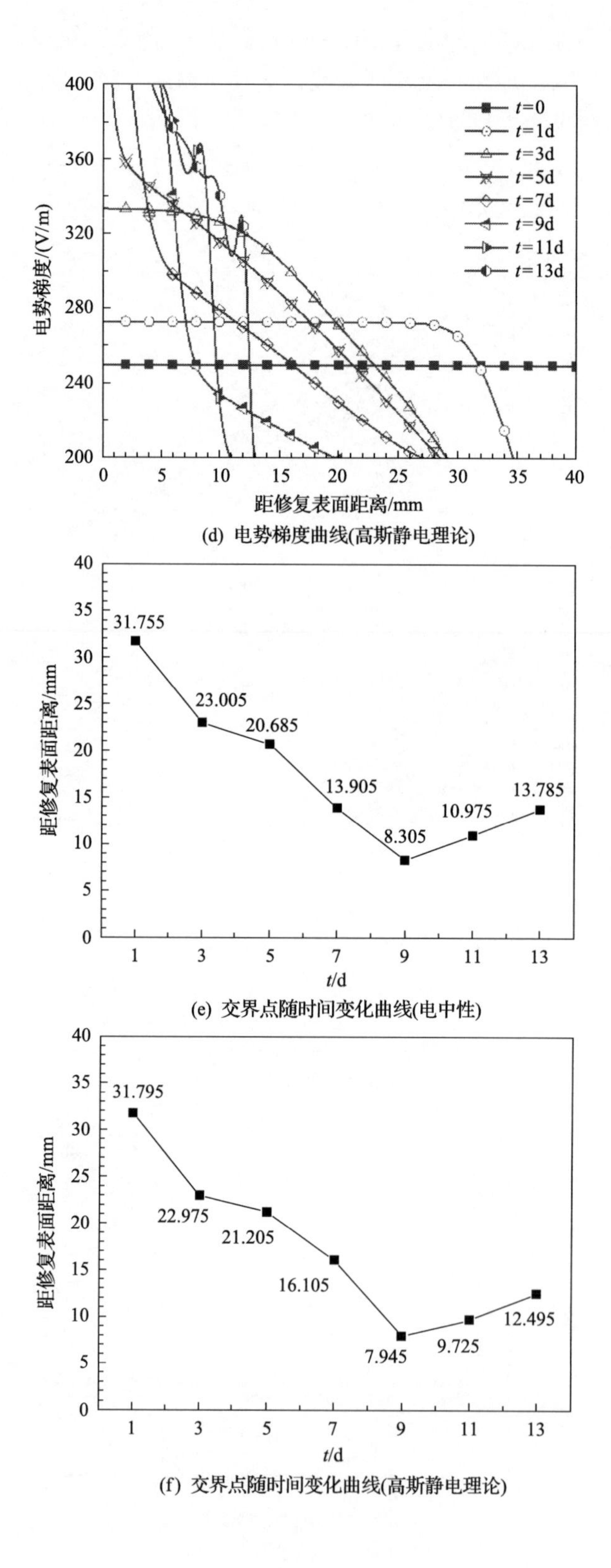

(d) 电势梯度曲线(高斯静电理论)

(e) 交界点随时间变化曲线(电中性)

(f) 交界点随时间变化曲线(高斯静电理论)

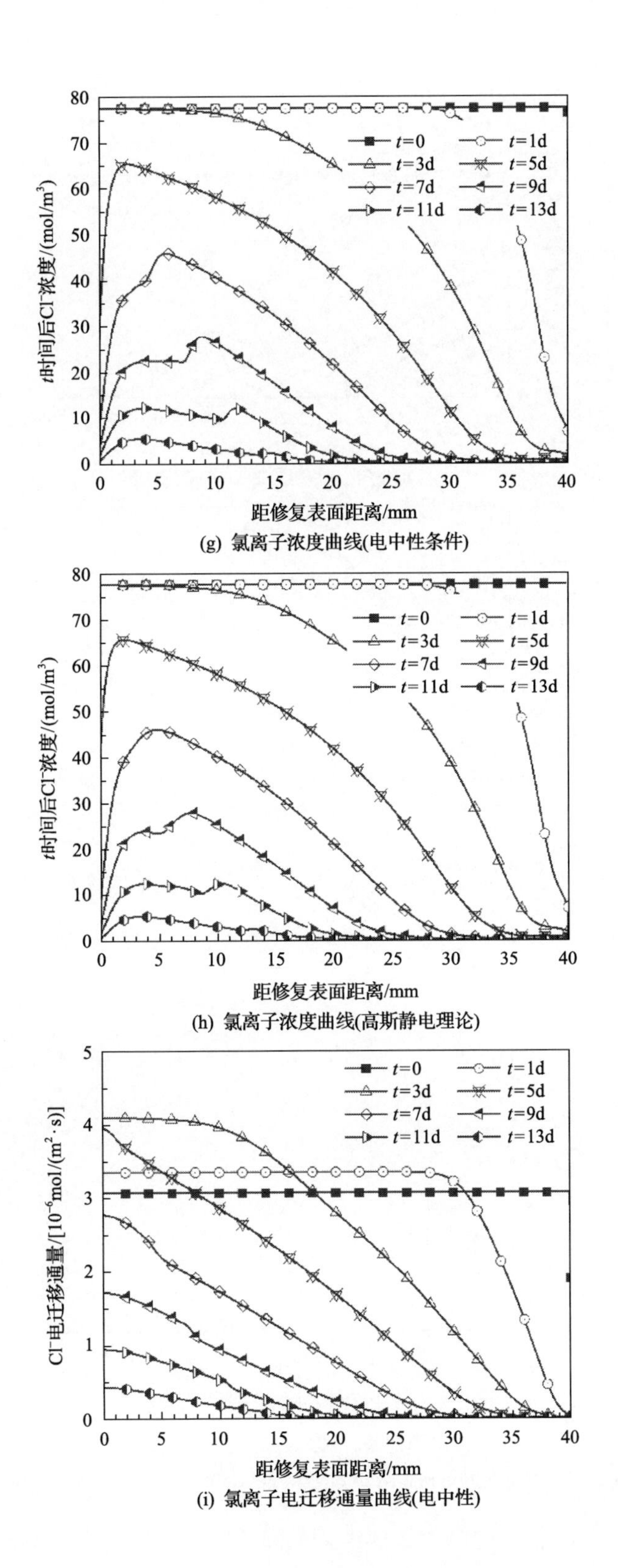

(g) 氯离子浓度曲线(电中性条件)

(h) 氯离子浓度曲线(高斯静电理论)

(i) 氯离子电迁移通量曲线(电中性)

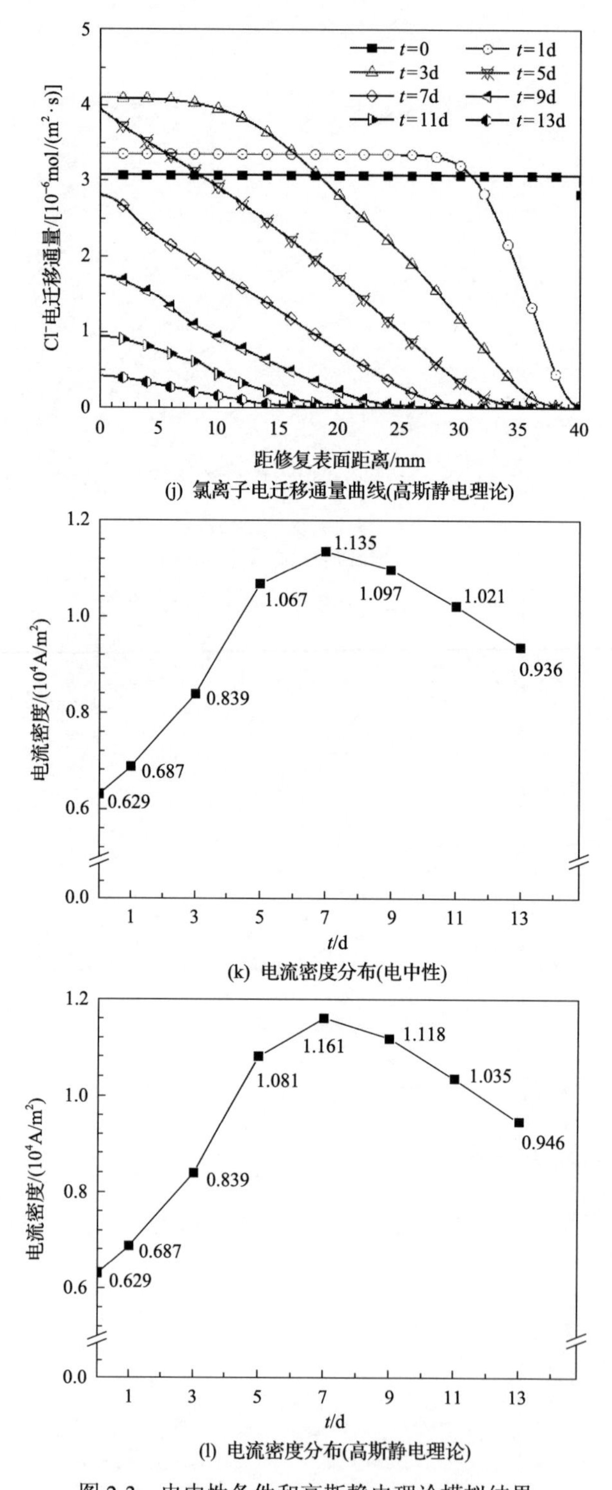

(j) 氯离子电迁移通量曲线(高斯静电理论)

(k) 电流密度分布(电中性)

(l) 电流密度分布(高斯静电理论)

图 2-3　电中性条件和高斯静电理论模拟结果

Figure 2-3　Simulation results of electro-neutrality and Gauss's law models

在电化学除氯过程中，混凝土内部电势是随时间发生变化的。由初始条件下的空间线性分布，非线性程度逐渐增加[图 2-3(a)和(b)]，从电势梯度分布曲线[图 2-3(c)和(d)]可以发现，混凝土内电势梯度在阳极附近较大，在距阳极表面一定距离后随距离增大而逐渐减小。在 $t=0$ 初始时刻，电势梯度与常电势条件计算结果相同，为 250V/m；电化学除氯开始后，阳极附近区域电势梯度增大，阴极附近区域电势梯度减小。根据式(2-2)可知，电势梯度越大，离子电迁移速率越快。可见，电化学除氯开始后，在阳极附近电势梯度高于初始梯度值，与常电势条件计算模型不同，电中性条件或高斯静电理论计算模型可考虑离子间相互作用对离子迁移的加速作用；而在阴极钢筋附近电势梯度低于初始梯度值，离子间相互作用对离子迁移产生抑制作用。在 0～9d 之间，加速作用区域与抑制作用区域的界线随时间推移向混凝土修复表面移动[图 2-3(e)和(f)]，加速作用区域逐渐减小，加速区内的电势梯度增大；抑制作用区域逐渐增大，抑制区内的电势梯度减小[图 2-3(c)和(d)]，在 9～13d 时，加速作用区域与抑制作用区域的界线随时间推移向阴极钢筋方向移动。

从氯离子浓度分布曲线图 2-3(g)和(h)可以发现，阴极钢筋处的氯离子浓度减小较缓，而阳极区域减小较快，这与上述阴极处电势梯度较小，而阳极处电势梯度较大的结论一致。阴极钢筋表面氯离子浓度随时间推移慢慢减小，$t=1$d 时为 7.0mol/m^3，$t=7$d 时为 0.3mol/m^3，在 $t=13$d 时降低至 0.1mol/m^3。修复阳极表面氯离子浓度在除氯 1～3d 时基本保持不变，在 $t=5$d 时，修复阳极表面氯离子浓度开始下降，此时，混凝土内氯离子浓度最大值在距修复表面 2.5mm 处，浓度为 65.4mol/m^3。随着时间推移，最大氯离子浓度的位置向阴极钢筋处偏移，最大浓度峰值降低，$t=7$d 时发生在距离阳极表面 5.8mm 处，浓度为 46.1mol/m^3；$t=13$d 时发生在距离阳极表面 3.4mm 处，浓度为 5.5mol/m^3。分析原因，主要是由于修复表面区域电势梯度变化较大，表面混凝土区域氯离子电迁移迁出通量大于迁入通量，导致该区域离子浓度降低，氯离子浓度峰值向钢筋发生偏移，修复阳极表面附近氯离子浓度比内部峰值低，氯离子浓度随距修复表面距离增大呈先增大后减小的趋势。

氯离子电迁移通量如图 2-3(i)和(j)所示，在阴极钢筋表面氯离子通量随通电时间增加而减小；阳极表面氯离子通量在 1～3d 随通电时间增加而增大，而在 3～13d 则随通电时间增加而减小。从电流密度随时间变化的曲线[图 2-3(k)和(l)]可以发现，电流密度在 0～7d 随通电时间增加而增大，在 7d 后随时间增加而减小。氯离子电迁移通量与电流密度的变化表明电化学整体的除氯效率随时间增加而降低。

图 2-4 为三类电势场条件模拟混凝土内部净电荷数 $\sum_{k=1}^{n} z_k C_k$ 分布情况。在常电势条件下，净电荷数随通电时间增加逐渐增大，并达到较高的数量级水平。这主要是由于随着电化学反应进行，各离子独立发生迁移，Cl^-、OH^-等阴离子向混凝土表面迁移，迁出至阳极溶液中；Na^+、Ca^{2+}等阳离子向阴极钢筋处迁移并聚集，最终导致混凝土内部净电荷数不再保持电中性。

在电中性与高斯静电理论条件下，净电荷数始终保持在较低数量级水平，可近似认为接近零，混凝土内对外不显电性。其中，电中性条件下，净电荷数始终维持在 10^{-14} 数量级；高斯静电理论下净电荷数维持在 10^{-14}～10^{-11} 数量级水平，与电中性假定较为接

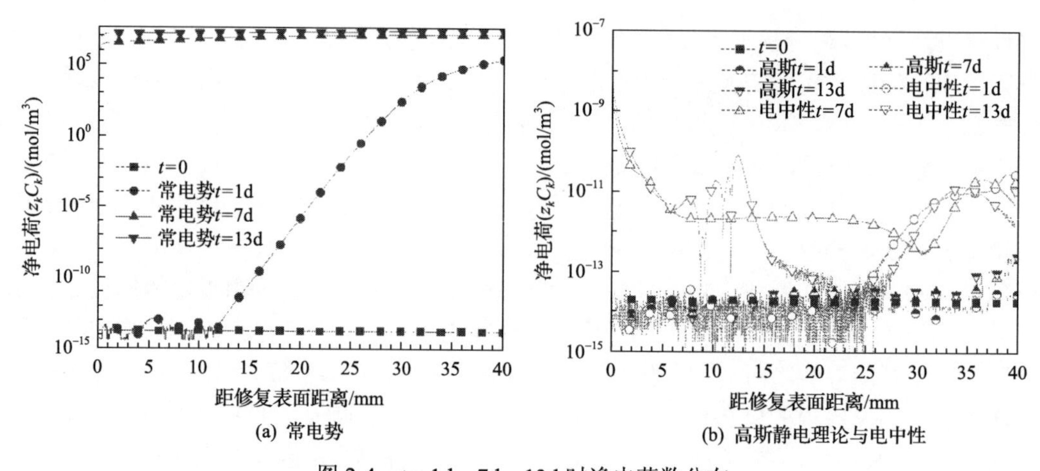

(a) 常电势　　(b) 高斯静电理论与电中性

图 2-4　t = 1d、7d、13d 时净电荷数分布

Figure 2-4　Distribution of net charge at t = 1d, 7d and 13d

近，较好地解释了电中性和高斯静电理论在电势分布、电势梯度分布、加速与抑制区界线、氯离子浓度分布和氯离子电迁移通量模拟结果上相似的原因。

图 2-5 为三类电势条件下的$\nabla^2\Phi$分布情况，常电势条件下，混凝土内部$\nabla^2\Phi$处于10^{-8}～10^{-6}V/m^{2}数量级，接近零。电中性和高斯静电理论模型中，阴极钢筋处的$\nabla^2\Phi$处在10^4V/m^{2}数量级水平，随着距钢筋距离的增大而逐渐减小，且随着时间的推移，数量级逐渐增大，13d 后，整个混凝土内$\nabla^2\Phi$处在10^2～10^4V/m^{2}数量级水平，与常电势假定的$\nabla^2\Phi$=0 相差较大。

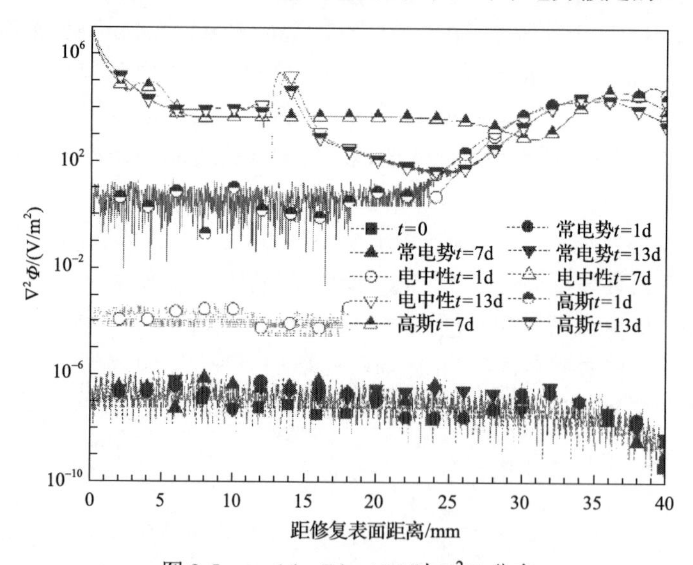

图 2-5　t = 1d、7d、13d 时$\nabla^2\Phi$ 分布

Figure 2-5　Distribution of $\nabla^2\Phi$ at t = 1d,7d and 13d

2.1.4　实验验证

为了进一步验证三类电势条件数值模型与实际电化学试验测试结果的准确性，设计了钢筋混凝土试件的电化学除氯试验(图 2-6)，3 个试件的尺寸为 150mm×150mm×

300mm，保护层厚度为40mm，内置两根直径为20mm的纵筋。混凝土试件配合比如表2-2所示，立方体抗压强度为C30，采用P.O. 42.5水泥，中砂，水灰比取0.54，浇筑时掺入3%水泥质量的化学纯氯化钠，模拟钢筋混凝土受到的氯离子侵蚀作用。标准养护28d后，对试件进行电化学除氯试验(图2-7)，将导线与钢筋外露部位连接。试件除底表面以外，其他表面用环氧树脂密封，阴极采用不锈钢网，阳极溶液为饱和$Ca(OH)_2$。外接直流电源控制恒压10V，电化学除氯时间为15d。

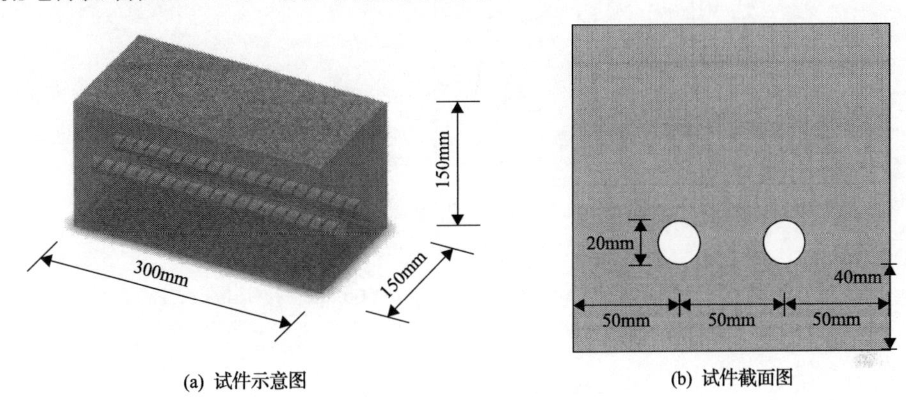

(a) 试件示意图　　(b) 试件截面图

图2-6 试件尺寸示意图

Figure 2-6 Size of specimen

表2-2 混凝土试件配合比

Table 2-2 Mix proportion of concrete specimen

水/(kg/m^3)	水泥/(kg/m^3)	砂/(kg/m^3)	石子/(kg/m^3)	NaCl(占水泥质量)/%
220	406.4	643.1	1049.3	3

数值模拟的一维模型如图2-1所示，并采用表2-1中参数条件，钢筋正下方氯离子浓度模拟结果与试验结果(图2-8)的对比如图2-9所示。从图中可以看出，常电势模型与电中性和高斯静电理论模型模拟结果存在较大差异。在修复辅助阳极附近，电中性和高斯静电理论模型模拟结果与试验结果较为接近；在钢筋阴极附近，对比试验结果，模拟结果会高估电化学除氯效率。

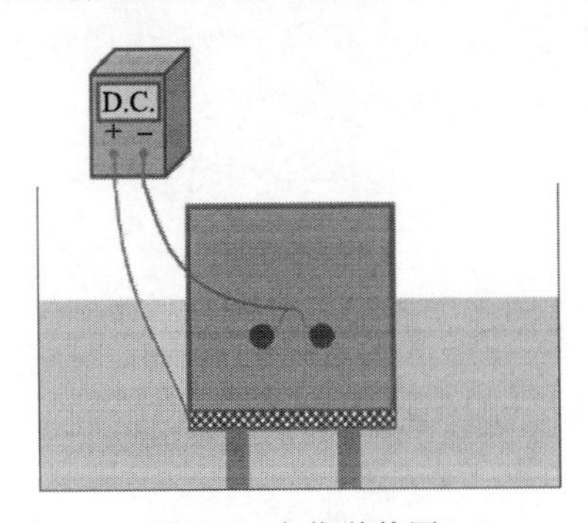

图2-7 电化学装置

Figure 2-7 Schematic of the ECR system

图2-8 试验取粉示意图

Figure 2-8 Sampling methods for chloride content determination

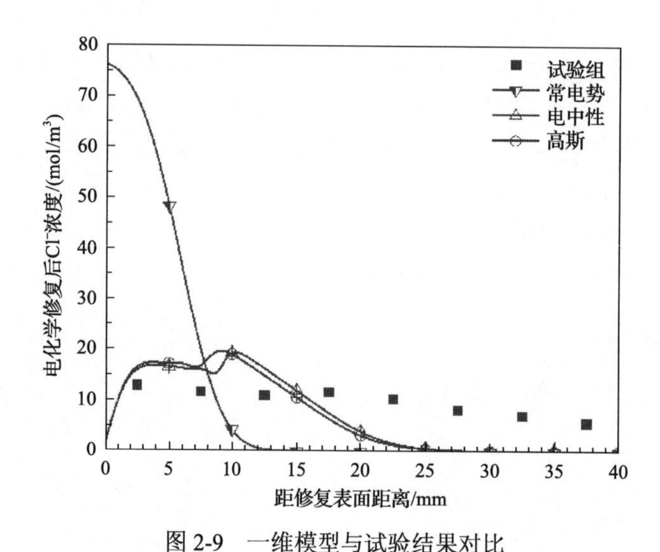

图 2-9　一维模型与试验结果对比

Figure 2-9　Comparison between 1D simulation and experiment results

2.2　物质反应影响

2.2.1　析氢与耗氧反应

混凝土中的电化学是一个包含了离子迁移与物质反应的复杂的物理和化学过程。伴随着混凝土内的 OH^- 及有害 Cl^- 向外迁移，外部 Na^+、K^+、Ca^{2+} 等阳离子向内迁入，一系列化学反应在混凝土内部发生。混凝土外部辅助阳极与内部阴极钢筋表面处进行的电极反应引起物质的生成与消亡；自由 Cl^- 在传输过程中与结合 Cl^- 不断相互转化；电场作用下钢筋附近聚集的碱性离子诱发局部碱骨料反应形成碱硅凝胶体；水泥水化产物 C-S-H 与 $Ca(OH)_2$、$Mg(OH)_2$ 反应等。这些物质反应或直接造成了 OH^- 及 Cl^- 浓度的变化，或对混凝土内的孔隙结构、电势分布等造成影响，最终影响离子的传输与电化学的结果。耦合考虑电化学过程中的物质反应与离子传输二者之间的相互影响因素，探寻物质反应与离子传输的相互驱动机理对研究电化学混凝土过程、提升电化学混凝土效率具有重大意义。本节研究了电化学过程中阴阳电极处发生的电极反应，探究了物质生成及物质消亡的过程；研究了 Cl^- 结合效应的原理、结合效应对离子传输的影响以及采用不同结合模型对计算结果的影响；研究了 $Ca(OH)_2$ 溶解沉淀反应对孔隙造成的变化以及对离子传输造成的影响。

在电化学混凝土过程中，混凝土外部辅助电极与内部钢筋电极处不断发生电极反应，对混凝土内部的离子传输具有显著影响。电化学过程中电极处存在物质的氧化还原性强弱，在混凝土内部钢筋阴极处存在的反应主要包括耗氧反应与析氢反应[2-5]：

$$2H_2O + O_2 + 4e^- \longrightarrow 4OH^- \tag{2-12}$$

$$2H_2O + 2e^- \longrightarrow 2OH^- + H_2 \tag{2-13}$$

析氢反应和耗氧反应会在电化学除氯过程前期并存。当氧气被消耗到一定值时，析氢反应会占主导地位，其主要取决于电流密度。耗氧反应的决定因子随着反应的发生会有所变化，前期也取决于电流密度，后期则主要取决于 O_2 扩散到混凝土表面的速率。

析氢反应生成的氢气将在界面区产生膨胀应力，影响钢筋与混凝土之间的黏结性能，同时析氢反应也是混凝土内部孔隙发生改变的原因之一。

在电化学过程中，析氢反应与耗氧反应同时进行，难以在模型中进行量化表示，但从两个反应可以看出，还原反应消耗的电子数与产生的氢氧根数量上应该相同，根据法拉第定律，可以得到在混凝土内部钢筋阴极处产生的 OH^- 通量：

$$J_{OH^-} = \frac{i}{z_{OH^-} F} \tag{2-14}$$

在外接阳极钢筋网处可能发生的反应比较多，主要有以下几种：

$$2H_2O \longrightarrow O_2 + 4H^+ + 4e^- \tag{2-15}$$

$$4OH^- \longrightarrow 2H_2O + O_2 + 4e^- \tag{2-16}$$

$$Fe \longrightarrow Fe^{n+} + ne^- \tag{2-17}$$

$$2Cl^- \longrightarrow Cl_2 + 2e^- \tag{2-18}$$

电化学的阳极反应发生在阳极溶液中，而一般阳极溶液的体积较大或处于流动状态，可认为其中的离子浓度不变。

2.2.2　离子结合效应

除了电极反应外，电化学中混凝土内还存在着氯离子的结合效应[2-6]。氯离子在混凝土内的存在形态主要有两种：一部分氯离子在混凝土内与水泥水化物结合，称为结合氯离子。根据水泥水化物结合氯离子的形式不同，结合氯离子可分为以化学键方式结合的化学固化态的氯离子和以静电作用结合的物理吸附态的氯离子，与水泥水化物结合的氯离子实际上已经不是离子的形态；另一部分氯离子溶解在孔隙液中，称为自由氯离子，如图 2-10 所示。只有自由氯离子才能在混凝土内部进行传输，当钢筋附近的自由氯离子浓度达到一定程度时，钢筋表面钝化膜受到破坏，钢筋开始锈蚀。结合氯离子在混凝土中无法直接进行传输，也无法对混凝土造成危害，可以认为是无害的。因此，在电化学过程中，氯离子结合效应是一个不得不考虑的因素。

1994 年，Nilsson 等[2-7]提出，氯离子的结合能力 R_{Cl} 可以定义为结合氯离子的浓度（C_b）对自由氯离子浓度（C_f）的偏导，以式(2-19)表示：

$$R_{Cl} = \frac{\partial C_b}{\partial C_f} \tag{2-19}$$

式中，R_{Cl} 为氯离子结合能力；C_b 和 C_f 分别为结合氯离子和自由氯离子浓度(mol/m³)。

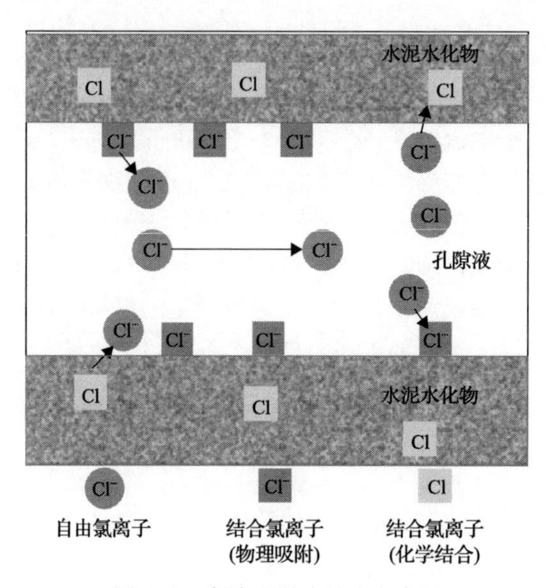

图 2-10　氯离子结合效应示意图

Figure 2-10　Schematic of chloride ion binding effect

关于结合氯离子与自由氯离子的浓度关系，目前主要有线性结合理论、Langmuir 结合理论和 Freundlich 结合理论：

$$C_{\mathrm{b}} = \alpha C_{\mathrm{f}} \qquad \text{（线性结合理论）} \tag{2-20}$$

$$C_{\mathrm{b}} = \frac{C_{\mathrm{bm}} \beta C_{\mathrm{f}}}{1 + \beta C_{\mathrm{f}}} \qquad \text{（Langmuir 结合理论）} \tag{2-21}$$

$$C_{\mathrm{b}} = \alpha C_{\mathrm{f}}^{\beta} \qquad \text{（Freundlich 结合理论）} \tag{2-22}$$

式中，α 和 β 均为常数，且在不同的结合理论中为不同的值。

当自由氯离子浓度低于 0.56mol/L 时，线性结合理论可以较好地描述结合氯离子与自由氯离子的浓度关系。Langmuir 公式在自由氯离子浓度较低时的拟合效果非常好，但当氯离子浓度高于 0.05mol/L 时，实验数据与计算结果开始发生偏差。自由氯离子浓度在 0.01～1mol/L 的范围内时，Freundlich 等温式对数据的拟合程度非常高[2-8]，而这一浓度数量级涵盖了海洋环境中氯离子的主要浓度范围。然而 Freundlich 等温式中的系数 α、β 也是拟合得到的，并没有实际的物理意义。

在自由氯离子的运动和传输过程中，总是存在着结合氯离子与自由氯离子之间的不断转化；在不断转化的过程中，混凝土内自由氯离子的整体分布呈现动态变化。考虑氯离子结合效应之后，自由氯离子在混凝土内部的传输分布应该满足

$$\frac{\partial C_{\mathrm{f}}}{\partial t} = -\nabla J - \frac{\partial C_{\mathrm{b}}}{\partial t} \tag{2-23}$$

等式左边表示自由氯离子随时间的变化影响；等式右边第一项为自由氯离子在混凝土内

的传输项，第二项为结合氯离子向自由氯离子的转化项，负号表示自由氯离子随结合氯离子增加而减少。上式进行移项后得到公式(2-24)：

$$\frac{\partial C_\mathrm{f}}{\partial t}+\frac{\partial C_\mathrm{b}}{\partial t}=\frac{\partial C_\mathrm{f}}{\partial t}\left(1+\frac{\partial C_\mathrm{b}}{\partial C_\mathrm{f}}\right)-\nabla J=-\nabla\left[-D\left(\nabla C_\mathrm{f}+\frac{zC_\mathrm{f}F}{RT}\nabla\varPhi\right)\right] \tag{2-24}$$

Nillson[2-7]在提出氯离子结合能力的同时还提出一个定义，即表观扩散系数，如公式(2-25)所示：

$$D^*=\frac{D}{1+\dfrac{\partial C_\mathrm{b}}{\partial C_\mathrm{f}}} \tag{2-25}$$

采用电化学模型参数(表 2-1)，以内掺型氯离子为例，分别模拟不考虑氯离子结合效应，考虑线性结合、Langmuir 结合、Freundlich 结合理论的电化学过程，模拟电化学时间为 1d，结果如图 2-11 所示。

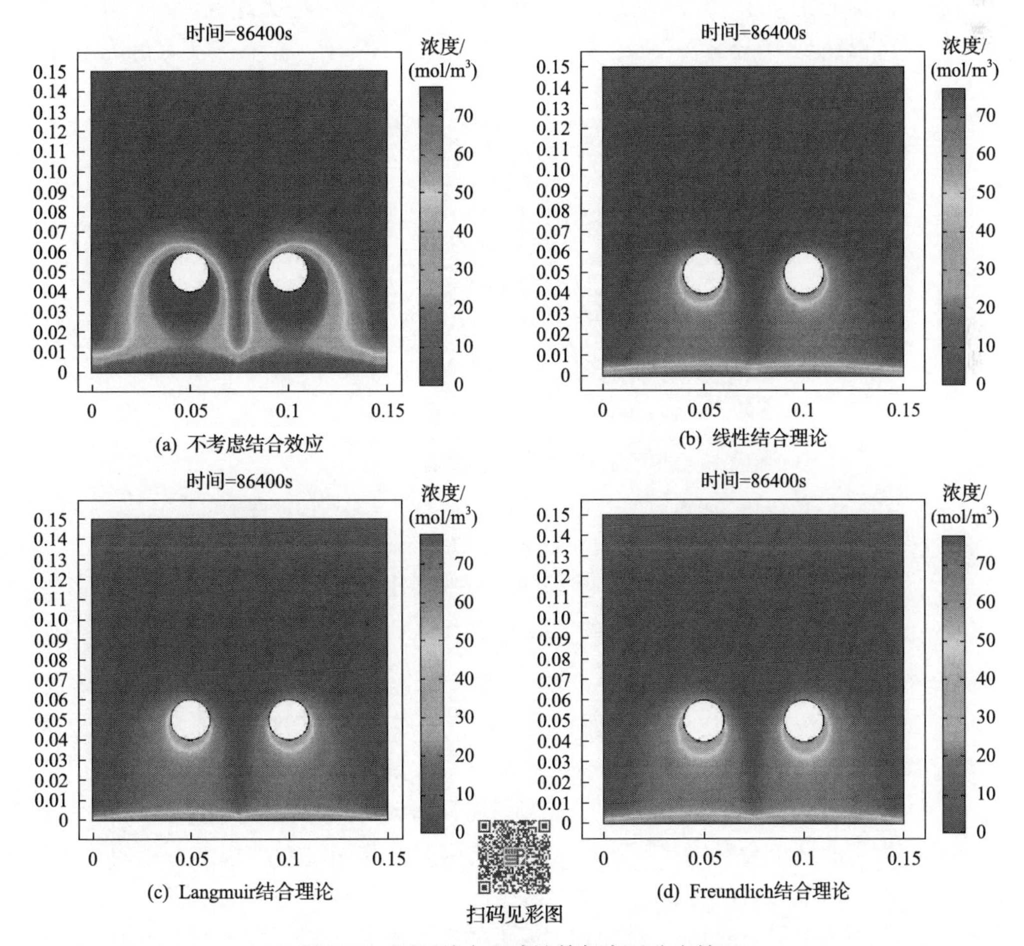

图 2-11　不同结合理论计算氯离子分布情况

Figure 2-11　Distribution of chloride ion calculated based on different binding theory

上述计算中的参数取值为水灰比 0.4、温度 22℃时的拟合结果。线性结合理论中，$\alpha = 6.72$；Langmuir 结合理论中，$\beta = 1.26$，$C_{bm}\beta = 26.63$；Freundlich 结合理论中，$\alpha = 10.78$，$\beta = 0.43$。

从图 2-11 的比较可以看出，氯离子结合效应对混凝土内的氯离子分布有着巨大的影响，采用不同的理论，得到的结果也不尽相同。在计算电化学过程中氯离子传输的分布应考虑合适的吸附理论，采用合理的参数对计算的准确性有着重要贡献。

2.2.3 离子分布影响

除了氯离子的结合效应与电极反应，电化学过程中还存在其他的一些反应会对混凝土内部离子分布产生影响。在电场作用下，阳极溶液中的 Ca^{2+}向钢筋内部迁移，与混凝土内部钢筋阴极电极反应生成的 OH^-结合，形成 $Ca(OH)_2$沉淀，可用表示为

$$2OH^- + Ca^{2+} \rightleftharpoons Ca(OH)_2 \tag{2-26}$$

常温下，$Ca(OH)_2$的溶度积为 $27.65\times10^{-6}mol^3/L^3$，在不考虑上述反应时，$OH^-$与 Ca^{2+}浓度积的值可以达到 $10^8 mol^3/m^9$ 数量级水平，如图 2-12 所示，显然与实际情况不符。

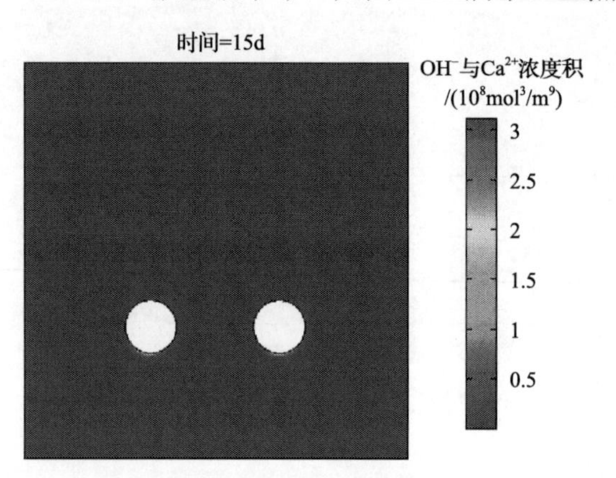

图 2-12 未考虑氢氧化钙沉淀反应时 OH^-与 Ca^{2+}的浓度积

Figure 2-12 Concentration product of OH^- and Ca^{2+}during the precipitation reaction of $Ca(OH)_2$ is not considered

在考虑上述反应后，混凝土内部的 OH^-与 Ca^{2+}分布发生变化，从而改变混凝土内部的电势分布，影响氯离子的传输。图 2-13 为未考虑上述反应与考虑上述反应两种情况下，OH^-、Ca^{2+}与 Cl^-的浓度分布对比。同时，上述反应生成的 $Ca(OH)_2$会填充混凝土内的孔隙，对混凝土内部结构产生影响。在电场作用下，大量钾、钠碱性离子在钢筋附近区域聚集，可能诱发局部碱骨料反应[2-9]，形成大量碱硅凝胶体；当混凝土中无碱活性骨料存在时，碱性离子的聚集会对水化产物产生一定的碱腐蚀作用，导致水泥石结构软化和分解，同时形成一些细粒状的富钠、富钾、富钙的水化产物和一些“细条状”的富钠类结晶物质。水泥石结构的软化分解，会导致混凝土的孔隙增大，从而影响氯离子的传输分布。

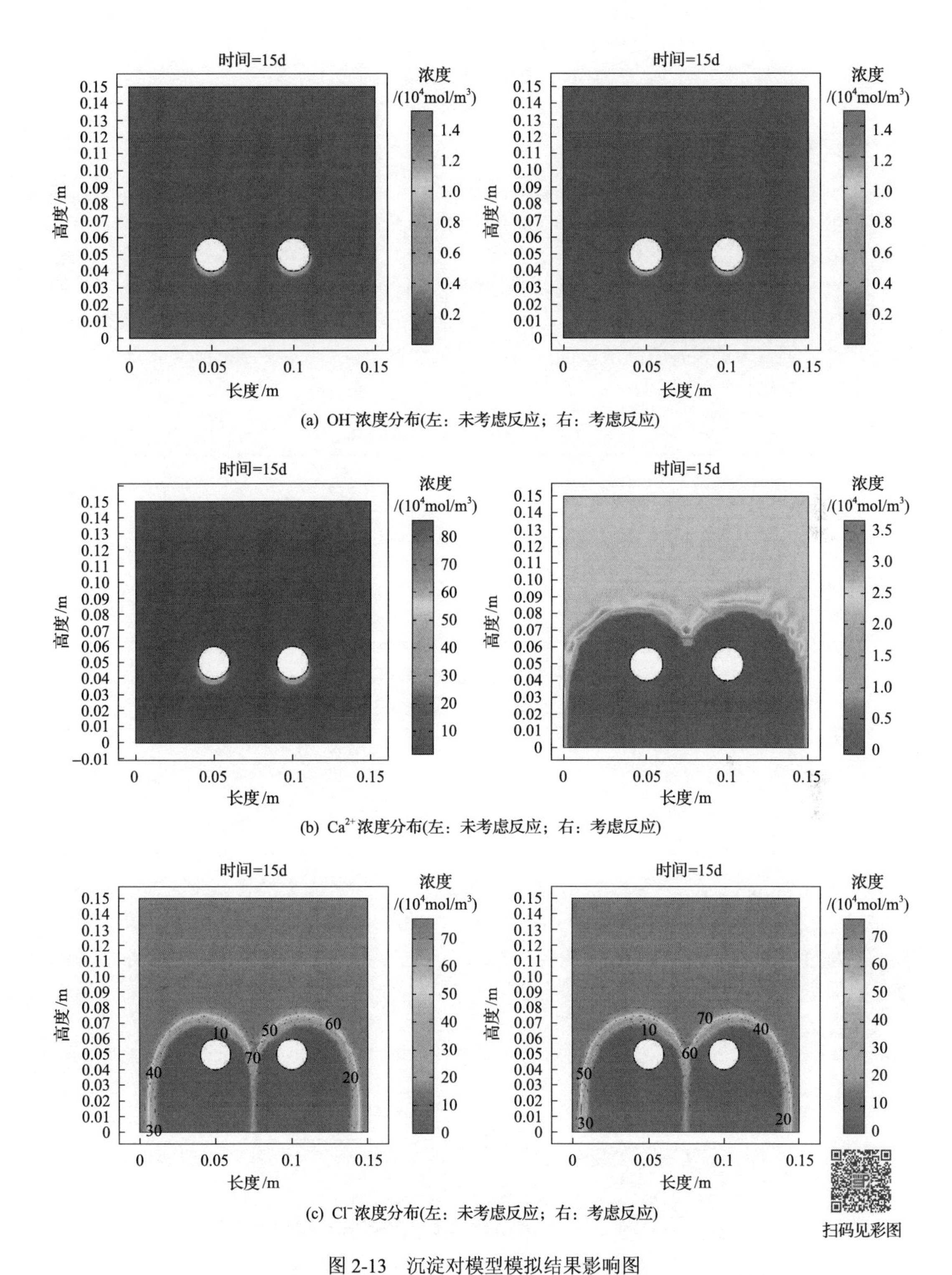

图 2-13　沉淀对模型模拟结果影响图

Figure 2-13　Influence of precipitation reaction on simulation results

2.3 孔隙演变影响

2.3.1 孔隙率实验

电化学过程中，混凝土的孔隙率会产生变化[2-10~2-14]，反之孔隙率的改变又会影响离子的传输[2-15~2-19]。以前的数值模拟中没有考虑到孔隙变化对电化学的影响。因此，考虑将试验结果和模拟结果对比，研究考虑孔隙变化后模型的精确性。

试验中所用材料包含波特兰水泥、当地河沙、石灰石粗骨料及蒸馏水，如表 2-3 所示。所有混凝土试件的水灰比为 0.54，粗骨料的级配如表 2-4 所示。河沙的细度模数介于 2.2 和 3.0 之间。为了模拟氯离子侵蚀，相当于 3%水泥质量的氯化钠被加入混凝土中[2-20]。

表 2-3 混凝土配合比

Table 2-3 Concrete mix proportion

材料种类	用量
波特兰水泥	406kg/m^3
当地河沙	643kg/m^3
石灰石粗骨料	1049kg/m^3
蒸馏水	220kg/m^3
氯化钠	3%(1.8% Cl^-)，相对于水泥用量

表 2-4 粗骨料级配

Table 2-4 Coarse aggregate gradation

孔径范围/mm	体积分数/%
2.36～4.75	15
4.75～9.5	45
9.5～16	40

尺寸为 90mm×90mm×150mm 的 24 根混凝土柱试件在实验室浇筑。两根直径为 12mm、间距为 50mm 的钢筋在试件中作为纵筋，混凝土保护层厚度为 40mm(图 2-14)。基于不同的测试，所有的试件分为两类(表 2-5)。一类用于压汞实验，测试电化学后的混凝土孔隙率变化，另一类用于滴定实验测试电化学反应后混凝土内的氯离子分布。每类测试含有 4 个组，每组包含三根试件。

电化学除氯后，混凝土保护层的不同孔径的孔隙率也发生了变化，如图 2-15 和图 2-16 所示。

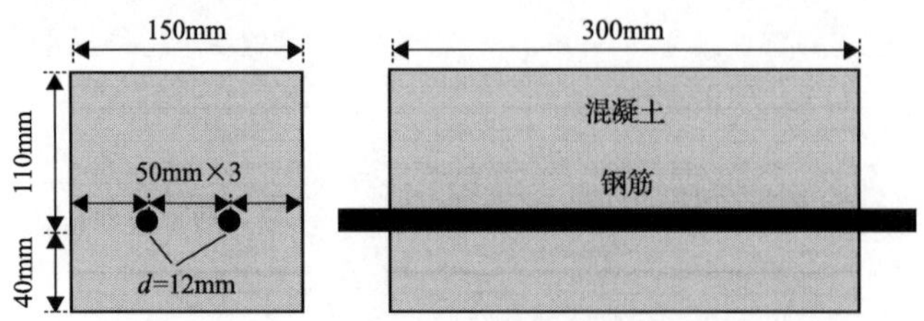

图 2-14 试件尺寸

Figure 2-14 Size of specimen

表 2-5　电化学除氯实验分组

Table 2-5　Groups of ECR experiment

组名	处理方式	通电时长/d	电流密度/(A/m^2)	测试内容
M0	对照组	—	—	压汞实验
M7	ECR	7	3	
M15	ECR	15	3	
M30	ECR	30	3	
C0	对照组	—	—	氯离子滴定
C7	ECR	7	3	
C15	ECR	15	3	
C30	ECR	30	3	

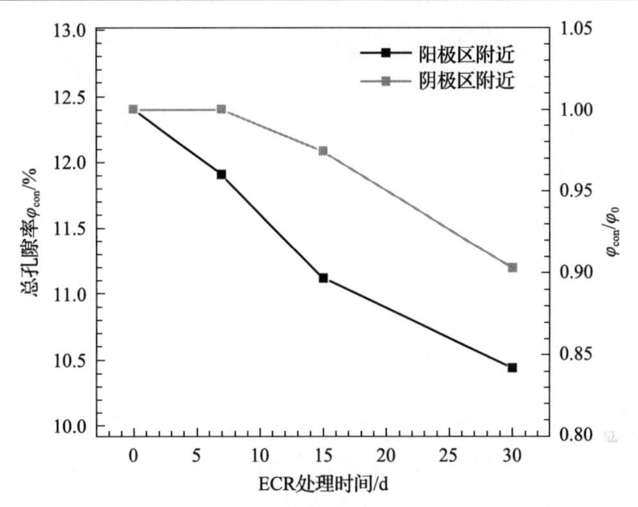

图 2-15　电化学除氯后混凝土保护层总孔隙率

Figure 2-15　Total porosity in the concrete cover after ECR

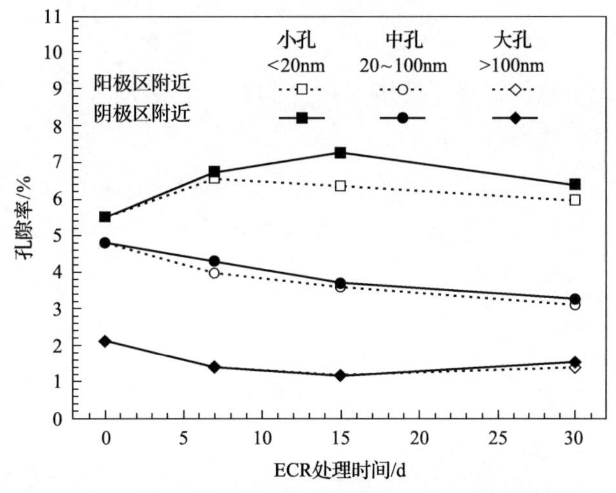

图 2-16　电化学除氯后混凝土保护层不同孔径孔隙率变化

Figure 2-16　Porosity of pore with different pore diameters in the concrete cover after ECR

2.3.2 孔隙率变化模型

相较于以前的电化学，在电化学模型中增加了孔隙率变化，首先基于物质守恒，不同离子传输如式(2-27)所示：

$$\frac{\partial C_{\mathrm{con}}^k}{\partial t}=-\nabla J_k,\qquad k=1,\cdots,N \tag{2-27}$$

式中，C_{con}^k 为混凝土中第 k 种离子的浓度(mol/m^3)；t 为时间(s)；J_k 为混凝土中第 k 种离子的通量[mol/(m^2·s)]；N 为混凝土中离子的类型总数。

离子通量，如式(2-28)所示：

$$J_k=-D_{\mathrm{con}}^k\nabla C_{\mathrm{con}}^k-z_kD_{\mathrm{con}}^kC_{\mathrm{con}}^k\left(\frac{F}{RT}\nabla\Phi\right),\qquad k=1,\cdots,n \tag{2-28}$$

式中，D_{con}^k 为混凝土中第 k 种离子的扩散系数(m^2/s)；z_k 为混凝土中第 k 种离子的电价数；$F=96485$C/mol，为法拉第常量；$R=8.314$J/(mol·K)，为摩尔气体常量；T 为热力学温度(K)；Φ 为混凝土内部电势(V)。

将式(2-28)代入式(2-27)可得

$$\frac{\partial C_{\mathrm{con}}^k}{\partial t}=D_{\mathrm{con}}^k\nabla^2C_{\mathrm{con}}^k+\frac{z_kD_{\mathrm{con}}^kF}{RT}\nabla\left(C_{\mathrm{con}}^k\nabla\Phi\right),\qquad k=1,\cdots,n \tag{2-29}$$

混凝土中的氯离子存在形式可归为自由氯离子和结合氯离子两类[2-6]，自由氯离子溶解在混凝土孔隙液中，而结合氯离子与混凝土以化学结合或物理吸附的方式结合在一起。氯离子的结合效应对于氯离子的传输影响很大，可由下式表示：

$$\frac{\partial C_{\mathrm{con}}^{\mathrm{Cl}}}{\partial t}=\frac{\partial C_{\mathrm{con}}^{\mathrm{fCl}}}{\partial t}+\frac{\partial C_{\mathrm{con}}^{\mathrm{bCl}}}{\partial t}=D_{\mathrm{con}}^{\mathrm{Cl}}\nabla^2C_{\mathrm{con}}^{\mathrm{fCl}}+\frac{z_kD_{\mathrm{con}}^{\mathrm{Cl}}F}{RT}\nabla\left(C_{\mathrm{con}}^{\mathrm{fCl}}\nabla\Phi\right) \tag{2-30}$$

式中，$C_{\mathrm{con}}^{\mathrm{Cl}}$ 为混凝土中总的氯离子浓度；$C_{\mathrm{con}}^{\mathrm{bCl}}$ 和 $C_{\mathrm{con}}^{\mathrm{fCl}}$ 分别为混凝土中结合氯离子浓度和自由氯离子浓度，单位均为 mol/m^3。

根据学者的研究[2-6,2-21]，假定混凝土中孔隙是饱和的且氯离子传输只发生在孔隙液里面。当孔隙液中自由氯离子浓度为 10～1000mol/m^3 时，自由氯离子和结合氯离子的关系可由 Freundilch 结合理论表示：

$$C_{\mathrm{con}}^{\mathrm{bCl}}=\alpha\left(\frac{C_{\mathrm{con}}^{\mathrm{fCl}}}{\varphi_{\mathrm{con}}}\right)^{\beta} \tag{2-31}$$

式中，$\alpha=8.89$ 和 $\beta=0.36$ 为常数。

将 $C_{\mathrm{con}}^{\mathrm{bCl}}$ 对时间求导可得

$$\frac{\partial C_{\text{con}}^{\text{bCl}}}{\partial t}=\frac{\partial C_{\text{con}}^{\text{bCl}}}{\partial C_{\text{con}}^{\text{fCl}}}\frac{\partial C_{\text{con}}^{\text{fCl}}}{\partial t}+\frac{\partial C_{\text{con}}^{\text{bCl}}}{\partial \varphi_{\text{con}}}\frac{\partial \varphi_{\text{con}}}{\partial t}$$
$$=\frac{\alpha\beta}{\varphi_{\text{con}}}\left(\frac{C_{\text{con}}^{\text{fCl}}}{\varphi_{\text{con}}}\right)^{\beta-1}\frac{\partial C_{\text{con}}^{\text{fCl}}}{\partial t}-\frac{\alpha\beta C_{\text{con}}^{\text{fCl}}}{\varphi_{\text{con}}^2}\left(\frac{C_{\text{con}}^{\text{fCl}}}{\varphi_{\text{con}}}\right)^{\beta-1}\frac{\partial \varphi_{\text{con}}}{\partial t} \tag{2-32}$$

式中，$\frac{\partial C_{\text{con}}^{\text{bCl}}}{\partial \varphi_{\text{con}}}\frac{\partial \varphi_{\text{con}}}{\partial t}$ 可视为孔隙变化对离子传输的影响[mol/(m^3 · s)]。

将式(2-32)代入式(2-30)可得

$$(1+\gamma)\frac{\partial C_{\text{con}}^{\text{fCl}}}{\partial t}=D_{\text{con}}^{\text{Cl}}\nabla^2 C_{\text{con}}^{\text{fCl}}+\frac{z_k D_{\text{con}}^{\text{Cl}} F}{RT}\nabla\left(C_{\text{con}}^{\text{fCl}}\nabla\Phi\right)+\frac{\gamma C_{\text{con}}^{\text{fCl}}}{\varphi_{\text{con}}}\frac{\partial \varphi_{\text{con}}}{\partial t} \tag{2-33}$$

根据电中性条件，混凝土中电荷总量为 0：

$$\sum_{k=1}^{n} z_k C_{\text{con}}^{k}=0 \tag{2-34}$$

另外，在电化学过程中，在阴极钢筋表面和阳极不锈钢网上会发生电极反应。由于阳极电解液体积大，离子浓度可视为恒定，因此阳极反应可忽略。而在阴极钢筋表面，电化学反应主要为耗氧反应和析氢反应：

$$2H_2O+O_2+4e^-\longrightarrow 4OH^- \tag{2-35}$$

$$2H_2O+2e^-\longrightarrow 2OH^-+H_2 \tag{2-36}$$

由式(2-35)和式(2-36)可知，阴极钢筋表面 OH^- 产生的量等于电荷量。因此钢筋表面产生的 OH^- 与电流的关系为

$$J_{OH^-}=\frac{I}{z_{OH^-}F} \tag{2-37}$$

2.3.3 对离子传输的影响

关于孔隙率对于多孔材料中离子传输的影响，学者进行了一系列研究[2-22~2-25]，提出了经验和理论公式。将两个理论公式[2-22,2-23]引入数值模型中：

$$\frac{D_{\text{cp}}^{k}}{D_0^{k}}=\frac{2\varphi_{\text{cp}}}{3-\varphi_{\text{cp}}}\ \text{(Maxwell)} \tag{2-38}$$

$$\frac{D_{\text{cp}}^{k}}{D_0^{k}}=\varphi_{\text{cp}}^{1.5}\ \text{(Bruggeman)} \tag{2-39}$$

式中，D_0^k 和 D_{cp}^k 分别为第 k 种离子在水中和水泥浆中的扩散系数(m^2/s)；φ_{cp} 为水泥浆

中的孔隙率。

假定粗骨料致密且氯离子不可透过，并忽略界面过渡区(ITZ)。混凝土孔隙率和水泥浆的孔隙率关系可表示为

$$\frac{\varphi_{\text{con}}}{\varphi_{\text{cp}}}=1-V_{\text{agg}} \tag{2-40}$$

式中，V_{agg}为粗骨料所占混凝土体积分数(%)。

根据学者们的研究[2-19]，D_{cp}^k和D_{con}^k之间的关系可以表述为

$$\frac{D_{\text{con}}^k}{D_{\text{cp}}^k}=\frac{2\left(1-V_{\text{agg}}\right)}{2+V_{\text{agg}}} \tag{2-41}$$

因此D_0^k和D_{con}^k之间的关系可表述为

$$\frac{D_{\text{con}}^k}{D_0^k}=\frac{2\left(1-V_{\text{agg}}\right)}{2+V_{\text{agg}}}\frac{D_{\text{cp}}^k}{D_0^k} \tag{2-42}$$

离子在混凝土中扩散系数和混凝土孔隙率的关系如图2-17所示，随着混凝土孔隙率的增加，离子在混凝土中的扩散系数会逐渐上升。

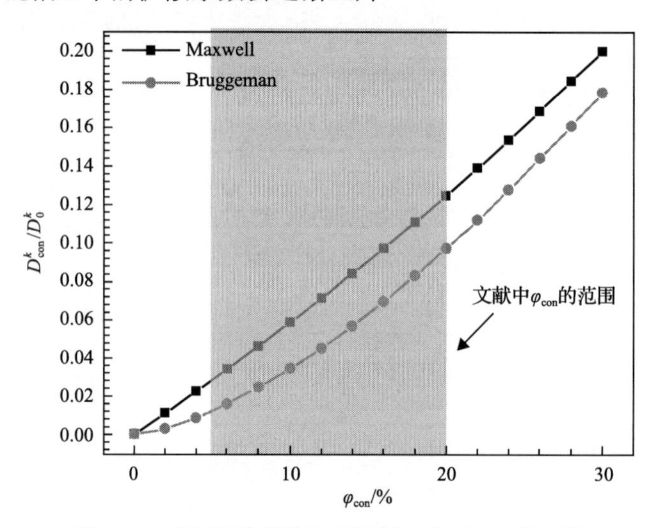

图2-17　不同孔隙率情况下混凝土中离子扩散系数

Figure 2-17　Diffusion coefficients of ions in concrete with different porosities

根据压汞实验测得的混凝土孔隙率数据，采用非线性曲面拟合的方法，混凝土保护层中孔隙变化率[式(2-43)]可表述为时间和空间的方程：

$$\frac{\varphi_{\text{con}}-\varphi_0}{\varphi_0}=\delta t^{\nu}\frac{1}{1+\lambda\left(\dfrac{x}{x_{\text{c}}}\right)^{\mu}} \tag{2-43}$$

式中，t 为电化学时间(d)；x 为距离混凝土表面的距离(mm)；$x_c = 40$mm 为混凝土保护层厚度；$\delta = -0.0061$ 和 $\nu = 1$，为关于时间的系数；$\lambda = 1$ 和 $\mu = 3.2$，为关于空间的系数。图 2-18 为混凝土中不同位置的孔隙率随时间的变化关系。

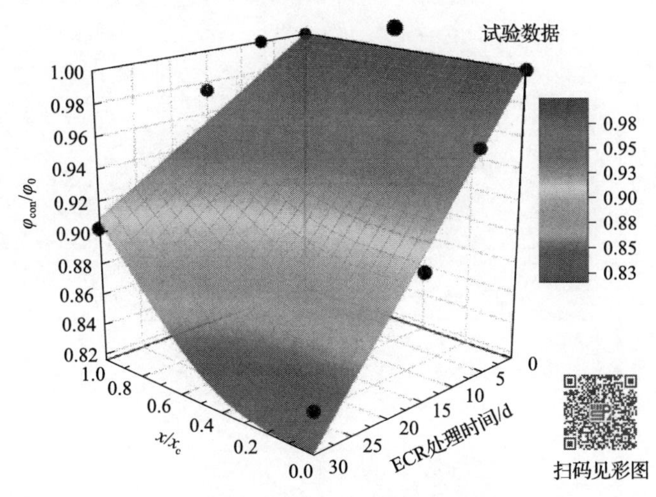

图 2-18　混凝土中不同位置孔隙率随时间变化

Figure 2-18　Schematic diagram of porosity changes with time in different positions in concrete

为了研究孔隙演化对电化学数值模拟结果的影响，两个数值模型被建立：①混凝土中孔隙率随着时间和空间位置变化，如式(2-43)所示；②孔隙率为定值，电化学过程中不发生变化。

不同电化学时间下，数值模拟和试验中自由氯离子浓度如图 2-19(a)和(c)所示。可以看到：7d 和 15d 时，模拟的自由氯离子浓度随距离混凝土表面的增加而呈先上升后下

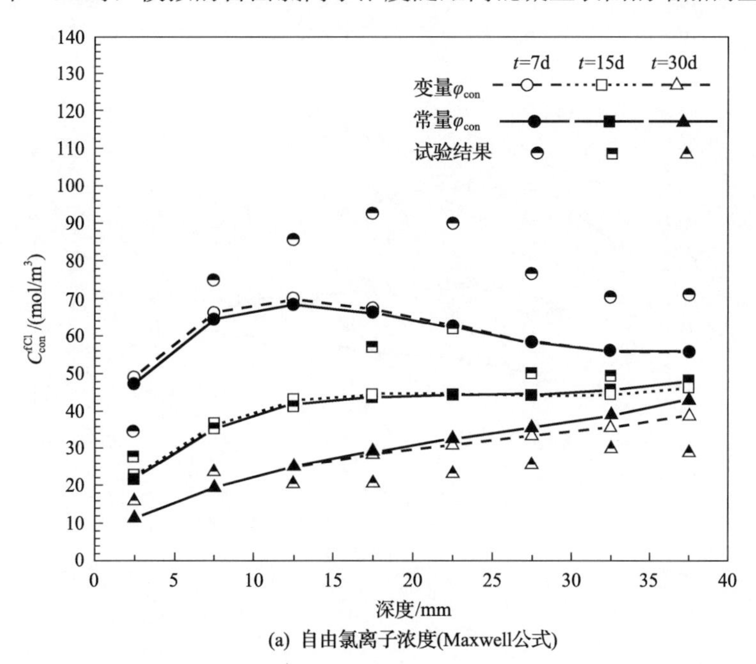

(a) 自由氯离子浓度(Maxwell公式)

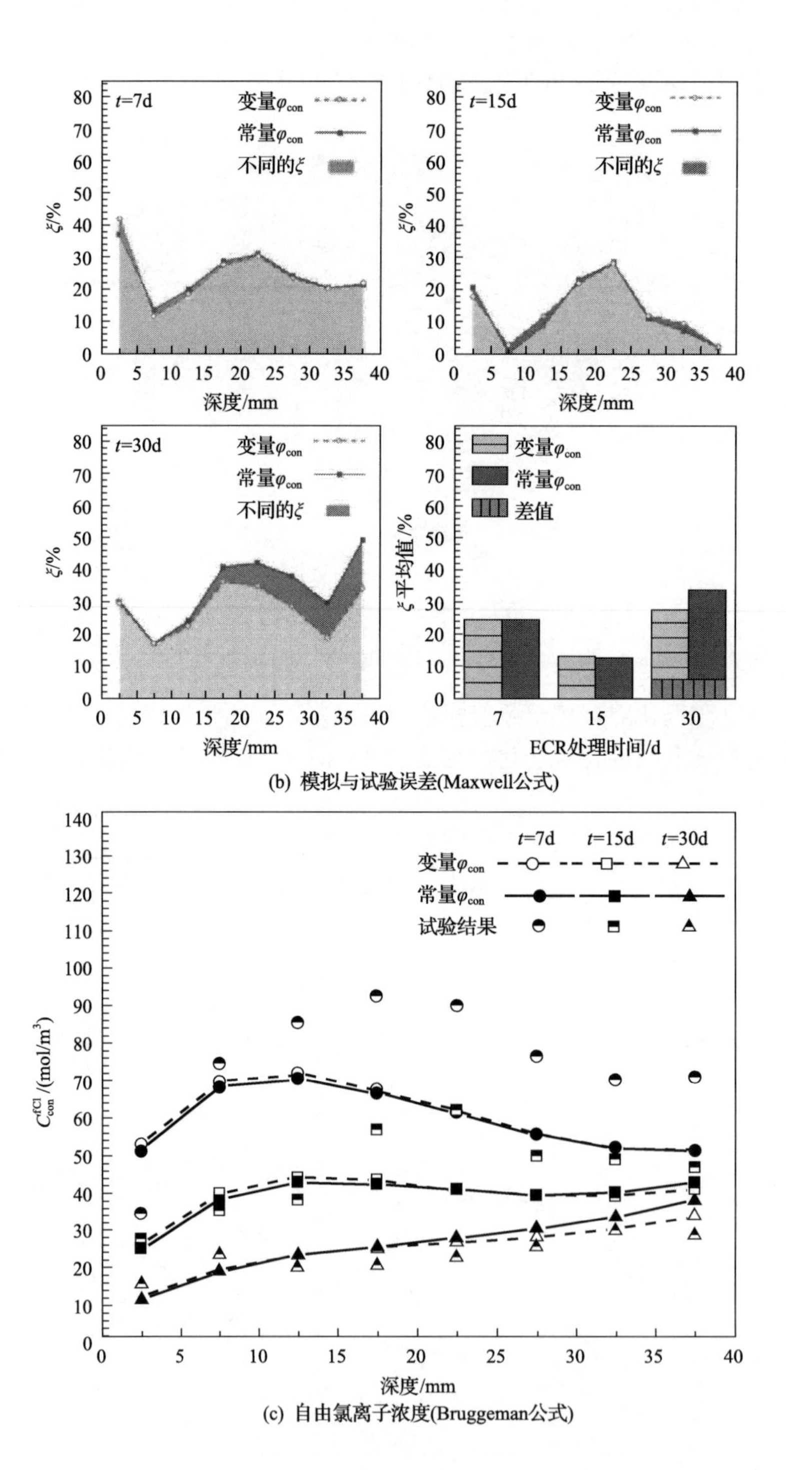

(b) 模拟与试验误差(Maxwell公式)

(c) 自由氯离子浓度(Bruggeman公式)

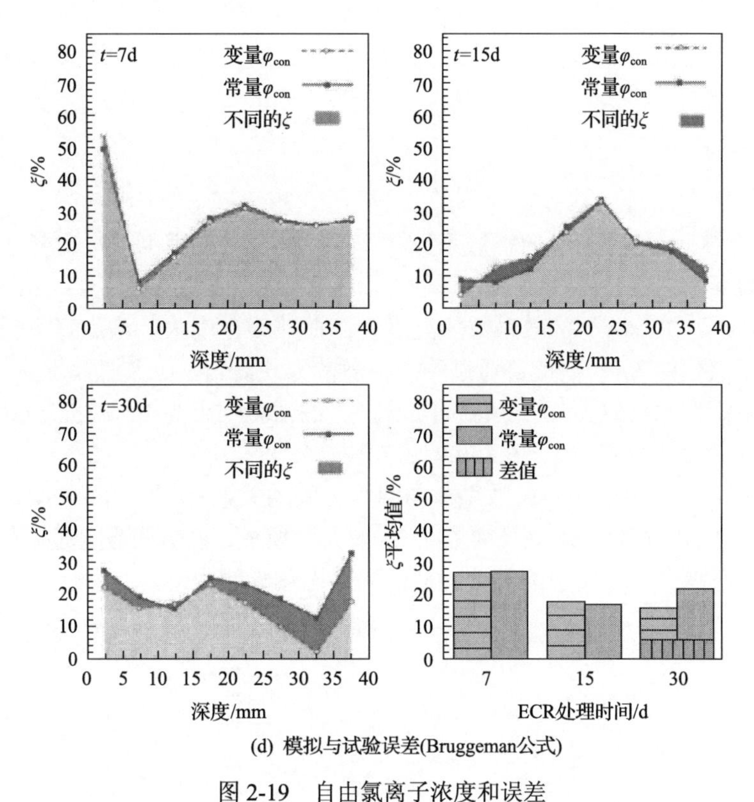

(d) 模拟与试验误差(Bruggeman公式)

图 2-19　自由氯离子浓度和误差

Figure 2-19　Free chloride ion distribution and absolute errors

降的趋势；在混凝土保护层中部的自由氯离子浓度可达到极大值，与试验结果相似；但随着电化学修复时间的延长，峰值逐渐消失，电化学除氯效率降低[2-26]；电化学修复 30d 时，随着距离混凝土表面距离的增加，残留自由氯离子浓度呈上升趋势。

为了进一步比较考虑和不考虑孔隙率变化的差异，计算得到数值模拟和试验之间的误差 ξ (%)，如图 2-19(b)和(d)所示。

$$\xi = \frac{\left|C_{\text{con}}^{\text{fCl,m}} - C_{\text{con}}^{\text{fCl,e}}\right|}{C_{\text{con}}^{\text{fCl,e}}} \tag{2-44}$$

式中，$C_{\text{con}}^{\text{fCl,m}}$ 和 $C_{\text{con}}^{\text{fCl,e}}$ 分别为试验和模拟结果中的自由氯离子浓度(mol/m^3)。在 7d 和 15d 时，考虑或不考虑孔隙变化对模拟结果影响不明显。然而，在 30d 时，考虑孔隙率变化的模型可降低 6%的绝对误差。

2.4　环境温度影响

2.4.1　环境温度效应

电化学作用过程中，温度变化会对离子传输造成多方面的影响，从而影响到电化学作用的效率。离子的扩散系数是一个与温度有关的系数。根据碰撞理论，离子发生碰撞的概率与离子的活化能 E_D 服从玻尔兹曼分布[2-27]，扩散系数与温度的关系满足 Arrhenius 关系[2-28]：

$$D(T)=D_0\mathrm{e}^{\frac{E_D}{R}\left(\frac{1}{T_0}-\frac{1}{T}\right)} \tag{2-45}$$

式中，$D(T)$ 为温度 T 时离子的扩散系数(m^2/s)；D_0 为参照温度 T_0 时离子的扩散系数(m^2/s)；E_D 为离子的活化能(kJ/mol)。

从式(2-45)可知，离子扩散系数随温度升高而非线性增大，增大速率受离子活化能 E_D 影响。离子活化能 E_D 的数值可通过稳态扩散的方式测得。在水泥介质中，Goto 等[2-29]测得离子活化能为 50.2kJ/mol，Collepardi 等[2-30]的试验结果为 32～35kJ/mol；在混凝土介质中，Yuan 等[2-31]得到的 E_D 值为 9.9～17.9。

从不同 E_D 取值、离子相对扩散系数与温度之间的关系(图 2-20)可知，离子相对扩散系数随温度升高而非线性增大，且增幅随 E_D 增大而增加，表明从温度对扩散系数影响角度考虑，温度升高会加速离子的传输，从而提高电化学的效率。

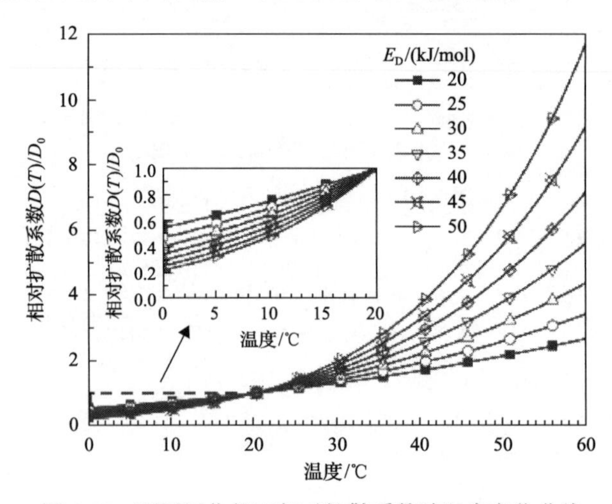

图 2-20 不同活化能下相对扩散系数随温度变化曲线

Figure 2-20 The curves of relative diffusion coefficient with temperature under different activation energy

2.4.2 氯离子的结合效应

氯离子的结合效应是由水化产物对自由氯离子的物理吸附与化学结合造成的，两种作用都会受到温度的影响。Roberts[2-32]指出结合氯离子的浓度随着温度升高而减小。由于温度升高，吸附物质的热运动加快，物理吸附作用减弱；同时温度升高加速了结合氯离子的分解，使自由氯离子浓度增大。结合氯离子浓度与温度的变化关系可用 Arrhenius 公式描述[2-33]：

$$C_b(C,T)=C_b(C,T_0)\mathrm{e}^{\frac{E_b}{R}\left(\frac{1}{T}-\frac{1}{T_0}\right)} \tag{2-46}$$

式中，$C_b(C,T)$ 为温度 T 下、自由氯离子浓度为 C 时结合氯离子在混凝土中的浓度(mol/m^3)；

$C_b(C,T_0)$ 为参照温度 T_0 下、自由氯离子浓度为 C 时结合氯离子在混凝土中的浓度 (mol/m^3)；E_b 为氯离子结合作用活化能(kJ/mol)，E_b 取值在 1～20kJ/mol。图 2-21 为线性结合理论下、E_b 取值在 1～20kJ/mol 时，结合效应对氯离子传输影响的系数与温度之间的关系。从图中可知，结合效应影响系数随温度升高而近似线性增大，且增幅随 E_b 增大而增加，表明从结合效应考虑，温度升高会加速氯离子的传输，从而提高电化学的效率。

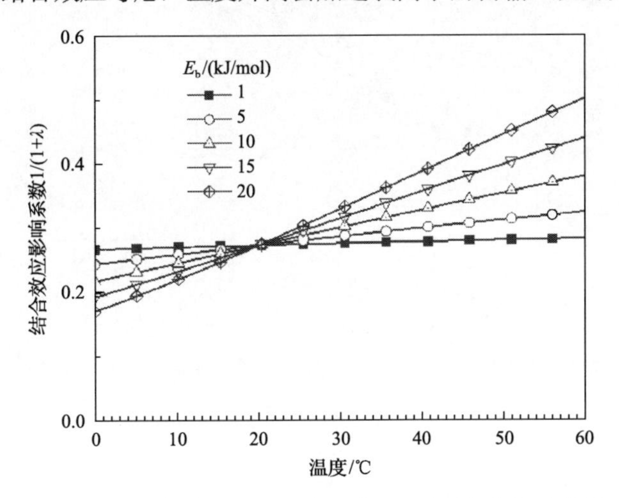

图 2-21　不同活化能下结合效应影响系数随温度变化曲线

Figure 2-21　The curves of influence coefficient of binding effect with temperature under different activation energy

图 2-22 和图 2-23 分别为不同温度下的电化学除氯修复 7d 后的氯离子浓度分布图与混凝土整体除氯修复效果图。结果显示随着温度升高，电化学除氯后的剩余氯离子浓度明显减小，除氯修复效率显著增加。温度为 0℃时，混凝土除氯修复效率仅为 14%，当温度升高至 90℃时，混凝土除氯效率增大了 5 倍，达到 82.7%。

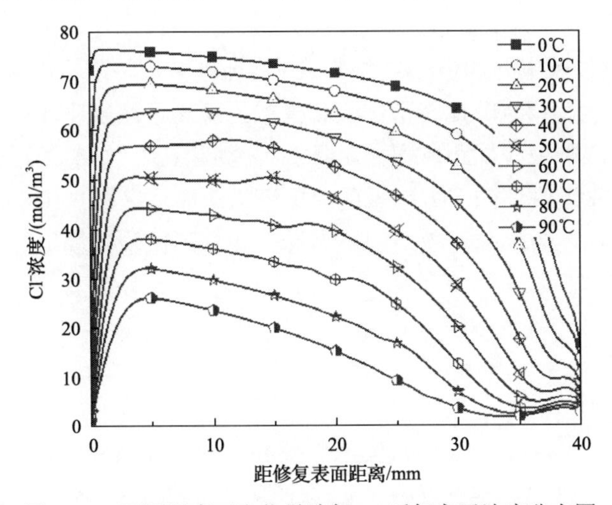

图 2-22　不同温度下电化学除氯 7d 后氯离子浓度分布图

Figure 2-22　Distribution of chloride ion concentration after 7 days of electrochemical chlorine removal at different temperatures

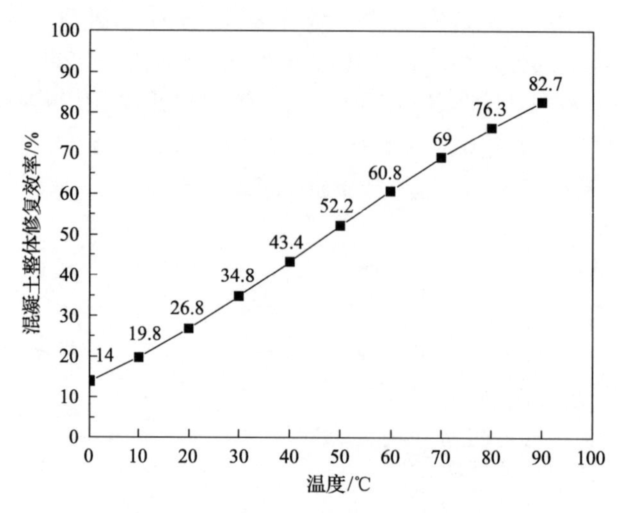

图 2-23　除氯修复效率随温度变化图

Figure 2-23　Electrochemical rehabilitation efficiency of treated concrete at different temperatures

2.5　钢筋分布影响

在电化学过程中，钢筋的分布形式对除氯效果影响显著。由于混凝土结构中箍筋和纵筋形成的钢筋笼连接电源负极而形成等势体，将直接影响混凝土结构内部氯离子的迁出。通过比较模拟结果和试验结果来验证数值模拟的有效性，在此基础上，用数值模拟进一步探究箍筋分布对于混凝土结构中电化学除氯的影响。

下面以 Chang 等[2-34]所做的试验作为模拟的验证试验，试验中构件尺寸为 150mm×150mm×300mm，四根直径为 12.3mm 的钢筋被用作纵向钢筋，核心混凝土被直径为 9.52mm 的箍筋所包裹。为了模拟氯盐的侵蚀，氯离子(占水泥质量 1.8%)被加入了混凝土中(200mol/m^3)。试验中外加恒压电源为 20V，通电 8 周，阳极电解液为 100mol/m^3 的 NaOH 溶液。图 2-24(a)和(b)比较了试验和模拟的氯离子浓度。区域 I 和区域 II 中，氯离子迁出率随着距离阳极边界距离增加而降低。区域III中，氯离子迁出率明显高于其他三个区域，而且在靠近纵筋的下方区域此现象更为明显。区域IV中，电化学除氯效率较低，几乎无明显变化。为了验证模型的可靠性，计算了试验和模拟结果之间的氯离子浓度差异 ξ (%)：

$$\xi = \frac{C_{\mathrm{m}} - C_{\mathrm{e}}}{C_{\mathrm{ini}}} \tag{2-47}$$

式中，C_{m} 和 C_{e} 分别为氯离子浓度的模拟结果和实验结果(mol/m^3)；C_{ini} = 200mol/m^3，为氯离子初始浓度。如图 2-24(c)所示，ξ 的值为–15%～25%，在工程领域可接受范围内。

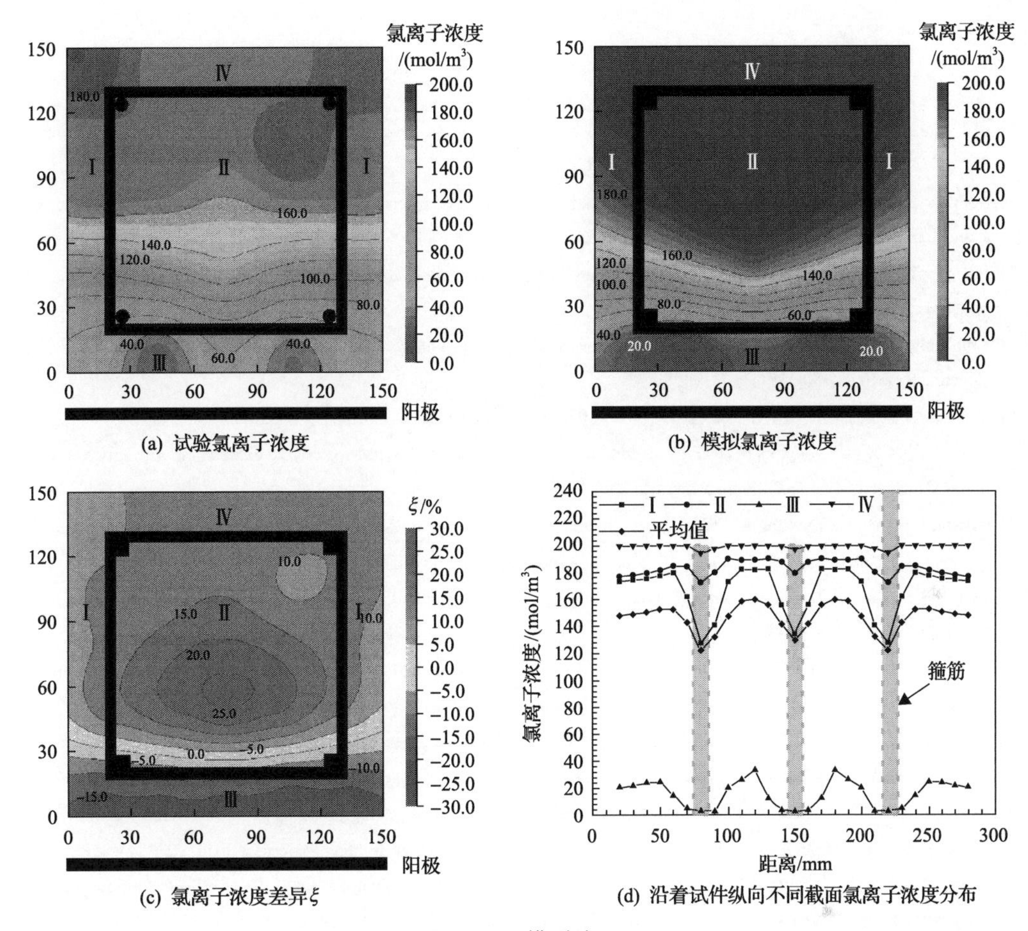

图 2-24　模型验证

Figure 2-24　Model verification

沿着试件纵向不同截面氯离子浓度分布如图 2-24 所示。氯离子浓度在有箍筋的截面达到极小值[有箍筋截面命名为截面 A，对应图 2-24(d) 中的 80mm、150mm、220mm 位置处的截面]。这可能是由于箍筋的存在引起了含箍筋截面的阴极区域面积的增加。上升阴极区域面积将造成阳极和箍筋(阴极钢筋)之间的电势差增大，这对于氯离子迁移是有利的。然而，箍筋对于不同截面氯离子迁移的影响，随着截面距离含箍筋截面的距离增加而减小。因此，在箍筋间的区域内，距离截面 A 的增加，氯离子浓度将会上升，并且氯离子浓度会在两箍筋之间区域的中间位置(该截面命名为截面 B)达到极大值。

另外，如图 2-24(d) 所示，氯离子平均浓度分布在箍筋截面两侧并不相同。在箍筋和试件侧面之间的区域内(20～80mm 和 220～280mm)，随着截面距离箍筋的距离增大，截面内平均氯离子浓度先上升后减少并逐渐趋于稳定。这表明箍筋对于氯离子浓度的影响是在靠近截面 A 有限的局部区域。然而，在两箍筋之间的区域(80～150mm 和 150～220mm)，截面内平均氯离子浓度随着距离截面 A(有箍筋的截面)的增加而上升。这可能是箍筋排布过密，导致箍筋间截面的氯离子传输依旧受箍筋的影响。

参 考 文 献

[2-1] Li L Y, Page C L. Finite element modelling of chloride removal from concrete by an electrochemical method[J]. Corrosion Science, 2000, 42 (12) : 2145-2165.

[2-2] Andrade C, Diez J M, Alamán A, et al. Mathematical modelling of electrochemical chloride extraction from concrete[J]. Cement and Concrete Research, 1995, 25 (4) : 727-740.

[2-3] Wang Y, Li L Y, Page C L. A two-dimensional model of electrochemical chloride removal from concrete[J]. Computational Materials Science, 2001, 20 (2) : 196-212.

[2-4] Krabbenhøft K, Krabbenhøft J. Application of the Poisson-Nernst-Planck equations to the migration test[J]. Cement and Concrete Research, 2008, 38 (1) : 77-88.

[2-5] 金世杰. 混凝土结构电化学修复过程多离子传输机理与数值模拟[D]. 杭州: 浙江大学, 2018.

[2-6] Yuan Q, Shi C, De Schutter G, et al. Chloride binding of cement-based materials subjected to external chloride environment: A review[J]. Construction & Building Materials, 2009, 23 (1) : 1-13.

[2-7] Nilsson L O, Massat M, Tang L. Effect of non-linear chloride binding on the prediction of chloride penetration into concrete structures[C]. 3rd. CANMET/ACI, International Conference on Durability of Concrete, Montreal, 1994.

[2-8] Tang L P, Nilsson L O. Chloride binding capacity and binding isotherms of OPC pastes and mortars[J]. Cement and Concrete Research, 1993, 23 (2) : 247-253.

[2-9] Marcotte T D, Hansson C M, Hope B B. The effect of the electrochemical chloride extraction treatment on steel-reinforced mortar Part Ⅱ : Microstructural characterization[J]. Cement and Concrete Research, 1999, 29 (10) : 1561-1568.

[2-10] Siegwart M, Lyness J F, McFarland B J. Change of pore size in concrete due to electrochemical chloride extraction and possible implications for the migration of ions[J]. Cement and Concrete Research, 2003, 33 (8) : 1211-1221.

[2-11] Shan H Y, Xu J X, Wang Z Y, et al. Electrochemical chloride removal in reinforced concrete structures: Improvement of effectiveness by simultaneous migration of silicate ion[J]. Construction and Building Materials, 2016, 127: 344-352.

[2-12] Zheng L, Jones M R, Song Z T. Concrete pore structure and performance changes due to the electrical chloride penetration and extraction[J]. Journal of Sustainable Cement-Based Materials, 2016, 5 (1-2) : 76-90.

[2-13] Ismail M, Muhammad B. Electrochemical chloride extraction effect on blended cements[J]. Advances in Cement Research, 2011, 23 (5) : 241-248.

[2-14] Buenfeld N R, Broomfield J P. Effect of chloride removal on rebar bond strength and concrete properties[J]. Corrosion and Corrosion Protection of Steel in Concrete, 1994, 2: 1438-1450.

[2-15] Yong Y M, Lou X J, Li S, et al. Direct simulation of the influence of the pore structure on the diffusion process in porous media[J]. Computers & Mathematics with Applications, 2014, 67 (2) : 412-423.

[2-16] Hasholt M T, Jensen O M. Chloride migration in concrete with superabsorbent polymers[J]. Cement and Concrete Composites, 2015, 55: 290-297.

[2-17] Halamickova P, Detwiler R J, Bentz D P, et al. Water permeability and chloride ion diffusion in portland cement mortars: Relationship to sand content and critical pore diameter[J]. Cement and Concrete Research, 1995, 25 (4) : 790-802.

[2-18] Garboczi E J, Bentz D P. Multiscale analytical/numerical theory of the diffusivity of concrete[J]. Advanced Cement Based Materials, 1998, 8 (2) : 77-88.

[2-19] Caré S, Hervé E. Application of a n-phase model to the diffusion coefficient of chloride in mortar[J]. Transport in Porous Media, 2004, 56 (2) : 119-135.

[2-20] 黄楠. 双向电渗对氯盐侵蚀混凝土结构的修复效果及综合影响[D]. 杭州: 浙江大学, 2014.

[2-21] Tang L. Concentration dependence of diffusion and migration of chloride ions: Part 1. Theoretical considerations[J]. Cement and Concrete Research, 1999, 29 (9) : 1463-1468.

[2-22] Bruggeman D A G. Berechnung verschiedener physikalischer Konstanten von heterogenen Substanzen. I. Dielektrizitätskonstanten und Leitfähigkeiten der Mischkörper aus isotropen Substanzen[J]. Annalen der Physik, 2010, 421 (2) : 160-178.

[2-23] Dormieux L, Lemarchand E. Modélisation macroscopique du transport diffusif. Apport des méthodes de changement d'échelle d'espace[J]. Oil & Gas Science & Technology, 2000, 55 (1) : 15-34.

[2-24] Sun G W, Zhang Y S, Sun W, et al. Multi-scale prediction of the effective chloride diffusion coefficient of concrete[J]. Construction and Building Materials, 2011, 25 (10) : 3820-3831.

[2-25] Zheng J J, Zhou X Z. Analytical solution for the chloride diffusivity of hardened cement paste[J]. Journal of Materials in Civil Engineering, 2008, 20 (5) : 384-391.

[2-26] Xia J, Li L Y. Numerical simulation of ionic transport in cement paste under the action of externally applied electric field[J]. Construction and Building Materials, 2013, 39 (1) : 51-59.

[2-27] Tang L P, Nilsson L O. Rapid determination of the chloride diffusivity in concrete by applying an electric field[J]. ACI Materials Journal, 1993, 89 (1) : 49-53.

[2-28] Saetta A V, Scotta R V, Vitaliani R V. Analysis of chloride diffusion into partially saturated concrete[J]. ACI Materials Journal, 1993, 90 (5) : 441-451.

[2-29] Goto S, Roy D M. Diffusion of ions through hardened cement pastes[J]. Cement and Concrete Research, 1981, 11 (5-6) : 751-757.

[2-30] Collepardi M, Marcialis A, Turriziani R. Penetration of chloride ions into cement pastes and concretes[J]. Journal of the American Ceramic Society, 1972, 55 (10) : 534-535.

[2-31] Yuan Q, Shi C J, de Schutter G, et al. Effect of temperature on transport of chloride ions in concrete[C]. Alexander M G, Beushausen H D, Dehn F, et al. Concrete Repair, Rehabilitation and Retrofitting Ⅱ, 2009: 159-160.

[2-32] Roberts M H. Effect of calcium chloride on the durability of pre-tensioned wire in prestressed concrete[J]. Magazine of Concrete Research, 1962, 14 (42) : 143-154.

[2-33] Panesar D K, Chidiac S E. Effect of cold temperature on the chloride-binding capacity of cement[J]. Journal of Cold Regions Engineering, 2011, 25 (4) : 133-144.

[2-34] Chang C C, Yeih W, Chang J J, et al. Effects of stirrups on electrochemical chloride removal efficiency[J]. Construction and Building Materials, 2014, 68: 692-700.

第3章

双向电迁移的电化学作用

本章重点阐述了混凝土结构耐久性的双向电迁移电化学技术的基本理论，给出了双向电迁移电化学过程的钢筋氢脆和极化电流密度计算的基本方法，以及纳米粒子电迁移技术在电化学技术中的应用。

混凝土结构耐久性电化学技术是一种电防护技术，通过在混凝土结构表面设置阳极，将钢筋作为阴极，构成回路以对钢筋进行保护，主要包括阴极保护、电化学再碱化、电化学除氯、电化学沉积和双向电迁移等方法[3-1]。混凝土结构耐久性的电化学修复方法是指在置于混凝土表面的外部辅助阳极和混凝土内部的钢筋之间输入直流电，使钢筋作为阴极，外部电极作为阳极，在混凝土内部产生电化学反应的方法。但是，传统的电化学修复方法[3-2~3-4]，因存在钢筋氢脆风险，应用范围受到极大限制。为了克服这个技术难题，除氯阻锈协同工作下的双向电迁移技术[3-1]就可以显著提高有效离子(氯离子、阳离子阻锈基团)在混凝土内部的迁移速率，兼具阻锈与析氢抑制的作用。该方法可以有效阻止钢筋腐蚀，更为关键的是，成膜机制能有效切断氢原子进入钢筋的通道，降低钢筋氢脆风险，有效提高极化电流密度。另外，采用纳米材料电迁增强技术，可以将带有正电荷的纳米三氧化二铝粒子电迁至混凝土内部，填充并优化混凝土孔隙结构，达到增强混凝土表层的密实度。

3.1 基本原理

3.1.1 离子电迁移的基本理论

电化学作用的过程包含了离子迁移与物质反应等复杂的物理和化学过程。正如第 2 章中提及的混凝土中的离子输运过程实质上是带电粒子在多孔介质的孔隙液中传质的过程。多孔介质中带电粒子传质的主要因素包括：孔隙液中粒子化学位场的非均匀分布、直流电场对带电粒子的定向吸引以及孔隙液的渗流迁移运动[3-5,3-6]。

电迁移是指溶液中的离子在电场加速条件下定向迁移的过程。氯离子电迁移通量是指在电迁移作用下，单位时间内通过垂直于电迁移方向参考平面离子的物质的量，常用符号 J_m 表示。考虑一维情况，在外接电场作用下，溶液中沿 x 方向存在电势梯度，如图 3-1 所示。

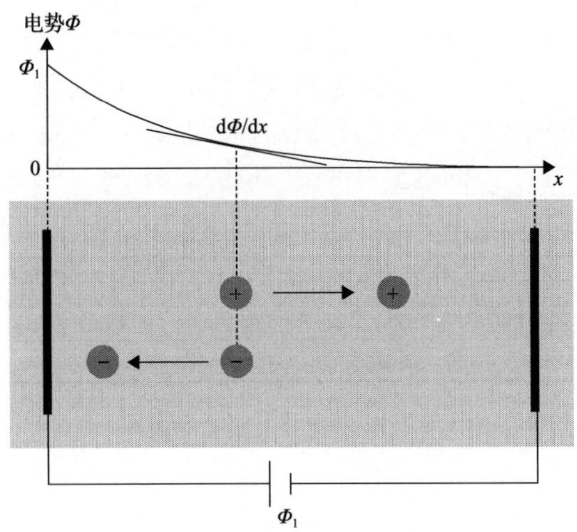

图 3-1　离子电迁移作用

Figure 3-1　Action on ion electromigration

离子的平均传输速率 v_m 可用公式(3-1)表示：

$$v_m = u\frac{\partial \Phi}{\partial x} \tag{3-1}$$

式中，Φ 为电势(V)；u 为离子迁移率(C/mol)。

根据爱因斯坦关系，离子迁移率可用公式(3-2)计算：

$$u = D\frac{q}{k_B T} = D\frac{zF}{RT} \tag{3-2}$$

式中，D 为离子扩散系数(m^2/s)；q 为电荷量(C)；k_B=1.3806505×10^{-23}J/K，为玻尔兹曼常量；T 为热力学温度(K)；z 为离子电荷数；F=96485C/mol，为法拉第常量。

于是，单位时间内通过垂直于电迁移方向参考平面离子的电迁移通量 J_m 为

$$J_m = -Cv_m \tag{3-3}$$

将式(3-1)、式(3-2)代入式(3-3)得

$$J_m = -CD\frac{zF}{RT}\frac{\partial \Phi}{\partial x} \tag{3-4}$$

式(3-4)的负号是由于带正电粒子的运动方向与电势梯度增加的方向相反。由此可知，在外电场作用下，溶液中离子电迁移通量不仅取决于离子本身的性质、离子浓度与环境因素，还与溶液中电势梯度大小有关[3-7~3-9]。

3.1.2 双向电迁移的基本原理

双向电迁移技术(bi-directional electro-migration rehabilitation, BIEM)是一种新型的钢筋混凝土耐久性提升技术。区别于已有电化学除氯技术和阻锈剂技术，双向电迁移侧重于氯离子排出和阻锈剂迁入两方面。其主要原理如图 3-2 所示，双向电迁移技术将混凝土结构内部的钢筋作为阴极，在混凝土结构外表面铺设不锈钢网片，作为阳极。在不锈钢网片外铺设含阻锈剂溶液的海绵层，施加直流电源，使钢筋和不锈钢网片之间形成电场。在外加电场的作用下，混凝土内部带负电的氯离子会向外迁移而被排出混凝土，海绵层中带正电荷的阻锈剂阳离子会向混凝土内部迁移。当钢筋表面的阻锈剂含量达到一定浓度时，阻锈剂会在钢筋表面形成一层密实的保护膜，将氯离子、氧气等腐蚀介质与钢筋隔离开，从而起到阻锈的作用[3-10~3-13]。

在通电过程中，阳极发生的反应如下：

$$2H_2O \longrightarrow O_2 + 4H^+ + 4e^- \tag{3-5}$$

$$4OH^- \longrightarrow 2H_2O + O_2 + 4e^- \tag{3-6}$$

$$2Cl^- \longrightarrow Cl_2 + 2e^- \tag{3-7}$$

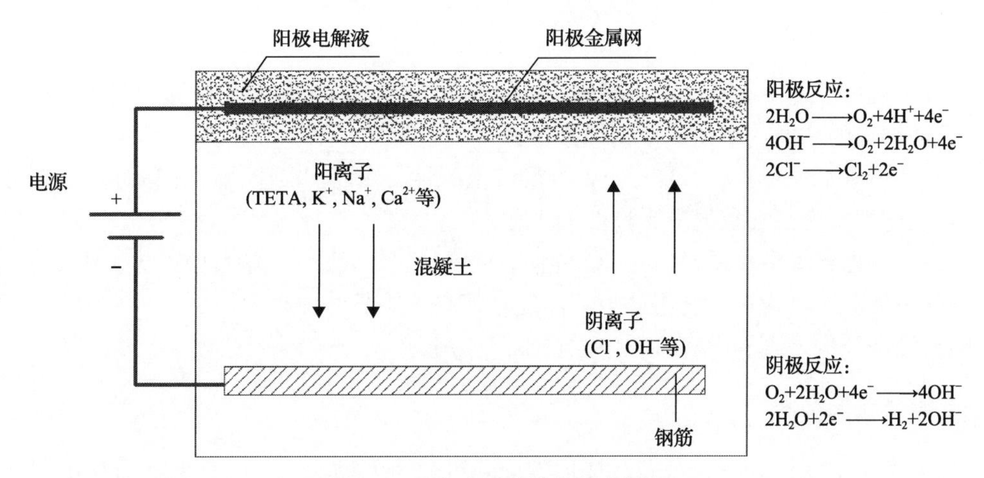

图 3-2　双向电迁移技术基本原理

Figure 3-2　Schematic of basic principles of bidirectional electromigration

阴极发生的反应如下：

$$2H_2O + 2e^- \longrightarrow 2OH^- + H_2 \tag{3-8}$$

$$O_2 + 2H_2O + 4e^- \longrightarrow 4OH^- \tag{3-9}$$

从阳极反应方程中可以看出，随着通电时间的增加，阳极电解液中的氢氧根离子减少，氢离子增多，阳极电解液中的 pH 下降。若溶液 pH 过低，会腐蚀混凝土表面，带来不利影响。所以，在通电过程中，应进行阳极电解液 pH 观测，当 pH 下降至 7 以下时，应及时更换电解液。

从阴极反应方程中可以看出，随着通电时间的增加，钢筋附近的氧气减少，有大量的氢氧根离子和氢气生成。氢氧根离子的存在，使钢筋附近混凝土孔隙液的 pH 上升，有利于钢筋的钝化。同时，在电场作用下，氢氧根离子会向外迁移，并在迁移过程中与混凝土孔隙液中的钙离子结合形成氢氧化钙，在混凝土孔隙壁上附着沉淀，使混凝土内毛细孔变小甚至堵塞[3-14]。但若通电时间较长或电流密度较大，氢氧化钙在钢筋附近大量沉积，可能影响混凝土与钢筋的黏结强度，并有诱发碱骨料反应的危险[3-15]。同时，氢气的产生，一方面可能会使钢筋出现“氢脆”[3-16]，另一方面会使钢筋附近混凝土的小孔增多[3-14]，所以，氢气的产生也会降低混凝土与钢筋的黏结强度[3-17]。

由此可以看出，在进行双向电迁移技术的通电时间、电流密度的选择时，除了考虑混凝土结构本身的因素(混凝土保护层厚度、初始氯离子含量、混凝土密实度之外)，还必须考虑通电对混凝土结构可能产生的不利影响。在保证阻锈剂的渗入、氯离子的排除效果的同时，应尽量减小通电给混凝土结构带来的负面效应。

3.2　电迁移型阻锈剂

从双向电迁移技术的基本原理来看，应用于该技术的电迁移型阻锈剂必须具有以下条件[3-18]。

(1)在氯盐环境下有较好的阻锈能力，能够有效阻止或延迟钢筋锈蚀的发生，明显降低已锈蚀钢筋的锈蚀速率，或使钢筋停止锈蚀。

(2)易溶于水，溶于水后带正电，且溶液呈碱性。在向混凝土内部迁移时，不会与混凝土发生化学反应而导致混凝土性能的劣化。

(3)在碱性环境中性质稳定，不会与氢氧化钙、氧气等发生化学反应而失去阻锈能力。

(4)在混凝土结构正常使用环境下，能在混凝土中长时间存留。

(5)经济环保，有利于在工程中大量推广应用。

3.2.1 阻锈剂的种类

目前市场上阻锈剂为数众多，按化学成分可分为无机阻锈剂、有机阻锈剂和复合阻锈剂[3-19,3-20]。

1. 无机阻锈剂

常见的无机阻锈剂有亚硝酸盐、单氟磷酸钠、氧化锌、硼酸盐、锡酸盐、钼酸盐等。其中，亚硝酸盐是研究最早、应用最广泛的阻锈剂，有大量的研究和工程应用实例。其他各类无机阻锈剂也有一定的研究进展。但是，几乎所有的无机阻锈剂起阻锈作用的均为阴离子，所以无论其在氯盐环境下的阻锈效果如何，它们都不适用于双向电迁移技术。

2. 有机阻锈剂

由于亚硝酸钠等无机阻锈剂在环保方面存在一定副作用，20 世纪 80 年代以来，有机阻锈剂开始被关注，并得到了很大发展。目前市场上常见的有机阻锈剂有烷醇胺、胺类、脂类、炔醇类、羧酸类、醛类和磺酸类等[3-21]。其中，仅烷醇胺和胺类溶于水后为阳离子，且溶液呈碱性。

烷醇胺和胺类有机阻锈剂是对含有氨基或羟基的有阻锈能力的有机化合物的统称，具有代表性的有乙醇胺(MEA)、环已胺、三乙烯四胺(TETA)、*N*,*N*-二甲基乙醇胺(DMEA)、三乙醇胺、二甲胺等。Gaidis[3-22]研究指出，胺类阻锈剂，如乙醇胺、*N*,*N*-二甲基乙醇胺可以通过抑制钢筋阴极反应、阻断氧气获得电子的途径等作用延缓钢筋锈蚀的发展。Welle 等[3-23]采用 X 射线光电子能谱仪(XPS)观察钢筋表面，发现 *N*,*N*-二甲基乙醇胺可以取代钢筋表面吸附的氯离子，并使钢筋表面形成稳定的钝化膜。Elsener 等[3-24]研究发现，当氯离子与胺类阻锈剂的摩尔比接近 1 时，有较好的阻锈效果，在氯盐溶液中胺类阻锈剂可以延迟钢筋锈蚀的发生。Jamil 等[3-25,3-26]采用电化学阻抗谱研究发现，在氯离子浓度较低的情况下，将胺类阻锈剂掺入混凝土或涂敷于混凝土表面，均可以明显降低钢筋的锈蚀速率。而到目前为止，没有发现胺类阻锈剂对硬化后的混凝土性质有任何不利影响[3-27]。可以看出，胺类阻锈剂具有较好的阻锈能力、易溶于水后带正电、性质稳定、不会对混凝土性能产生不利影响、经济环保，是电迁移型阻锈剂的最佳候选之一。

3. 复合阻锈剂

阻锈剂的协同效应广泛地存在于阻锈过程中[3-28]。为了更好地发挥阻锈剂的阻锈能力，许多复合型钢筋阻锈剂被开发出来，并应用于工程中。Saraswathy 等[3-29]研究发现，由氧化钙、柠檬酸盐、锡酸盐组成的复合体系可以明显降低钢筋的锈蚀速率，并提高混凝土的抗压强度。Batis 等[3-30]试验研究发现，醇胺类阻锈剂与无机硅涂层共同作用下，其阻锈效果与丙烯酸类有机涂层相近。

复合阻锈剂使各阻锈成分发挥出更佳的阻锈效果，更好地满足混凝土结构对阻锈剂的要求，同时给阻锈剂的开发提供了很好的思路和依据。

由此，根据双向电迁移技术对阻锈剂的基本要求，可以把醇胺类化合物作为电迁移型阻锈剂的初选目标。但是，醇胺类化合物数量庞大，还需要进一步缩小范围。

3.2.2 胺类阻锈剂的初选

1. 物理性质

在将阻锈剂的选择范围缩小到醇胺类化合物之后，需要有更加苛刻的条件来缩小包围圈。除了双向电迁移技术对阻锈剂的基本要求之外，还应考虑以下因素：溶解度、挥发性、毒性、稳定性、解离常数等。

1) 溶解度

有机化合物的碳链长度、官能团性质、分子空间结构等是影响有机化合物溶解度的重要因素。对于醇胺类化合物，一般情况下，分子式中含 C 元素数量越多，其溶解度越小。为使双向电迁移技术的效果理想，应选择溶解度较大的醇胺类化合物，即应选碳链长度较短的化合物。

2) 挥发性

有机化合物的碳链长度影响有机化合物的挥发性。对电迁移型阻锈剂而言，要求其不具有较大的挥发性。对于醇胺类化合物来说，由于羟基和氨基的存在，碳链长度过短的化合物有较高的挥发性，如甲胺、乙胺等。为使电迁移型阻锈剂在混凝土中有较好的存留能力，应选择挥发性相对较低的醇胺类化合物，即不宜选择碳链长度过短的化合物。

3) 毒性

很多醇胺类化合物存在不同程度的毒性，有些对生物有较强的毒性。从生命安全和环保的角度考虑，在对电迁移型阻锈剂进行选择时，应避免选择高、中毒性的化合物，尽量选择低毒或无毒的化合物。

4) 稳定性

有些醇胺类化合物暴露在空气中会与空气中的二氧化碳发生反应生成盐类，有些则会在碱性环境下分解为氨气和水，所以，必须选择性质稳定的醇胺类化合物作为电迁移型阻锈剂。

5) 解离常数

解离常数(pK_a)是具有一定解离度的溶质在水溶液中的极性参数。解离常数给予分子的酸性或碱性以定量的量度，pK_a 增大，对于质子接受体来说，其碱性增强。醇胺类化合物为质子受体，溶于水后，发生如下反应：

$$RNH_2 + H_2O \longrightarrow RNH_3^+ + OH^- \tag{3-10}$$

此时，溶液中存在一个电离平衡。当溶液 pH 较大时，阳离子减少，分子含量增加；当溶液 pH 较小时，阳离子增加，分子含量减少。当溶液中的 pH 等于解离常数时，阳离子浓度与分子浓度相等。

图 3-3 为乙醇胺和胍的离子含量随溶液 pH 的变化情况[3-31]，其中，乙醇胺的解离常数 pK_a 为 9.5，胍的解离常数 pK_a 为 13.6[3-32]。以乙醇胺为例，当溶液的 pH 小于 9.5 时，溶液中乙醇胺离子浓度占乙醇胺总浓度的 50%以上，而当溶液的 pH 大于 9.5 时，溶液中乙醇胺离子浓度直线下降，当溶液的 pH 为 10.5 时，乙醇胺离子浓度仅为总浓度的 10%。胍的规律与乙醇胺相似，但是因为胍的解离常数 pK_a 较大，所以当溶液的 pH 较大时，胍在溶液中的解离程度依然较大。

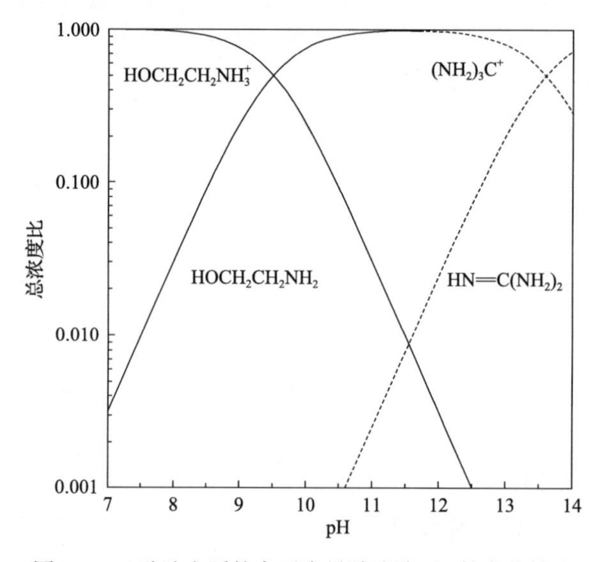

图 3-3　乙醇胺和胍的离子含量随溶液 pH 的变化情况

Figure 3-3　The variation of chloramine and guanidine content with different solution pH

一般情况下，氯盐侵蚀的混凝土孔隙液 pH 在 11.5 以上。另外，在通电过程中，阴极反应会产生大量氢氧根离子，使钢筋附近混凝土孔隙液的 pH 明显上升。同时，在电场的作用下，氢氧根离子会向外迁移，从而提高了混凝土保护层中孔隙液的 pH。以乙醇胺为例，当乙醇胺向混凝土内部迁移并到达溶液 pH 大于 9.5 的深度时，阳离子的比例明显下降，则电场对乙醇胺的电迁移作用明显下降，乙醇胺分子只能进行浓差扩散，其扩散速率与电迁移相比明显降低[3-31,3-33]。由此看出，解离常数对阻锈剂的迁移有很大影响，应尽量选择解离常数较大的胺类阻锈剂。

2. 初选的胺类阻锈剂

综合上述条件，将以下六种胺类阻锈剂作为进一步的研究对象：

(1) 胍：结构简式 $HN{=}C(NH_2)_2$，阻锈效果未知，解离常数为 13.6 (25℃)[3-32,3-34]。

(2) 1,6-己二胺：结构简式 $H_2NCH_2(CH_2)_4CH_2NH_2$，阻锈效果未知，一级解离常数为 11.857，二级解离常数为 10.762 (0℃)[3-32,3-34]。

(3) 乙醇胺：结构简式 $HOCH_2CH_2NH_2$，阻锈效果良好[3-22,3-27,3-35]，解离常数为 9.50 (25℃)[3-32,3-34]。

(4) 二甲胺：结构简式 $(CH_3)_2—NH$，有较好的阻锈效果[3-35]，解离常数为 10.77 (25℃)[3-32,3-34]。

(5) *N,N*-二甲基乙醇胺：结构简式 $(CH_3)_2(OH—CH_2CH_2)—N$，有较好的阻锈效果[3-22,3-23,3-35]，但无法查到其解离常数。

(6) 三乙烯四胺：结构简式 $NH_2—CH_2CH_2\text{—}(NHCH_2CH_2)_2\text{—}NH_2$，有较好的阻锈效果[3-35]，但无法查到其解离常数。

以上六种胺类阻锈的某些性质还有待研究，因此需要相关试验对其进行充分研究。

3.2.3　胺类阻锈剂的阻锈原理

胺类阻锈剂分子由极性基(氨基)与非极性基(碳链)组成，极性基可以牢牢地吸附在钢筋表面，而非极性基能完整地覆盖钢筋表面，把钢筋与氧气、氯离子等侵蚀介质隔离开来[3-36]。它的阻锈能力与以下因素有关：①胺类阻锈剂在钢筋表面的吸附能力；②胺类阻锈剂在钢筋表面的覆盖面积；③胺类阻锈剂在钢筋表面所形成的保护膜的厚度和致密程度。

不同的阻锈剂在不同金属表面的吸附能力不同。1963 年，Hackerman 提出了硬软酸碱(HSAB)规则，即硬酸与硬碱能以离子键牢固结合，软酸与软碱能以共价键牢固结合。该原则给阻锈剂的选择提供了很好的理论依据。Fe^{3+}为高价阳离子，属于硬酸，胺类阻锈剂的氨基的中心原子 N 电负性较大，属于硬碱，故胺类阻锈剂可以在钢筋表面牢固地吸附，对钢筋起到较好的阻锈效果[3-36]。

关于胺类阻锈剂分子在钢筋表面吸附的原理，目前学术界有两种观点。古典的物理吸附学解释如图 3-4 (a) 所示，可以发现，铁溶解后残留的电子在钢筋表面形成负电荷区($Fe \longrightarrow Fe^{2+} + 2e^-$)，带正电的胺类阳离子($RNH_2 + H^+ \longrightarrow RNH_3^+$)到达钢筋表面后，吸附于钢筋的负电荷区，形成吸附层。化学吸附原理如图 3-4 (b) 所示，可以发现，胺类阻锈剂，胺类阻锈剂的吸附基团氨基的中心原子 N 的电子密度高，可以向钢筋提供电子，形成配位键，吸附于钢筋表面，形成保护层[3-36]。

另外，对于含有两个或多个官能团的阻锈剂分子，它们可以与钢筋阳离子形成螯合环，提高其在钢筋表面的吸附力[3-35]。Hackerman 认为侧链的长度和位置对吸附有很大影响。若侧链靠近吸附活性中心原子，可能对吸附存在空间立体障碍作用，使吸附变坏。若阻锈剂分散较好且吸附基相同，则烷基链越长，缓蚀效果越好[3-35]。

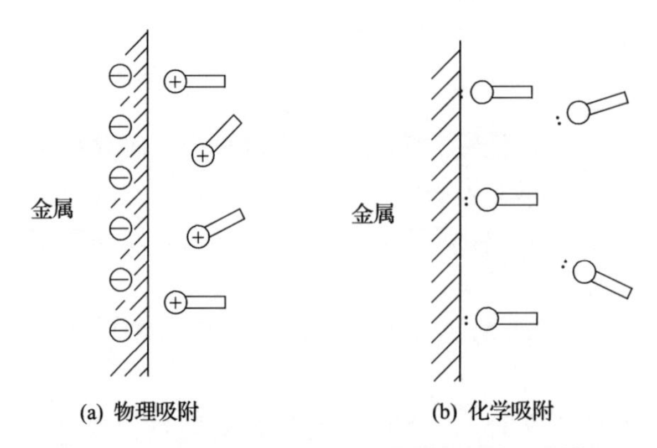

图 3-4　有机缓蚀剂分子在金属表面上的吸附模型

Figure 3-4　Adsorption model for organic corrosion inhibitor molecules on the surface of metal

表 3-1 为混凝土试件中钢筋通电前后的腐蚀参数[3-37]，可以发现，在通电前，混凝土中钢筋的 E_{corr} 为–250～–300mV，i_{corr} 为 0.17～0.25μA/cm^2，锈蚀速率在 2.40×10^{-4}mm/a 附近，表明此时混凝土中的钢筋均已锈蚀。与通电前相比，通电后混凝土中钢筋的 E_{corr} 大幅提高。其中，1,6-己二胺的 E_{corr} 由通电前的–308mV 提高到–75.4mV，提高幅度最大，表明通电后钢筋的耐蚀性能提高。同时，通电后，除了乙醇胺和三乙烯四胺外，其他试件中钢筋的 i_{corr} 和锈蚀速率略有增长。同时，检测到混凝土内阻锈剂含量是剩余氯离子的 2～7 倍，从长期效果来看，双向电迁移技术对钢筋耐蚀性能的提高具有较好的效果。

表 3-1　混凝土试件中钢筋通电前后的腐蚀参数[3-18]

Table 3-1　Corrosion parameters variation of steel barafter energizing[3-18]

阻锈剂种类	通电前			通电后		
	腐蚀电位 E_{corr}/mV	腐蚀电流密度 i_{corr}/(μA/cm^2)	锈蚀速率 CR /(mm/a)	腐蚀电位 E_{corr}/mV	腐蚀电流密度 i_{corr}/(μA/cm^2)	锈蚀速率 CR /(mm/a)
二甲胺	–299	0.2021	2.34×10^{-4}	–184.0	0.2783	3.23×10^{-4}
胍	–223	0.2081	2.42×10^{-4}	–137.0	0.2231	2.59×10^{-4}
乙醇胺	–295	0.2492	2.89×10^{-4}	–133.0	0.1763	2.05×10^{-4}
1,6-己二胺	–308	0.2139	2.48×10^{-4}	–75.4	0.2794	3.24×10^{-4}
三乙烯四胺	–268	0.2011	2.33×10^{-4}	–90.3	0.2046	2.39×10^{-4}
N,N-二甲基乙醇胺	–278	0.1773	2.06×10^{-4}	–146.0	0.2320	2.70×10^{-4}
电化学除氯	–266	0.1782	2.07×10^{-4}	–84.0	0.2339	2.72×10^{-4}

3.3　钢筋的氢脆

3.3.1　氢脆现象

钢筋的塑性是指在承载力没有明显降低的情况下，钢筋屈服后抵抗塑性变形的能力。钢筋塑性与结构的抗震、疲劳等服役性能有着重要关系[3-38]，是评价结构整体耐久性能的重要指标。国内外的相关研究[3-39,3-40]认为，电化学修复过程中，较大电流密度会对钢筋的塑性造成负面影响，主要为氢脆(hydrogen embrittlement, HE)现象。氢脆现象是金属材料在冶炼、加工、热处理、酸洗和电镀等过程中，或在含氢介质中长期使用时，材料由于吸氢或氢渗造成机械性能严重退化，发生脆断的现象[3-41]。对钢筋混凝土结构进行电化学处理时，钢筋表面会发生阴极还原反应，当负电位达到一定值时则会发生析氢反应，而反应产生的氢原子会被钢筋吸附并出现氢脆现象，影响钢筋混凝土的整体力学性能[3-42]。

国内外已有研究[3-43,3-44]认为，高强预应力钢筋具有捕获电化学反应产生的氢原子的能力，因此对氢脆敏感性更高，故该类构件应用电化学修复技术过程中出现氢脆现象的可能性更高。并且不同的预应力钢筋类型对氢的敏感程度不同，引起氢脆的临界氢浓度也不同。Siegwart 等[3-45]对预应力梁电化学除氯处理后，进行了钢筋的延伸率测量及断面电镜扫描，认为高强预应力钢筋对氢脆现象十分敏感，并且氢脆现象不随电化学通电参数(如电流密度、通电时间和形式)改变而发生变化，也不受钢筋表面是否发生腐蚀的影响，因此，电化学修复技术不能用于预应力混凝土结构。针对普通钢筋混凝土结构，Siegwart 的试验结果表明其在电化学除氯后，会因钢筋出现“氢致”应力腐蚀开裂(hydrogen-induced stress corrosion cracking)现象而发生脆性破坏。“氢致”应力腐蚀开裂是指在应力与富含氢离子的环境耦合作用下，氢离子会在钢筋缺陷处聚集，使结构出现突然破坏的现象。由此可见，电化学修复过程中钢筋(尤其是预应力高强钢筋)有存在析氢的可能性，使得钢筋混凝土构件出现氢脆现象，降低钢筋塑性，最终导致结构出现不可预计的脆性破坏。然而，国内外部分研究结果则持相反看法。朱鹏[3-44]的研究结果表明钢筋一旦停止产生氢原子，高强钢筋周围的氢原子会迅速扩散到钢筋以外，钢筋会恢复其原有的塑性；同时，具有捕捉氢原子能力的是高强预应力钢筋，大多数普通钢筋并不具有捕获氢原子的能力。国内相关研究也发现断电结束后的普通钢筋中氢原子快速解析，钢筋的伸长率可恢复 90%。因此，对普通碳素钢构成的钢筋混凝土结构而言，电化学修复技术不存在严重的影响。

此外，国内外学者就是否可以通过控制电化学参数来控制氢脆进行了研究。Bertolini 等[3-46]的试验表明当不含铬的预应力钢筋的电位高于–900mV 时，对其进行电化学修复时氢脆风险较低[3-47,3-48]。干伟忠等[3-49]设计了电化学除氯技术的室内试验，分析了配筋率、通电时间等对电化学除氯技术的影响，表明通过正确选择电化学参数可以避免电化学修复的副作用，跟踪试验表明在没有金属护套的先张预应力混凝土结构中也没有发生氢脆的迹象，但并未指明不产生副作用的电化学参数范围。

由此可见，电化学修复过程中，钢筋的塑性会因氢脆现象的出现而发生变化。高强钢筋更具有捕获氢原子的能力，因此高强钢筋混凝土结构在电化学修复后也更容易出现氢脆现象。但如前文所述，部分研究指出在通电结束后，氢脆现象也可能因氢离子的解析而发生变化，钢筋塑性也会因此而恢复。

3.3.2　氢脆理论

当氢进入金属内部，其浓度达到饱和后，会降低金属的塑性，诱发金属产生裂纹，导致金属突然发生脆性破坏或滞后破坏，这种现象称为金属的氢脆。金属的滞后破坏[3-50]

是一种脆性断裂。当材料所受应力不超过其屈服强度，持续处于该种低应力状态下时，金属内部会孕育裂纹并在低应力状态下扩展，导致金属突然发生破坏。由氢导致的金属滞后开裂又称氢致开裂，是由于氢在金属应力集中区或缺陷处聚集导致金属出现氢脆现象而导致的。

目前，国内外对金属产生氢脆现象的氢脆机理主要分为五类，即氢减小键合力理论、氢致局部塑性变形理论、氢降低表面能理论、氢压理论与氢化物氢脆。但尚无氢脆机理可以解释所有的氢脆现象。

1. 氢减小键合力理论

氢减小键合力理论最早由 Oriani 等[3-51,3-52]提出并修正量化。该理论的核心为当氢进入金属的原子内部后，会使其 d 导带的电子与 s 导带的电子重合。该现象会增大金属的原子间排斥力，从而降低金属的原子键断裂能，令金属在较低应力状态下便会产生微裂纹、形核、扩展。

然而并没有试验可以证实氢减小键合力理论，因此氢减小键合力理论还处于纯理论阶段，尚不清楚其是否为高强钢筋氢脆的主要原因。

2. 氢致局部塑性变形理论

氢致局部塑性变形理论又称 HELP 理论，认为氢会促进金属的局部变形，从而导致在较低的应力水平下，金属局部区域率先达到塑性变形极限，引起金属的氢致开裂。当氢浓度达到临界值时，氢对金属的各种影响会变得明显，因此氢致局部塑性变形理论可以将氢脆现象从微观层面的变化解释到宏观层面上，即氢如何通过微观层面促进金属材料的局部塑性变形，从而导致金属整体出现氢脆现象。

3. 氢降低表面能理论

氢降低表面能理论是由 Petch 等[3-53]在 1952 年提出，认为氢会降低裂纹内表面的表面能，当裂纹的表面能越小时，裂纹更容易形核与扩展。该理论中，氢进入金属的过程主要可分为两个阶段：

(1)物理吸附。通过金属原子与氢之间的范德瓦耳斯力造成，该过程为可逆过程，且瞬时完成。

(2)化学吸附。金属表面原子与氢发生化学作用，该过程为不可逆过程，但一般需要长时间来完成，且需要一定的激活能。

氢降低表面能理论不适用于面心立方体或塑性较好的合金材料。且吸附在金属表面的气体，如氧、二氧化碳、一氧化碳、二氧化硫等，会降低金属的表面能，但此过程并不会造成金属脆化或令其在之后开裂。

4. 氢压理论

1941 年，Zaffe 等[3-54]提出了氢压理论。在高温高压、酸洗、电镀或阴极充氢的条件下，氢极容易在金属内部的缺陷处聚集，从而在局部产生过饱和的氢，形成氢压。当局部氢压达到金属原子的原子结合力时，会诱发金属产生微裂纹。同时，在氢浓度差的作用下，缺陷周围的氢原子浓度会相对较低，从而导致离缺陷较远处的氢向缺陷方向扩散。根据 Sievert 定律，缺陷处的氢压为

$$P_{H_2} = (C_H / S)^2 \tag{3-11}$$

式中，P_{H_2} 为缺陷处的氢压；C_H 为金属中的氢浓度；S 为 Sievert 常数。

氢压理论可以很好地解释低碳钢的氢蚀现象，但不能解释由于氢脆导致的金属塑性降低现象及氢滞后断裂的可逆性。

5. 氢化物氢脆

由于ⅣB 族金属(Ti、Zr、Hf)与ⅤB 族金属(V、Nb、Ta)极易与氢反应生成氢化物，而氢化物属于脆性中间相。因此，一旦金属与氢反应生成氢化物，其塑性就会降低，即氢化物的析出会导致金属发生氢脆现象。

3.3.3 氢脆分类

根据氢脆的发生时间，可将氢脆分为第一类氢脆与第二类氢脆。两者的区别为：第一类氢脆的氢脆源产生于材料加工时，如氢蚀、氢鼓泡、氢化物型氢脆；其氢脆敏感性随变形速率增加而增加。第二类氢脆源于材料的应力状态与氢共同作用时产生，如含过饱和氢的合金与含固溶氢的合金，其氢脆敏感性随变形速率增加而降低。

根据出现氢脆现象后的金属材料是否可以恢复塑性，可将氢脆分为可逆氢脆与不可逆氢脆。若金属在屈服前，通过室温放置等方法将固溶于金属中的氢去除，最终可恢复金属塑性，该现象为可逆氢脆。而当金属发生不可逆氢脆后，无法通过除氢处理来恢复金属塑性，如氢压裂纹、氢蚀、氢化物型氢脆等。

根据产生氢脆现象的氢脆来源，可分为内部氢脆与环境氢脆。内部氢脆为冶炼或加工过程中，溶入其中的氢没能及时释放，向金属内部缺陷处扩散，在室温时氢原子结合成氢分子，产生巨大内应力，从而导致金属出现裂纹即氢脆。外部氢脆为在金属服役期间，氢由外界进入金属的内部从而导致金属发生氢脆的现象。

当对钢筋混凝土结构进行电化学修复时，作为阴极的低碳钢会发生析氢反应，环境中的氢会扩散至钢筋的缺陷处或应力集中区，当进入钢筋的氢浓度到达临界值时，钢筋的塑性会降低，并形成、发展裂纹，使钢筋不可预计地出现氢致延滞断裂的现象[3-55~3-57]，从而增大结构出现突然破坏的可能性。然而由于在正常服役期间的钢筋混凝土结构中，钢筋的应力状态不会超过其屈服强度，且变形速率较小，因此电化学修复对其产生的氢脆现象主要由氢扩散控制，属于可逆氢脆。

3.3.4 氢脆的防止措施

金属的氢脆与应力水平、材质因素及极化电位等因素有关，因此可以从这三个方面来防止氢脆。

1. 切断氢进入金属的途径

通过切断氢进入金属的途径，或控制氢进入金属过程中的某个关键环节，延缓析氢反应速率，阻止氢进入金属或控制氢进入金属的量。如采用双向电迁移技术，令阻锈剂阳离子电迁至钢筋表面，形成致密保护膜，阻止氢进入钢筋中；在含氢介质中加入抑制剂[3-58]，如在 100%干燥 H_2 中加入 0.6% O_2，令氧原子与金属优先反应形成氧化膜，从而阻止氢原子扩散进入金属中。

2. 控制应力水平

在金属的加工过程中，控制金属处于拉应力状态的因素。如采用表面处理技术使表面获得残余压应力层，可以有效防止氢致延滞断裂。因此，选择合理的冷、热加工工艺，对防止金属的氢脆有重要意义。

3. 选择氢脆敏感性较低的金属

含碳量较低，硫、磷含量较少的钢，氢脆敏感性低。钢材的强度等级越高，其氢脆敏感性越高，越可能发生氢脆。因此，在选择含氢介质中服役的钢材时，应对其强度有所限制。

3.3.5 析氢控制机理

1. 热力学分析

在电化学过程中，钢筋表面吸附阻锈剂的情况下，析氢反应过程会发生变化。阻锈剂的脱附反应会参与到电极反应过程中，以阻锈剂 TETA 为例[3-59]：

$$\mathrm{TETA_{ad}Fe \longrightarrow TETA + Fe} \tag{3-12}$$

$$\mathrm{H^+ + e^- + Fe \longrightarrow H_{ad}Fe} \tag{3-13}$$

$$\mathrm{H^+ + H_{ad}Fe + e^- \longrightarrow H_2 + Fe} \tag{3-14}$$

$$\mathrm{2H_{ad}Fe \longrightarrow H_2 + 2Fe} \tag{3-15}$$

式中，$\mathrm{TETA_{ad}}$ 为吸附在铁表面的阻锈剂。

反应式(3-14)和式(3-15)为两种可能的中间反应：塔费尔(Tafel)反应/海洛夫斯基(Heyrovsk)反应，将上述反应式合并，则有

$$\mathrm{TETA_{ad}Fe + 2H^+ + 2e^- \longrightarrow TETA + H_2 + Fe} \tag{3-16}$$

对比析氢反应式，阻锈剂 TETA 与铁参与了电极反应，该反应的吉布斯自由能变化

$$\Delta G_{\mathrm{T}} = \Delta G_{\mathrm{H_2}} + \Delta G_{\mathrm{ad}} \tag{3-17}$$

式中，ΔG_{ad} 为吸附反应的自由能变化；ΔG_T 为阻锈剂存在下的析氢反应吉布斯自由能变化；ΔG_{H_2} 为析氢反应的吉布斯自由能变化。

由于对于阻锈剂 TETA 有 $\Delta G_{ad} = -11.87$kJ/mol，根据电极电势与吉布斯自由能的关系：

$$E = -\frac{\Delta G}{NF} \tag{3-18}$$

式中，N 为摩尔电子转移数，取 2；F 为法拉第常量，一般取 96485C/mol。

由此可得，阻锈剂的双向电迁移过程中有

$$E_T = E_0 - 0.06\text{V} \tag{3-19}$$

式中，E_T 为阻锈剂溶液的双向电迁移过程中析氢反应的极化电位；E_0 为电化学除氯过程中析氢反应的极化电位。

对于以 M 溶液为阻锈剂的双向电迁移过程有

$$E_M = E_0 - 0.09\text{V} \tag{3-20}$$

式中，E_M 为以 M 溶液为阻锈剂的双向电迁移过程中析氢反应的极化电位。

可见，阻锈剂的存在使钢筋发生析氢反应的极化电位减小，发生析氢反应的电流密度增大，从而对析氢反应起到了抑制作用。

2. *动力学分析*

根据反应速率主要由相对最慢的步骤控制原则可知，析氢反应速率主要由氢离子放电反应和脱附反应控制。一般在铁和铁合金的表面，可以认为是在氢离子的放电反应后发生电化学脱附反应。

一般来说，氢离子放电的反应速率非常快，可以近似认为处于平衡状态，因此其后发生的电化学脱附反应控制着整个析氢反应的反应速率。

对于电化学脱附反应有

$$H^+ + H_{ad} + e^- \xrightarrow{k_2} H_2 \tag{3-21}$$

吸附在铁表面的氢原子活度为 a_H，吸附在铁表面氢原子的覆盖率为 θ，有

$$a_H = k\theta \tag{3-22}$$

将 k 合并至反应速率常数 k_2 中，则有化学反应速率

$$v = k_2\theta a_H e^{-\frac{(1-\alpha)FE}{RT}} \tag{3-23}$$

式中，e、R、F 为常数；E 为电位；α 为系数，为 0～1，在同一反应中为定值。因此可以认为反应速率 v 和 θ 成正比。

在钢筋表面吸附阻锈剂的情况下，可以分为两种情况：

(1) 对于未吸附阻锈剂部分，可以认为铁表面氢原子覆盖率减小，析氢反应速率 v 与

θ成正比，因而总体反应速率降低。

(2) 对于表面吸附阻锈剂，析氢反应过程发生改变，先发生阻锈剂的脱附反应，再发生氢离子的放电反应与电化学脱附反应。在此过程中，阻锈基团具有较大的体积，其脱附反应速率远小于氢离子、氢原子的电化学脱附反应，因此，化学反应速率主要由阻锈剂的脱附速率控制。

阻锈剂 TETA 的吸附速率与脱附速率都相对较小，这是因为阻锈剂在铁表面的吸附会形成螯合物，其反应相对复杂，根据阻锈剂的分子结构，有 4 个氮原子可以吸附在铁表面，其反应速率相对较慢。因此，阻锈剂 TETA 对析氢反应的抑制效果更好。

3.3.6 钢筋氢脆评价方法

钢筋在拉伸变形的过程中主要可分为四个阶段，即弹性变形阶段、不均匀屈服塑性变形阶段、均匀塑性变形阶段和颈缩变形阶段。目前检测氢脆现象的力学方法主要有恒荷载法、恒应变速率(拉伸、弯曲)试验(constant extension rate test, CERT)与慢应变速率拉伸试验(slow strain rate test, SSRT)。

慢应变速率拉伸试验是对处于极化电位下的金属试件进行拉伸试验，通过观察金属试件在弹性阶段、屈服阶段、塑性变形阶段及破坏阶段的全过程，反映钢在恒电位极化过程中的氢脆敏感性及其之后断裂性能。恒应变速率拉伸试验是对阴极极化结束后的钢筋进行拉伸试验，由于其拉伸的应变速率恒定，可以反映金属试件的极化电位与塑性性能的关系，从而分析金属试件的氢脆情况。

慢应变速率拉伸试验与恒应变速率拉伸试验均具有试验速度快的优点，但仍存在一定的不足之处。Siegwart 指出，当拉伸速率为 0.1mm/min 时，可以较好地体现钢的氢脆情况。目前国内外尚无统一标准来判断金属的氢脆程度，且对拉伸速率也尚无明确范围。通常用塑性损失，即断面收缩率ψ与断后伸长率δ来反映钢筋发生氢脆的程度，采用氢脆敏感系数作为评定指标，定义如下：

$$F(\psi)=(\psi_0-\psi)/\psi_0\times100\% \tag{3-24}$$

$$F(\delta)=(\delta_0-\delta)/\delta_0\times100\% \tag{3-25}$$

式中，ψ_0、ψ分别为未经过电化学修复与经过电化学修复的钢筋拉伸试验的断面收缩率；δ_0、δ分别为未经过电化学修复与经过电化学修复的钢筋拉伸试验的断后伸长率。工程上取$F(\psi)$作为氢脆系数F_H，来评价钢材的氢脆敏感性，当$F_H>35\%$时，为氢脆断裂区，此时可以视为钢材发生氢脆；当$25\%\leqslant F_H\leqslant35\%$时，为氢脆潜在区，此时钢材存在氢脆的潜在危险；当$F_H<25\%$时，为氢脆安全区，此时钢材不发生氢脆。

3.4 临界极化电流密度

3.4.1 测定程序

析氢反应发生时，阴极动电位极化曲线(以下简称阴极极化曲线)会出现明显的拐点，拐点位置所对应的极化电流密度即为析氢临界电流密度。通过测定钢筋混凝土结构的析氢临界电流密度，即可以在电化学修复中将保护电流密度控制在析氢反应发生之前，从而避免钢筋氢脆的发生。对已有研究成果研究发现，对于成分较为复杂的钢筋混凝土结构，单纯采用上述阴极极化曲线方法并不能直接观测到拐点，还需要对阴极极化曲线一阶求导分析。在测定了钢筋混凝土试件的阴极极化曲线之后，通过对极化曲线一阶求导分析，确定钢筋的临界析氢电位及相应的析氢电流密度，整个过程如图 3-5 所示。

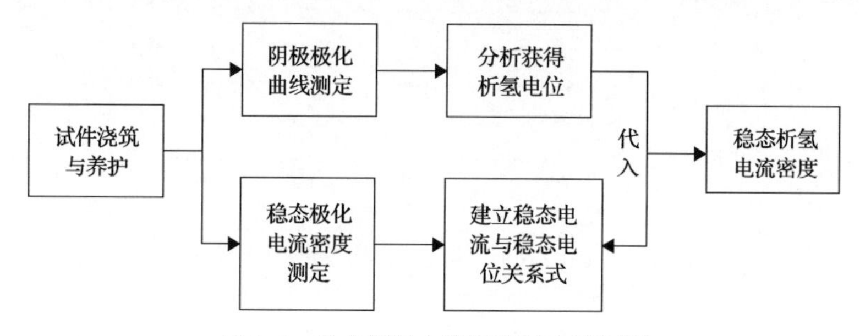

图 3-5　稳态析氢电流密度测定流程图

Figure 3-5　Flow chart for determination of steady-state hydrogen evolution current density

(1)阴极极化曲线测定。通过测定混凝土试件中钢筋的阴极极化曲线，分析确定钢筋析氢反应发生的析氢电位和非稳态下析氢电流密度。试验前先将混凝土试件在水中静置 24h，使混凝土达到饱水状态，降低混凝土试件的电阻。之后对钢筋混凝土试件中的腐蚀体系进行动电位极化曲线测定，试验采用三电极系统，两根内置钢筋分别作为工作电极和辅助电极，参比电极为饱和甘汞电极(SCE)。动电位极化曲线测试的扫描范围为 +0.05～−1.50V(*vs.* E_{oc})，E_{oc} 为开路电位；扫描速率为 20mV/min。

(2)稳态析氢电流密度测定。试验将混凝土试件两根钢筋作为阴极，混凝土底面及金属网放置于水中作为阳极，对该系统依次施加 0.002A、0.003A 直至 0.01A 的等差外加电流，换算成电流密度依次为 $0.177A/m^2$、$0.265A/m^2$ 直至 $0.884A/m^2$。采用电化学工作站测定不同外加电流密度时，钢筋阴极极化电位随时间的变化曲线。

3.4.2　稳态临界析氢电流密度

将不同外加电流 I_w 下测得的阴极极化电位 E 随时间的变化曲线绘制于同一张图上，结果如图 3-6 所示。

在给定的外加电流密度下，随着通电时间的增加，极化电位不同程度地负向增加，通电一定时间后，电位变化变缓慢最终趋于稳定。从图 3-6 中可看到，通电时间超过 200s 后，阴极极化电位基本趋于稳定，因此将 200s 对应的电位定为该试验的稳定电位。

通过对试件进行动电位极化曲线测定，可得到阴极动电位极化曲线。对其一阶求导分析可确定析氢反应开始的位置及相应的临界析氢电流密度，但动电位极化曲线测定为瞬态测量，其测得的电流值并非稳定状况下的电流值，因此还需要进行稳态测量，测定钢筋阴极极化电位 E 与连接电极的外线路中的电流密度 i 之间的关系。根据两者之间的线性关系，可最终确定稳态下临界析氢电流密度。

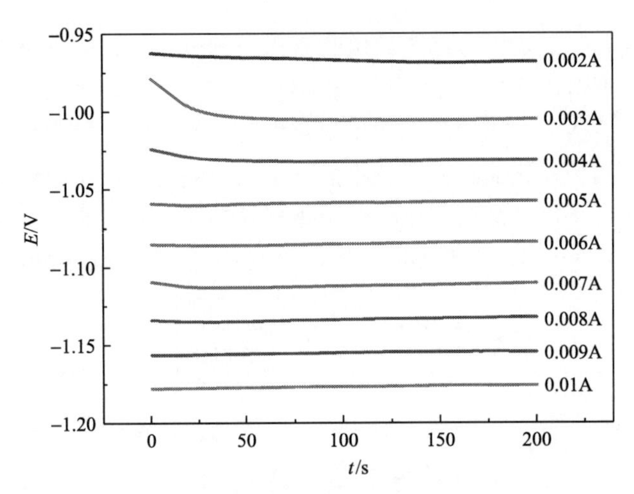

图 3-6　不同电流下阴极极化电位随时间变化曲线

Figure 3-6　Curves of cathodic polarization potential with time under different currents

3.4.3　非稳态下析氢电流密度

钢筋混凝土动电位极化曲线的测试结果如图 3-7 所示，横坐标为电流密度 i 以 10 为底的对数，纵坐标为对应的极化电位。由图 3-7 可知，图中未出现明显拐点。为了进一步分析确定钢筋析氢反应发生的临界电流密度，对图 3-7 各点进行一阶求导，绘制导数曲线如图 3-8 所示。

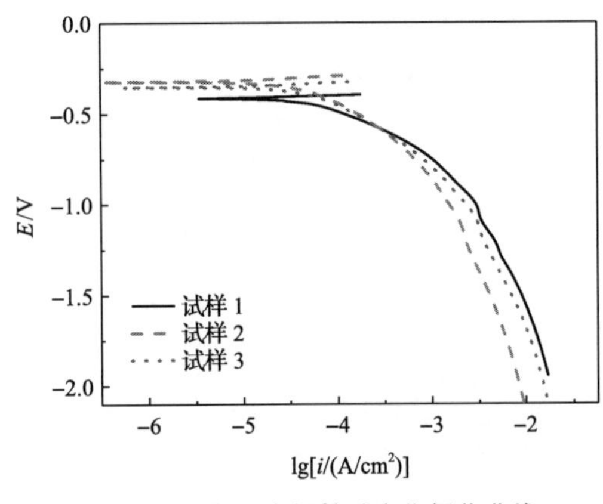

图 3-7　混凝土中钢筋动电位极化曲线

Figure 3-7　Potentiodynamic polarization curves of reinforcement in concrete

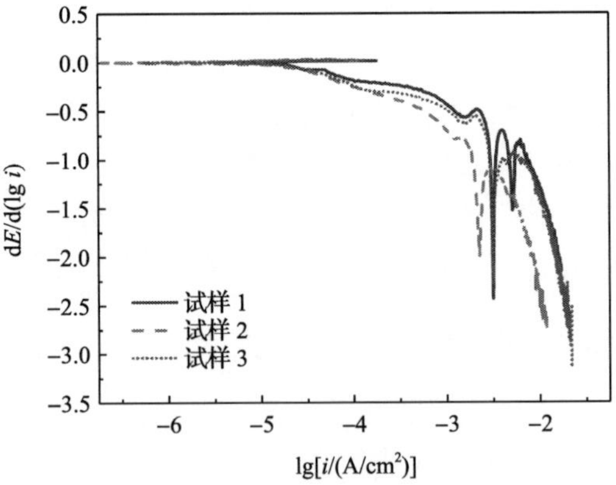

图 3-8　动电位极化曲线的导数曲线

Figure 3-8　Derivative curves of potentiodynamic polarization curve

电极反应中，电流以电子移动和交换的形式存在，平衡状态下的电化学反应，其电流保持恒定。因此，电流密度变化速率发生突变表明原有的化学平衡被打破，新的电化学反应开始发生，对应到极化曲线上即为曲线斜率发生突变。阴极极化曲线的一阶导数即阴极极化曲线斜率的直观体现，它的一阶导数可用来衡量随电位负向增加电流密度的变化速率，一阶导数某点发生突变，表示该点的电流密度变化的速率发生突变。

由图 3-8 可知，随着电位负移，动极化曲线的一阶导数中出现了几个明显的突变点，之后又出现一系列较不明显的突变点。这些突变点是由钢筋表面控制反应发生变化导致的。根据腐蚀电化学原理可知，钢筋表面主要有耗氧和析氢两种阴极反应，因此推断突变点是控制反应由耗氧反应变为析氢反应导致。析氢发生的那一刻，之前的耗氧反应开始被抑制，析氢反应速率加快，内部阻抗发生突变，导致阴极极化曲线产生突变。析氢反应的发生并不意味着耗氧反应完全被抑制，此时析氢反应与耗氧反应在竞争中达到平衡状态，反应由气体扩散控制，耗氧反应和析氢反应此消彼长，这导致突变点并非只有一个，可由突变点确定析氢电位和析氢电流密度。

由图 3-9 可知，整个极化曲线可以分成三个区域。①*AC* 段，在开路电位 OCP 附近较短的线性极化区，此时电流密度随电位迅速增加；②*CE* 段，当阴极电位较大时出现斜率变化的中间区，随电位的增大，电流增长速度变缓，即出现电流平台区，并在 *E* 点电位–1.05V 时，电化学反应达到平衡状态，此时阴极反应仍由氧还原和氧扩散混合控制；③*EF* 段，*E* 点之后随着电位的增加，析氢反应迅速发生，后受到析氢扩散控制，反应速率逐步稳定，电流增长速度也逐渐变缓。*E* 点所对应的电位即为析氢反应的平衡电位，此时的极化电位为–1.05V，对应电流 I 为 3.16mA，相应的电流密度 0.559A/m^2 即为临界析氢电流密度。

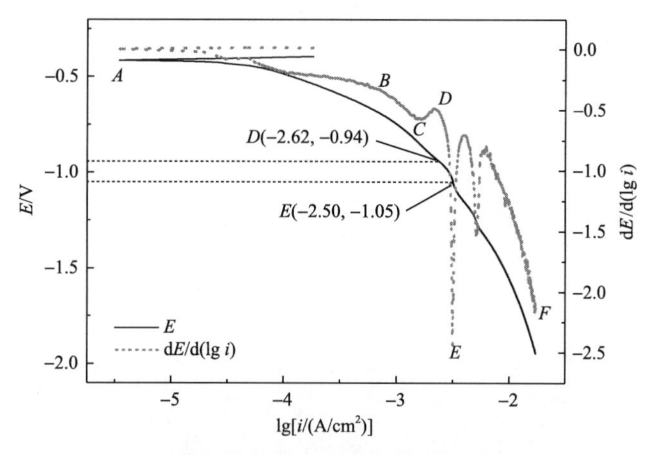

图 3-9　动极化曲线及其导数曲线图

Figure 3-9　Dynamic polarization curve and derivative curve

混凝土非均质性导致试件本身电阻存在差异，动电位极化方法测得的电流是在给定电位情况下得到的瞬时电流值，用其计算得到的临界析氢电流密度也并不是稳定状态下的析氢电流密度，这也可能造成临界电流密度的差异，因此还需要进行稳态测量，对临界析氢电流密度进行修正。

3.5　纳米粒子电迁移原理

3.5.1　电动纳米修复

电迁移现象通常是指在电场作用下，不同电荷的粒子向两级迁移的现象。纳米粒子在混凝土孔隙溶液中迁移主要与粒子表面所带动电位、电场及流体的黏度有关：

$$v_{\infty} = -\frac{E_{\infty}\varepsilon\xi_0}{\mu_0} \tag{3-26}$$

式中，v_{∞} 为粒子相对流体的迁移速率；E_{∞} 为粒子速度方向的电场强度；ε 为电容率；ξ_0 为电动电位；μ_0 为流体黏度。因此带有正电荷的粒子会沿电场方向迁移。

在电动纳米修复技术的研究中，需要采用不同的方法观察修复效果。主要包括扫描电镜(SEM)观察微观形态，X 射线能谱分析元素组成，压汞(MIP)进行孔隙率分析，X 射线衍射(XRD)分析晶体结构。此外，还有傅里叶红外光谱(FTIR)分析、拉曼光谱分析、热重分析等其他方法可以用于对比修复前后的形态结构和物质组成。

纳米氧化铝分散液中粒子的电性主要取决于溶液的 pH，通常情况下当溶液中 pH 大于 8 时，纳米颗粒带负电，当 pH 小于 8 时，纳米颗粒带正电，而在铵盐介质中，纳米氧化铝在 pH 为 11 左右时，电动电位仍为正值，表明其带有正电荷[3-60]。

通过施加电场的方式，将带有正电荷的纳米氧化铝基团迁移进入混凝土内部。在混凝土表面铺设阳极，并使阳极处于含有纳米氧化铝的溶液中，在阴极(钢筋)与阳极之间通以直流电流。如图 3-10 所示，在电场的作用下，外部溶液中的阳离子基团快速向混凝土内部迁移。从而改善了水泥砂浆的孔隙分布，提升其耐久性能。

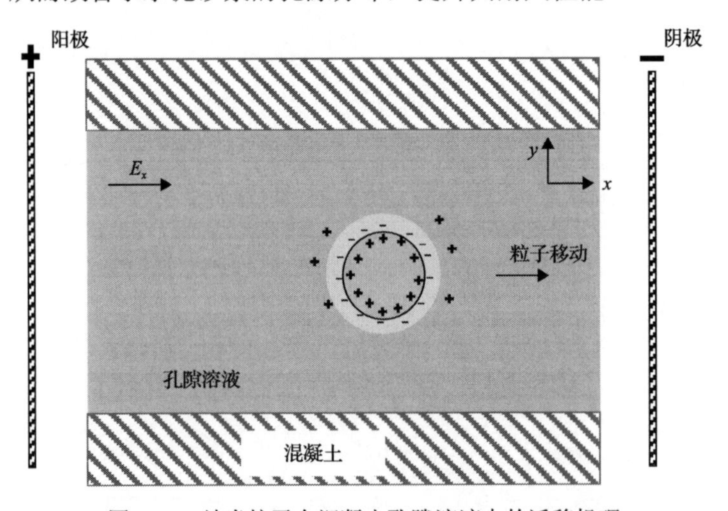

图 3-10　纳米粒子在混凝土孔隙溶液中的迁移机理

Figure 3-10　Migration mechanism of nanoparticles in concrete pore solution

3.5.2　对微观结构的影响

对不同层次的试样采用扫描电镜观察，直接与纳米分散液接触的表层最有可能发现纳米粒子。图 3-11 是表层试样的扫描电镜照片，其中可以发现一些微小的粒子在混凝土中。图中发现的清晰颗粒可以说明纳米粒子能够通过电迁移进入混凝土内部。图中颗粒粒径在 130nm 左右，由于所用纳米氧化铝粒径在 10nm 以下，表明图中颗粒为一些纳米氧化铝的聚团，在图 3-11(c)和(d)中可以观察到许多纳米氧化铝聚合物，这表明纳米氧化铝进入混凝土后并不是分散成单个分布的，而是聚集成团的。

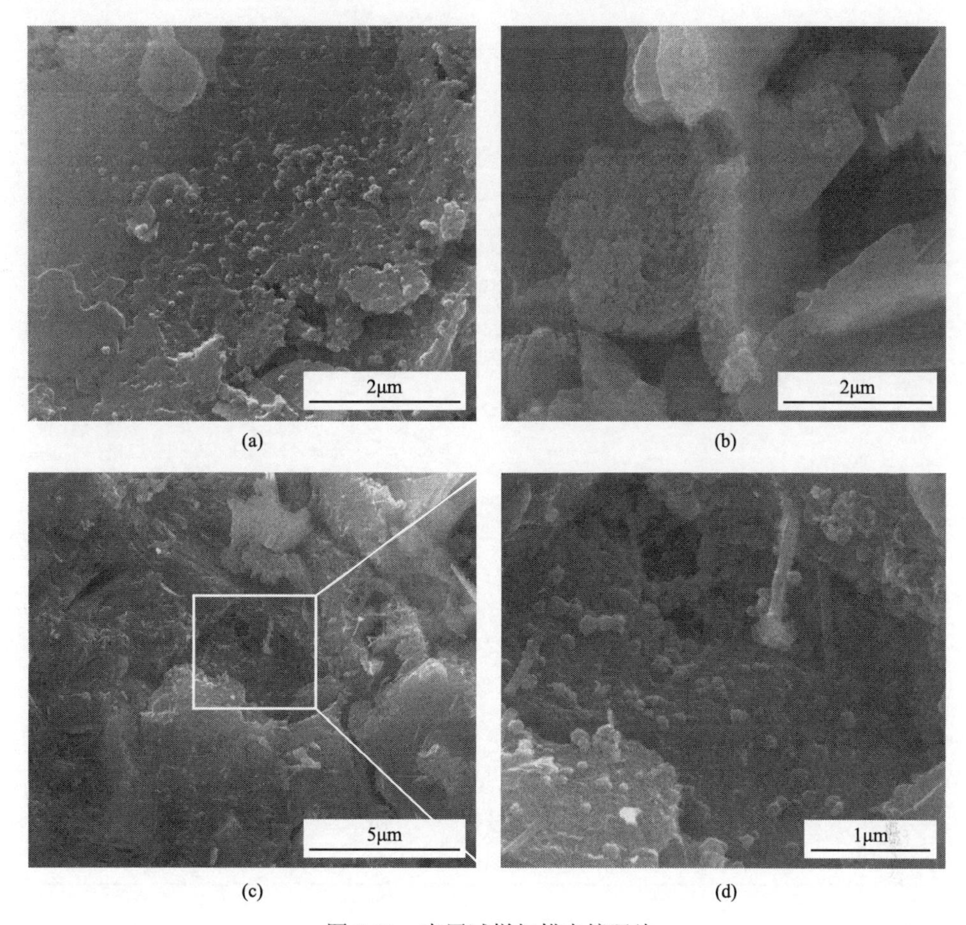

图 3-11　表层试样扫描电镜照片

Figure 3-11　Scanning electron micrograph of surface layer sample

3.5.3　对元素组成的影响

能谱分析选取 500 倍放大区域进行元素分析，选取碳、氧、铝、硅、钙 5 种混凝土中常见的主要元素。图 3-12 和图 3-13 分别为一个空白对照组和纳米粒子电迁移组试样进行能谱分析的结果。图中峰值表示对应元素的含量，其中碳、硅和氧的含量较高，其他元素含量相对较低。纳米粒子电迁移组相比对照组，铝元素的峰值明显提升。

将能谱图中元素峰值积分计算，得到表 3-2，表中结果显示对照组中铝元素质量分数只有 2.07%，原子分数只有 1.39%，其他四种元素含量较高。纳米粒子电迁移组中铝元素含量有明显提升，其质量分数达到了 9.01%，原子分数为 6.28%，这说明了纳米电迁移能够使纳米氧化铝迁移至混凝土内部，提升了铝元素的含量。

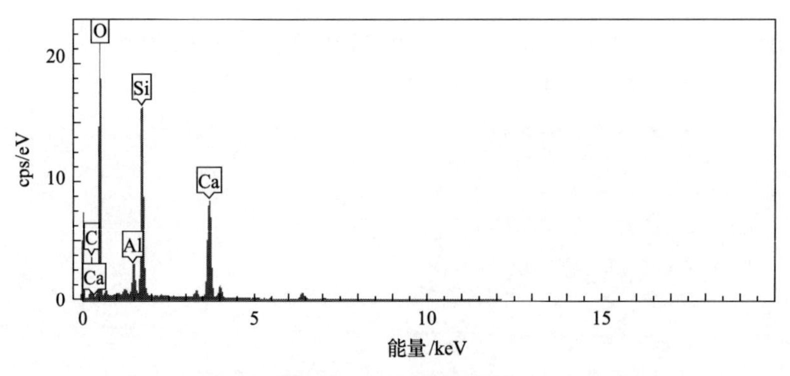

图 3-12 对照组能谱图

Figure 3-12 Energy spectrum diagram of control group

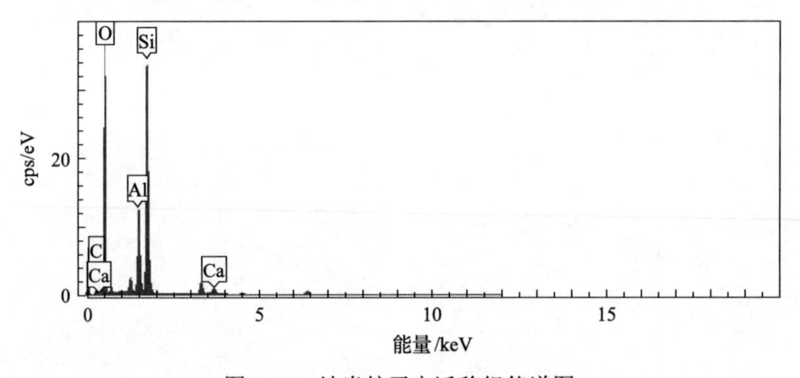

图 3-13 纳米粒子电迁移组能谱图

Figure 3-13 Energy spectrum diagram of nanoparticle electromigration group

表 3-2 能谱分析各元素组成

Table 3-2 Component analyzation byenergy spectrum

组	元素	C	O	Al	Si	Ca	总量
对照组	原子分数/%	21.18	61.65	1.39	8.47	7.31	100
	质量分数/%	14.06	54.54	2.07	13.16	16.19	100
纳米粒子电迁移组	原子分数/%	7.78	66.67	6.28	18.58	0.70	100
	质量分数/%	4.97	56.76	9.01	27.77	1.48	100

3.5.4 对孔隙率的影响

试样的不同层次的微观孔隙率有所不同。压汞分析结果显示，靠近钢筋的里层孔隙率和表层孔隙率差异较大。因为浇筑混凝土时混凝土从上向下流动，浇筑完成后靠近钢筋的里层混凝土孔隙率会比底面(表层)混凝土大。通过空白组取芯分层取得不同层次的试样用于对照分析。图 3-14 是对照组三个层次孔隙分布和累计压汞侵入体积，根据压汞侵入体积可以评价其孔隙率分布。dV/dD 表示孔面积，孔径分布范围较大时，用对数坐标作图能够更加直观地反映孔隙率的分布，引入对数，因此纵坐标采用 dV/dlg$D$。

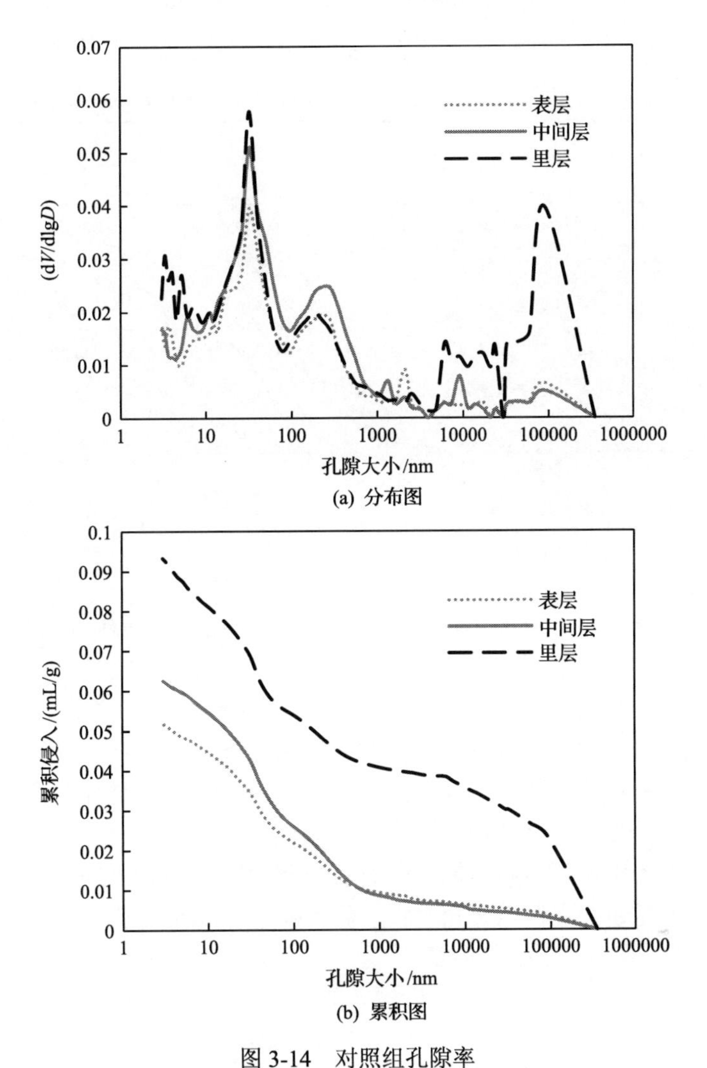

(a) 分布图

(b) 累积图

图 3-14　对照组孔隙率

Figure 3-14　Porosity of control group

图 3-14(a)中中间层和里层的侵入峰值相比表层要左移一些，而里层的较大的孔隙(4～90μm)明显比中间层和表层多许多。但对于较小孔隙(小于 4μm)，里层的孔隙分布和中间层的近似。从图 3-14(b)中可以观察到，表层和中间层的总体入侵体积和孔隙率非常接近，而里层含量则远超过其他两层。

表 3-3 为各个试验组各层孔隙率的汇总表，通过对比可以分析纳米氧化铝电迁移带来的孔隙率变化。可以观察到对照组中表层孔隙率为 13.90%；中间层为 13.66%；靠近钢筋的里层孔隙率达到了 19.00%。里层的孔隙中位数直径达到了 260.2nm，远超过表层的 65.7nm 和中间层的 57.8nm。这一结果显然超出了误差的范围，说明了里层的孔隙率是要大于表层和中间层的。

3.5.5　效果评价

当双向电迁移和纳米粒子电迁移一起工作时应当先进行双向电迁移处理，再进行纳

表 3-3　各个试验组各层孔隙率汇总表

Table 3-3　Summary table of porosity of each layer of each test group

分组		纳米粒子电迁移组		对照组
		3d	15d	
表层	总侵入体积/(mL/g)	0.0705	0.0556	0.0639
	孔隙直径中位数/nm	52.3	68.8	65.7
	孔隙率/%	15.09	12.30	13.90
中间层	总侵入体积/(mL/g)	0.0805	0.0659	0.0626
	孔隙直径中位数/nm	60.4	53.1	57.8
	孔隙率/%	16.73	14.23	13.66
里层	总侵入体积/(mL/g)	0.0712	0.0605	0.0933
	孔隙直径中位数/nm	58.6	59.6	260.2
	孔隙率/%	15.22	13.33	19.00

米材料电迁移。这是因为一方面纳米粒子进入混凝土以后将阻碍阻锈剂的扩散迁移；另一方面，在混凝土内部存在阻锈剂的情况下，纳米粒子的迁入相当于形成了另外一层保护膜，起到了双重防护的作用。纳米粒子的存在使阻锈剂能够在混凝土中保存更长的时间，提升阻锈效果，可以有效降低钢筋腐蚀电流腐蚀电位，效果比单独使用双向电迁移效果更好。纳米材料电迁移可以填补孔隙，消除双向电迁移对混凝土孔隙结构带来的不利影响，两者起到了相互补充的作用。

胺类阻锈剂作为电迁移型阻锈剂，在双向电迁移技术过程中表现出较好的阻锈性能，在双向电迁移中，阻锈剂在钢筋表面进行了化学吸附形成保护膜，减缓了钢筋的锈蚀。

参 考 文 献

[3-1] 金伟良，赵羽习. 混凝土结构耐久性[M]. 2 版. 北京：科学出版社, 2014.

[3-2] 王涛，朴香兰，朱慎林. 高等传递过程原理[M]. 北京：化学工业出版社, 2005.

[3-3] Rieger P H. Electrochemistry[M]. 2nd ed. New York: Chapman & Hall, 1994.

[3-4] Newman J S. Electrochemical Systems[M]. 2nd ed. New Jersey: John Wiley & Sons, 1991.

[3-5] 刘光，邱贞花. 离子溶液物理化学[M]. 福州：福建科学技术出版社, 1987.

[3-6] Collepardi M, Marcialis A, Turriziani R. Penetration of chloride ions into cement pastes and concretes[J]. Journal of the American Ceramic Society, 1972, 55(10): 534-535.

[3-7] 金伟良，袁迎曙，卫军，等. 氯盐环境下混凝土结构耐久性理论与设计方法[M]. 北京：科学出版社, 2011.

[3-8] 袁迎曙. 钢筋混凝土结构耐久性设计评估与试验[M]. 徐州：中国矿业大学出版社, 2013.

[3-9] 金伟良. 腐蚀混凝土结构学[M]. 北京：科学出版社, 2011.

[3-10] Nmai C K. Multi-functional organic corrosion inhibitor[J]. Cement and Concrete Composites, 2004, 26(3): 199-207.

[3-11] 郭育霞，贡金鑫，尤志国. 电化学除氯后混凝土性能试验研究[J]. 大连理工大学学报, 2008, (6): 863-868.

[3-12] 唐军务，李森林，蔡伟成，等. 钢筋混凝土结构电渗阻锈技术研究[J]. 海洋工程, 2008, (3): 83-88.

[3-13] 洪定海，王定选，黄俊友. 电迁移型阻锈剂[J]. 东南大学学报(自然科学版), 2006, (S2): 154-159.

[3-14] 王新祥，邓春林，李铁锋，等. 电化学除盐过程中混凝土内部的离子迁移和结构变化研究[C]. 全国水泥和混凝土化学及应用技术会议，广州, 2005: 543-547.

[3-15] 吕忆农, 朱雅仙, 卢都友. 电化学脱盐对混凝土碱骨料反应的影响[J]. 南京工业大学学报(自然科学版), 2002, (6): 35-39.

[3-16] 区洪英. 钢筋混凝土电化学除氯研究进展[J]. 广东建材, 2008, (9): 17-20.

[3-17] 朱雅仙, 朱锡昶, 罗德宽, 等. 电化学脱盐对钢筋混凝土性能的影响[J]. 水运工程, 2002, (5): 8-12.

[3-18] 章思颖, 金伟良, 许晨. 混凝土中胺类有机物——胍对钢筋氯盐腐蚀的作用[J]. 浙江大学学报(工学版), 2013, 47(3): 449-455, 487.

[3-19] 中国工程建设标准化协会. 混凝土结构耐久性电化学技术规程: T/CECS 565—2018[S]. 北京, 2018.

[3-20] 中华人民共和国交通运输部. 海港工程钢筋混凝土结构电化学防腐蚀技术规范: JTS 153-2—2012[S]. 北京: 人民交通出版社, 2012.

[3-21] 王嵬, 张大全, 张万友, 等. 国内外混凝土钢筋阻锈剂研究进展[J]. 腐蚀与防护, 2006, (7): 369-373.

[3-22] Gaidis J M. Chemistry of corrosion inhibitors[J]. Cement and Concrete Composites, 2004, 26(3): 181-189.

[3-23] Welle A, Liao J D, Kaiser K, et al. Interactions of *N,N*-dimethylaminoethanol with steel surfaces in alkaline and chlorine containing solutions[J]. Applied Surface Science, 1997, 119(3-4): 185-198.

[3-24] Elsener B, Büchler M, Stalder F, et al. Migrating corrosion inhibitor blend for reinforced concrete: Part 1. Prevention of corrosion[J]. Corrosion, 1999, 55(12): 1155-1163.

[3-25] Jamil H E, Montemor M F, Boulif R, et al. An electrochemical and analytical approach to the inhibition mechanism of an amino-alcohol-based corrosion inhibitor for reinforced concrete[J]. Electrochim Acta, 2003, 48(23): 3509-3518.

[3-26] Jamil H E, Shriri A, Boulif R, et al. Electrochemical behaviour of amino-alcohol based inhibitor used to control corrosion of reinforcing steel[J]. Electrochim Acta, 2004, 49(17-18): 2753-2760.

[3-27] Söylev T A, Richardson M G. Corrosion inhibitors for steel in concrete: State-of-the-art report[J]. Construction and Building Materials, 2008, 22(4): 609-622.

[3-28] Zhang D Q, Gao L X, Zhou G D. Synergistic effect of 2-mercapto benzimidazole and KI on copper corrosion inhibition in aerated sulfuric acid solution[J]. Journal of Applied Electrochemistry, 2003, 33(5): 361-366.

[3-29] Saraswathy V, Muralidharan S, Kalyanasundaram R, et al. Evaluation of a composite corrosion-inhibiting admixture and its performance in concrete under macrocell corrosion conditions[J]. Cement and Concrete Research, 2001, 31(5): 789-794.

[3-30] Batis G, Pantazopoulou P, Routoulas A. Corrosion protection investigation of reinforcement by inorganic coating in the presence of alkanolamine-based inhibitor[J]. Cement and Concrete Composites, 2003, 25(3): 371-377.

[3-31] Sawada S, Page C L, Page M M. Electrochemical injection of organic corrosion inhibitors into concrete[J]. Corrosion Science, 2005, 47(8): 2063-2078.

[3-32] Lide D R. Handbook of Chemistry and Physics[M]. Los Angeles: CRC Press, 2012.

[3-33] Sawada S, Kubo J, Page C L, et al. Electrochemical injection of organic corrosion inhibitors into carbonated cementitious materials: Part 1. Effects on pore solution chemistry[J]. Corrosion Science, 2007, 49(3): 1186-1204.

[3-34] Gokel, George W. Dean's Handbook of Organic Chemistry[M]. New York: McGraw-Hill, 2004.

[3-35] Ormellese M, Lazzari L, Goidanich S, et al. A study of organic substances as inhibitors for chloride-induced corrosion in concrete[J]. Corrosion Science, 2009, 51(12): 2959-2968.

[3-36] 杨文治. 缓蚀剂[M]. 北京: 化学工业出版社, 1989.

[3-37] 黄楠. 双向电渗对氯盐侵蚀混凝土结构的修复效果及综合影响[D]. 杭州: 浙江大学, 2014.

[3-38] 姚雷. 钢筋延性对柱抗震性能影响的试验研究[D]. 重庆: 重庆大学, 2011.

[3-39] Fajardo G, Escadeillas G, Arliguie G. Electrochemical chloride extraction (ECE) from steel-reinforced concrete specimens contaminated by "artificial" sea-water[J]. Corrosion Science, 2006, 48(1): 110-125.

[3-40] Kim S J, Jang S K, Kim J I. Electrochemical study of hydrogen embrittlement and optimum cathodic protection potential of welded high strength steel[J]. Metals and Materials International, 2005, 11(1): 63-69.

[3-41] 陈建伟. 电化学脱盐法对钢筋混凝土材料特性影响与机理研究[D]. 哈尔滨: 哈尔滨工业大学, 2008.

[3-42] 刘玉, 杜荣归, 林昌健. 钢筋混凝土结构的电化学处理及其研究进展[J]. 腐蚀科学与防护技术, 2008, (2): 125-129.

[3-43] Mehta P K. Concrete durability-fifty years progress[Z]. ACI SP126-1, 1991.

[3-44] 朱鹏. 钢筋混凝土结构电化学修复技术的研究[D]. 上海: 同济大学, 2006.

[3-45] Siegwart M, Lyness J F, McFarland B J, et al. The effect of electrochemical chloride extraction on pre-stressed concrete[J]. Construction and Building Materials, 2005, 19(8): 585-594.

[3-46] Bertolini L, Bolzoni F, Pedeferri P, et al. Cathodic protection and cathodic prevention in concrete: Principles and applications[J]. Journal of Applied Electrochemistry, 1998, 28(12): 1321-1331.

[3-47] Page C L. Interfacial effects of electrochemical protection methods applied to steel in chloride-containing concrete[C]. Rehabilitation of Concrete Structures Proceedings of International Conference. Melbourne: RILEM, 1992: 179-187.

[3-48] Klinowski S, Hartt W H. 35 Qualification of cathodic protection for corrosion control of prestressing tendons in concrete[J]. Special Publications of the Royal Society of Chemistry, 1996, 183: 354-368.

[3-49] 干伟忠, 王纪跃, Lois B A. 电化学排除钢筋混凝土结构氯盐污染的试验研究[J]. 中国公路学报, 2003, (3): 45-48.

[3-50] 万晓景. 金属的氢脆[J]. 材料保护, 1979, (Z1): 13-27.

[3-51] Oriani R A, Josephic P H. Equilibrium aspects of hydrogen-induced cracking of steels[J]. Acta Metallurgica, 1974, 22(9): 1065-1074.

[3-52] Oriani R A, Josephic P H. Equilibrium and kinetic studies of the hydrogen-assisted cracking of steel[J]. Acta Metallurgica, 1977, 25(9): 979-988.

[3-53] Petch N J, Stables P. Delayed fracture of metals under static load[J]. Nature, 1952, 169(4307): 842, 843.

[3-54] Zaffe C A, Sims C E. Hydrogen, flakes and shatter cracks[J]. Transaction of American Institute of Mining Metallurgical and Petroleum Engineers, 1940, 5(2): 145-151.

[3-55] 褚武扬, 乔利杰, 陈奇志, 等. 断裂与环境断裂[M]. 北京: 科学出版社, 2000.

[3-56] 贺书奎, 王广生, 王峙南. 航空用高强度钢的氢脆问题[J]. 航空科学技术, 1995, (1): 9-12.

[3-57] 李仁顺. 金属的延迟断裂与防护[M]. 哈尔滨: 哈尔滨工业大学出版社, 1992.

[3-58] 杨兆艳. 阴极极化对海水中 907 钢氢脆敏感性影响研究[D]. 青岛: 中国海洋大学, 2009.

[3-59] 吴航通. 混凝土结构双向电迁移修复技术的性能提升与控制优化[D]. 杭州: 浙江大学, 2018.

[3-60] Shin Y J, Su C C, Shen Y H. Dispersion of aqueous nano-sized alumina suspensions using cationic polyelectrolyte[J]. Materials Research Bulletin, 2006, 41(10): 1964-1971.

第4章

电化学的防护技术

混凝土结构耐久性的电化学防护技术是一种被动的预防体系。本章介绍了混凝土结构耐久性中电化学的防护技术问题，给出了电化学阴极保护的基本原理、分类和特点，分别介绍了电化学的外加电流阴极保护方法和牺牲阳极阴极保护方法，包括系统的组成和系统设计等部分；最后，给出了电化学的防护技术的工程应用案例。

混凝土结构耐久性的电化学防护技术作为一种被动的预防钢筋锈蚀体系，是通过在混凝土表面安装外加电极阳极，另一端连接到钢筋笼上作为阴极，以此来实现钢筋阴极保护的目的。根据极化电流的不同产生方式，阴极保护可以分为无需外加电流的牺牲阳极阴极保护和外加电流阴极保护两种。

4.1 阴极保护原理

4.1.1 基本原理

阴极保护是指在结构本体以外建立一个外部阳极，为阴极反应提供电子，从而抑制钢筋表面的阳极反应。阴极保护原理可用腐蚀电池的极化图(图 4-1)进行解释[4-1]。

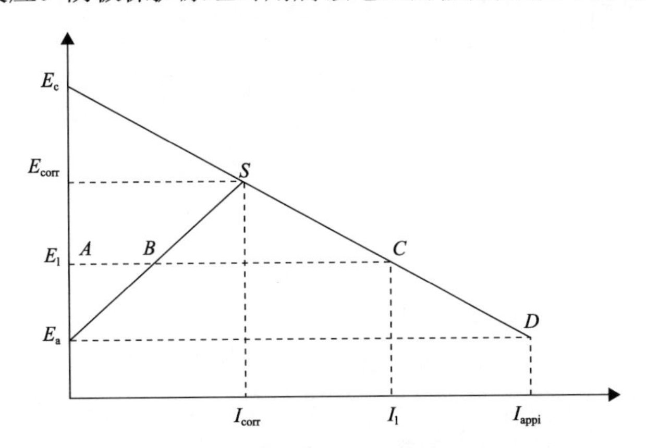

图 4-1 阴极保护过程的极化图

Figure 4-1 Polarization during cathodic protection

由图 4-1 看出，辅助阳极和阴极的初始电位分别为 E_a 和 E_c。钢筋腐蚀时，由于极化作用，阳极和阴极的电位都接近于交点 S 所对应的腐蚀电位 E_{corr}，与此相对应的腐蚀电流为 I_{corr}。在腐蚀电流作用下，金属上的阳极区不断发生溶解，导致腐蚀破坏。当对该金属进行阴极保护时，在阴极电流作用下金属的电位从 E_{corr} 向更负的方向变动，阴极极化曲线 E_c 从 S 点向 C 点方向延长。

当钢筋电位极化到 E_1，这时所需的极化电流为 I_1，相当于 AC 线段。AC 线段由两个部分组成，其中 BC 线段这部分是外加的，而 AB 线段这部分电流是阳极溶解所提供的，表明钢筋腐蚀速率有所减缓。当外加阴极电流继续增大时，钢筋的电位将变得更负。当钢筋的极化电位达到阳极的初始电位 E_a 时，金属表面各个部分的电位都等于 E_a，腐蚀电流就为零，钢筋达到了完全的保护。此时，钢筋表面上只发生阴极还原反应。外加的电流 I_{appi} 即为达到完全保护所需的电流。

另外，也可从热力学上对阴极保护进行解释。图 4-2 是金属铁的电位-pH 图[4-2]。从图中可看出，当溶液的 pH 等于 7 时，铁的腐蚀电位为–0.60～–0.50V(*vs.* Cu/$CuSO_4$)，处于活化腐蚀状态。若使其电位下降到–0.94V(Cu/$CuSO_4$)以下，则铁从腐蚀区进入免蚀区(图中黑点及箭头方向)。为了实现这个目的，对金属铁施加阴极电流使其极化，电位必然向负的方向变动，这就是阴极保护。

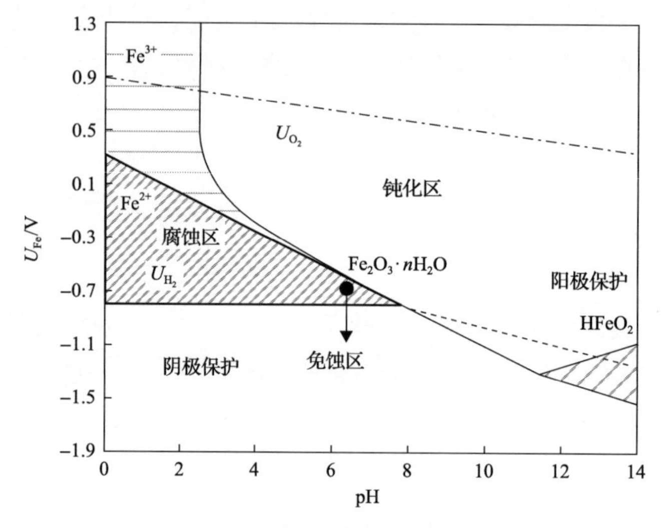

图 4-2　阴极保护过程的电位-pH 图

Figure 4-2　Potential-pH relationship during cathodic protection

阴极保护是改变钢筋的电位达到更小负值。降低阴阳极之间的电位差，从而把腐蚀电流降低到可以忽略的值，此时的电位改变称为极化。在实际过程中，这种变化是通过在混凝土表面安装一个外加电极阳极，并与低压直流电源的正极相连，另一端连接到钢筋笼上来实现的。通过钢筋笼，电子流过钢筋混凝土的界面，增大阴极反应消耗氧气和水生成氢氧根离子；氢氧根离子从混凝土保护层迁移到阳极，被氧化成氧气和电子；电子流入电源形成了回路。由于电流循环的作用，钢筋的阴极反应发生很快而阳极反应则受抑制；相对中等的电流密度能够恢复钝化并具有各种有益的化学作用。具有这种要求的极化作用就使得阴极保护方法成为一种永久的方法；在结构的剩余服役寿命中必须持续通入电流。为保证防护电流的均匀分布，钢筋必须具有电连通性，混凝土必须具有合理的均匀传导性。应避免阳极与钢筋之间的短回路。

4.1.2　适用条件

由阴极保护原理可知，任何金属结构若要进行阴极保护，应具备以下条件[4-3~4-9]。

(1) 环境介质必须是导电的。因为这些介质将构成阴极保护系统的一部分，这样保护电流才能通过导电介质流动，形成一个完整的电回路。在土壤、海水、酸碱盐溶液等介质中都可实施阴极保护，但在气体介质中则不行。气液界面、干湿交替部位的保护效果也不好。在强酸溶液中，因保护电流消耗太大，一般也不宜使用阴极保护方法。

(2) 金属材料在所处介质中应易于阴极极化。否则，因消耗的电流过大而不适宜采用阴极保护方法。在介质中处于钝态的金属，不应采用阴极保护。

(3) 被保护金属结构的几何形状不宜复杂。否则，会导致保护电流的分布不均衡，出现局部保护不足或过度保护的现象。

4.1.3 分类

阴极保护可以分为无需外加电流的牺牲阳极阴极保护和外加电流阴极保护两种。

外加电流阴极保护是利用外部直流电源对被保护体提供阴极极化，实现对被保护体进行保护的方法。外部电源的负极与被保护体相连，正极接辅助阳极，辅助阳极的作用是构成阳极保护完整的电回路。外加电流保护系统由直流电源、辅助阳极、参比电极等部件组成，如图4-3所示，其中，辅助阳极可分为分散型、埋入型和全面覆盖型三大类。分散性系统中，沟槽式阳极系统、镶嵌式阳极系统及电缆式阳极系统均因使用寿命较短已不再使用。埋入式阳极系统施工简便，适用于任何混凝土表面，成本也较低，但估计使用年限只在20年左右。对于全面覆盖型阳极系统，导电涂层和电弧喷锌因成本低廉且适用于任意表面而应用较多，但也存在明显的缺陷；不耐水，在含盐多且质量差的湿混凝土表面寿命很短；电弧喷锌系统200锌层使用寿命只有10年，因此给这两种类别的应用带来一定的局限性。

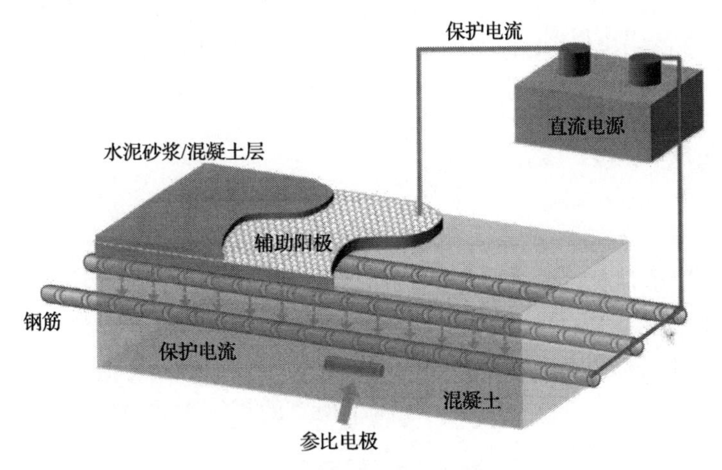

图4-3 典型的阴极保护装置

Figure 4-3 Typical cathodic protection system

牺牲阳极阴极保护是采用一种腐蚀电势比被保护的金属腐蚀电势具有更负的金属或合金与被保护体组成电偶电池，依靠负电性金属不断腐蚀溶解产生的电流对被保护金属构成保护的方法。由于低电势的金属在电偶电池中作为阳极，偶接后其自身腐蚀速率增加，故被称为“牺牲阳极”。常用的有铝合金、锌合金、镁合金等。牺牲阳极类型的阴极保护依靠阳极材料(如锌)和被保护阴极金属(钢筋)之间的电化学电位差构成自发电源。由牺牲阳极提供阴极电流，抑制钢筋发生阳极反应的电化学修复技术。通常情况下，在混凝土内的钢筋上连接一种电极电位更负的金属或合金，通过牺牲阳极的自我溶解和消耗，使钢筋得到阴极电流而受到保护。与外加电流辅助阳极法相比，牺牲阳极阴极保护方法施工简便，无需提供辅助电源，维护管理更容易。

4.2 外加电流阴极保护

外加电流阴极保护法[4-10,4-11]是以通过持续性输电来控制混凝土中的钢筋腐蚀反应，抑制因钢材腐蚀而造成的劣化进展，提升混凝土结构耐久性为目的的方法。外加电流阴极保护法包括系统的组成和系统设计等部分构成。

4.2.1 主要特点

外加电流阴极保护方法的主要特点有：

(1) 需要外部直流电源。

(2) 驱动电压高，输出功率和保护电流大，能灵活调节、控制阴极保护电流，阳极有效保护半径大。因此，在恶劣的腐蚀条件或高电阻率的环境中也适用。但有可能造成过保护，也可能对附近金属造成干扰。

(3) 阳极数量少，系统质量轻，结构质量增加不多。难溶和不溶性辅助阳极消耗低、寿命长，可作长期的阴极保护。但由于系统使用的阳极数量少，保护电池可能分布不均匀。

(4) 在恶劣环境中系统易受损。设备安装、施工、维护较复杂，一次投资费用高。

4.2.2 系统的组成

1. 阴极

在外加电流阴极保护系统中，因阴极和阳极的电位是靠分别连接外加电源的负、正极获得的，整个混凝土中的微孔水溶液已变为“电镀槽的电解质溶液”，所以连接到电源负极上的钢筋可被视为“电镀槽”的阴极。作为阴极的钢筋骨架必须是相互连通的、各部位均能导电的整体，以便使混凝土结构中所有的钢筋都成为保护体系中阴极的一部分。若钢筋骨架某些部分的电路不通，则必须在相应部位增加钢筋，或在适当部位用钢丝把钢筋绑扎起来，或将钢筋焊接在一起。阴极与辅助阳极之间应有足够容量的电解质溶液(含微孔水溶液的混凝土)，阴极、阳极之间不得短路。若有短路现象发生(通常是表层钢筋或绑扎钢筋的钢丝与放在混凝土表面或沟槽中的辅助阳极相接触)，则必须待阴极、阳极分割开来，使短路现象彻底消除。钢筋骨架与其连接电源的导线常用铝热焊法牢牢地焊接在一起。

2. 电解质

从阳极流到阴极的离子电流必须经过一定的介质——电解质溶液，才能实现对阴极的保护。对于暴露于大气中的混凝土结构，其保护系统的电解质是混凝土中的微孔水溶液；而对于埋入地下或水下的混凝土结构，保护系统的电解质则首先是含有水分、盐类的土壤，其次是混凝土中的微孔水溶液。暴露于大气中的混凝土结构内仅有一部分微孔中含有水，且大多未充满。这些尺寸微小、未充满水的混凝土微孔相互连通，形成了一个形状曲折、含有大量氧气和碱度很高的“电解液槽”。与水下或土壤中的混凝土结构相比，暴露于大气中的混凝土结构的电阻率较高，且其阻值大小会随混凝土的干湿程度而变化。当阳极周围的混凝土变干时，电解质的电阻率增加。阴、阳极之间的驱动电压也应随之而调高，通常应由1～5V调升至10～15V。如果混凝土的干燥期大于一个月或一个炎热的夏季，由于混凝土过于干燥，混凝土电解质的电阻率很高，因而其中的钢筋不发生腐蚀。但实际上这种情况是很少发生的。所以，对于暴露于大气中的钢筋混凝土结构而言，应要求其阴极保护系统的整流器能够输出连续可调的驱动电压，以满足电解质(混凝土)电阻率随混凝土干湿程度而变化的实际需要。

3. 变压器/整流器

由于阴极保护系统的直流电是由交流电经变压、整流获得的。因而，保护系统的直流电源由变压器和整流器两部分组成，并常用变压器、整流器的英文名称的第一个字母表示为T/R(transformer/rectifier)。整流器输出端的正极与辅助阳极相连，负极与钢筋骨架相连。整流器的直流输出可在固定电流或固定电压(相对于半电池电位)制式下运行，也可在电流、电压可调的制式下运行。电流、电压的大小或高低，可手动调节或自动调节，也可遥控调节。

用于混凝土中钢筋腐蚀防护的阴极保护系统的T/R，功率往往很小。为保证人身安全，经变压、整流后的最大直流输出电压通常被限制在12～24V。大部分保护系统电源的额定电流量是按10～20mA/m^{2}的钢筋表面电流密度设计计算的。而且，在设计说明书中还对内层钢筋电流密度的减少量误差和连接电缆造成的电压降误差做出了规定。

设计阴极保护系统时选择T/R电源的原则是，所选T/R必须具有足以停止钢筋腐蚀的功率，但同时又要注意所选T/R的功率不宜过大，避免电压和电流的调节在额定输出功率的10%～20%以内进行。一般而言，混凝土结构中钢筋的阴极保护系统都选用带有滤波器的全波整流器，以最大限度地降低干扰，减少对阳极的有害影响。

如前所述，由于混凝土的电阻是随其干湿程度的不同而变化，因而通常要求阴极保护系统的电源应能输出电压、电流均可连续调节的直流电。但为了对系统进行半电池或宏观电池的监测，绝大部分阴极保护系统的T/R又必须能在恒电流或恒电压控制模式下运行。然而，在暴露于大气的混凝土结构阴极防护系统中，很少采用根据埋入混凝土的参比半电池监测出的半电池电位进行恒电位控制，原因是在现场条件下，半电池电位常常难以保证长期不变。

为保证阴极保护系统的正常运行，必须对T/R直流电源装置及其元部件进行适当而充分的维护。安装时，不仅要为T/R电源装置本身配备避雷器、熔断器、解地保护等安全运行设施，还要为工作人员及周边群众的人身安全配备必要的防护措施。在冬季寒冷地区，还需配备适当的采暖设施以防设备冻坏。

4. 辅助阳极

辅助阳极是阴极保护系统的关键部件，通常也是该系统中成本价格和安装费用相对较高的易损部件。辅助阳极的功能是在其表面上发生阳极反应，使阳极、阴极之间的离子电流均匀分布于各被保护区域，从而使钢筋骨架整体成为阴极，并在其表面发生阴极反应，以抑制钢筋腐蚀。当辅助阳极表面发生阳极反应时，阳极材料的损耗速率应是缓慢、可控制的。阳极反应所产生的 H_2 会使辅助阳极本身和其周围的混凝土酸化而受到侵蚀。所以，在阴极保护系统中应尽量减少外加电流，尽量降低阳极反应速率，以延长阳极寿命和混凝土的服役期。

为了使阴极、阳极之间的离子电流在各被保护区域中的分布尽量均匀，辅助阳极通常以一种分散的布局方式安装，如在桥面板上平铺一层金属网作为辅助阳极，然后金属网上再覆盖一层混凝土或涂料；或在桥面上间距均匀的许多纵向槽中放置一些金属带作为辅助阳极等。

因为辅助阳极表面上发生阳极反应时有气体产生，所以分散阳极的保护层或涂层必须具有足够的透气性，以便辅助阳极表面产生的气体能够自由地溢出。通常，辅助阳极材料有以下几种形式(表 4-1)[4-10]。

表 4-1　常用阳极形式与布设方式

Table 4-1　Arrangements and types of commonanode

阳极形式	布置方式	适用场合	常用阳极规格、型号
无覆盖层的表面监测阳极系统	安装在混凝土表面，但不需要胶凝性覆盖层	无高磨损性的场合	—
网带阳极	在混凝土浇筑前，通过塑料夹等直接与钢筋连接	构件主箍筋均已锈蚀，整面凿除保护层，适用于介质侵蚀性强、配筋较大的场合	钛基混合金属氧化物涂层阳极
	构件表面开槽，用水泥基材料埋入	适用于构件遭受某一特定长条状腐蚀破坏的修补；当间隔开槽布设时，也可用于其他场合	
网状阳极	聚合物砂浆作为黏结材料布置于混凝土外表面	适用于同时需要结构加固和电化学防护与修复的场合	碳纤维网格布
丝状阳极+面状阳极	构件表面开槽，导电涂层将丝状主阳极浇筑于槽内，并涂覆构件表面	适用于介质侵蚀性较轻、配筋量较小且有装饰性要求的场合	镀铂钛丝、铜包铌镀铂丝
离散式阳极	钻孔，内插棒状阳极	适用于局部区域遭受氯离子污染的较大体积构件	管装钛网

表面覆盖高度金属氧化物的活性钛网是目前应用最广泛和成功的阳极材料。它能很容易地安装到所有的表面上并能覆盖一层胶凝材料，如喷射混凝土(垂直或顶表面)或流态混凝土(水平表面)。丝状或面状系统包括在混凝土构件上所凿孔开槽中插入活性钛条或线，后采用胶凝灌浆料填充。然后向孔或槽中添加胶凝材料。一般来说，钛网系统能够传递一个相对较大的防护电流而不损害其耐久性。

导电有机涂层是溶剂型或水剂型产品，其内含石墨颗粒以提供导电性，为了更好地供给电流，一系列金属导体可预埋在涂层中。普通的混凝土上应用一层装饰层。黏结取决于合适的表面处理和合理的应用技术。这种典型的阳极材料应用于不同位置和各种复杂形状，而不增加重量。导电涂层能够提供超过 10～15 年的服役寿命。

4.2.3　系统设计

陆上混凝土结构通常选用的外加电流阴极保护系统设计时应考虑以下几个主要问题。

1. 辅助阳极的选择

对于承受摩擦磨损的桥面，一般不宜选用导电涂层辅助阳极，而应选用导电混凝土阳极，或铺设于混凝土保护层下面的钛网阳极，或安装于沟槽中的钛网阳极(简称钛基阳极)。

在干燥的房屋建筑上、桥梁下部结构的垂直立面和桥拱腹面上，常选用导电涂层辅助阳极。虽然这种阳极比钛基阳极寿命短，但工程造价低廉，可修复，易维护。而且，当导电涂层以外粉刷涂料的形式供货时，这种阳极还可兼作房屋的装饰材料。热喷涂锌辅助阳极虽可代替导电涂层阳极，但热喷施工温度高，会使整个结合面变得十分干燥，因而较适用于海水长期浸湿环境的混凝土建筑结构。

2. 变压器/整流器及控制系统的选择

变压器/整流器(T/R)及控制系统是外加电流阴极保护系统中的关键部位。T/R 必须运行稳定可靠、经久耐用、维护简便。钢筋混凝土结构阴极保护装置的 T/R，电力消耗不大，要求具有中等功率。

对于 T/R 的结构形式，即使是大型的混凝土结构，一般也只需选用单相、空冷式电源。当测出混凝土结构中钢筋附近的氯化物最高含量后，可根据图 4-4 确定阴极保护电流，以此计算出所需 T/R 直流电源的功率，并进一步设定控制参数。若所选的 T/R 直流电源功率能在阴极保护电流计算值下稳定运行，且电流在混凝土结构的各部位呈均匀分布的状态，则无需配置监测探头和控制系统。但实际上直流电源的设计选择难以达到这种理想状态。

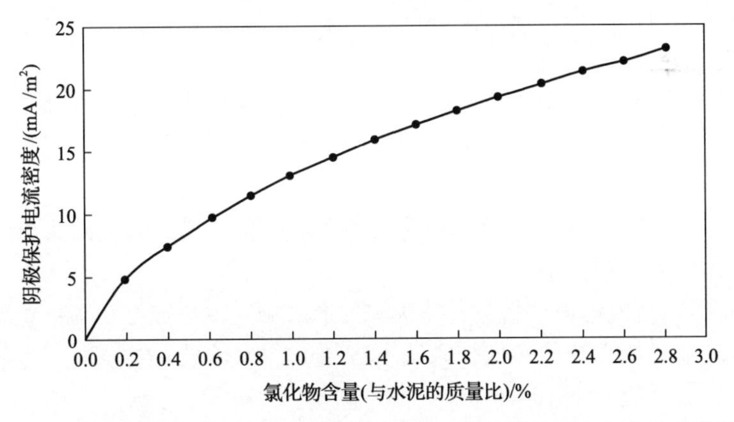

图 4-4　阴极保护电流密度与钢筋附近混凝土氯化物含量之间的关系曲线

Figure 4-4　Correlation curve for cathodic protect current density and chloride content of concrete near the steel bar

当前，对 T/R 及控制系统的设计选择有两种方案：①做出初步的、稳妥可靠的 T/R 及控制系统的设计方案，选用高质量的元器件；投入运行后，每隔一两个月进行一次人工检测，并持续检测、调试一年；然后根据运行调试的情况，对所设计选择的设备进行补充或调整。②采用微机对整个阴极保护系统进行监测、控制，如图 4-5 所示，所要采集的信号数据通过调制解调器进行遥测、遥控。

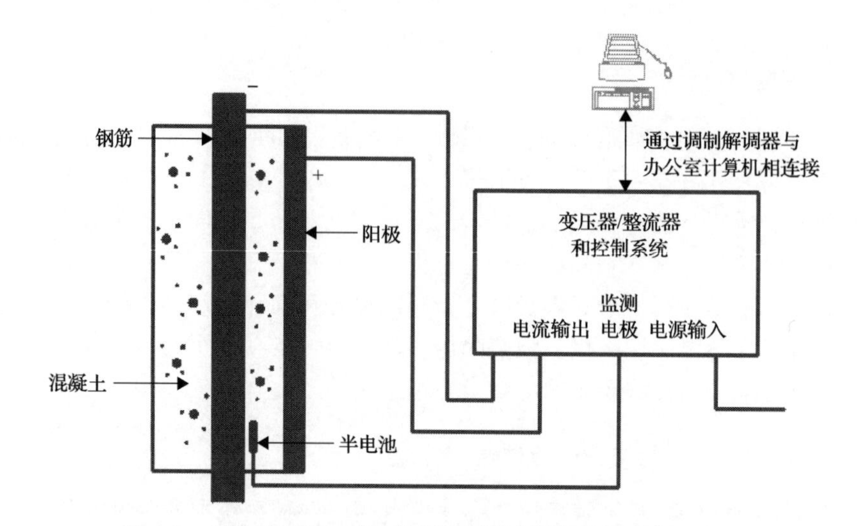

图 4-5 用微机遥测、遥控的钢筋混凝土阴极保护系统示意图

Figure 4-5 The schematic of cathodic protect system in reinforced concrete structure controlled by microcomputer

如一个单位同时有较多数量的钢筋混凝土结构需采用阴极保护系统时，T/R 的设计宜选择第二种方案。近年来信息技术发展很快，监测监控技术的可靠性也随之大大提高。国外多数遥控系统安装于室内，运行环境较好，有的遥控系统已投入使用十年，现仍在正常运转。某些早期的控制系统比较简单，仅可监测混凝土结构中的半电池电位、电流及电压的通、断情况，不能调节电流或电压的大小或高低。采用现代微机技术的遥控系统可对阴极保护系统的电压、电流的高低或大小、T/R 的运行状况、半电池电位的衰减趋势等进行全面的监测及控制。

根据国内最新相关规范规定，外加电流阴极保护系统的直流电源应满足下列要求[4-11]：

(1) 应采用技术性能稳定可靠、环境适应性强的电源，其外壳应采用防干扰的金属外壳，并应进行防腐蚀处理。

(2) 应根据使用条件、阳极类型、钢筋保护所需电流和保护系统回路电阻等计算确定直流电源的输出电流、输出电压。

(3) 应具有恒电流或恒电位控制，并从零到最大额定输出连续可调；直流输出不应超过 50V，人或动物易接近的阴极保护系统不应超过 24V。最大纹波电压有效值不应超过 100mV，纹波频率不应小于 100Hz。

(4) 应具有提供直流继电系统中断输出的功能。

(5) 应提供不少于一个阳极和一个阴极接线端至电缆箱，所有输出端应保持与箱内所有金属体间充分绝缘。

(6) 应显示交流输入电源和直流输出的运行状态。

外加电流阴极保护系统的总保护电流 I 可按式(4-1)计算：

$$I_z = \sum I_n + I_f = \sum i_n S_n + I_f \tag{4-1}$$

式中，I_z 为阴极保护所需的总电流(A)；I_n 为各阴极保护单元的保护电流(A)；i_n 为各阴极保护单元的保护电流密度(A/m^2)；S_n 为各阴极保护单元内表层钢筋的表面积(m^2)；I_f 为其他附加保护电流(A)。

外加电流阴极保护系统的直流电源总功率应按下列公式计算：

$$P_j = \frac{\sum_{i=1}^{m}\left(I_i^2 R_i\right)}{\eta} \tag{4-2}$$

$$P = \sum_{j=1}^{n} P_j \tag{4-3}$$

式中，P_j 为单台直流电源的功率(W)；I_i 为各阴极保护单元所需电流(A)；R_i 为各阴极保护单元回路电阻(Ω)；η 为直流电源的效率，可取 0.7；P 为直流电源的总功率(W)；m 为阴极保护单元个数；n 为直流电源个数。

保护电流密度与被保护结构所处的环境条件(温度、湿度、供氧量、氯盐污染程度)、结构物复杂性、混凝土质量、保护层厚度、钢筋腐蚀程度等因素有关。因此，初始保护电流密度宜采用经验数据或进行馈电试验确定。国内外混凝土结构采用阴极保护方式，保护电流密度值见表 4-2[4-12~4-16]。

表 4-2　钢筋混凝土外加电流的阴极保护的保护电流密度值举例

Table 4-2　Examples of protection current density values for impressed current cathodic protection of reinforced concrete

工程名称	保护电流密度/(mA/m^2)	备注
我国大丰挡潮闸胸墙钢筋混凝土梁	＜10(以表层钢筋面积计)	平均值
我国连云港二码头东侧钢筋混凝土梁底板	17.6(以表层钢筋面积计)	平均值
我国湛江港码头横梁、肋和板	＜20(以表层钢筋面积计)	—
我国渤海码头钢筋混凝土承重梁	10～20(以表层钢筋面积计)	随潮涨潮落变化
天津港北港池滚装码头预制拱梁	1～2(以表层钢筋面积计)	阴极防护电流密度
沙特扎瓦尔港取水口和排水口混凝土结构	5(以表层钢筋面积计)	—
杭州湾跨海大桥	1～2(以表层钢筋面积计)	阴极防护电流密度
澳大利亚悉尼歌剧院下部构件	14.44(以混凝土表面积计)	设计值
美国弗吉尼亚混凝土桥梁面板	5.3～13.6(以混凝土表面积计)	运行 897d 后不同区域整流器设置值
德国绕城公路钢筋混凝土结构	1～10(以混凝土表面积计)	运行前 6 年不同区域
	3～7(以混凝土表面积计)	调整后不同区域
美国俄勒冈州亚奎纳港湾桥	6.6(以混凝土表面积计)	平均值

因而，外加电流阴极保护系统的初始保护电流密度值，可根据现场检测的结果采用表 4-3 中所列参数进行选取。

表 4-3　阴极保护技术参数[4-10]

Table 4-3　The parameters of cathodic protect technique[4-10]

项目	阴极保护技术参数				
	碱性、供氧少、钢筋尚未锈蚀	碱性、露天结构、钢筋尚未锈蚀	碱性、干燥、有氯盐、混凝土保护层厚，钢筋轻微锈蚀	潮湿有氯盐、混凝土质量差，保护层薄或中等厚度，钢筋普遍发生点蚀或全面锈蚀	氯盐含量高，潮湿，干湿交替，富氧，混凝土保护层薄，气候炎热，钢筋锈蚀严重
通电时间	在防腐期间持续通电				
电流密度 i/(mA/m^2)	0.1	1～3	3～7	8～20	30～50
通电电压 U/V	≤15				
确认效果的方法	测定电位或电位衰减值				
确认效果的时间	在防腐期间定期检测				

3. 监测探头

为检测钢筋阴极保护系统的运行效果，需在混凝土中埋入监测探头。通常应在每个阳极控制区埋入 1～5 个监测探头，探头埋入的理想位置应在表面活化程度最大、腐蚀速率最快的钢筋附近。探头的埋入必须不影响发生腐蚀的钢筋周围混凝土的成分、结构，以免引起腐蚀条件的变化。

我国相关规范规定[4-11]，参比电极宜采用 0.5mol/L KCl 溶液中的银/氯化银电极或 0.5mol/L NaOH 溶液中的锰/二氧化锰电极；在 20℃下，24h 内参比电极的精度应达到±5mV，寿命不应少于 20 年；每个阴极保护单元宜布置 4 个以上参比电极，其安装位置应代表结构物的控制电位。对预应力钢筋，在距阳极最近处布置监控参比电极，防止预应力钢筋过极化引起钢筋氢脆。对重要或难以再次安装的混凝土结构与部位，应考虑安装备用参比电极。监控设备应具有测量保护电位、电流、直流电源的输出电流、输出电压、瞬时断电电位和瞬时断电后一定时间内的电位衰减等功能，并适应所处环境和抵御环境的侵蚀。同时，推荐采用具有远程遥测、遥控和分析评估的功能的监控设备。

半电池是埋入混凝土结构中的最普遍的一种监测探头。在多种类型的半电池探头中，最常用的是 Ag/AgCl 半电池。该探头是一种固体半电池，可直接插入腐蚀介质中使用，没有温度滞后现象，高温稳定性好，适于在温度变化较大及高温下的混凝土结构中使用。此外，使用这种半电池不存在汞中毒现象。

20 世纪 80 年代以前，Ag/AgCl 是唯一的可埋入式半电池。1986 年丹麦研究开发出了另一种可埋入式半电池——MnO_2/碱溶液半电池，用以在钢筋混凝土结构的阴极保护系统中代替 Ag/AgCl 半电池。这种半电池的碱溶液 pH 约为 13.5，电位约为 172mV(参比饱和甘汞电极值)。在欧洲、中东及远东地区已有大量的 MnO_2/碱溶液半电池安装于桥梁、隧道、码头及游泳池的钢筋混凝土结构之中(其结构原理如图 4-6 所示)。其中，多数是被用作阴极保护装置的控制探头，但也有小部分被用作监测探头。

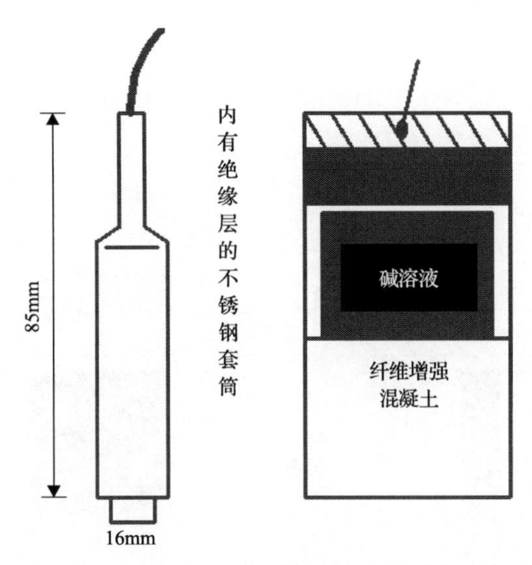

图 4-6　可埋入式 MnO_2/碱溶液半电池结构示意图

Figure 4-6　The schematic of embedded MnO_2/aqueous alkali half battery structure diagram

与桥梁下部结构的垂直立面和桥拱的腹面不同，桥面和停车场地面的混凝土层经常处于过往车辆的动载荷和重复积水的服役条件之下，且在冬季常发生冻-融过程，因而半电池寿命和性能会有所降低。通常，有下列类型的探头：

(1) 截取电流探头 (current pick-up probe)。这种探头实际上是埋入混凝土中、放置于辅助阳极与钢筋骨架之间的一段钢筋，将其与钢筋骨架用导线连接起来，便可用来截取部分阴极保护电流。监测站根据截取电流的大小，可判断阴极保护系统运行的有效性。探头有时被埋入添加了盐分的混凝土挖补修复处，利用该处混凝土的低电阻率及钢筋易于活化、腐蚀的特点以获取电流信息。

截取电流探头的工作原理如下：当钢筋骨架与阴极保护系统电路不通、钢筋骨架未得到保护时，由于探头附近氯化物浓度高，探头表面发生活化，成为腐蚀微电池的阳极，因而探头的电位比钢筋骨架低，此时，若在截取探头与钢筋骨架之间串联一块电流表，探头和钢筋骨架便构成了一个宏观电池，电流会从钢筋 (+) 流向探头 (–)。当钢筋骨架与阴极保护系统接通时，钢筋骨架整体变成阴极，此时探头电位不一定低于钢筋电位，因而从钢筋流向探头的电流就会减小，甚至会反向流动。可见，这种探头是根据宏观电池的原理开发设计的。利用这种探头，可监测钢筋骨架是否已与阴极保护系统接通，从而可推论钢筋骨架整体是否已完全成为阴极而被保护起来。但是，在截取探头运行若干年后，其周围混凝土中的盐分已扩散到其他位置，电阻率变大，探头电位也会随之发生变化，因而就不能继续起到监测作用。

(2) 零电位探头 (null probe)。这种探头实际上是一小段与钢筋骨架整体绝缘的钢筋。如在该绝缘钢筋和钢筋骨架之间连接一块电流表，便构成了一个宏观电池。当钢筋骨架未与阴极保护系统接通时，绝缘钢筋探头和钢筋骨架的电位相等，电流表上检测不到电流，所以又称零电位探头。当钢筋骨架与阴极保护系统电路接通时，钢筋骨架整体成为阴极，探头电位比钢筋骨架电位高，电流表就可检测出电流(图 4-7)。与截取电流探头相比，这种探头不必埋入含盐分较多的混凝土中，应用更为简便。但随着时间的推移，该探头周围混凝土的氯化物浓度也可能发生变化。

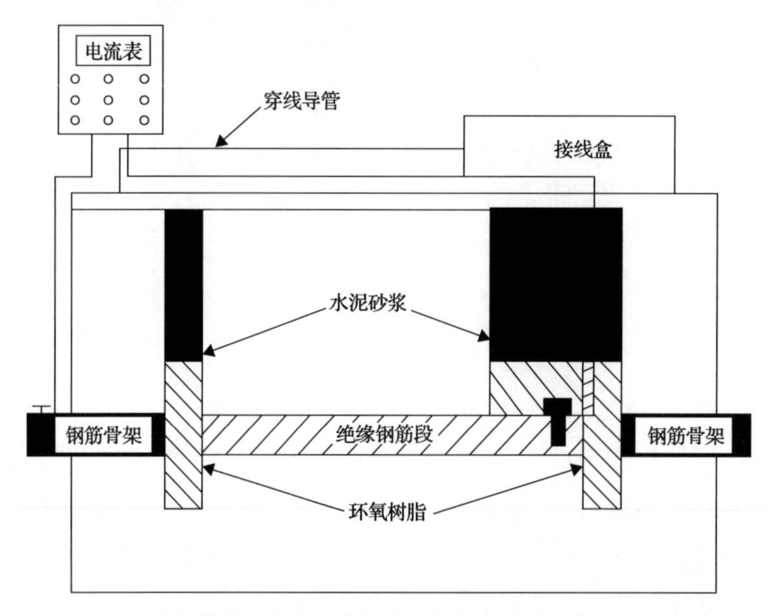

图 4-7　在钢筋骨架电位负值最大的位置安装零电位探头示意图

Figure 4-7　Schematic of potential probe on the position with the greatest negative potential in steel cage

4. 分区设计

对于大型的钢筋混凝土结构，由于不同部位的服役条件、腐蚀状况均不相同，因而对阴极保护系统的要求也各不一样。所以，极少有整个结构的阴极保护系统采用单一电源和单一阳极的。混凝土结构的阴极保护系统一般都采用分区进行设计的方法，使各区都有各自不同的辅助阳极类型和独立的电源及控制系统。例如，桥墩里面可能采用导电涂层辅助阳极，而桥面板则可能采用浇筑混凝土保护层的钛网辅助阳极等。

国外对混凝土结构进行分区设计时，桥面的每个阴极保护区覆盖面积为 500～1000m^2；而桥梁下部结构的每个阴极保护区覆盖面积则为 100～500m^2；保护区间的间隔约为 25mm。国内相关规范规定，混凝土结构外加电流阴极保护单元划分应满足设计要求，当设计无要求时，可根据现场条件以同一部位、同一构件的混凝土表面积 50～200m^2 作为一个保护单元。

4.2.4　国内外技术规范的对比

外加电流阴极保护法主要控制的技术参数有电流密度、保护电位与阳极系统，国内外的规范要求如表 4-4 所示。

表 4-4　外加电流阴极保护法主要控制技术参数的国内外规范对比

Table 4-4　Comparison of main technical parameters of impressed current cathodic protection in domestic and foreign standards

<table>
<tr><td>技术参数或设置</td><td colspan="2">国内规范</td><td colspan="2">美国规范</td><td>日本规范</td><td colspan="2">欧洲规范</td></tr>
<tr><td>电流密度/(mA/m^2)</td><td colspan="2">0.1～50</td><td colspan="2">大气中<108</td><td>1～30</td><td colspan="2">0.2～20</td></tr>
<tr><td rowspan="2">保护电位/mV</td><td rowspan="2">Ag/AgCl/0.5mol/L KCl</td><td>普通钢筋：–720～–1100</td><td>Ag/AgCl/0.5mol/L KCl</td><td>不低于–0.934V</td><td rowspan="2">—</td><td rowspan="2">Ag/AgCl/0.5mol/L KCl</td><td>普通钢筋：不低于–1100</td></tr>
<tr><td>预应力钢筋：–720～–900</td><td>Ag/AgCl/饱和 KCl</td><td>不低于–0.883V</td><td>预应力钢筋：不低于–900</td></tr>
<tr><td rowspan="3">阳极系统</td><td colspan="2">有机涂层(溶剂性导电涂层)</td><td colspan="2">大气(混合金属氧化物涂层钛、导电液、导电沥青混凝土)</td><td>面状(钛网、导电性涂料、钛热喷涂)</td><td colspan="2">大气(有机涂层、金属涂层、活化钛等)</td></tr>
<tr><td colspan="2">金属涂层(热喷涂金属涂层)</td><td colspan="2" rowspan="2">地下、水下(高硅铸铁，石墨，混合金属氧化物涂层钛，钛镀铂或镀铂铌)</td><td>线状(钛网丝网状)</td><td colspan="2">地下(高硅铸铁、铅银合金等)</td></tr>
<tr><td colspan="2">活化钛(涂金属氧化物的钛棒、钛网)</td><td>点状(钛棒)</td><td colspan="2">水下(高硅铸铁、石墨或混合金属氧化物涂覆的钛等)</td></tr>
</table>

4.3　牺牲阳极阴极保护

牺牲阳极阴极保护技术[4-10,4-11]是近些年发展起来的用于混凝土的另一种新的阴极保护方法。它是基于活泼性高的金属如锌、锌-铝合金等的牺牲溶解。正如网或布通过导电凝胶与混凝土黏结一样，这些金属通过热熔喷镀法附到混凝土表面，然后与钢筋形成一个小电极循环，由于锌与铁之间存在电位差，在钢筋与外附金属之间形成电流流动，钢筋作为阴极得到保护。

4.3.1　主要特点

牺牲阳极保护方法的主要特点[4-16]有：

(1) 不需要外加直流电源，适用于无电源地区和小规模、分散的保护对象。

(2) 驱动电压低，输出功率低，保护电流小且不可调节。阳极有效保护距离小，使用范围受介质电阻率的限制。但保护电流的利用率较高，一般不会造成过保护，对邻近金属设施干扰小。

(3) 阳极数量较多，电流分布比较均匀。但阳极质量大，会增加结构质量，且阴极保护的时间受牺牲阳极寿命的限制。

(4) 系统牢固可靠，施工技术简单，单次投资费用低，不需专人管理。

4.3.2　材料性能

1. 材料的性能要求

(1) 与被保护金属的电位相比，牺牲阳极的电极电位负值较大，两者之间的电位差要大。常用的牺牲阳极材料的电极电位如下：锌合金为–1050mV；铝合金为–1100mV；镁合金为–1500mV。

相比之下，铁的电极电位，当表面钝化时为–100mV，当表面活化时为–350～–500mV。可见，牺牲阳极的电极电位比铁的电极电位低得多。采用锌为牺牲阳极材料时，阳极与阴极(钢筋)之间的驱动电压为550～950mV。

(2)牺牲阳极的材料在使用期内应保持阳极活性、电位和输出电流稳定，输出的电流波动小，不易极化，不易产生高电阻的保护层和硬壳，能被均匀地溶解。

(3)牺牲阳极的理论电当量(每消耗1kg阳极材料所产生的电量)要尽可能大。常用牺牲阳极材料的理论电当量(A·h/kg)：锌为816，铝为2985，镁为2208。可见，铝合金牺牲阳极的理论电当量最大。

(4)牺牲阳极的电流效率要高。电流效率指实际有效电当量与理论电当量之比。因一部分电量消耗于牺牲阳极自身的腐蚀作用上，加上牺牲阳极运行后表面活性的下降(钝化、腐蚀产物覆盖)，所以阳极的实际有效电当量总是小于理论电当量。常用的几种牺牲阳极材料的电流效率：锌为90%～95%，铝为80%～85%，镁为50%～55%。可见，锌牺牲阳极材料的电流效率最高。

(5)牺牲阳极材料应来源丰富，价格低廉，生成方便，污染较轻。

2. 常见的材料及其问题

1)锌及其合金

高纯锌(Zn含量≥99.99%，Fe含量≤0.001%)容易极化，在海水中表面会形成一层电阻较大的硬壳，阻碍阳极反应的继续发生。纯锌的杂质中，铁的危害最大，当Fe含量超过0.0014%时，在海水中使用几十天后便失去活性。采用微合金化，较好地解决了高纯锌的极化问题。

常用锌基合金多为三元合金，如Zn-Al-Cd、Zn-Al-Si、Zn-Al-Mg、Zn-Al-Mn等。在这些锌基合金中，一般而言，合金元素Al的含量不大于0.7%；Cd的含量不大于0.2%。

Zn-Al-Cd三元锌基合金是目前使用最广泛的锌基阳极材料。该材料的电极电位和输出电流稳定，阳极不易极化，电流效率高，溶解均匀，表面腐蚀产物疏松。

锌基阳极广泛用于海上舰船外壳、海底钢缆及混凝土结构中钢筋的阴极保护。海湾桥梁水下混凝土结构中的钢筋还可采用电弧热喷涂锌作为其牺牲阳极。若用于地下油气管道、电缆等土壤中钢结构的阴极保护时，只有当土壤电阻率小于1500Ω·cm时，锌基牺牲阳极的保护才能发挥效用。

锌基阳极材料的优点：自腐蚀轻，效率高，寿命长，总费用低，对海水污染少；与钢结构撞击不产生火花，适用于游轮海水压载舱的阴极保护；驱动电压小，使用时不易发生析氢现象，输出的保护电流不会过大，从而避免了过保护现象的发生。

锌基阳极材料的缺点：理论电当量小，密度大，产生电流量小，有效电位差小。故在实际应用中，阳极的个数多，分布密，总重量大。

2）铝合金

纯铝不能作为牺牲阳极。因铝的自钝化作用很强，表面易形成致密的氧化膜，阳极活性差，且易发生孔蚀现象。常用的铝合金基阳极材料是在 Al-Zn 合金的基础上添加了 Sn、Cd、Mg、Ca 等元素，实现多元合金化，以提高铝合金基牺牲阳极的性能。常用的铝合金系牺牲阳极材料有：Al-Zn-Sn、Al-Zn-Ca、Al-Zn-Mg。

铝基合金材料的优点：在锌、铝、镁基三种常用牺牲阳极材料中，铝基综合性能最好、最经济，理论电当量与有效电当量最大，电流效率虽低于锌基阳极材料，但比镁基阳极材料高；密度虽高于镁基阳极材料，但比锌基阳极材料低得多，消耗率最小，可设计长寿命的阳极(可达 30 年)；熔炼污染小，施工轻便，资源丰富，成本约为锌基二元合金的 50%；在海水中和含氯离子的其他介质中，性能较优。

铝基阳极材料的缺点：溶解性能较差，在受污染的海水中性能下降；在土壤中溶解性能最差，不宜使用。

3）镁及其合金

使用较多的镁基牺牲阳极材料的成分及性能如表 4-5 所示。

表 4-5　常用镁基牺牲阳极成分与性能

Table 4-5　Composition and performance of commonly used magnesium-based sacrificial anode

成分				密度/(g/cm^3)	开路电位(SCE)/V	理论电当量/(A · h/kg)	效率/%	备注
Mg	Al/%	Zn/%	Mn/%					
高纯镁	—	—	—	1.74	−1.60	2200	50	—
基材	5～7	2～4	＞0.15	1.91	−1.53	2204	50	美国
基材	5.3～6.7	2.5～3.5	0.15～0.6	—	−1.45～−1.50	2200	55～65	日本
基材	5～7	2～3	0.15～0.5	1.9	−1.29～−1.58	2200	60	苏联

镁基阳极材料的优点：开路电位负值最大，驱动电压最高；密度最小，输出点流量最大，表面溶解均匀且阳极极化率小；理论电当量稍微低于铝基阳极材料，但高于锌基阳极材料；实际应用时阳极个数少、质量轻。

镁基阳极材料的缺点：因开路电位负值最大，在导电较好的介质中易造成过保护现象，使钢筋阴极产生氢脆；与钢件撞击易产生火花，不能在易燃易爆的条件下使用；自腐蚀作用大，尤其是在含有 Fe、Ni 等杂质的镁基阳极材料中，自腐蚀作用更大；效率低，消耗快，需经常更换。材料费用高，熔炼较困难。

在实际应用中，为了避免开始使用时镁基阳极材料产生过大的保护电流，常在回路中串联可调电阻，或先用绝缘材料将镁基阳极的部分面积包裹起来，使用过程中再逐渐打开。

镁基阳极材料目前主要用于电阻率较大的土壤中(≤3000Ω · cm)、淡水或低浓度盐水中及化工厂设备中，对钢结构件实施阴极保护；也可用于保护铝合金，如地下的锅台金属管道等。

总体来说，工程上常被用作混凝土结构中钢筋阴极保护系统的牺牲阳极材料主要是锌、铝、镁及其合金。镁合金的电位负值最大，但价格高，适用于作高电阻环境下的牺牲阳极；铝合金、锌合金价格便宜，但电位负值较小，适用于作电阻较低环境下的牺牲阳极；纯铝的钝化倾向大，必须通过合金化以后才能使用。铝合金阳极材料的消耗快，在制成网状牺牲阳极使用时，要定期检查其消耗程度，必要时应予以更换。

4.3.3　系统设计

牺牲阳极阴极保护系统[4-11]应包括牺牲阳极、监控系统和电缆等。

牺牲阳极的化学成分和电化学性能应符合现行国家标准《铝-锌-铟系合金牺牲阳极》GB/T 4948 的有关规定。

牺牲阳极阴极保护系统宜按表 4-6 选用，并应符合下列规定：①牺牲阳极阴极保护系统应与混凝土黏结良好；②保护电流应分布均匀。

表 4-6　牺牲阳极阴极保护系统

Table 4-6　Cathodic protection system of sacrificial anode

阳极形式	阳极系统组成	布置方式
面式阳极	锌或铝合金喷涂层	热喷或电弧喷涂于经清理的混凝土表面，通过引出线连接到钢筋上
	锌销加导电黏结剂	将锌销用导电黏结剂粘贴于经清理的干燥混凝土表面，通过引出线连接到钢筋上
	锌网加活性水泥浆护层	将锌网固定在结构表面，用活性水泥砂浆包覆，通过引出线连接到钢筋上
点式阳极	棒状或块状锌阳极加水泥基包覆材料	将阳极系统埋设到钢筋附近的混凝土中，阳极通过引出线连接到钢筋上

每个保护单元所需牺牲阳极的质量可按下式计算：

$$W = \frac{E_{\mathrm{g}} I t}{f_{\mathrm{s}}} \tag{4-4}$$

式中，W 为所需牺牲阳极的质量(kg)；E_{g} 为牺牲阳极的消耗率[kg/(A·a)]；I 为所需平均保护电流(A)；t 为保护年限(a)；f_{s} 为牺牲阳极的利用系数，可取 0.5～0.8。

牺牲阳极阴极保护的监控系统应包括参比电极和监控设备，其性能与参数应符合下列规定：

(1) 保护电位和极化电位衰减值，可采用便携式参比电极或埋入式参比电极测量、不超过 24h 的极化电位衰减值也可由石墨、活性铁或锌制作的电位衰减值测量探头测量。

(2) 埋入式参比电极可选用 0.5mol/L KCl 溶液中的银/氯化银电极或 0.5mol/L NaOH 溶液中的锰/二氧化锰电极，便携式参比电极可选用 0.5mol/L KCl 溶液中的银/氯化银电极。且参比电极应极化小、不易损坏、适用环境介质、电位精度宜小于或等于±5mV；埋入式参比电极的寿命宜大于 20 年。

(3) 每个保护单元应在保护电位最正的位置和最负的位置布置不少于 2 个埋入式参比电极，便携式参比电极测点的选取，应反映整个结构物的保护状况，必要时应安装保护电流以及腐蚀速率测量装置等；对重要或难以再次安装的混凝土结构与部位，宜考虑安装备用参比电极。

(4) 监控设备应具有测量保护电位、电流密度等功能；电位测量的分辨率应达到 1mV，精度不应低于测量值的±0.1%，输入阻抗不应小于 10MΩ；电流测量分辨率应达到 1μA，精度不应低于测量值的±0.5%。

监控设备应适应所处环境，具有稳定可靠、维护简单、抗干扰等特点。

此外，牺牲阳极阴极保护系统的阳极电缆、阴极电缆、参比电极电缆、电位测量电缆和监控系统电缆应满足下列规定：

(1) 电缆均应使用颜色或其他标记区分，且电缆护套应具有良好的绝缘、抗老化、抗腐蚀性等。

(2) 电缆用量应根据电缆的类型、保护单元的具体情况、电缆的铺设位置及走向等计算确定。

(3) 阳极电缆和阴极电缆宜采用单芯多股铜芯电缆，每个阴极保护单元应设计阳极电缆和阴极电缆各不少于 2 根。

(4) 电缆截面面积应根据 125%最大设计电流时允许的温度和压降等因素确定，且阴极保护电源的输出电压值与阳极/阴极所要求的电压值相一致，同时确保为每一个保护区域提供均匀的电流分配。

(5) 单芯电缆的截面积不小于 $2.5mm^2$，多芯电缆的阳极和阴极电缆不小于 $1.0mm^2$，监控电缆不小于 $0.5mm^2$，所有电缆至少有 7 股；阳极、阴极电缆芯横截面积可按式(4-5)和式(4-6)计算：

$$S_d = \rho L_0 / R_0 \tag{4-5}$$

式中，S_d 为电缆芯横截面积(m^2)；L_0 为电缆长度(m)；ρ 为电缆芯材电阻率(Ω·m)；R_0 为电缆电阻(Ω)，由下式计算：

$$R_0 = V / I \tag{4-6}$$

式中，I 为流经电缆的电流(A)；V 为电缆的允许压降(V)。

(6) 参比电极电缆应采用屏蔽电缆，屏蔽层应接地，且不应靠近动力电缆。每个阴极保护单元内应设计不少于 1 根监控系统电缆，且不得与保护系统中的阴极电缆兼用。

(7) 电缆应避免被破坏，对于存在破坏的情况应采取防护措施。

(8) 所有密封于混凝土、导管或护套中的电缆至少有符合现行国家标准《额定电压 1kV(U_m=1.2kV) 到 35kV(U_m=40.5kV) 挤包绝缘电力电缆及附件》(GB/T 12706.1) 规定的绝缘层和护套各一层。

(9) 采用点式牺牲阳极阴极保护时，阳极铁芯直接与钢筋电连接，钢筋表面仅引出单根电缆用以电位测量；采用面式牺牲阳极阴极保护时，阳极电缆和阴极电缆的铜芯截面积应提高一个等级配置。

4.3.4　国内外技术规范的对比

牺牲阳极的阴极保护法主要控制的技术参数有牺牲阳极材料与阳极质量，国内外的规范要求如表 4-7 所示。

表 4-7　牺牲阳极的阴极保护法主要控制技术参数的国内外规范对比

Table 4-7　Comparison of main technical parameters of sacrificial anode cathodic protection in domestic and foreign standards

<table>
<tr><th>技术参数或设置</th><th>国内规范</th><th>美国规范</th><th>日本规范</th><th>欧洲规范</th></tr>
<tr><td rowspan="4">牺牲阳极材料</td><td rowspan="2">表面式阳极：锌或铝合金喷涂层；锌箔加导电黏结剂；锌网加活性水泥浆护层</td><td rowspan="2">水下：铝-锌-铟合金、锌铝或镁合金组成</td><td rowspan="4">面状阳极：锌板或锌热喷涂</td><td>表面式阳极：覆盖层中的锌网，黏合锌片阳极</td></tr>
<tr><td>嵌入式牺牲阳极：活性封装中的锌阳极组成</td></tr>
<tr><td rowspan="2">点式阳极：棒状或块状锌阳极加水泥基包覆材料</td><td rowspan="2">埋入式混凝土结构：锌或镁合金</td><td>浸没式混凝土结构：铝-锌-铟合金，锌合金</td></tr>
<tr><td>埋入式混凝土结构：锌基阳极和镁合金阳极</td></tr>
<tr><td>阳极质量</td><td>$W = \frac{E_g It}{f_s}$</td><td>—</td><td>—</td><td>$E \cdot Q = 8760$</td></tr>
</table>

4.4　工 程 案 例

杭州湾跨海大桥外加电流阴极防护系统是混凝土结构外加电流阴极防护技术第一次在国内海洋工程中正式应用[4-15]。它的设计、安装与运行将为我国今后外加电流阴极防护技术的发展和进步提供重要的参考和借鉴。

4.4.1　工程概况

杭州湾跨海大桥南、北航道桥采用斜拉桥结构。南航道桥为单塔双索面，采用 A 形主塔，塔顶高程 202.0m，塔柱底面高程 7.7m；塔柱下设置塔座，塔座为圆台，厚 2.5m；塔座下为哑铃形承台，顶面高程 5.2m，底面高程–0.8m，北航道桥为双塔双索面，采用钻石形主塔。

为保证索塔结构的耐久性，采用阴极防护技术，作为主塔浪溅区(10.2m 标高)以下部位的防腐蚀措施。南航道桥索塔、承台保护的表面积为 3115.2m^2。北航道桥索塔、承台保护的表面积为 3975.6m^2，共计 7090.8m^2。

4.4.2　设计依据及技术要求

大桥外加电流阴极防护系统采用文献[4-17]标准进行设计。主要技术要求包括：阳极材料在正常运行的电流密度条件下，结构钢筋始终处于阴极状态而不发生锈蚀，确保满足结构最少 100 年的使用寿命；针对不同的腐蚀环境进行相应的设计，采用全自动监控系统自动调节电量，以确保阴极电流分布与传递，并避免过度保护现象；采用合适的参比电极，使防护系统能够长期监测。

4.4.3　系统组成

大桥的外加电流阴极防护系统(图 4-8)主要包括：活性钛金属阳极网条、钛导电条、水泥垫条、银/氯化银以及钛参比电极、正极电接头、负极电接头、参比电极路电接头、电缆和配件、接线箱、RECON 控制系统、计算机控制、遥控监控管理系统等。

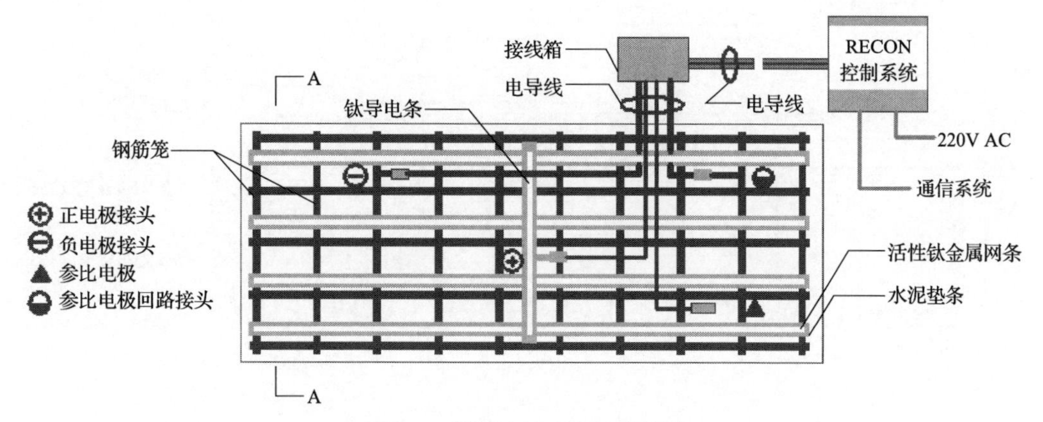

图 4-8 阴极防护系统组装简图

Figure 4-8 Schematic diagram of the assembly of the cathodic protection system

4.4.4 系统分区

根据需要对外加电流阴极防护系统进行分区。在结构使用寿命内，监控结构不同位置电流和电压的输出，分区的依据是结构不同位置的不同腐蚀环境。

根据暴露环境的不同，对需要进行阴极防护的 3 个主塔及承台分别进行系统分区。北航道桥北塔阴极防护系统分区见表 4-8 和图 4-9。

表 4-8 北航道桥北塔阴极防护系统分区

Table 4-8 Subarea of cathodic protection system for north tower of North-Channel Bridge

分区	区域范围
1	承台底面外围 0.5m 范围及承台顶面以下 3m 至承台底面高度范围的表面
2	承台顶面以下 3m 至承台顶面高度范围的表面
3	承台顶面
4	塔座表面和塔座顶面
5	塔柱表面

4.4.5 RECON 控制系统

钛金属网阳极和钢筋阴极的电导线以及测量钢筋实际电位的参比电极的正负回路的导线从防护系统中引出，进入 RECON 控制系统(图 4-10)。

RECON 控制系统一方面作为供电装置，把外部引入的交流电转化为低压直流电，为阴极保护系统的钛金属网阳极和钢筋阴极提供稳定电源；另一方面安装有控制模块，采集参比电极测量的钢筋实际电位数据，判断是否达到预设的保护电位值，自动增加或减少电流的输出，直到钢筋实际电位达到预设的保护电位。RECON 控制系统具有自我控制能力。在图 4-10 中，“1”为 RECON 控制模块。其中绿色模块为 AD 模块(电信号

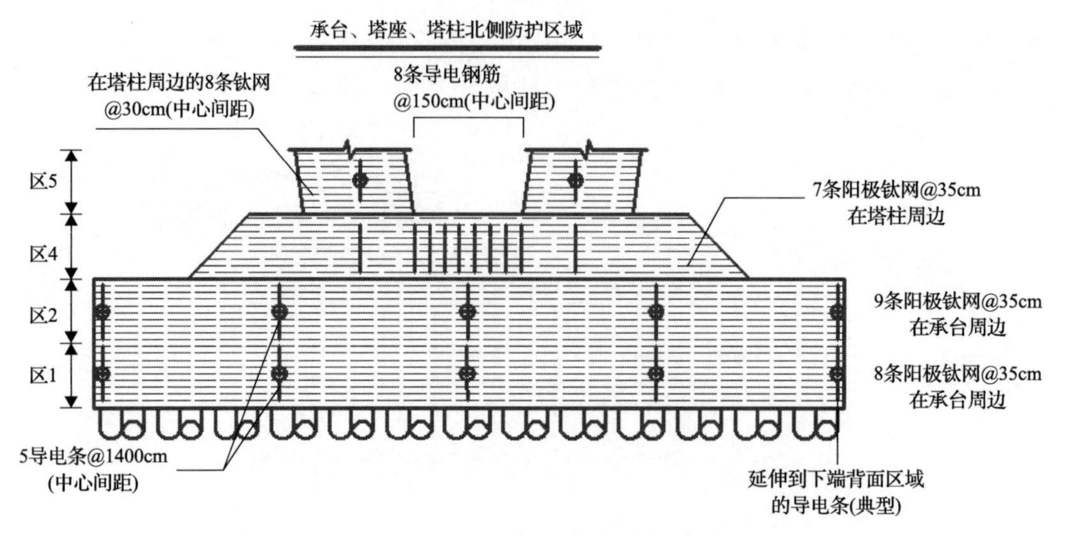

图 4-9 北航道桥北侧主塔、承台阴极防护系统分区示意

Figure 4-9 Subarea of cathodic protection system for main tower and cushion cap on the north side of North-Channel Bridge

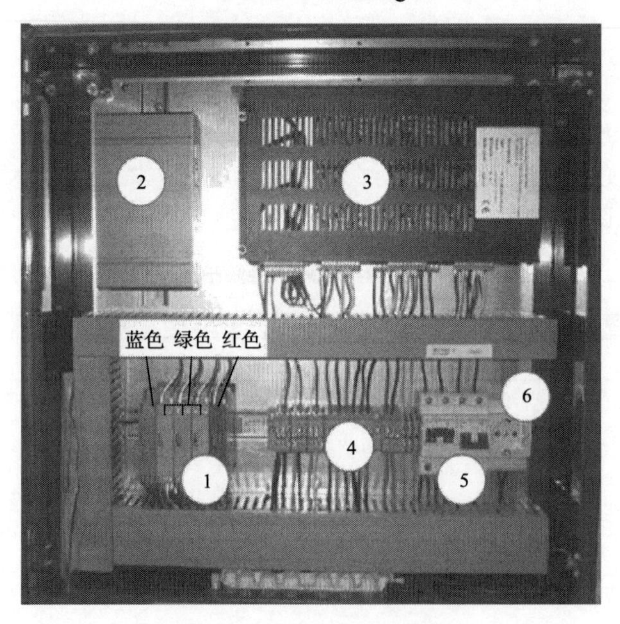

图 4-10 RECON 控制系统

Figure 4-10 RECON control system

转化为数字信号模块)，该模块采集参比电极反馈的钢筋实际电位数据，并把电信号转化为数字信号后传到控制块；蓝色模块为控制块，该模块接受 AD 的信号，根据预设或远端控制调整的保护电位值，判断是否达到保护电位，向 DA 模块发出数字控制信号(增加或减少保护电流的输出)；红色模块为 DA 模块(数字信号转化为电信号模块)，该模块把控制模块的数字指令转化为电信号指令，传到“3”，实施增加或减少保护电流输出的控制。“2”为 CPU(中央处理器)，配有上网装置和软盘存储器。“3”为 3×3A/20V 电源

装置，附带有+24V、±15V 和+5V 辅助的电压供给。“4”为现场电缆终端连接器。“5”为自动保险丝断电保护装置。“6”为电源供给 AC(交流电)插座。

4.4.6　系统安装

1. 阳极及正负极电接头的安装

将负极电接头焊接到指定的钢筋位置；将水泥垫条按设计要求固定在相应的钢筋上，然后将钛阳极网条和钛导电条固定在水泥垫条上，在导电条和钛阳极网条交叉处要进行焊接连接；将正极电接头点焊到设计确定的钛导电条上。所有可能与阳极接触的电路均用水泥垫条进行绝缘。

2. 参比电极及参比电极回路电接头的安装

将水泥垫条固定在设计确定的参比电极位置的钢筋上，然后将参比电极固定在水泥垫条上；将参比电极回路电接头焊接到设计确定的钢筋上。参比电极应安装在混凝土内并介于混凝土外表面或第一层钢筋之间，参比电极不得与钢筋直接接触。系统现场安装实景见图 4-11。

图 4-11　系统现场安装实景

Figure 4-11　Scene of system field installation

4.4.7　系统测试

1. 钢筋和阳极区的电连续性测试

阴极防护系统必须确保每一个区的钢筋和阳极区是电连续的，通过直流电阻的测试来确定被保护的钢筋及阳极区是否分别具有可靠的电连续性。电连续性的标准为电阻值应稳定在 0～1Ω 之间。

2. 钢筋和阳极区之间电路短路的测试

阴极防护系统必须确保每一个区的阳极区和钢筋以及任何埋入的钢构件之间没有发生短路，通过直流电阻的测试来确定。不发生短路的标准为电阻值应大于 50Ω。

3. 钢筋连接电缆间的电连续性测试

本项测试为检测钢筋连接、参比电极回路电缆间的电连续性。将钢筋连接电缆连接到数字直流欧姆表的 COM 端，将第 2 根钢筋连接或参比电极回路电缆连接到欧姆端进行电阻测试，电阻值稳定在 1Ω 或以下则表明电连续性是可靠的。

4. 参比电极现场测试

本项测试为检测参比电极是否被正确安装，并采用高内阻伏特表测量参比电极所在处钢筋的基础电位。将参比电极电缆连接到仪表的 COM 端，将参比电极回路电接头电缆连接到欧姆端，参比电极正确安装的判定标准为具有 20V 以上稳定的电压值。

5. 阳极区之间的电绝缘测试

本项测试的目的是确保独立的阳极区之间不存在电连续性。将一个阳极区连接电缆连接到数字直流欧姆表的 COM 端，将另一个阳极区的连接电缆连接到欧姆端进行连接点的电阻测试，电阻值在 50Ω 以上表明阳极区之间是电绝缘的。

参 考 文 献

[4-1] 火时中. 电化学保护[M]. 北京: 化学工业出版社, 1988.

[4-2] 胡士信. 阴极保护工程手册[M]. 北京: 化学工业出版社, 1999.

[4-3] American Concrete Institute. ACI Committee 546, Concrete Repair Guide (ACI 546R-04) [S]. Farmington Hills, 2004.

[4-4] 洪乃丰. 混凝土中钢筋腐蚀与防护技术(3)——氯盐与钢筋锈蚀破坏[J]. 工业建筑, 1999, (10): 60-63.

[4-5] Miranda J M, González J A, Cobo A, et al. Several questions about electrochemical rehabilitation methods for reinforced concrete structures[J]. Corrosion Science, 2006, 48(8): 2172-2188.

[4-6] 陈怀荣, 樊云昌, 曹兴国. 混凝土中钢筋腐蚀的防护与修复[M]. 北京: 中国铁道出版社, 2001: 116.

[4-7] 洪定海. 混凝土中钢筋的腐蚀与保护[M]. 北京: 中国铁道出版社, 1998.

[4-8] 蒋正武, 龙广成, 孙振平. 混凝土修补: 原理、技术与材料[M]. 北京: 化学工业出版社, 2009.

[4-9] 张承忠. 金属的腐蚀与保护[M]. 北京: 冶金工业出版社, 1985.

[4-10] 中国工程建筑标准化协会. 混凝土结构耐久性电化学技术规程: T/CECS 565—2018[S]. 北京: 中国建筑工业出版社, 2019.

[4-11] 中华人民共和国交通运输部. 海港工程钢筋混凝土结构电化学防腐蚀技术规范: JTS 153-2—2012[S]. 北京: 人民交通出版社, 2012.

[4-12] 陈卫, 马化雄, 张海军. 外加电流阴极保护技术在天津港滚装码头预制梁中的应用[J]. 中国港湾建设, 2006, (5): 49-51+67.

[4-13] 黄俊, 方达经, 王亚平, 等. 沙特扎瓦尔港取排水口结构阴极保护工程[J]. 腐蚀与防护, 2011, 32(9): 742-745.

[4-14] 钟东雄. 外加电流阴极保护技术在跨海大桥索塔基础中的应用[J]. 现代交通技术, 2013, 10(2): 60-63.

[4-15] 陈涛. 混凝土结构外加电流阴极防护技术及其在工程中的应用[J]. 桥梁建设, 2006, (3): 12-15+50.

[4-16] Cramer S D, Covino B S, Bullard S J, et al. Corrosion prevention and remediation strategies for reinforced concrete coastal bridges[J]. Cement and Concrete Composites, 2002, 24(1): 101-117.

[4-17] BSI. Cathodic protection of steel in concrete: BS EN ISO 12696: 2016[S]. Brussels: BSI. Standards Publication, 2016.

第5章

电化学的修复技术

本章介绍了混凝土结构耐久性中电化学的修复技术问题，提出了电化学修复前的技术准备和电化学修复技术的特点与局限性，给出了电化学的除氯技术、电化学再碱化技术、电沉积技术、迁移型阻锈技术、双向电迁移技术的基本原理、应用技术的组成与特点，以及相关技术规范等；最后，给出了电化学修复技术的工程应用案例。

目前，各国学者对各类电化学修复技术进行了大量研究并取得了丰富的研究成果，主要包括电化学除氯法(ECR)、电化学再碱化法(ERA)、电化学沉积法(EDM)和双向电迁移法(BIEM)等[5-1]。各类电化学修复技术原理较为相似，即在混凝土表面布置的辅助电极和混凝土内部钢筋之间施加直流电压，外部辅助电极作为阳极，内部钢筋作为阴极，通过电解液共同构成回路，对钢筋进行阴极极化，并发生电化学反应。在外部电场的作用下，混凝土内部的阴极反应产物 OH^-及混凝土中有害 Cl^-等阴离子在混凝土保护层中向表面迁移，外部的 Na^+、K^+、Ca^{2+}等阳离子以及增益阻锈剂/纳米粒子等向混凝土内部钢筋表面迁移，伴随着离子迁移，混凝土内部孔隙中同时发生一系列化学反应。最终，混凝土内部 pH 升高，氯离子含量降低，阻锈剂离子含量增高，混凝土孔隙结构改善，达到特定环境下钢筋混凝土结构修复的目的。

5.1 修复前的技术准备

在混凝土结构进行修补与维护之前，必须进行结构的状态评估。其目的是确定当前的劣化状态(原因和程度)、未来可能的劣化速率、可能导致的结果和修补的要求(包括修复的种类和程度)。任何结构问题在这个阶段都必须得到查明和合理的处理。当状态评估表明结构必须采取维修措施时，应考虑不同修补方法，包括电化学方法。在实践中，电化学方法的应用通常首先要对修补的结构进行初步的调查。

如果预先确定电化学修复方法，初步调查可以和结构的状态评估一起来开展。应当根据所掌握的信息，充分考虑使用者和所有者的要求，确定一个修复方法。

如果选择电化学方法来修复，就必须进行相关的设计，编写施工流程，然后为开展施工工作做准备。

在项目的实施阶段还必须进行多项检查。在通常情况下，一般应考虑如下基本应用步骤与要点。

(1)初步调查。结构的初步调查应该包括总体的调查，识别结构裂缝、变形和其他各种缺陷。如果这些缺陷达到显著水平，就必须重新考虑方法并进行结构修补。如果无法进行结构修补，检查应集中在电化学处理的准备方面。对所有需处理区域的部分应该进行以下方面的评估。

(2)混凝土保护层。测量保护层厚度的最小厚度、平均厚度和变化值。必须注意的是，保护层变化过大会导致相应的钢筋上产生不均匀电流分布。如果保护层变化非常大，则必须采用特别措施，采用电化学方法可能就不可行了。当保护层过薄时则在应用电化学方法之前先进行修复。

(3)氯离子含量和分布。对电化学除氯，应确定氯离子的分布图，以及它随混凝土表面的变化情况。电位图就能显示氯离子随混凝土表面的分布，因为氯离子分布是决定除氯方式能否可行的主要依据。除去混凝土内第一层钢筋后面的氯离子将会十分困难，通常除去混合在混凝土中的氯离子也很难获得成功。建议在这个阶段确定处理控制中心的具体位置。

(4) 碳化深度。对电化学再碱化，碳化深度应进行多点测量。对相当多的测试点，应在同一点测量碳化深度和保护层厚度，以获得其统计分布。建议在这个阶段确定处理控制中心的具体位置。

(5) 混凝土中裂缝分布状况。对于电化学沉积法，应调查钢筋混凝土结构中的既有裂缝的基本分布情况及主要产生原因。

(6) 混凝土的电连通性。钢筋必须保持电连通性才能成功运用电化学方法。不连通的钢筋无法通电流，因而不能得到有效保护，甚至可能因电导作用而导致加速腐蚀。非连通性必须通过附加连接进行纠正。如果结构含有许多非连续钢筋，那么采用这些方法是不可行的。必须强调的是，在修补工程的施工过程中提供电的连通性。钢筋周围的混凝土以及钢筋和阳极之间的混凝土，必须是连通的。也就是说，混凝土不能有大的裂缝、变形或旧的高电阻率修补(如非胶凝型的聚合物砂浆或涂层)，因为这些会阻碍均匀电流。所有这些造成电流不均匀的原因都必须在处理应用之前检查出来并予以修正。

5.2　技术的特点和局限性

电化学修复技术的一个主要优点是它只需去除剥落与分层的混凝土，而力学性能良好、受氯离子污染或碳化的混凝土仍保留不动。因此相比于传统的方法，凿除量小、施工时间短。另一个优点在于它系统地根除了腐蚀原因，且使得整个混凝土结构得到有效处理。相反，通过凿除混凝土和传统的修补而消除腐蚀因素，仅对处理完好的混凝土结构区域起作用。因此，电化学修复方法比传统的修复方法更可靠和耐久。

电化学修复技术在实际应用中也存在一些局限性或潜在的负面作用。而在实际应用过程中，通过有效监测与控制，可消除潜在的技术风险。这主要表现在以下几点。

(1) 可能引发钢筋氢脆的风险。(高应力)高强钢筋的强极化产生的副作用，阴极反应产生的氢气可能会产生钢筋氢脆风险，尤其对预应力钢筋。由于所需高电流密度，阳极附近钢筋的电位通常低于氢气生成的电位，在应用中，应避免高电流密度的产生。对电化学除氯法而言，这可能是这种方法受到限制的一个重要因素。因为对于这种方法，极化作用是非常强且整个过程持续时间相对长(可以达到几个月)。如果预应力钢筋被强烈极化，可能会导致氢脆而最终突然断裂。完好的后张法钢筋应尽量能屏蔽强极化。在实际的工程中，预应力筋的导管可能会产生缺陷，直接与混凝土接触的先张法预应力筋在电化学除氯和电化学再碱化方法中会受到强烈极化。同时，必须注意的是，有些典型的预应力筋对于氢脆的敏感度可能会比其他钢筋来得更高。由于对结构破坏的高风险，除非实验证明对先张法预应力筋没有损害，不建议对预应力结构应用电化学除氯法。

(2) 潜在的碱活性骨料反应的风险。因为所有的电化学反应都会将钢筋附近的碱含量提高到一定程度，局部的碱骨料膨胀反应(ASR)会被加速。再碱化的碳化混凝土中碱硅反应一般不会有问题，但是对碱骨料反应十分敏感的除氯处理的混凝土，这却是一个潜在的重要问题。

(3) 钢筋混凝土黏结力的下降，尤其对当采用高电流密度进行电化学除氯和再碱化处理时，这种下降趋势更为明显。

因此，对于电化学的修复技术要注意针对工程的实际问题，选择合理的电化学修复技术方法，扬长避短，实施混凝土结构的电化学修复。

5.3　电化学除氯技术

5.3.1　基本原理

电化学除氯技术的基本原理如图 5-1 所示，以混凝土中的钢筋作为阴极，在混凝土表面敷置或埋入电解液保持层，在电解液保持层中设置钢筋网或金属片作为阳极，在金属网和混凝土中的钢筋之间通以直流电流。在外加电场作用下，混凝土中的负离子(Cl^-、OH^-等)由阴极向阳极迁移，正离子(Na^+、K^+、Ca^{2+}等)由阳极向阴极迁移。Cl^-由阴极向阳极迁移并脱离混凝土进入电解质就达到了脱氯除盐的目的，同时阴极发生电化学反应，形成的 OH^-向阳极迁移，氯离子得到排除的同时，钢筋周围和混凝土保护层中的碱性增强，有利于钢筋恢复并维持钝态，又可在一定程度上提高钢筋混凝土抵抗 Cl^-二次侵蚀的能力[5-1~5-3]。

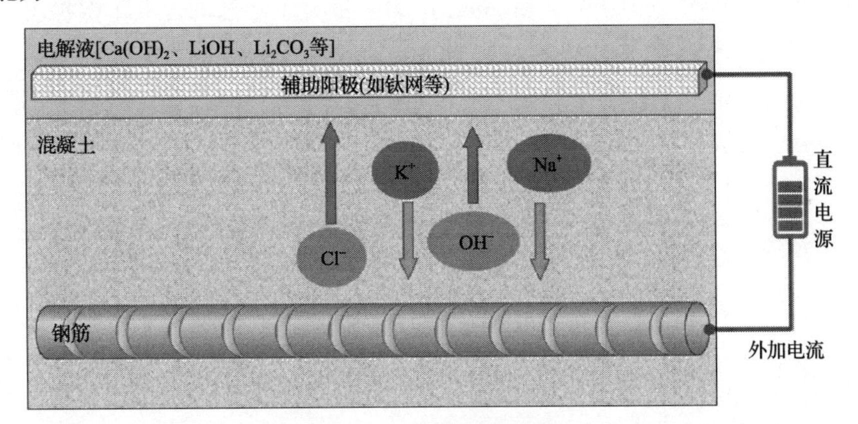

图 5-1　电化学除氯原理

Figure 5-1　Schematic of electrochemical chloride extraction

电化学除氯技术是一种快速、有效、经济且无损的钢筋混凝土结构修复延寿技术，其有关的化学反应如下：

阳极：

$$4OH^- \longrightarrow 2H_2O + O_2 + 4e^- \tag{5-1}$$

$$2Cl^- \longrightarrow Cl_2 + 2e^- \tag{5-2}$$

$$H_2O + Cl_2 \longrightarrow HCl + HClO \tag{5-3}$$

阴极：

$$2H_2O + O_2 + 4e^- \longrightarrow 4OH^- \tag{5-4}$$

$$2H^+ + 2e^- \longrightarrow H_2 \tag{5-5}$$

5.3.2　国内外研究现状

根据学者的研究，电化学除氯的效果与电压大小、电解液的种类、阴极钢筋的分布等因素有关。Yodsudjai 等[5-4]在对比了不同的电压与电解液种类对电化学除氯的影响后，提出电化学除氯效率随着电压增大而增大。另外，相较于 100mol/m^3 的 KOH 和 NaOH，饱和 $Ca(OH)_2$ 溶液作为电解液具有较高的除氯效率。Ihekwaba 等[5-5]研究了不同的混凝土结构及钢筋的形状对电化学除氯效率的影响，发现相比采用矩形箍筋的平整结构，采用螺旋箍筋的曲线型结构具有更好的除氯效果。Chang 等[5-6]研究了结构内箍筋对电化学修复效率的影响，发现纵筋与箍筋围成的钢筋笼形成了一个良好的等势体。导致钢筋笼内部的混凝土除氯效率显著降低。Xia 等[5-7]通过研究不同环境温度，发现较低的环境温度不适合电化学修复，并指出电化学修复效率会随着环境温度的升高而提升，且提升效果在 0～50℃尤为明显。Monteiro 等[5-8]探究了不同的混凝土保护层厚度以及混凝土水灰比对电化学修复的影响，认为水灰比较低或者较厚的保护层都将造成除氯效率的下降。Siegwart 等[5-9]研究了电化学除氯对孔隙结构的变化，发现电化学除氯会影响结构内部孔隙的直径和孔隙率。而反过来，孔径和孔隙率的变化又会影响电化学修复的效率。

5.3.3　适用范围

影响电化学除氯的因素非常多，而在实际修复过程中，国内外规范则主要包含了以下几点：电流密度、通电时间与阳极溶液的种类。国内外的规范要求如表 5-1 所示。中国工程建设标准化协会发布的《混凝土结构耐久性电化学技术规程》(T/CECS 565—2018)[5-10]也给出了相应的技术指标和实施办法，如表 5-2 所示。

表 5-1　电化学除氯法主要控制技术参数的国内外规范对比

Table 5-1　Comparison of main technical parameters of electrochemical dichlorination technology in domestic and foreign standards

技术参数或设置	国内规范	美国规范[5-11]	日本规范[5-12]	欧洲规范[5-13]
电流密度/(A/m^2)	1～2[5-14]	＜4	1	＜10
通电时间	30～60d[5-14]；约 8 周[5-15]	氯含量＜0.4%；电荷量达到 1000～2000A · h/m^2；Cl^-/OH^-＜0.6	约 8 周	氯含量＜0.4%；电荷量达到 1000～2000A · h/m^2；腐蚀电位达到预期
阳极溶液	饱和 $Ca(OH)_2$ 溶液或自来水[5-15]	饮用水；饱和 $Ca(OH)_2$ 溶液；0.2mol/L Li_3BO_3 溶液	饱和 $Ca(OH)_2$ 溶液	碱性溶液

表 5-2　电化学除氯技术参数

Table 5-2　Controlling parameters of electrochemical dichlorination technology

参数	内容
通电时间/d	30～60
电流密度 i/(mA/m^2)	1000～2000
通电电压 U/V	5～50
阳极溶液	饱和 $Ca(OH)_2$ 溶液或自来水
确认效果的方法	测定混凝土的氯离子含量和钢筋电位
确认效果的时间	通电结束后

5.4　电化学再碱化技术

5.4.1　基本原理

电化学再碱化(electrochemical realkalization)技术是主要针对因碳化而腐蚀的钢筋混凝土的一种修复方法，其原理是根据阴极保护技术，采用高碱性的电解质溶液作为阳极，形成各种电流密度，使钢筋表面发生阴极反应，周围碱度得到恢复的电化学防护方法，其基本原理如图 5-2 所示。

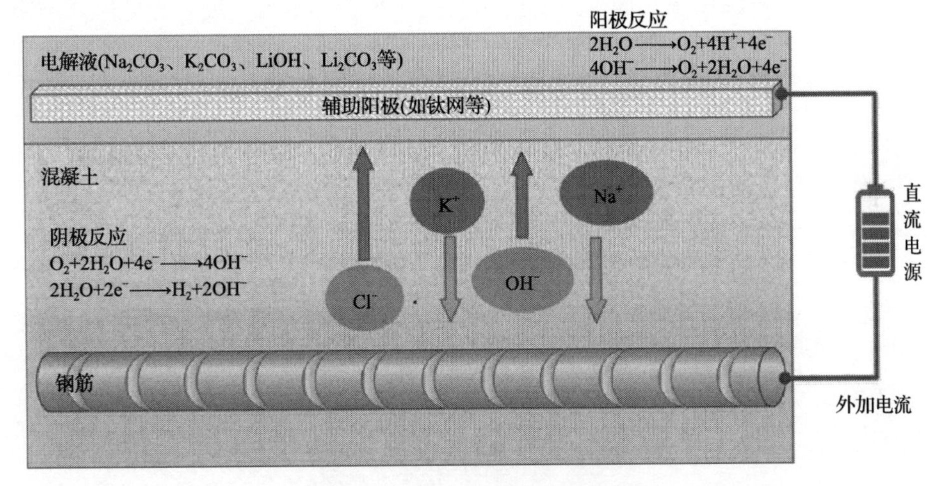

图 5-2　混凝土再碱化原理示意图

Figure 5-2　Schematic of electrochemical realkalization of concrete

在钢筋上(阴极)的主要电化学反应为

$$2H_2O + O_2 + 4e^- \longrightarrow 4OH^- \tag{5-6}$$

在外部电极上(阳极)的主要电化学反应为

$$4OH^- \longrightarrow 2H_2O + O_2 + 4e^- \tag{5-7}$$

在电场和浓度梯度的作用下，阴极反应产物OH^-由钢筋表面向混凝土内部及表面迁移、扩散，阳极附近的阳离子(如Ca^{2+}、K^+)由阳极向阴极迁移。OH^-持续的生成和迁移过程，使得钢筋周围已碳化混凝土的pH逐渐升高[5-1]。

5.4.2　国内外研究现状

碳化混凝土结构再碱化技术，可以用于所有碳化的混凝土构筑物，已经成为世界各国公认的事实。目前国内外对再碱化技术研究结果不尽相同：朱雅仙[5-16]认为再碱化过程中的OH^-是阴极钢筋表面的电化学反应产生的。产生的OH^-一部分在电场作用下向混凝土保护层表面迁移，而另一部分滞留在钢筋周围，使得钢筋周围混凝土的pH升高。Velivasakis等[5-17, 5-18]指出再碱化过程中起主要作用的是混凝土外部碱性电解液的电渗作用，但仅通过阴极钢筋表面的电极反应也可以起到再碱化的作用。Andrade等[5-19]通过实验与理论分析提出混凝土的再碱化是阴极钢筋表面电极反应和混凝土外部碱性电解液电渗的共同作用。Yeih等[5-20]则认为除了钢筋表面电极反应产生OH^-与碱性电解液的电渗作用外，外部电解液中的Na_2CO_3还可以与混凝土中的CO_2和水反应，生成$NaHCO_3$，提高混凝土内部的pH。

5.4.3　适用范围

国内外电化学再碱化法的规范主要控制的技术参数有电流密度、通电时间与阳极溶液的种类，如表5-3所示。表5-4给出了中国工程建设标准化协会《混凝土结构耐久性电化学技术规程》(T/CECS 565—2018)[5-10]的技术指标和实施办法。

表5-3　电化学再碱化法主要控制技术参数的国内外规范对比

Table 5-3　Comparison of main technical parameters of electrochemical realkalization technology in domestic and foreign standards

技术参数或设置	国内规范[5-14]	美国规范[5-11]	日本规范[5-12]	欧洲规范[5-13]
电流密度/(A/m^2)	1～2	＜4	1	＜2
通电时间(或电荷量)	100～200h	电荷量达到200A · h/m^2	1～2周	＞200h
阳极溶液	0.5～1mol/L Na_2CO_3水溶液等	K_2CO_3水溶液	Na_2CO_3水溶液等	碱性溶液

表5-4　电化学再碱化技术参数

Table 5-4　Controlling parameter of electrochemical realkalization technology

参数	内容
通电时间/d	7～14
电流密度i/(mA/m^2)	300～1000
通电电压U/V	5～50
阳极溶液	0.5～1.0mol/L Na_2CO_3水溶液、K_2CO_3水溶液或Li_2CO_3水溶液
确认效果的方法	测定混凝土中性化情况
确认效果的时间	通电结束后

5.5　电沉积技术

5.5.1　基本原理

电化学沉积(electrodeposition)是通过短期内施加一定的阴极电流产生难溶性物质，填充混凝土裂缝并封闭混凝土表面以阻止腐蚀介质继续侵入的电化学修复技术。电化学沉积基本原理如图5-3所示，利用钢筋混凝土的特性与水环境条件，把带裂缝的混凝土结构中的钢筋作为阴极，以溶在水或海水中的各类矿物化合物(或加入合适的矿物质)作为电解质，并在混凝土结构附近设置一定面积的阳极，在两者之间施加微弱的低压直流电[5-21]。混凝土是一种多孔材料，而其孔隙液中就有一种电解质，因此在混凝土中就会发生电迁移，使得在混凝土结构的表面和裂缝处就有沉积物如$CaCO_3$和$Mg(OH)_2$等生成，填充并密实混凝土的裂缝，封闭混凝土的表面，进而达到修复的效果。

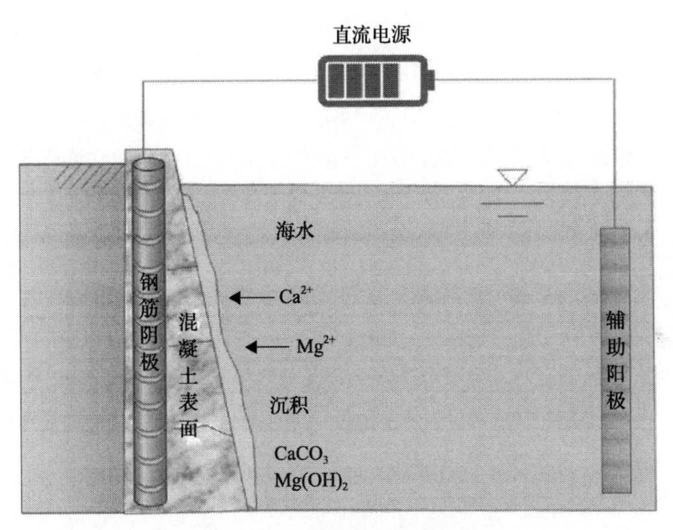

图5-3　电化学沉积原理

Figure 5-3　Schematic of electrodeposition

5.5.2　国内外研究现状

20世纪80年代末，日本学者首先尝试利用电沉积方法修复混凝土结构的裂缝[5-22]。电沉积以混凝土中的钢筋为阴极，在混凝土结构附近设置阳极，以海水或特制的溶液作为电解质，通过施加一定的弱电流，在电位差的作用下正负离子分别向两极移动，并发生一系列反应，最终在混凝土结构裂缝中、表面上生长并沉积一层化合物[如ZnO、$CaCO_3$和$Mg(OH)_2$等]，然后填充、愈合混凝土的裂缝，封闭混凝土的表面。这些无机化合物膜层不仅提供了一种物理保护层，还可有效阻止有害介质在混凝土内部的迁移、传输。

电化学沉积技术的重点在于混凝土表面以及裂缝处产生难溶性物质的沉淀，国内外学者对电化学沉积的产物进行了大量研究。Otsuki 和 Ryou[5-21]对 8 种不同电沉积溶液进行电化学沉积的产物的成分和修复效果的对比分析，发现 $MgCl_2$ 和 $ZnSO_4$ 是较好的沉积溶液。储洪强等[5-23]选取了 6 种不同的电沉积溶液进行对照实验，并指出当电沉积溶液种类不变时，沉积物种类不会随电流密度大小而改变，但是沉积物颗粒大小和形状会随着电流密度大小而改变。蒋正武等[5-24]用 $Mg(NO_3)_2$ 作为沉积溶液后，采用 X 射线衍射(XRD)试验测定了沉积物组分，探究修复过程中沉淀产物的构成。沉积物以 $Mg(OH)_2$ 为主，但是会伴有少量的 $Ca(OH)_2$。姚武和郑晓芳[5-25]基于法拉第电解定律指出：电化学修复过程中，电沉积产物质量与电解液溶液离子通过总电荷量有关。Ryou 和 Otsuki[5-26]指出电化学沉积使得混凝土的渗透性降低，水密性提高，并且由于裂缝的修复，混凝土结构跨中的抗弯能力也会提高。

5.5.3 适用范围

对于普通裂缝而言，传统的修复方法具有造价低、速度快、修复效果好的优点，已经大量地应用于工程建筑结构裂缝的修复之中，而电沉积的自修复方法则擅长混凝土结构的微裂缝修复，且电沉积修复方法在提高混凝土结构耐久性方面具有独特的优势。

电沉积修复方法能在修复裂缝的同时有效提高混凝土结构的耐久性，尤其对于已遭受氯盐侵蚀的海洋环境中的钢筋混凝土结构效果显著。其主要原因是裂缝加速了氯离子的侵蚀，裂缝修复完成后，混凝土裂缝处仍然保持较高的氯离子含量，修复裂缝时并未能排除氯离子，钢筋被腐蚀的风险仍然很高。电沉积方法在修复混凝土裂缝的同时能排除混凝土中的氯离子，并增加混凝土的密实度，有效阻止氯离子的再次入侵。

电化学沉积法的技术参数与电化学除氯及电化学再碱化相似：电流密度、通电时间、阳极溶液种类。国内外的规范要求如表 5-5 所示。表 5-6 给出了中国工程建设标准化协会发布的《混凝土结构耐久性电化学技术规程》(T/CECS 565—2018)[5-10]的技术指标和实施办法。

表 5-5 电化学沉积法主要控制技术参数的国内外规范对比

Table 5-5 Comparison of main technical parameters of electrochemical deposition technology in domestic and foreign standards

技术参数或设置		国内规范[5-14]	日本规范[5-12]
潮差区、水下区	电流密度/(A/m^2)	0.5～1.0	0.5～1.0
	通电电压/V	10～30	10～30
	通电时间/d	60～180	180
	阳极溶液	海水	海水
	评价指标	裂缝愈合率和填充深度	混凝土透水系数

表5-6　电化学沉积技术参数

Table 5-6　Controlling parameter of electrochemical deposition technology

参数	内容
通电时间/d	60～180
电流密度 i/(mA/m^2)	500～1000
通电电压 U/V	10～30
阳极溶液	海水或0.05～0.10mol/L硫酸锌或硫酸镁溶液
确定效果的方法	测定裂缝愈合率和填充深度的测定
确定效果的时间	通电结束后

5.6　双向电迁移技术

5.6.1　基本原理

双向电迁移(BIEM)技术是一种新型的钢筋混凝土耐久性提升技术，区别于已有电化学除氯技术，双向电迁移侧重于氯离子排出和阻锈剂迁入两方面。其主要原理如图5-4所示，以混凝土结构中的钢筋作为阴极，外部的金属网作为阳极，在电场作用下，阻锈剂阳离子迁至钢筋表面形成保护层的同时，有害阴离子被排出混凝土保护层。

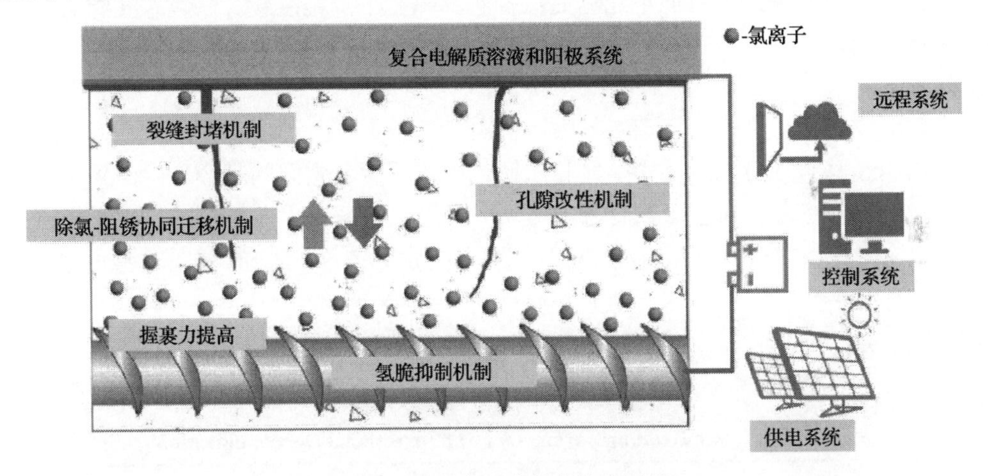

图5-4　双向电迁移技术基本原理

Figure 5-4　Schematic of BIEM

在通电过程中，阳极和阴极发生的反应和电化学除氯过程相同，见式(3-5)～式(3-9)。由此可见，随着通电的进行，位于阳极附近的海绵层中溶液的pH会逐渐下降，故每隔一定时间需要更换电解液，以防溶液pH过低对混凝土表面产生腐蚀。而钢筋附近有H_2和OH^-产生，则随着通电的进行，钢筋附近混凝土孔隙液的pH会增加，可能会产生$Ca(OH)_2$沉淀，而氢气的产生会影响钢筋附近混凝土的孔隙分布情况。

由双向电迁移技术的基本原理可知，双向电迁移技术的阻锈剂必须是一种溶于水为阳离子的阻锈剂。双向电迁移技术用于混凝土结构的修复与延寿，混凝土结构所处的环境对阻锈剂的选择有很大影响。阻锈剂在进入混凝土后必须能长期留在混凝土中，不能因日晒雨淋而出现阻锈剂含量大幅度下降或者化学性质发生改变的情况，所以，双向电迁移技术中所使用的阻锈剂必须是挥发性低、化学性质稳定的物质。另外，考虑到双向电迁移技术的应用与推广，该阻锈剂还应既经济又环保。

5.6.2 国内外研究现状

双向电迁移的效果与阻锈剂种类、混凝土性质及电化学参数等因素有关。章思颖等[5-27]在综合考虑阻锈剂的阻锈效果、电迁移能力的情况下，得出胺类阻锈剂——胍，比较适用于双向电迁移修复技术的结论。当胍的浓度和氯离子浓度相近时阻锈效果明显，当胍的浓度远小于氯离子浓度时，阻锈效果较弱。郭柱等[5-28, 5-29]研究了通电时间、电流密度、水灰比、初始 Cl^-浓度、保护层厚度等因素对阻锈剂(三乙烯四胺)电迁移的影响。混凝土中阻锈剂迁入量随着通电时间增加而增大，而电流密度对于阻锈剂迁入量影响不明显。水灰比增大会增加阻锈剂迁入量，初始 Cl^-浓度对阻锈剂迁入量不明显，而保护层厚度的增加将阻碍阻锈剂迁入。许晨等[5-30]研究了双向电迁移对混凝土结构保护层表面性能的影响。在双向电迁移后，混凝土保护层的表面强度降低，强度的下降幅度随电流密度和通电时间的增加而增大；试件表面强度变化的程度与水灰比、初始氯盐质量分数以及表面碳化均有关；在双向电迁移后保护层孔隙率下降程度较大，有害孔隙与无害孔隙均有所减少。

5.6.3 适用范围

双向电迁移必须考虑电化学除氯与阻锈剂电迁移两者之间的耦合作用，采用合理的双向电迁移影响参数，对于取得良好的阻锈效果至关重要。主要控制的修复参数有阳极溶液、电流密度、通电电压和时间、评价指标，规定如表 5-7 所示。表 5-7 给出了中国工程建设标准化协会《混凝土结构耐久性电化学技术规程》(T/CECS 565—2018)[5-10]的技术指标和实施办法。

表 5-7 双向电迁移技术参数

Table 5-7 Controlling parameters of bidirectional electromigration

参数	内容
通电时间/d	15～30
电流密度 i/(mA/m^2)	1000～3000(普通混凝土结构) 1000～2000(预应力混凝土结构)
通电电压 U/V	U≤50
阳极溶液	阳离子型阻锈剂溶液
确认效果的方法	测定混凝土的氯离子含量、钢筋电位和阻锈剂浓度
确认效果的时间	通电结束后

5.7 应 用 案 例

1. 双向电迁移技术的应用

1) 工程概括

某大桥为国内首座公路、铁路建于同一平面的跨海大桥，于 2001 年 4 月 27 日通车，连续刚构桥的中跨跨径 170m，为当时国内同类桥梁之最。该大桥主桥为连续三跨预应力混凝土双壁墩刚构桥，桥面宽 28.2m，其中居中 7.2m 为单线铁路，两侧各为汽车双车道及人行道。

该大桥通车运营 15 年后，鉴于当时设计规范、桥梁施工水平、混凝土材料技术及混凝土耐久性认知方面的不足，桥梁建设过程中采用的混凝土耐久性措施较少、钢筋保护层厚度过小，现场调研已发现钢筋锈蚀及混凝土保护层开裂等安全隐患，如图 5-5 所示。其主要原因有：该桥墩身处于浪溅区，氯离子含量较高；局部区域保护层厚度非常小，致使出现显著的锈胀开裂情况。开裂后混凝土的耐久性问题将显著恶化，裂缝为氯离子到达钢筋表面提供通畅的路径，钢筋锈蚀速率成倍提高[5-31]。

图 5-5　墩身混凝土锈胀开裂

Figure 5-5　Rust expansion cracking of pier concrete

2) 测试评定

氯离子快速测定法(rapid chloride test, RCT)是采用一种特殊的萃取液将定量的待测混凝土灰粉中的氯离子提取出来后，用专用的电极测定溶液中的电位差，然后根据氯离子溶液中因氧化还原反应所产生的电位差与氯离子浓度之间所建立的正比关系，计算出待测混凝土灰粉中氯离子的含量。采用的仪器是由丹麦的 Germann Instruments A/S 公司生产的快速氯离子含量检测仪。

对桥墩混凝土进行取粉，每层均布钻取 3 个孔洞，分层取粉；再进行 RCT 测试，测量每层混凝土中 Cl^-含量(表 5-8)。

表 5-8 各部位不同深度处氯离子含量情况表

Table 5-8 Chloride ion content at different depths of each part

距结构表面深度/mm	占水泥质量分数/%		
	墩身初始 1	墩身初始 2	墩身初始 3
5	0.1475	0.1429	0.1392
10	0.2766	0.2795	0.281
15	0.2411	0.2192	0.2192
20	0.4449	0.4334	0.4288
25	0.3471	0.3508	0.364
30	0.284	0.2947	0.3091
35	0.1125	0.1157	0.1157
40	0.0238	0.0247	0.0256
45	0.0104	0.0105	0.0108

3) 电迁移装置安装

为了保证大桥预期寿命，必须将混凝土耐久性引起的安全隐患减到最小。不同于传统的电化学防腐技术(仅仅是将氯离子从钢筋混凝土结构中迁移出来)，这里采用双向电迁移技术，在不破坏原有结构的条件下一方面将已经渗透入混凝土内部的氯离子迁移出混凝土表面，同时又将阻锈剂迁移至钢筋表面，这样就为钢筋重新建立起阻锈层，从而实现对大桥进行耐久性提升的目的。图 5-6 表示双向电迁移的作业现场。

图 5-6 双向电迁移的作业现场

Figure 5-6 Work site of bidirectional electromigration

4) 电迁延寿效果评价

对现场双向电迁移后的墩身进行氯离子浓度检测，采用直径 10mm 的钻头每隔 5mm 深度为一层进行取粉，经筛粉后用蒸馏水浸泡 24h 检测游离在水溶液中的氯离子含量。为了能较全面地检测双向电迁移后氯离子残余情况，现场取粉位置分别在墩身电迁区选三个区域，保护层厚度 55mm 内来检测墩身及钢筋周围残余氯离子含量，并与双向电迁移前的氯离子含量进行对比，检测电迁效果，检测结果如表 5-9 所示。同时，根据表 5-9 绘制出不同部位残余氯离子含量趋势图，如图 5-7 所示。

表 5-9　墩身各部位不同深度处氯离子含量情况表

Table 5-9　Chloride ion content in different depths of each part in pier

距结构表面深度/mm	双向电迁移后			双向电迁移前		
	取样点 1	取样点 2	取样点 3	取样点 1	取样点 2	取样点 3
5	0.0325	0.0288	0.0327	0.1475	0.1429	0.1392
10	0.0294	0.0297	0.0296	0.2766	0.2795	0.281
15	0.0236	0.0233	0.0231	0.2411	0.2192	0.2192
20	0.0174	0.0161	0.0164	0.4449	0.4334	0.4288
25	0.0137	0.0134	0.0132	0.3471	0.3508	0.364
30	0.0138	0.0131	0.0125	0.284	0.2947	0.3091
35	0.0138	0.0137	0.013	0.1125	0.1157	0.1157
40	0.013	0.0129	0.0134	0.0238	0.0247	0.0256
45	0.0089	0.0089	0.0101	0.0104	0.0105	0.0108
50	0.0084	0.0086	0.0086			
55	0.009	0.0091	0.0092			

注：氯离子浓度为占胶凝材料质量分数(%)。

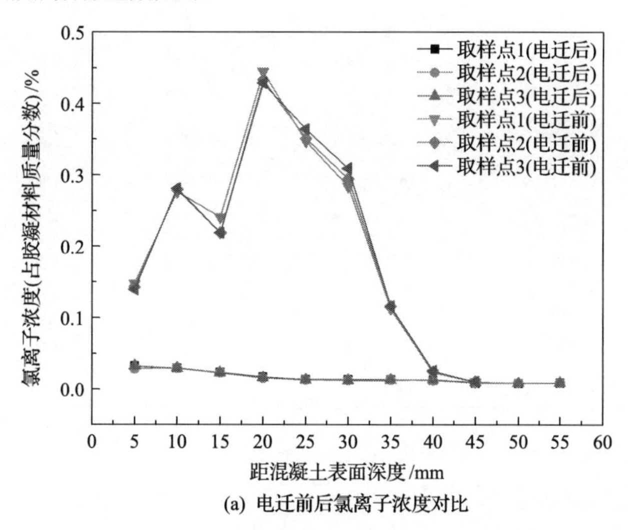

(a) 电迁前后氯离子浓度对比

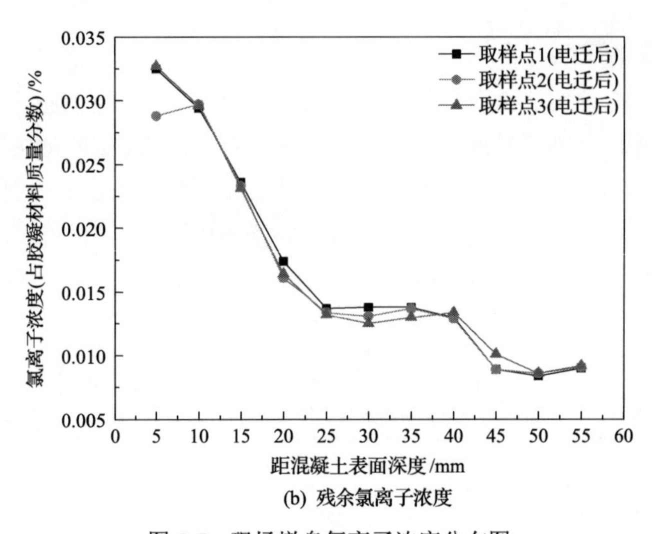

(b) 残余氯离子浓度

图 5-7 现场墩身氯离子浓度分布图

Figure 5-7 Distribution of chloride ion in piers

图 5-7(a)电迁前氯离子浓度显示，从混凝土表面至保护层 35mm 深度处氯离子浓度均高于规范阈值，对比电迁前后氯离子浓度可以看出，双向电迁移后氯离子浓度明显下降，降幅最高处达 80%以上，且都下降到规范要求的安全值内，与实验室所做实验结果相似。从图 5-7(b)可以看出混凝土表面至钢筋范围内氯离子浓度都达到规范阈值 0.1%以下，且钢筋周围残余氯离子浓度最低，从而有效阻止氯离子对钢筋的加速锈蚀。

5)双向电迁移后阻锈剂浓度

测定结果如表 5-10 所示。

表 5-10 双向电迁移后阻锈剂迁入浓度表

Table 5-10 Concentration of rust-inhibitor after bidirectional electromigration

取样位置/ mm	阻锈剂浓度/%	阻锈剂浓度/(mol/g)	氯离子浓度/%	氯离子浓度/(mol/g)	比值(N/Cl⁻)
10	0.16336	2.77×10^{-5}	0.0056	1.58×10^{-6}	17.5
15	0.076665	1.32×10^{-5}	0.0079	2.23×10^{-6}	6.0
20	0.047434	8.20×10^{-6}	0.0059	1.66×10^{-6}	4.9
25	0.036154	6.25×10^{-6}	0.0029	8.18×10^{-7}	7.6
35	0.032455	5.61×10^{-6}	0.0018	5.08×10^{-7}	11.1
40	0.029684	5.13×10^{-6}	0.0013	3.67×10^{-7}	14.0
45	0.03083	5.33×10^{-6}	0.0011	3.10×10^{-7}	17.2
50	0.029705	5.14×10^{-6}	0.0011	3.10×10^{-7}	16.6
55	0.144892	2.51×10^{-5}	0.0011	3.10×10^{-7}	80.8

氮元素(N)和氯离子(Cl^-)的浓度比值是评价双向电迁移效果的依据，由数据列表可知装置内部受力钢筋和分布钢筋处，比值远超 1.0，表明具有很好的双向电迁移效果；而装置外侧，从图 5-8(a)可见，在装置侧边离装置侧边缘不同距离处均有有机物的迁

入，并且离装置的距离越远，迁入的有机物量越少，这是由于离装置越远，电场强度越小，但在离钢筋最近处有机物浓度有大量聚集，浓度高于其他位置，可能是由于钢筋周围电场强度较大，较强的驱动力使有机物在电场作用下聚集在钢筋周围。同时，距离装置越近，迁入的有机物浓度与残余氯离子浓度的比值越高，电迁效果越好，但从图 5-8(b)中(N/Cl⁻比)可以看出整体电迁效果都很好，特别是钢筋周围，说明电迁移试验有较大的阻锈效果区域。

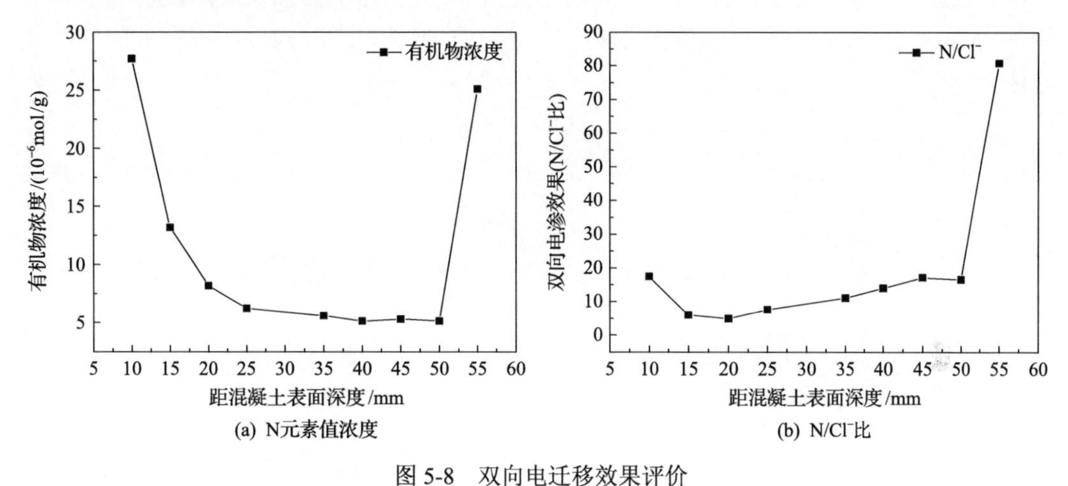

图 5-8　双向电迁移效果评价

Figure 5-8　Effect evaluation of bidirectional electromigration

2. 电化学除氯技术的应用

1) 工程概况

某桥位于浙江省宁海县道越溪—沙柳线，跨越白桥港，1976 年通车。白桥港注入东海三门湾，地理位置近海，水位受潮汐影响。由于建设时期对混凝土结构耐久性问题认识不足，在结构形式上选择不当，且地理位置近海，受潮汐和海风侵蚀，桥梁构件中的钢筋大面积锈蚀，截面损失严重，混凝土表面锈胀顺筋裂缝随处可见，构件节点处破坏尤其严重，整桥的承载能力已经难以满足设计要求[5-32]。

该桥主跨是 75m 的桁架拱桥，副跨是 40m 的双曲拱桥。整桥纵向找坡 3%，横向找坡 1.5%。主跨由 4 片桁架拱并排组成，每个拱两侧为桁架形式，中间为实腹梁。桁架的上弦杆为 350mm×400mm 的变形截面；下弦杆为 350mm×800mm 的矩形截面；跨中实腹段为均匀变截面梁，宽 350mm，高 1850～1200mm。各片拱之间用截面为 150mm×500mm 和 150mm×300mm 的上弦支撑、150mm×800mm 的下弦支撑以及 150mm×150mm 的剪刀撑连接。桥面由搭接在拱片上的微弯板、微弯板之上的结构找平填充层以及桥面铺装层构成。副跨也是 4 片跨度为 40m 的拱并排组成，拱截面为各拱片之间用跨度为 2m 的小拱连接。拱架的支撑上铺设预制混凝土板，其上浇筑 8～13.5cm 的混凝土铺装层。

2) 耐久性检测

在桥墩、竖杆及腹杆上选取五个有代表性的位置钻取粉样，用 RCT 氯离子快速测定仪检测了各个位置的氯离子含量，分布图如图 5-9 所示。结果显示，接近海平面和迎风面的混凝土构件内部氯离子含量相对较高；保护层厚度较薄的微弯板、位置靠近海平面的拱体以及支撑(包括下弦支撑和剪刀撑)内部的钢筋周围氯离子含量已经达到或超过临界含量。根据检测结果可以预计相应位置的钢筋正处于锈蚀发展阶段。由于钢筋锈蚀发展速度很快，为保证桥梁长期的安全性，需要对相应的构件进行有效的耐久性维修。

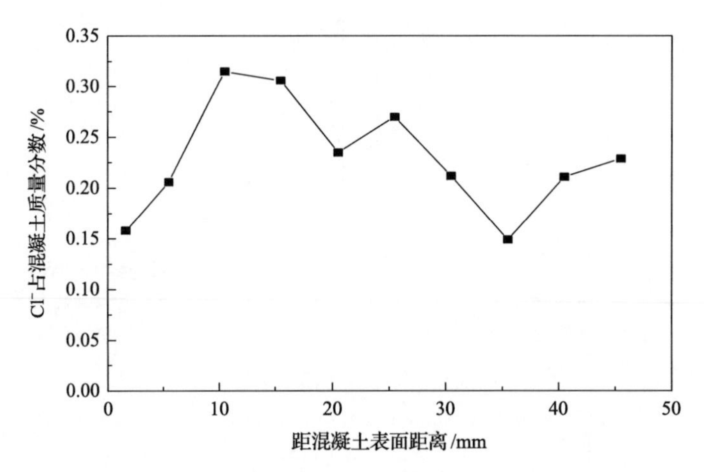

图 5-9　2005 年拱脚构件内部氯离子含量检测结果

Figure 5-9　Testing results of chloride ion content in arch-foot members in 2005

3) 电化学除氯与再碱化处理

2005 年对桥梁进行的检测结果表明，该桥处于浪溅区构件中的氯离子含量严重超标(氯离子含量见图 5-9，混凝土氯离子的控制含量见表 5-11)，碳化发展较为严重(表 5-12)，构件内部钢筋处于锈蚀发展阶段，顺筋裂缝开展普遍，严重影响桥梁的安全与耐久性能。根据维修设计方案，对拱脚处构件进行了为期 45 天的混凝土电化学除氯与再碱化处理(图 5-10 和图 5-11)。

表 5-11　不同氯离子含量对钢筋锈蚀的影响

Table 5-11　Effect of different chloride ion content on corrosion of reinforcement

以占混凝土质量分数表示的氯离子含量值/%	是否引起锈蚀
＜0.021	可能性很小
0.021～0.057	不确定
0.057～0.10	有可能诱发锈蚀
0.10～0.143	会诱发锈蚀
＞0.143	活化锈蚀

表 5-12　碳化深度检测值

Table 5-12　Testing results of carbonation depth

芯样编号	不同芯样测试点的碳化深度/mm								平均值/mm
	1	2	3	4	5	6	7	8	
D-2	8.0	7.5	5.5	6.5	6.5	—	—	—	6.8
D-下 2	15	13.5	15.5	15.0	25	20	15	—	17.0
D-3	7.0	4.0	7.0	2.5	6.5	10.5	8.0	6.5	5.75
D-下 1	15.0	15.0	13.5	12.0	—	—	—	—	13.875
D-1	9.0	7.5	7.0	8.0	9.0	10.0	—	—	8.4
D-4	5.0	2.5	6.0	3.5	4.0	—	—	—	4.2

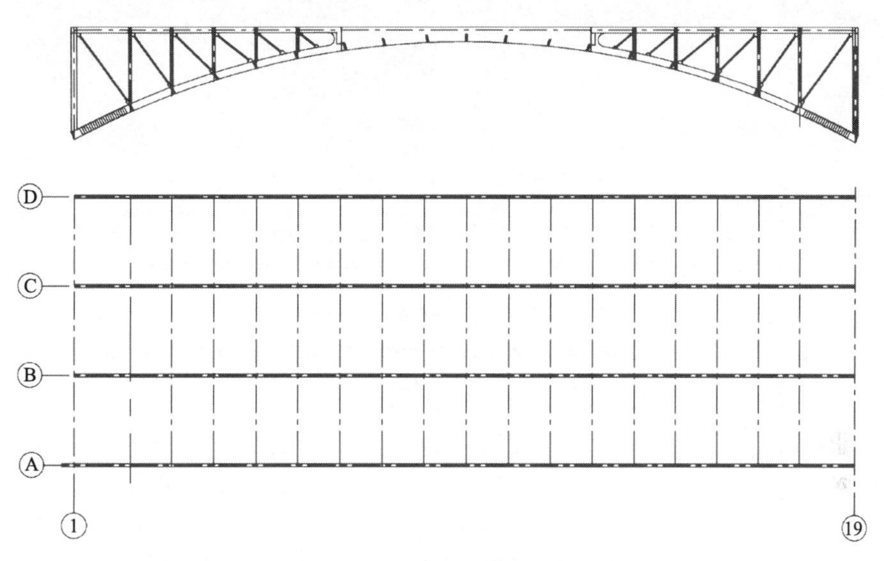

图 5-10　电化学处理位置示意图

Figure 5-10　Schematic of electrochemical treatment position

(a) 17-18A轴布置的牺牲阳极

(b) 布置绑扎牺牲阳极

(c) 布置脱盐阴极　　(d) 布置牺牲阳极

(e) 布置牺牲阳极接上电源线　　(f) 准备好通电脱盐的18轴第一节点以下

图 5-11　电化学除氯与再碱化的现场处理

Figure 5-11　Field treatment of electrochemical dechlorination and realkalisation

4) 检测结果

对该桥进行过电化学除氯处理的 8 个拱脚均进行了取粉检测，测点布置以靠近原始测点水平位置为原则。测点的各粉样孔每进深 5mm 取一粉样，总计 10 个不同进深的粉样，每个拱脚测点设两个取粉孔，按照等质量混合备检。粉样钻取完毕后，立刻在取粉孔内滴酚酞溶液测定碳化深度。各拱脚构件内部氯离子含量的检测结果如图 5-12 所示，碳化深度的检测照片如图 5-13 所示。

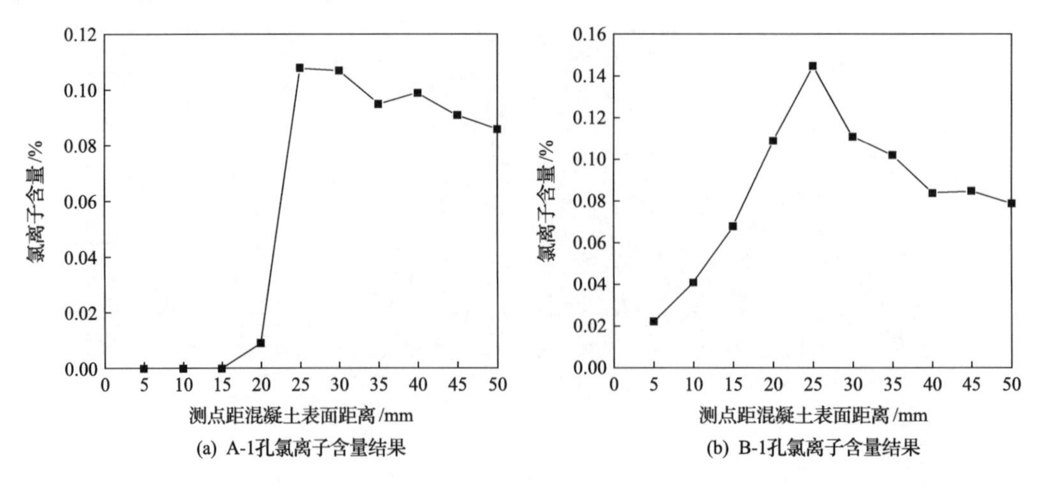

(a) A-1孔氯离子含量结果　　(b) B-1孔氯离子含量结果

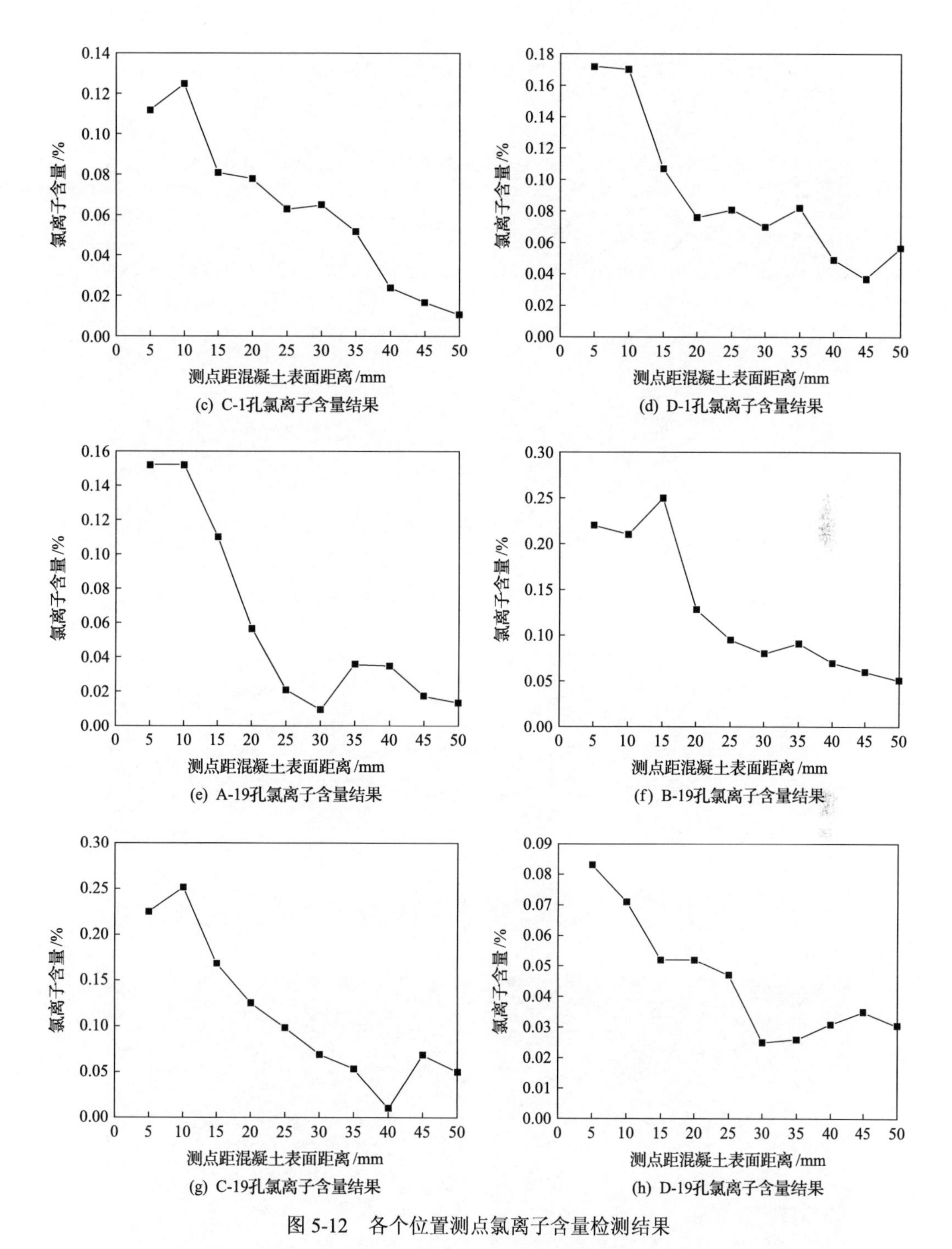

(c) C-1孔氯离子含量结果

(d) D-1孔氯离子含量结果

(e) A-19孔氯离子含量结果

(f) B-19孔氯离子含量结果

(g) C-19孔氯离子含量结果

(h) D-19孔氯离子含量结果

图5-12　各个位置测点氯离子含量检测结果

Figure 5-12　Testing results of chloride ion content at each measuring point

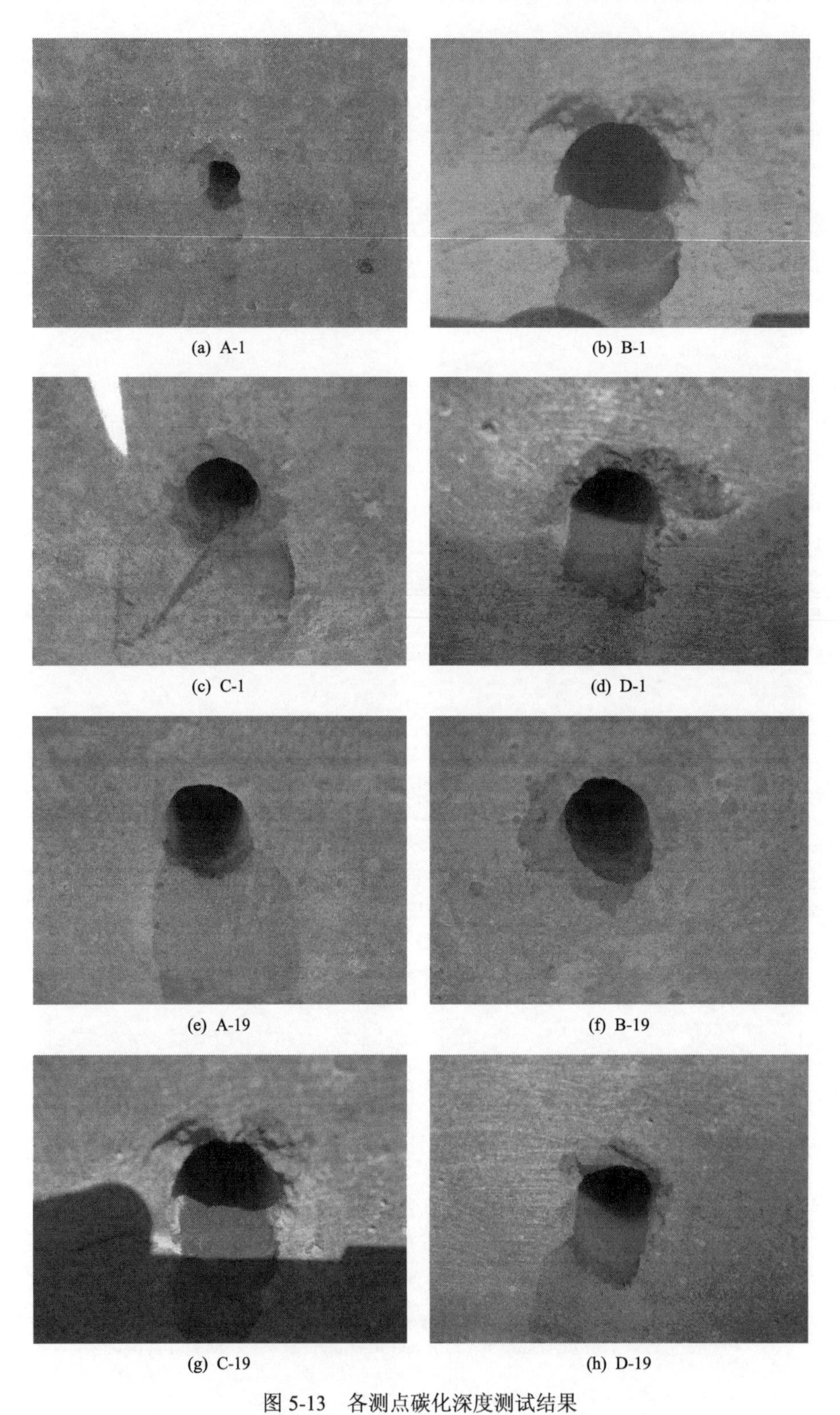

(a) A-1　(b) B-1　(c) C-1　(d) D-1　(e) A-19　(f) B-19　(g) C-19　(h) D-19

图 5-13　各测点碳化深度测试结果

Figure 5-13　Testing results of carbonation depth at each measuring point

通过现场检测和运行观察，可以得到：

(1)经过电化学除盐后，拱脚位置混凝土构件内部氯离子含量显著降低，峰值氯离子含量降低了21.9%～73.4%，纵向钢筋表面氯离子含量降低了48.9%～80.8%。

(2)C-1、A-19与D-19测点检测结果表明该区域的脱盐效果比较明显，钢筋周围氯离子含量降低到0.057%以下，不易诱发钢筋锈蚀。

(3)A-1与B-1测点的检测结果受到混凝土表面受损处大面积修补因素的干扰，表面氯离子含量很低。但是，钢筋周围的氯离子含量相对较高(0.1%～0.14%)，会引发钢筋锈蚀。

(4)D-1、B-19与C-19测点的检测结果显示该区域脱盐效率相对较低，钢筋周围氯离子含量相对较高(0.081%～0.098%)，有可能会引发钢筋锈蚀。在实际工程的后期施工中，应保证对应位置构件表面封闭性，防止氧气、水分等进入构件内部。

(5)经过电化学处理，混凝土再碱化效果明显，构件表面碳化层消失。

参考文献

[5-1] Polder R B, Vander H J. Electrochemical realkalisation and chloride removal of concrete: State of the art, laboratory and field experience[C]. Proceeding of RILEM Conference, Rehabititation of Concrete Structure. Melboume: RILEM, 1992: 135-147.

[5-2] Sawada S, Page C L, Page M M. Electrochemical injection of organic corrosion inhibitors into concrete[J]. Corrosion Science, 2005, 47(8): 2063-2078.

[5-3] 金伟良. 腐蚀混凝土结构学[M]. 北京: 科学出版社, 2011.

[5-4] Yodsudjai W, Saelim W. Influences of electric potential and electrolyte on electrochemical chloride removal in reinforced concrete[J]. Journal of Materials in Civil Engineering, 2014, 26(1): 83-89.

[5-5] Ihekwaba N M, Hope B B, Hansson C M. Structural shape effect on rehabilitation of vertical concrete structures by ECE technique[J]. Cement and Concrete Research, 1996, 26(1): 165-175.

[5-6] Chang C C, Yeih W, Chang J J, et al. Effects of stirrups on electrochemical chloride removal efficiency[J]. Construction and Building Materials, 2014, 68: 692-700.

[5-7] Xia J, Liu Q F, Mao J H, et al. Effect of environmental temperature on efficiency of electrochemical chloride removal from concrete[J]. Construction and Building Materials, 2018, 193: 189-195.

[5-8] Monteiro P J M, Helene P, Aoki I, et al. Influence of water-cement ratio and cover thickness on chloride extraction of reinforced concrete[J]. ACI Materials Journal, 2005, 102(1): 9-14.

[5-9] Siegwart M, Lyness J F, McFarland B J. Change of pore size in concrete due to electrochemical chloride extraction and possible implications for the migration of ions[J]. Cement and Concrete Research, 2003, 33(8): 1211-1221.

[5-10] 中国工程建设标准化协会. 混凝土结构耐久性电化学技术规程: T/CECS 565—2018[S]. 北京, 2018.

[5-11] National Association of Corrosion Engineers. Electrochemical realkalization and chloride extraction for reinforced concrete: NACE SP0107—2017[S]. Houston, 2017.

[5-12] 日本土木学会. 電気化学的防食工法設計施工指針(案), コンクリートライブラリー[S]. 2001.

[5-13] BSI. Electrochemical realkalization and chloride extraction treatments for reinforced concrete: BS EN 14038-1—2016[S]. Brusselso: BSI Standards Publication, 2016.

[5-14] 中华人民共和国交通运输部. 海港工程钢筋混凝土结构电化学防腐蚀技术规范: JTS 153-2—2012[S]. 北京: 人民交通出版社, 2012.

[5-15] 中华人民共和国住房和城乡建设部. 混凝土结构耐久性修复与防护技术规程: JGJ/T 259—2012[S]. 北京: 中国建筑工业出版社, 2012.

[5-16] 朱雅仙. 碳化混凝土再碱化技术的研究[J]. 水运工程, 2001, (6): 12-14.

[5-17] Velivasakis E E, Henriksen S K, Whitmore D. Chloride extraction and re-alkalization of reinforced concrete stops steel corrosion[J]. Journal of Performance of Constructed Facilities, 1998, 12(2): 77-84.

[5-18] Velivasakis E E, Henriksen S K, Whitmore D. Halting corrosion by chloride extraction and realkalization[J]. Concrete International, 1997, 19(12): 39-45.

[5-19] Andrade C, Castellote M, Sarría J, et al. Evolution of pore solution chemistry, electro-osmosis and rebar corrosion rate induced by realkalisation[J]. Materials and Structures, 1999, 32(6): 427-436.

[5-20] Yeih W C, Chang J J. A study on the efficiency of electrochemical realkalisation of carbonated concrete[J]. Construction and Building Materials, 2005, 19(7): 516-524.

[5-21] Otsuki N, Ryou J S. Use of electrodeposition for repair of concrete with shrinkage cracks[J]. Journal of Materials in Civil Engineering, 2001, 13(2): 136-142.

[5-22] Sasaki H, Yokoda M. Repair method of marine reinforced concrete by electro deposition technique[C]. Proceedings of Annual Conference of JCI. Kyoto: Japanese Concrete Institute, 1992: 849-854.

[5-23] 储洪强, 蒋林华, 徐怡. 电沉积法修复混凝土裂缝中电流密度的影响[J]. 建筑材料学报, 2009, 12(6): 729-733.

[5-24] 蒋正武, 孙振平, 王培铭. 电化学沉积法修复钢筋混凝土裂缝的机理[J]. 同济大学学报(自然科学版), 2004, 32(11): 1471-1475.

[5-25] 姚武, 郑晓芳. 电沉积法修复钢筋混凝土裂缝的试验研究[J]. 同济大学学报(自然科学版), 2006, 34(11): 1441-1444.

[5-26] Ryou J S, Otsuki N. Experimental study on repair of concrete structural members by electrochemical method[J]. Scripta Materialia, 2005, 52(11): 1123-1127.

[5-27] 章思颖, 金伟良, 许晨. 混凝土中胺类有机物——胍对钢筋氯盐腐蚀的作用[J]. 浙江大学学报(工学版), 2013, 47(3): 449-455+487.

[5-28] 郭柱, 刘朵, 金伟良, 等. 通电参数对三乙烯四胺双向电渗短期效果试验研究[J]. 混凝土, 2016(12): 29-33+37.

[5-29] 郭柱, 张建东, 金伟良, 等. 三乙烯四胺阻锈剂双向电渗数值分析[J]. 混凝土, 2016, (11): 90-94.

[5-30] 许晨, 金伟良, 黄楠, 等. 双向电渗对钢筋混凝土的修复效果实验——保护层表面强度变化规律[J]. 浙江大学学报(工学版), 2015, 49(6): 1128-1138.

[5-31] 浙江大学宁波理工学院结构与桥梁工程研究所, 宁波市工程结构性能提升重点实验室.宁波大榭大桥混凝土结构耐久性检测、评定和修复技术报告[R]. 宁波, 2018.

[5-32] 浙江大学结构工程研究所. 宁波宁海越溪桥检测、修复、加固和验收报告[R]. 杭州, 2005.

第6章

电化学的提升技术

本章系统介绍了耐久性电化学方法在混凝土结构全寿命阶段的提升效果，给出了电化学作用对钢筋、混凝土及其黏结的提升效果，获取了钢筋耐蚀性能、混凝土碱度、混凝土孔结构等指标与电化学修复参数之间的变化规律，提出纳米电迁方法实现了混凝土性能的综合提升，并且介绍了不同劣化阶段电化学作用后的寿命提升效果。

电化学方法是通过电场作用实现混凝土结构内部氯离子的迁出和外部阻锈离子的迁入的方法。该方法可提升钢筋、混凝土及其黏结性能，即阻锈剂会对混凝土内的钢筋形成保护作用，而初始氯离子浓度、阻锈剂浓度以及混凝土孔隙液 pH 均会影响钢筋耐蚀性能的提升。混凝土碱度是影响钢筋锈蚀速率的主要指标，电化学作用过程中的电流密度、电解液种类及通电时间均会引起总碱度/Cl^-以及阻锈剂/Cl^-的变化；而混凝土孔隙结构是评价抵抗外部环境氯离子侵蚀能力的基本参数，电化学修复过程使得部分水化产物分解、离子溶解，并在电场作用下定向移动并填充部分孔隙，上述过程和电化学参数密切相关。

6.1 电化学提升效果评价方法

6.1.1 钢筋提升效果评价方法

1. 电化学阻抗谱

电化学阻抗谱是一种以小振幅的正弦波电压(或电流)为扰动信号的电化学测量方法[6-1]。小振幅的扰动，一方面可以避免对被测体系产生较大的影响，另一方面也使数据处理变得简单。由测得的频率范围很宽的阻抗谱，可以分析出被测电极系统的动力学信息和电极界面信息。从电化学阻抗谱的 Nyquist 图和 Bode 图中，可得到阻抗谱含有的几个时间常数，从而获得电极过程的状态变量。从曲线的走势，判断出电极过程中的传质过程情况。对电化学阻抗谱进行等效电路拟合后，可以量化地分析出电极体系中不同结构层对整个体系的影响。

2. 动电位曲线

根据《金属和合金的腐蚀 电化学试验方法 恒电位和动电位极化测量导则》(GB/T 24196/ISO 17475)，在碱性环境中，钢筋处于钝化状态。若有氯离子存在，同时相对于开路电位对钢筋施加正向电位，当钝化膜局部击穿(即点蚀)时，从极化曲线上反映出此时电流急剧增加。该电流相对应的电位，即为点蚀电位，可作为一种金属抵抗局部腐蚀能力的衡量尺度。点蚀电位越正，钢筋耐腐蚀性越好。这种在扫描速率的控制下以连续方式移动电位的试验方法，称为动电位法[6-2]。

3. 弱极化曲线

弱极化法于 20 世纪 70 年代初由 Barnartt 等提出[6-3]。通过两点法、三点法和四点法等处理方法，由阳极、阴极的塔费尔斜率 β_a 和 β_c 求出腐蚀过程中体系的电化学动力参数腐蚀电流 I_{corr}。弱极化曲线测量对被测体系的扰动比线性极化曲线要小，测量周期较短。

6.1.2 混凝土提升效果评价方法

1. 阻锈剂浓度测试

混凝土内阻锈剂浓度可根据《元素分析仪方法通则》(JY/T 017)进行测定。有机元素分析方法适用于化学和药物学产品、合成材料、材料煤油及其他产品、地质材料、农业产品等样品中碳、氢、氧、氮、硫等元素含量的测定，可用于混凝土中N元素的测定，从而推算出混凝土中阻锈剂的含量。其实验原理是被测物质中的碳、氢、氮、硫等元素经过催化氧化-还原后，分别转化为二氧化碳、水蒸气、氮气、二氧化硫。在载气的推动下，混合气体经过色谱柱后被有效分离，各组分通过TCD依次测定。另外，被测物质中的氧元素经过高温分解还原后转化为一氧化碳，在载气推动下，通过TCD依次测定。每次分析样品前，先用线性因子(或K因子)法作一条标准曲线，储存于计算机中。所以，检测器输出的信号经积分后直接转化为元素的含量。

2. 混凝土内氯离子及碱度测试

采用自动电位滴定法可测定混凝土中水溶的氯离子、总碱度的含量。样品称量采用精度为千分之一的越平FAJA系列电子天平。每一种用于离子检测的样品分别称取5g，置于带盖的塑料小瓶中，分别加入100mL去离子水，稍加摇晃，静置24h。采用10mL智能滴定管施加滴定剂。滴定Cl^-的滴定剂为0.01mol/L的$AgNO_3$溶液，滴定电极为DMi141-SC常规银量法滴定用复合银环智能电极；滴定总碱度的滴定剂为0.04mol/L的HCl溶液，滴定电极为DGi111-SC水溶液样品酸碱滴定用复合pH玻璃智能电极。

3. 混凝土孔隙结构测试

混凝土孔隙结构可采用压汞法测试，压汞仪是用于分析粉末或块状固体的开放孔和裂隙的孔尺寸、孔体积及其他相关参数的仪器。通过在不同压力状态下压入汞的体积数来确定各类孔参数。目前，压汞法广泛应用于各类试验样品的微观结构测量及分析，尤其适用于较大孔径材料样品的测试[6-4]。

6.2 钢筋和混凝土性能提升

6.2.1 钢筋耐蚀性能提升

为了探明电化学方法对钢筋耐腐蚀性能的提升效果，开展了不同氯离子浓度、不同阻锈剂浓度下的试验研究。采用直径为14mm的Q235光圆钢筋为试验材料，钢筋切成2.0mm厚的均匀薄片。试验之前，将钢筋样片用400～2000CW的金相砂纸逐级打磨，经去离子水清洗后，再用无水乙醇清洗，存放在无水乙醇中备用。测试时，将样片放入专门的样片支持体中，作为工作电极，钢筋薄片暴露在溶液中的面积为$1.0cm^2$。

试验以饱和 $Ca(OH)_2$ + 0.01mol/L NaOH 溶液作为模拟混凝土孔隙液，测定不同条件下钢筋的阳极极化曲线和电化学阻抗谱，阻锈剂名称及分子式如表 6-1 所示。设两种参照溶液：一是以 $NaNO_2$ 为阻锈剂，其他条件不变；二是不加阻锈剂，其他条件不变。

表 6-1　阻锈剂的分子式

Table 6-1　Molecular formula of rust inhibitor

编号	名称	分子式
a	二甲胺	$(CH_3)_2$—NH
b	胍	HN═C$(NH_2)_2$
c	1,6-己二胺	H_2N—$CH_2(CH_2)_4CH_2$—NH_2
d	乙醇胺	$HO(CH_2)_2NH_2$
e	三乙烯四胺	NH_2—CH_2CH_2—$(NHCH_2CH_2)_2$—NH_2
f	*N,N*-二甲基乙醇胺	$(CH_3)_2(CH_2CH_2OH)$—N

1. 不同氯离子浓度下钢筋耐腐蚀性能

图 6-1 为模拟液中钢筋的阳极极化曲线，溶液中阻锈剂和 NaCl 浓度为 0.10mol/L，pH=12.50。可以看出，与无阻锈剂的空白溶液相比，六种阻锈剂都使钢筋阳极极化曲线的稳定钝化区变长，点蚀电位有不同程度的提高，钢筋的耐腐蚀能力增加，表明它们均有一定阻锈能力。但二甲胺对钢筋的点蚀电位提高最大，而 *N,N*-二甲基乙醇胺对点蚀电位的提高最小，这表明不同的阻锈剂对点蚀电位的提高程度有差异。

图 6-2 为钢筋的点蚀电位随氯离子浓度的变化情况(阻锈剂 0.10mol/L，NaCl 0.10mol/L、0.30mol/L、0.60mol/L、1.00mol/L，pH=12.50)。可以看出，当氯离子浓度为 0.10mol/L 时，二甲胺、胍和 1,6-己二胺使点蚀电位提高了 530mV 以上，有显著的阻锈

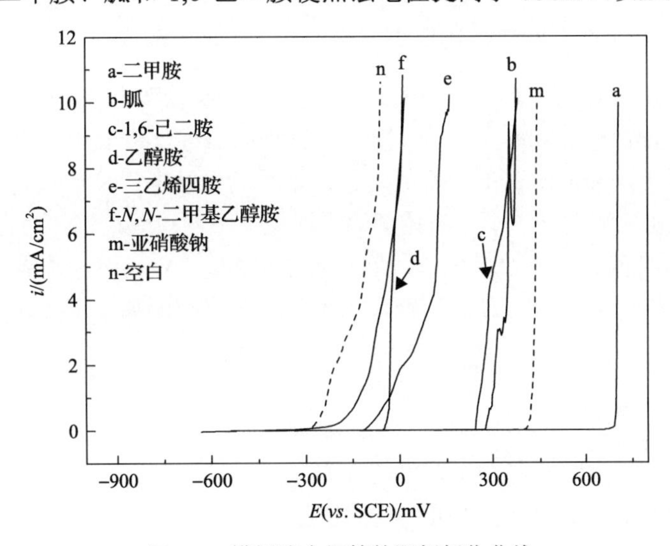

图 6-1　模拟液中钢筋的阳极极化曲线

Figure 6-1　Anodic polarization curve of reinforcement in simulated solution

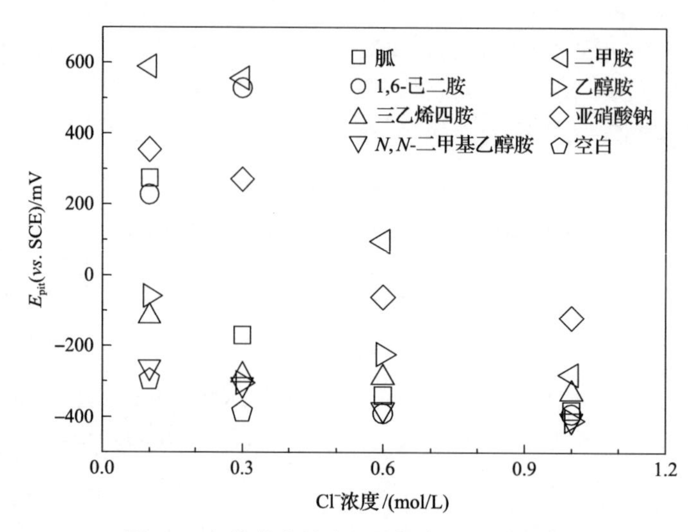

图 6-2　钢筋的点蚀电位随氯离子浓度的变化

Figure 6-2　Change of pitting potential of reinforcement with chloride concentration

效果，乙醇胺和三乙烯四胺使点蚀电位提高了 200mV 左右，有较好的阻锈能力，*N,N*-二甲基乙醇胺并未使钢筋的点蚀电位明显提高，阻锈作用欠佳。当氯离子浓度增大到 0.60mol/L 时，仅二甲胺和亚硝酸钠有一定的阻锈作用。而当氯离子浓度增大到 1.00mol/L 时，除亚硝酸钠外，其他阻锈剂已无明显阻锈作用。数据表明，随着氯离子浓度的增加，所有阻锈剂对钢筋点蚀电位的提高均有不同程度的下降；而在同一氯离子浓度下，不同的阻锈剂阻锈能力也是不同的，二甲胺、1,6-己二胺、胍、三乙烯四胺、乙醇胺的阻锈效果比较理想，而 *N,N*-二甲基乙醇胺阻锈能力较弱。另外，要想获得较好的阻锈效果，应使阻锈剂浓度与氯离子浓度接近。

2. 不同阻锈剂浓度下钢筋耐蚀性能

在 pH=12.50，NaCl 浓度为 0.30mol/L，阻锈剂浓度分别为 0.05mol/L、0.10mol/L、0.15mol/L、0.20mol/L、0.30mol/L 的情况下，钢筋的点蚀电位变化规律如图 6-3 所示。由图 6-3 可以看出，随着阻锈剂浓度的增加，钢筋的点蚀电位呈增长趋势，但其递增并不规律。同一阻锈剂浓度下，不同阻锈剂的阻锈能力不同；就其整体而言，二甲胺、1,6-己二胺和三乙烯四胺的阻锈效果较好，胍、乙醇胺和 *N,N*-二甲基乙醇胺的阻锈作用较差；同时可以看出，对于大部分阻锈剂，当阻锈剂浓度与氯离子浓度接近时，其阻锈效果较好。

6.2.2　混凝土碱度提升

为了探明电化学方法对混凝土碱度的提升效果，开展了氯离子浓度、阻锈剂浓度对总碱度的影响规律测试。试验采用的钢筋混凝土试块尺寸为 150mm×150mm×300mm（图 6-4），保护层厚度为 40mm，内置两根直径 12mm 的 HPB235 圆钢。浇筑试件的配合比及掺入氯盐浓度见表 6-2，其中水泥为 42.5 号普通硅酸盐水泥，砂子为Ⅱ区天然河砂，石子为 5～16mm 连续级配碎石，氯化钠为分析纯。

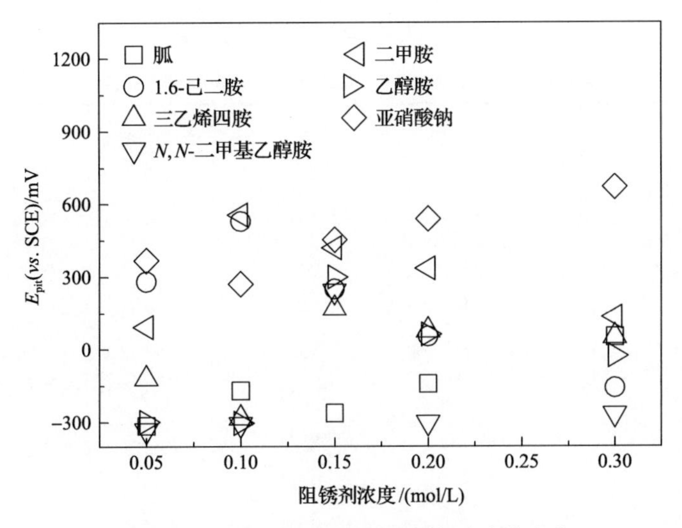

图 6-3　钢筋的点蚀电位随阻锈剂浓度的变化

Figure 6-3　Change of pitting corrosion potential of reinforcement with rust inhibitor concentration

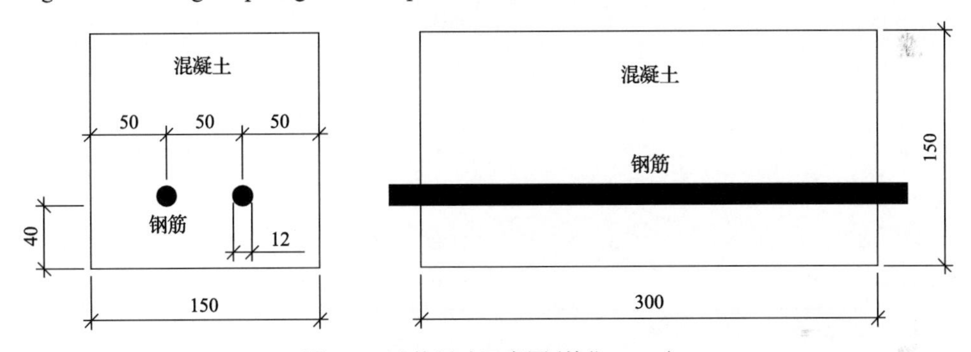

图 6-4　试件尺寸示意图(单位：mm)

Figure 6-4　Dimension diagram of specimen (unit: mm)

表 6-2　混凝土试件配合比

Table 6-2　Mix proportion of concrete specimen

种类	设计强度等级	w(水)/(kg/m^3)	w(水泥)/(kg/m^3)	w(砂)/(kg/m^3)	w(石子)/(kg/m^3)	掺入 NaCl 含量*/%
1	C30	220	406.4	643.1	1049.3	1, 3, 5
2	C35	220	457.6	577.6	1072.6	3
3	C40	220	508.8	562.3	1044.2	3

* 掺入 NaCl 含量为 NaCl 占水泥的质量分数。

试验中采用最大电压 30V、最大电流 5A 的直流电源进行通电。以钢筋作为阴极，在保护层表面另置不锈钢网片作为阳极，将阴阳极分别与直流电源的负正极相连，其中与不锈钢网片相连的导线接头，用环氧树脂封闭以防止其被锈蚀。根据所研究因素的不同，钢筋的电流密度分别为 1A/m^2、3A/m^2、5A/m^2；通电时间为 7d、15d、30d。各组试件的处理方法和编号如表 6-3 所示。

表 6-3 试验试件处理方法和编号

Table 6-3 Treatment method and number of specimen

试件(组)	砼类型	NaCl 掺量/%	处理方式	通电时间/d	电流密度/(A/m²)
C30-3-0	1	3	CG	0	0
C35-3-0	2	3	CG	0	0
C40-3-0	3	3	CG	0	0
C30-1-0	1	1	CG	0	0
C30-5-0	1	5	CG	0	0
C30-3-B-15-1	1	3	BIEM	15	1
C30-3-B-15-3	1	3	BIEM	15	3
C30-3-B-15-5	1	3	BIEM	15	5
C30-3-B-7-3	1	3	BIEM	7	3
C30-3-B-30-3	1	3	BIEM	30	3
C35-3-B-15-3	2	3	BIEM	15	3
C40-3-B-15-3	3	3	BIEM	15	3
C30-1-B-15-3	1	1	BIEM	15	3
C30-5-B-15-3	1	5	BIEM	15	3
C30-3-E-7-3	1	3	ECE	7	3
C30-3-E-15-3	1	3	ECE	15	3
C30-3-E-30-3	1	3	ECE	30	3

注：CG(control group)表示空白对照组。

1. 氯离子迁移及总碱度变化

图 6-5(a)和(b)分别是双向电迁移和电化学除氯后 Cl^-浓度和总碱度的实测分布。试验中采用的试件为表 6-3 中第 1 种混凝土(3% NaCl)，施加的电流密度均为 3A/m²。

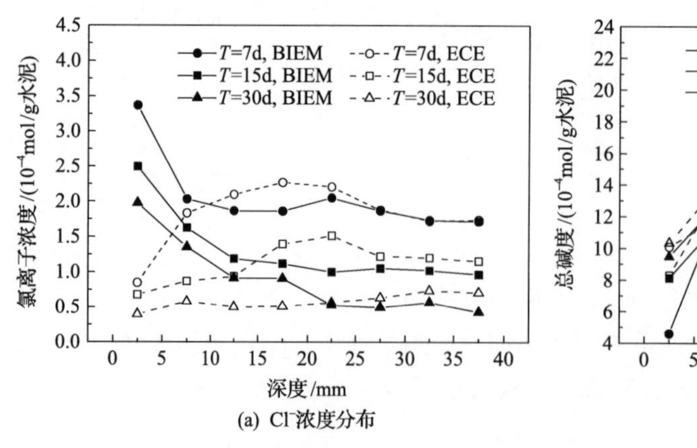

(a) Cl^-浓度分布

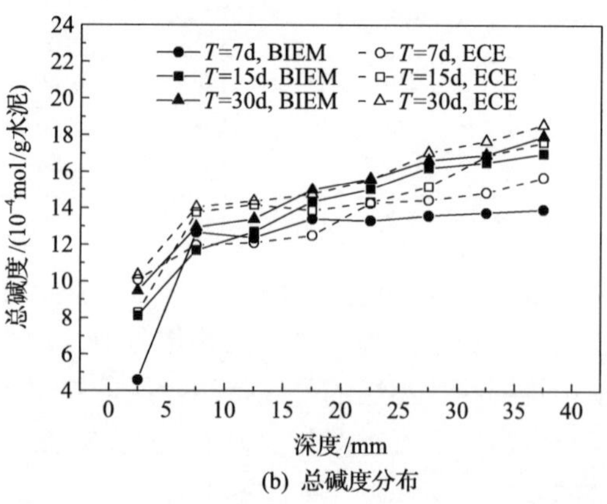

(b) 总碱度分布

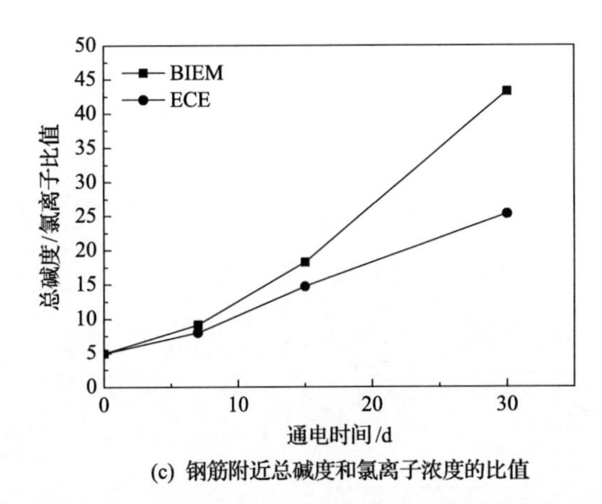

(c) 钢筋附近总碱度和氯离子浓度的比值

图 6-5　试件在经过双向电迁移和电化学除氯作用后保护层中离子浓度分布/比值

Figure 6-5　Distribution / ratio of ion concentration in the protective layer of the specimen after bidirectional electromigration and electrochemical dechlorination

由于试件混凝土中 Cl^-的引入采用浇筑时掺入 NaCl 的方式，在电化学除氯过程中，保护层中的 Cl^-不断迁出，保护层后方的 Cl^-也不断向保护层扩散迁移，最终达到一个相对平衡的过程。从图 6-5(a)可以看出，电化学除氯后，保护层内外侧的 Cl^-含量都降低，分布较均匀。而双向电迁移后 Cl^-在保护层内的分布趋势和电化学除氯有明显不同：双向电迁移处理后，Cl^-在靠近保护层外侧的部分浓度较高。这可能是由于混凝土表层的阻锈剂中阳离子浓度较大，阳离子结合了带负电的 Cl^-，导致 Cl^-无法排出。当通电时间为7d 时，经过电化学除氯和双向电迁移作用后，钢筋附近的残余 Cl^-浓度相当。而通电时间为 15d 和 30d 时，经过双向电迁移处理的试件，钢筋附近的残余 Cl^-浓度略低于经过电化学除氯的试件，即双向电迁移对减小钢筋附近氯离子浓度的效率略高于电化学除氯。

而由图 6-5(b)可知，在电化学除氯后，保护层内的碱度分布趋势与双向电迁移后大致相当。对于相同的通电时间，经过电化学除氯处理后保护层总碱度分布略高于双向电迁移处理后的浓度。

从总碱度和 Cl^-的比值来看[图 6-5(c)]，进行同等时间的双向电迁移和电化学除氯，双向电迁移对总碱度/ Cl^-的提高效果更好。总碱度和 Cl^-浓度的比值对钢筋锈蚀状态影响较大，总碱度/Cl^-越大，钢筋发生锈蚀的可能性越低；此外，双向电迁移还引入阻锈剂对钢筋进行主动保护。从这两方面考虑，双向电迁移的效果优于电化学除氯。

2. 阻锈组分迁移效率及总碱度变化

图 6-6(a)～(c)分别是对试件施加不同电流密度(相对钢筋表面积)的双向电迁移处理前后，试件保护层内氯离子浓度、总碱度、阻锈剂分子浓度的分布图。试验采用的试件为表 6-3 中第 1 种混凝土(3% NaCl)，通电时间为 15d。

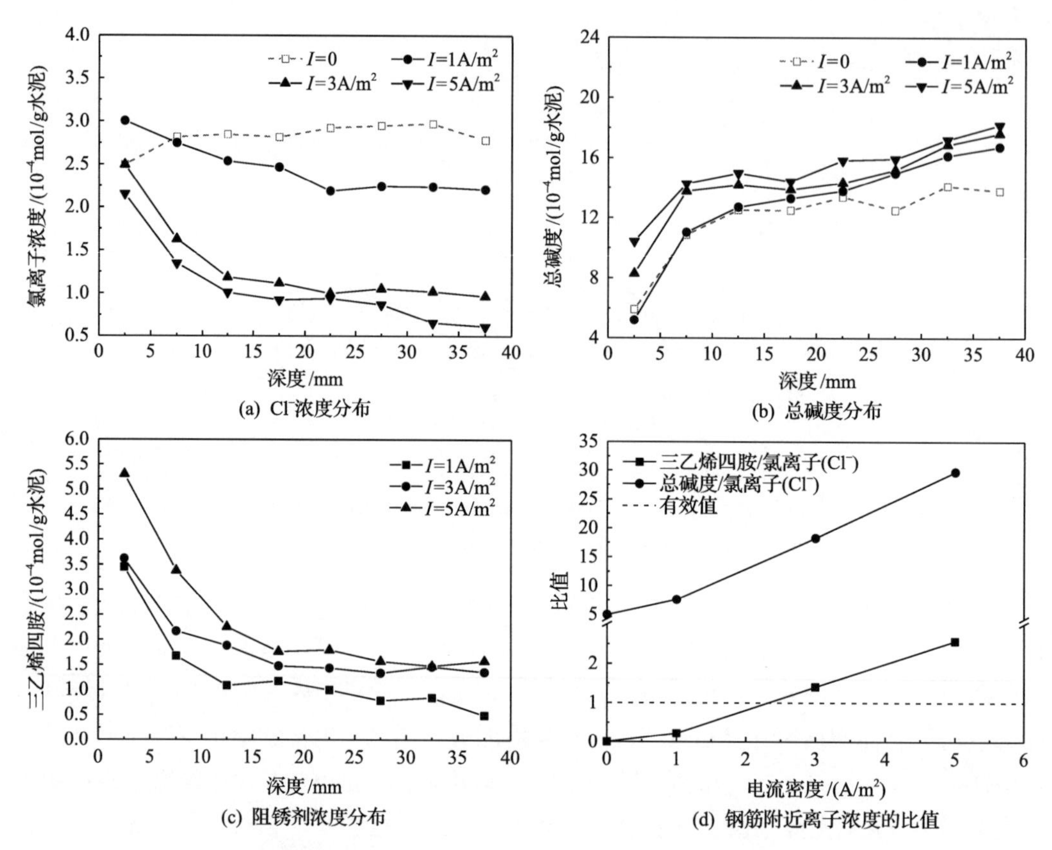

图 6-6 不同电流密度作用下双向电迁移后试件保护层中离子浓度分布/比值

Figure 6-6 Ion concentration distribution / ratio in the protective layer of the specimen after bidirectional electromigration under different current density

由图 6-6(a)可以看出，残余 Cl^-浓度随电流密度的增加而减小。当电流密度小于 $3A/m^2$ 时，最外层残余 Cl^-浓度高于试件未处理时的初始 Cl^-浓度，说明 Cl^-并未完全排出，积累在试件表层。以“Cl^-除去率”作为电化学修复法除氯效果的评价指标，即钢筋附近的初始 Cl^-浓度与残余 Cl^-浓度的差值占初始 Cl^-浓度的比值。试验结果表明，电流为 $1A/m^2$ 时，钢筋表面 Cl^-除去率约为 21%；当电流密度达到 $3A/m^2$ 时，Cl^-除去率提高到 65%；而当电流密度进一步提高到 $5A/m^2$ 时，Cl^-除去率增加到 78%。可见在常用电流密度 1～$5A/m^2$ 的范围内，随着电流密度的提高，试件保护层中 Cl^-除去率的增速减缓。

保护层内的总碱度变化，尤其是钢筋附近碱度的高低，可能影响钢筋进一步的锈蚀。由于受到 CO_2 等因素的影响，混凝土保护层的总碱度由内向外呈降低趋势[图 6-6(b)]。双向电迁移后，试件保护层的总碱度提高，提高程度随电流密度的增加而增加。当电流密度为 $1A/m^2$ 时，钢筋表面的混凝土总碱度就有较大程度提高(21%)，但靠近保护层外侧的总碱度几乎没有提高；当电流密度进一步提高到 $3A/m^2$ 和 $5A/m^2$ 时，钢筋附近的混凝土总碱度仍有小幅度增加(分别为 28%和 32%)，而保护层外侧的总碱度提高较大，这不仅能降低钢筋锈蚀的可能性，还能增加结构抵抗碳化的能力。

电流密度也影响阳极电解液中阻锈剂离子迁移进入保护层的效率。如图 6-6(c)所示，阻锈剂在保护层内靠近钢筋 20mm 的范围内分布比较平均，向外 20mm 处含量增加较快。随着电流密度的提高，阻锈剂在混凝土内含量提高。当钢筋附近阻锈剂浓度偏低时，阻锈剂不能发挥有效的阻锈作用。对于本书所使用的阻锈剂，已有研究证实，只有当孔隙液中的阻锈剂浓度接近甚至超过氯离子浓度时，阻锈剂才能发挥较好的阻锈效果[6-5]。并且醇胺类阻锈剂有较强的挥发性，因此试件中较高含量的阻锈剂浓度能延长其发挥有效阻锈作用的时间[6-6]。当电流密度从 $1A/m^2$ 增加到 $3A/m^2$ 时，阻锈剂迁移至钢筋表面的浓度提高了 176%；电流密度从 $3A/m^2$ 增加到 $5A/m^2$ 时，该浓度只提高了 16%，但靠近保护层外侧的阻锈剂浓度增长较大。为防止电化学修复后，混凝土保护层中的阻锈剂向外挥发导致的逆向扩散，可采用提高混凝土表层致密性等相关方法，减小阻锈剂向外挥发的程度，使其能更好地保持修复效果。

由图 6-6(a)～(c)可以看出，电流密度的提高对于钢筋表面的阻锈剂浓度增加、总碱度提高以及氯离子浓度降低的作用是有限的，应根据实际情况选择合适的电流密度。

图 6-6(d)所示钢筋表面总碱度/Cl^-浓度以及阻锈剂浓度/Cl^-浓度随电流密度的变化关系。根据对于阻锈剂浓度的讨论，将阻锈剂能发挥有效阻锈作用时阻锈剂和 Cl^-浓度的比值定义为阻锈剂浓度的有效值。当电流密度达到 $3A/m^2$ 时，钢筋附近的阻锈剂浓度和 Cl^-浓度的比值已经超过 1(有效值)，这时阻锈剂有较好的阻锈效果[6-7]。同时，总碱度和 Cl^-浓度的比值也随着电流增加不断升高，这对于阻止钢筋锈蚀、保护钢筋也是有益的[6-8]。

6.2.3　混凝土孔结构提升

为了探明电化学方法对混凝土孔结构的提升效果，开展了不同电化学修复参数下孔结构特征的试验研究。对经过电化学处理的试样，从保护层外侧依次向内凿取试样，分别取得靠近阳极(即外侧)和靠近阴极(即钢筋附近)的试样，取直径在 5～10mm 的块体，并从中挑选不含粗骨料的水泥砂浆，利用汞压力法测试样品的孔隙率和孔隙分布情况。

经过双向电迁移处理之后，保护层的孔隙率和孔隙分布发生了变化。经过双向电迁移处理后，保护层混凝土孔隙率下降，其孔隙率的具体变化如表 6-4 和图 6-7 所示。从图 6-7 中可以看出，孔隙率随通电时间的延长而下降，且阴极附近的混凝土孔隙率低于阳极附近的混凝土。

为了进行深入分析，统计经过双向电迁移处理前后保护层混凝土孔隙的分布情况，如图 6-8(a)和(b)所示，分别是靠近阳极和阴极的混凝土孔隙分布情况。由图上可以看出，对试件施加双向电迁移处理后，包括多害孔、有害孔和少害孔在内的大孔孔隙率减少，其中少害孔的减少程度随着通电时间的延长而增加。对于孔径在 20nm 以下的无害孔，

表 6-4　双向电迁移处理前后保护层孔隙率

Table 6-4　Porosity of protective layer before and after BIEM

部位	通电时间			
	0	7d	15d	30d
靠近阳极	21.39%	19.47%	19.32%	16.93%
靠近阴极	21.39%	21.04%	20.33%	17.93%

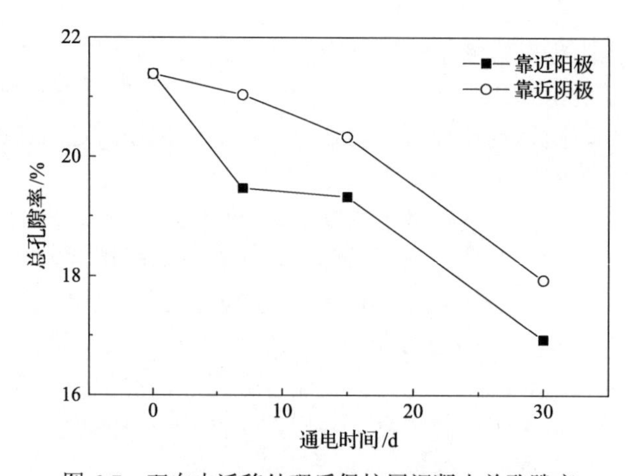

图 6-7　双向电迁移处理后保护层混凝土总孔隙率

Figure 6-7　Total porosity of concrete after BIEM

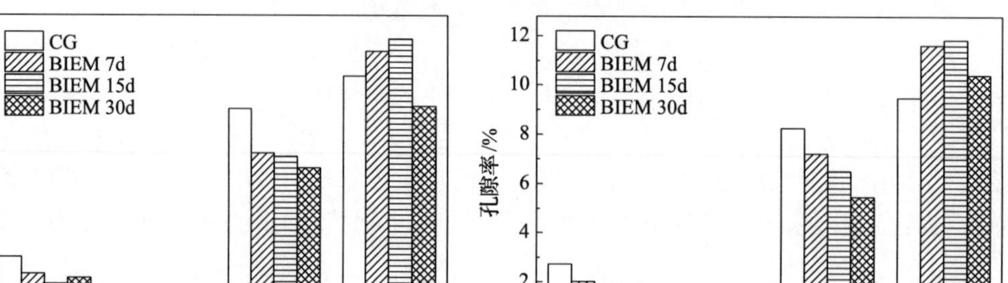

(a) 靠近阳极　　(b) 靠近阴极

图 6-8　双向电迁移后保护层混凝土孔隙分布情况

Figure 6-8　Pore distribution of concrete in protective layer after bidirectional electromigration

当通电时间为 7d 和 15d 时，其孔隙率增加，且 15d 时无害孔的孔隙率大于 7d 时的孔隙率；但当通电时间增长到 30d 时，阴极附近的无害孔孔隙率低于通电时间为 15d 时的无害孔孔隙率；而阳极附近的无害孔孔隙率反而较未处理的试件有所减少。可以看出，当通电时间达到 30d 时，混凝土保护层的总孔隙率降低程度较大，各孔径范围内的孔隙率均有所下降。阳极附近混凝土无害孔的孔隙率高于阴极附近混凝土，而阳极附近混凝土有害孔的孔隙率则低于阴极附近混凝土。

由以上分析可以得出，双向电迁移对于混凝土保护层孔隙分布起到了有利作用。其中大孔减少、小孔增加的原因可能是在电迁移过程中，部分水化产物分解、离子溶解，形成孔径较小的孔隙；这些溶于混凝土孔隙液的离子，在电场作用下定向移动，在移动的过程中堵塞了部分孔径较大的孔隙[6-9]。在钢筋附近的阴极反应中，部分水电解会产生氢气，氢气的逸出过程可能会导致钢筋附近混凝土疏松、孔隙率增加[6-10]，故靠近阴极处混凝土孔隙率高于靠近阳极处混凝土孔隙率。

试件在经过双向电迁移处理后，保护层表面强度有所降低。同时，由压汞试验的结果可知，保护层表面的孔隙率下降。由此可以推断，由于三乙烯四胺阻锈剂的应用和渗入，混凝土表面水化产物的结构或成分可能发生了一定的改变，强度下降；或是由于部分水化产物分解、溶解、移动、与阻锈剂结合等，保护层表面区域内骨料和水化产物之间界面过渡区变薄弱、微观裂缝等缺陷增加。

经过电化学除氯处理后，保护层的孔隙率和孔径分布也发生了变化。经过电化学除氯后的试件保护层混凝土孔隙率也表现出下降趋势。如表 6-5 所示，混凝土孔隙率随通电时间增加而下降，阳极附近的混凝土孔隙率下降幅度较阴极附近混凝土大。阳极附近混凝土在通电时间增加至 15d 时，下降幅度增加较大，但与双向电迁移相比，电化学除氯对孔隙率的影响较小。

表 6-5　电化学除氯处理前后保护层孔隙率

Table 6-5　Porosity of protective layer before and after electrochemical dechlorination

部位	通电时间			
	0	7d	15d	30d
靠近阳极	21.39%	20.53%	19.18%	18.01%
靠近阴极	21.39%	21.38%	20.84%	19.31%

对保护层的孔隙分布进行分析，分别绘制靠近阳极和阴极的混凝土孔隙分布图，如图 6-9 所示。由图中可以看出，与双向电迁移对混凝土保护层的影响类似，电化学除氯后混凝土保护层的小孔增加，大孔减少。其中，孔径在 20～100nm 范围内的少害孔的减少量与通电时间呈正比例关系。阳极附近混凝土孔径小于 20nm 的无害孔在通电初期增长较大，随后增长幅度逐渐减小。阴极和阳极附近的混凝土相比，阳极附近混凝土多害孔、少害孔、无害孔的孔隙率整体较低，而有害孔的孔隙率较高。

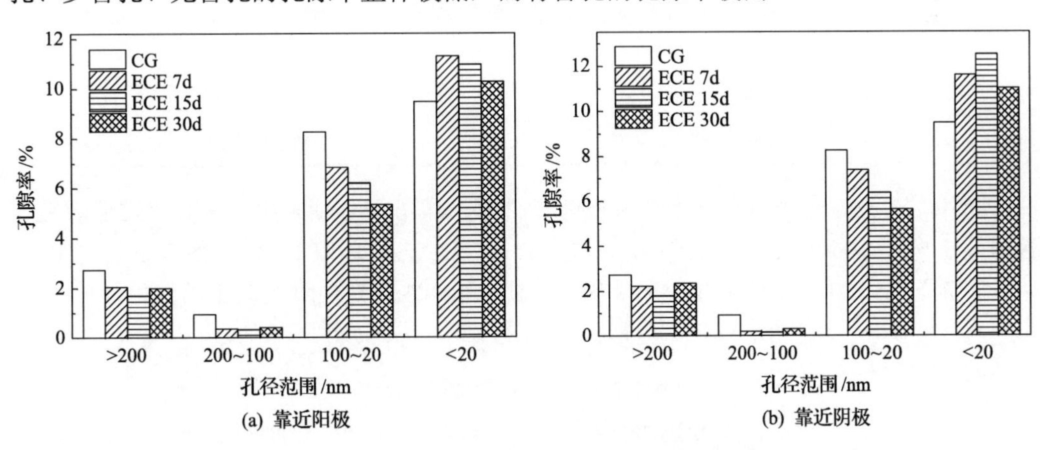

图 6-9　电化学除氯后保护层混凝土孔隙分布情况

Figure 6-9　Pore distribution of concrete in protective layer after electrochemical dechlorination

综上所述，双向电迁移和电化学除氯对于混凝土保护层孔隙分布的影响类似，总体上小孔增加，大孔减少，总孔隙率下降。但双向电迁移对混凝土保护层孔隙结构的影响程度更大，保护层孔隙率降低更为明显。孔隙率降低对混凝土抵抗氯离子、氧气等腐蚀介质的再侵入更有利，从这个方面来说，双向电迁移对混凝土耐久性提升的长期影响更加有利。

6.2.4 基于纳米电迁的混凝土性能增强

纳米氧化铝电迁移是指将带有正电荷的纳米氧化铝基团迁移进入混凝土内部，基本原理如 3.5 节所述。为了探明纳米电迁的增强效果，开展了纳米电迁后钢筋电化学特征、钢筋混凝土黏结滑移性能等试验。混凝土试件分为两种类型：试件一的尺寸为 150mm×150mm×100mm，保护层厚度为 40mm，内置两根直径 12mm 的 HPB235 光圆钢筋，用于电迁移处理；试件二的尺寸为 100mm×100mm×100mm，中间埋入一根直径 12mm、长度 420mm 的 HPB235 光圆钢筋，用于拉拔试验。首先，对试件一和试件二进行电迁移处理，具体试验分组和通电参数见表 6-6。其中组 NA3 表示纳米氧化铝作为电解质通电 3d，组 NA15 表示纳米氧化铝作为电解质通电 15d，0 为对照组，W 为水处理组。通电处理时，将试件放置在钢丝网上，并浸入电解液中，使其没过底面 1～3mm。将试件中间的钢筋接电源负极，不锈钢网片接电源正极。

表 6-6 试件电处理方法

Table 6-6 Electrical treatment method of specimen

分组	试件类型	平行试验	电流密度/(A/m^2)	电解质	通电时间/d
0	试件一	3	—	—	—
NA3	试件一	3	3	纳米氧化铝	3
NA15	试件一	3	3	纳米氧化铝	15
W	试件一	3	3	水	15
Ⅱ-0	试件二	3	—	—	—
Ⅱ-0.5	试件二	3	0.5	纳米氧化铝	15
Ⅱ-1.5	试件二	3	1.5	纳米氧化铝	15
Ⅱ-3	试件二	3	3	纳米氧化铝	15

此外，另设三组混凝土试块进行电化学处理，电解液分别采用纳米氧化铝分散液和阻锈剂 T 溶液，各 15d，以不同的顺序进行。组 NT 先在纳米氧化铝分散液中通电 15d，完成后静置 1d，再在阻锈剂 T 溶液中通电 15d；组 TN 为先在阻锈剂 T 溶液中通电 15d，完成后静置 1d，再在纳米氧化铝分散液中通电 15d，具体如表 6-7 所示。

表 6-7 试件分步电处理方法

Table 6-7 Step by step electrical treatment method of specimen

分组	试件类型	平行试验	电流密度/(A/m^2)	处理方案
TN	试件一	3	3	先 TETA 15d，后 NA 15d
NT	试件一	3	3	先 NA 15d，后 TETA 15d
T	试件一	3	3	TETA 15d

1. 钢筋阻锈效果

图 6-10(a)表示 TN 组的阻锈剂 T 沿保护层深度的分布图，从图中可以看出三组试件中阻锈剂 T 分布趋势大体一致。在 10mm 深度处乙烯四胺含量最低，在混凝土内部靠近钢筋的部位有较高的含量。造成该结果的主要原因在于阻锈剂电迁移过程中伴随着扩散作用，TN 组进行纳米电迁移时，混凝土外部阻锈剂 T 含量几乎为 0，此时，阻锈剂 T 会向外部扩散，而纳米材料迁入混凝土后减小了混凝土内部孔隙，对阻锈剂 T 的扩散起到阻碍作用。

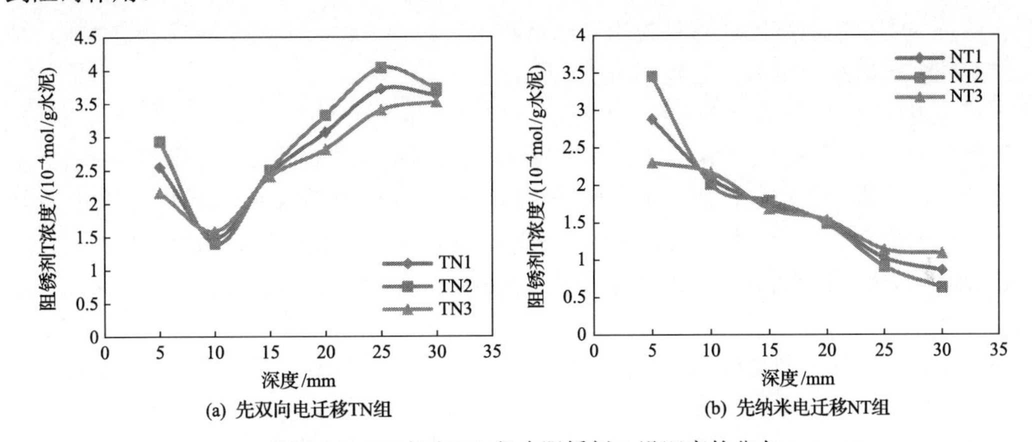

图 6-10　NT 组和 TN 组中阻锈剂 T 沿深度的分布

Figure 6-10　Distribution of rust inhibitor T along depth in NT group and TN group

图 6-10(b)为三组 NT 组的阻锈剂 T 沿深度的分布图，图中可以观察到三组试样阻锈剂 T 分布除了表层含量差距略大，其余都比较接近。阻锈剂 T 含量沿深度递减，该分布趋势和之前的研究结果略有不同，说明纳米氧化铝对阻锈剂的迁移有一定的影响作用。

图 6-11(a)为 T 组在双向电迁移后，阻锈剂浓度沿深度的分布图，图中可以观察到三组试样阻锈剂的分布都有一定的偏差，但整体分布大致相同。阻锈剂 T 含量在表层较高，但在 10mm 后基本趋于一致，该结果和以前的研究结果近似，可以有效地起到对照作用。

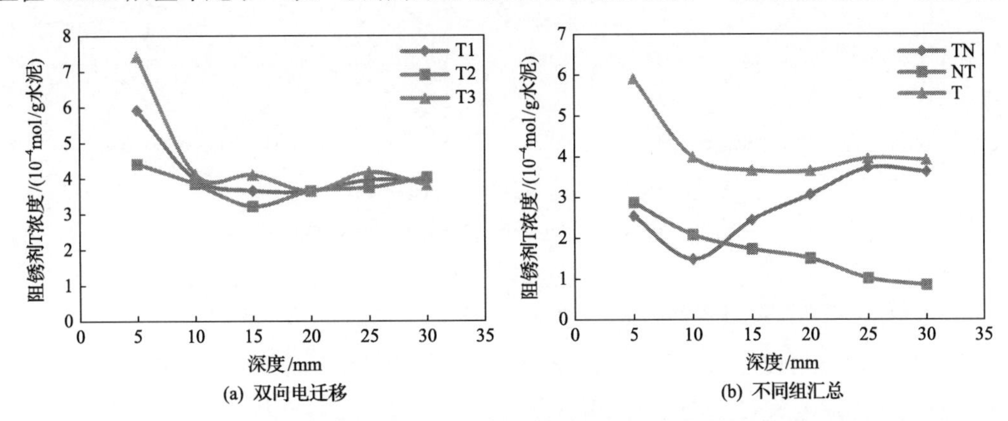

图 6-11　T 组中阻锈剂 T 沿深度的分布及三组结果对比

Figure 6-11　Distribution of rust inhibitor T along depth in T group and the comparison of three groups

图 6-11(b)为各组之间的阻锈剂 T 含量分布汇总。图中可以观察到 3 个不同组别的阻锈剂 T 含量分布明显不同。只采用阻锈剂 T 进行双向电迁移的 T 组中阻锈剂含量相对最高，特别是在表层，含量大大超过其他两组，而其内层含量基本与 TN 组一致。由此可见，先采用阻锈剂进行双向电迁移后，在使用纳米材料电迁移不会影响内层阻锈剂含量，表明钢筋附近阻锈剂在纳米材料电迁移后仍能够维持较好的浓度，起到阻锈作用。而 NT 组的阻锈剂 T 含量对比 T 组则是各个深度都较低，这说明了纳米材料的电迁移后，混凝土内部孔隙减小，阻碍了阻锈剂 T 的迁移扩散，阻隔效果大致在 50%～75%。

由此可知，双向电迁移技术中采用纳米材料电迁移对阻锈剂的迁移有阻碍作用，因此，应该先进行阻锈剂的迁移后使用纳米材料电迁移，这样可以减少混凝土的孔隙，使阻锈剂能够更好地在钢筋附近起到阻锈效果。

将通电处理后 TN 组、NT 组、T 组的动电位极化曲线汇总得到图 6-12(a)，对其求导得到其一阶导数[图 6-12(b)]。图中可以观察到三组动电位极化曲线十分接近，其一阶导数曲线也基本一致，这说明了纳米电迁移对双向电迁移的影响较小。通过弱极化曲线法，塔费尔拟合后可以得到 TN 组通电后 $E_{corr}=-206.0mV$，$I_{corr}=25.30\mu A$；NT 组 $E_{corr}=-213.0mV$，$I_{corr}=36.50\mu A$；T 组 $E_{corr}=-212.0mV$，$I_{corr}=36.80\mu A$。三组试验结果腐蚀电位变化不大，但腐蚀电流发生了变化。其中 NT 组和 T 组的腐蚀电流基本一致，这表明了控制腐蚀电流的主要是最后结束的电化学过程，先进行纳米电迁移对腐蚀电流影响很小。而 TN 组相比其他两组腐蚀电流较小，表明其更不容易被腐蚀。这说明了在双向电迁移之后进行纳米电迁移，钢筋进一步受到了保护，更难发生锈蚀。

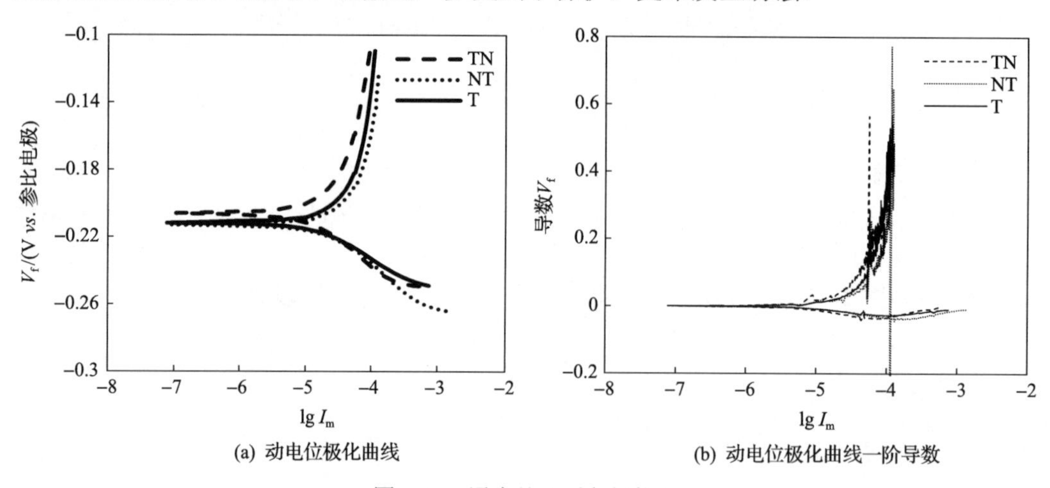

图 6-12　通电处理后各组状况

Figure 6-12　Groups after power on treatment

2. 钢筋-混凝土黏结性能提升

定义平均黏结滑移 s 为所测自由端滑移和加载端滑移的平均值，钢筋与混凝土的平均黏结应力 τ 可通过式(6-1)计算得到

$$\tau = \frac{F_1}{\pi d l_s} \tag{6-1}$$

式中，F_1 为钢筋所受拉力(N)；l_s 为试件中钢筋与混凝土的有效黏结长度(mm)；d 为钢筋直径(mm)。

拉拔试验得到不同电流强度下和对照组的荷载-滑移曲线如图 6-13 所示。图中可以清晰地观察到，纳米氧化铝电迁移处理后的试验组峰值荷载均高于对照组。表 6-8 为各个组的峰值荷载以及其平行试验的相对偏差，同时也包括了峰值荷载所对应的黏结强度。从图中可以看出，随着电流密度的增加，峰值荷载增加，黏结强度增加。

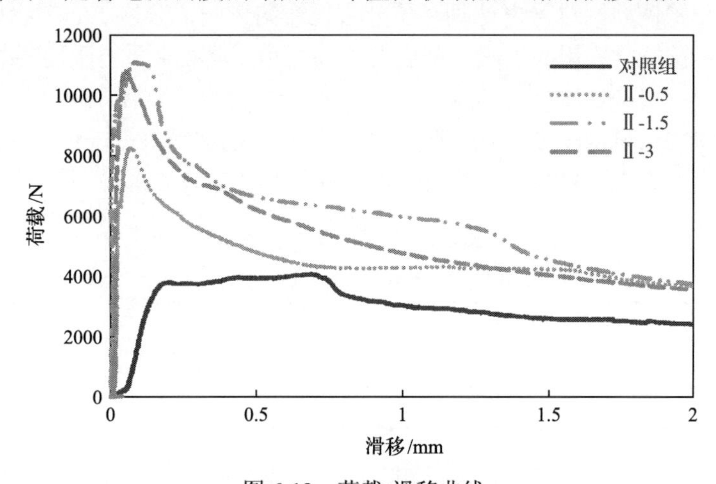

图 6-13　荷载-滑移曲线

Figure 6-13　Load-slip curves

表 6-8　纳米氧化铝电迁移荷载与黏结强度表

Table 6-8　Electromigration load and bond strength of nano alumina

试验	电流密度/(A/m^2)	平均峰值荷载/N	峰值荷载偏差/N	平均黏结强度/MPa
对照	—	4715	650	1.3
Ⅱ-0.5	0.5	8021	220	2.1(70%)
Ⅱ-1.5	1.5	9128	1950	2.4(94%)
Ⅱ-3	3	9321	1502	2.5(98%)

注：小括号中的数值表示增幅。

图表中数据反映了当电流密度达到 3A/m^2 时，黏结强度相比对照组的 1.3MPa 增加到 2.5MPa，有接近 98%的增幅。当电流密度为 0.5A/m^2 时，黏结强度的增幅已经达到 70%，具有较好的效果。电流密度为 1.5A/m^2 时，黏结强度增幅达到 94%。

6.3　混凝土构件性能的提升

双向电迁移过程中混凝土内部氯离子从钢筋表面迁出，但对于实际构件中复杂钢筋网，在通电时形成极不均匀的电场分布，使得不同部位的氯离子迁移效率大相径庭。

Hope 等[6-11]早在 1995 年就指出不同钢筋排布形式对电化学除氯的效率产生较大影响，之后多位学者通过改变钢筋布置形式模拟实际构件来验证电化学修复的有效性[6-12,6-13]。本节参照实际工程应用双向电迁移技术时采用的阳极金属网敷设方式对混凝土梁进行耐久性提升效果试验研究，通过采集混凝土梁不同部位、不同深度的氯离子分布和钢筋笼电化学特征，分析对比了双向电迁移和电化学除氯两种电化学修复技术对混凝土梁的耐久性提升效果。

6.3.1 钢筋网布置下的离子分布规律

为了探明配置钢筋网对梁内部氯离子分布规律的影响，开展了布置钢筋笼的梁的电化学提升试验。试验梁采用的混凝土强度等级为 C30，混凝土材料采用 42.5 号普通硅酸盐水泥、中砂和 5～16mm 连续级配的粗骨料，配合比为水∶水泥∶砂∶石＝210∶382∶651∶1157，预掺 3% NaCl（相对水泥质量）以模拟构件已遭受氯盐侵蚀，测得 28d 标准立方体试块抗压强度为 37.5MPa，详细的混凝土材料参数见表 6-9。

表 6-9 混凝土材料参数

Table 6-9 Concrete material parameters

水灰比	单位立方混凝土组分/kg				砂率/%	掺入 NaCl 含量/%	抗压强度实测值 $f_{cu,28}$ /MPa
	水	水泥	砂	石			
0.55	210	382	651	1157	36	3	37.5

试验梁尺寸为 150mm×200mm×1500mm；底部受拉纵筋采用 HRB400 钢筋，直径为 14mm，锚固长度为 100mm；箍筋及上部架立筋为直径 8mm 的 HPB300 钢筋，箍筋间距 100mm，保护层厚度 25mm。钢筋笼用导线引出以便后期接入电流，浇筑过程中在梁端部埋入一片 70mm×100mm 的薄钢板并用导线引出，作为极化曲线测量的辅助电极。试验梁的具体尺寸如图 6-14 所示。

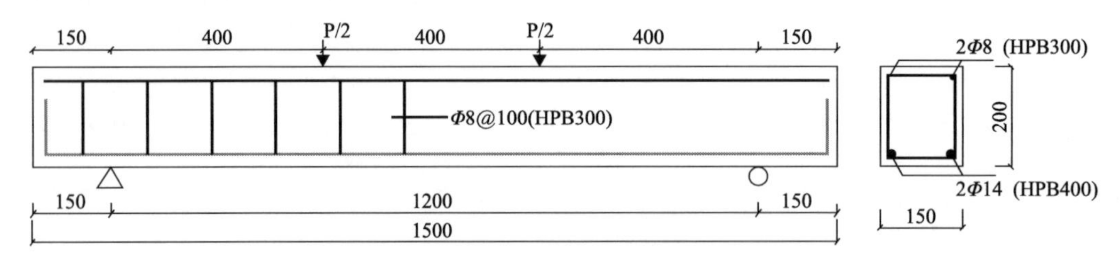

图 6-14 试验梁设计示意图（单位：mm）

Figure 6-14 Schematic diagram of test beam design (unit: mm)

电化学修复处理采用双向电迁移和电化学除氯两种处理方法，双向电迁移通电电流密度为 1.0A/m²、3.0A/m²、5.0A/m²，通电时间为 1 周、2 周、4 周；电化学除氯通电电流密度设置为 3.0A/m²，通电时间为 2 周和 4 周，具体参数见表 6-10。其中空白对照组 L0 不做电化学处理，LB 表示双向电迁移修复（BIEM）组试验梁，LE 表示电化学除氯修复（ECE）组试验梁。

表 6-10　试验梁除氯处理参数

Table 6-10　Dechlorination parameters of test beam

梁编号	修复方式	电流密度/(A/m²)	通电时间/周	通电量/(A·h/m²)
L0	—	—	—	—
LB1-2	双向电迁移	1	2	336
LB3-2	双向电迁移	3	2	1008
LB5-2	双向电迁移	5	2	1680
LB3-1	双向电迁移	3	1	504
LB3-4	双向电迁移	3	4	2016
LE3-2	电化学除氯	3	2	1008
LE3-4	电化学除氯	3	4	2016

通常，工程中对混凝土梁进行电化学修复时在梁侧面和底面布设阳极网，因此在试验梁的侧面和底面布置不锈钢网作为阳极，电化学修复处理过程如图 6-15 所示。

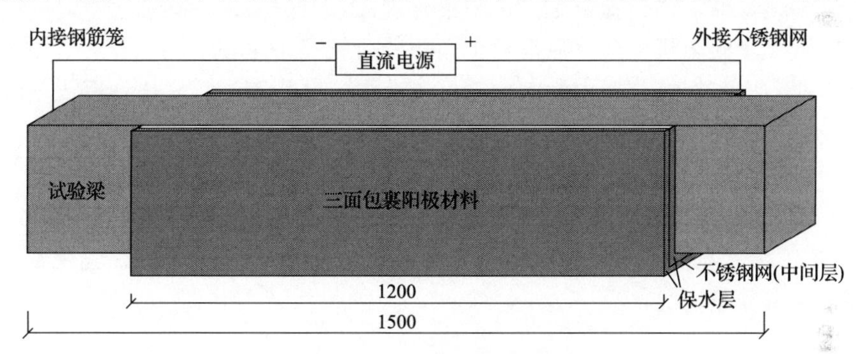

图 6-15　电化学修复示意图

Figure 6-15　Schematic diagram of electrochemical repair

电化学修复通电完成后清洗试验梁表面，尽管通电过程每 3 天更换一次不锈钢网和电解液，ECE 组试验梁表面仍然出现较多污渍，这是由于除氯过程产生的氯气具有强氧化性，加速了外部钢网锈蚀形成含有三价铁的疏松物质，因此在实际工程中为避免电化学除氯产生的污渍渗入混凝土内难以清除，需保证电解液及时更换和混凝土表面清洗。与此形成鲜明对比的是 BIEM 组试验梁，由于阻锈剂溶液对阳极起到了保护作用，双向电迁移后试验梁表面基本上不存在污染情况。

为研究双向电迁移后混凝土梁内不同部位的残余氯离子分布特征，对试验梁进行氯离子含量分布测试，钻孔取粉的位置见图 6-16。钻孔方向分别为梁侧面横向钻进和梁底竖向钻进，钻孔位置依次为靠近纵筋区域(A 区和 D 区)、靠近箍筋区域(B 区和 E 区)、两箍筋间距中部区域(C 区和 F 区)。试验采用钻头直径为 8mm 的冲击钻，每钻进 10mm 获得的粉末作为一份粉样装入密封袋。

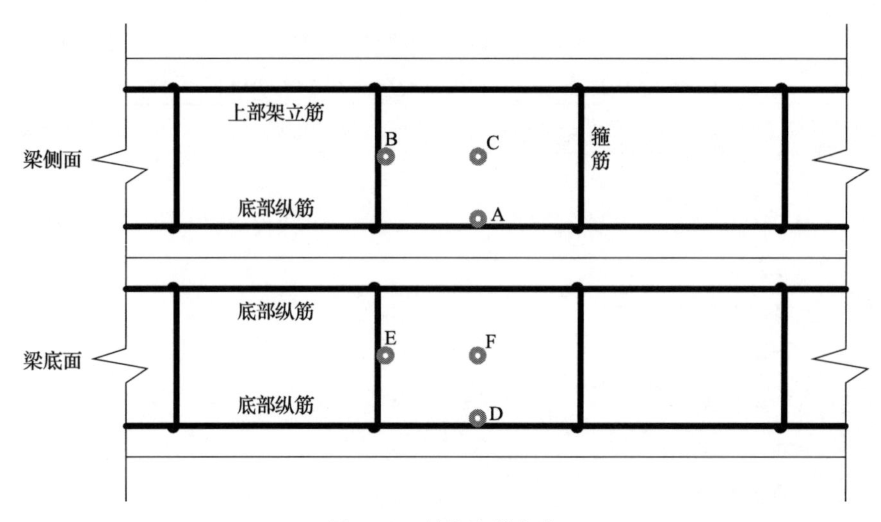

图 6-16　钻孔取粉部位

Figure 6-16　Part of drilling and powder extraction

由于试验梁内部钢筋布置复杂，试验梁外表面(阳极)与内部钢筋(阴极)之间形成不均匀电场，氯离子向阳极电迁移后混凝土内部残余氯离子呈现不均匀分布。本节分别以不同修复方式、电流密度、通电时间作为控制变量，分析不同工况下混凝土梁内部不同部位的残余氯离子含量分布规律。

1. 空间位置对残余氯离子分布的影响

图 6-17 给出了双向电迁移和电化学除氯组(通电 3.0A/m^2、4 周)试验梁不同取样位置的氯离子含量分布情况。

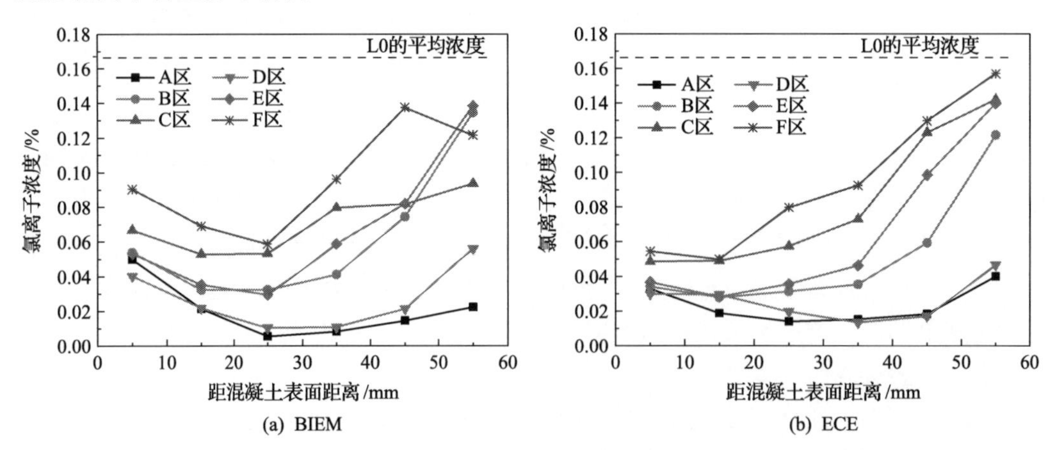

图 6-17　不同取样位置氯离子分布

Figure 6-17　Distribution of chloride ions at different sampling positions

A 区和 D 区各数据点均是在试验梁侧面和底面的保护层附近，因此可以看到图 6-17(a)和(b)中 A 区和 D 区氯离子分布均处于最低水平。C 区和 F 区为两箍筋之间中部区域的数据，残余氯离子含量最高，但该区域钢筋层(20～30mm)处除氯效率仍可达到 60%，因为钢筋笼并非二维平面，三维空间分布的电场可辐射至箍筋平面外一定范围。但是需要注意的是靠近试验梁截面中部处的除氯效率低于 30%。B 区和 E 区由于在箍筋平面上，整体上除氯效率高于 C 区和 F 区，纵筋附近除氯效率可达到 80%以上，但钢筋笼内部残余氯离子较多。

金世杰[6-14]通过 COMSOL 软件进行了混凝土梁的电化学修复数值模拟，虽然其保护层厚度、箍筋间距、通电参数等工况与本小节试验设置不同，但其模拟结果仍可作为本小节试验结果的定性分析依据，见图 6-18。图中标注了与本小节试验中对应的取样部位，由模拟结果可知，B 区和 F 区的除氯效果显著优于 C 区和 F 区的除氯效果。

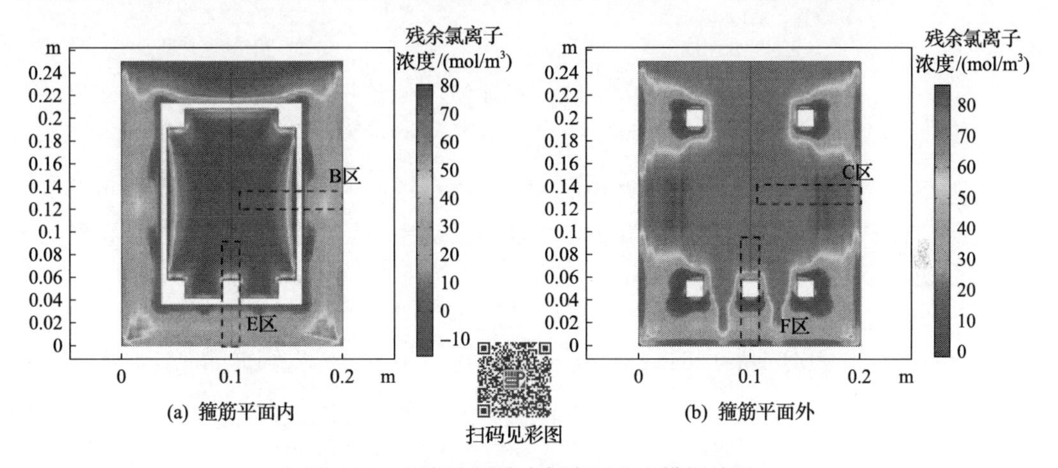

图 6-18　混凝土梁残余氯离子分布模拟结果

Figure 6-18　Simulation results of residual chloride ion distribution in concrete beams

综上所述，BIEM 和 ECE 组试验梁各测区的氯离子浓度均呈现先减小后增大的分布特征，这是由于钢筋骨架与外部阳极之间分布复杂不均匀电场，钢筋附近电场强度最大，因此靠近钢筋处氯离子浓度大幅度降低，表明双向电迁移和电化学除氯可有效去除试验梁混凝土保护层中的氯离子，且钢筋表面氯离子浓度远低于钢筋锈蚀临界阈值 0.1%(占胶凝材料质量分数)。然而，随着深度的增加，试验梁截面中部的氯离子残余量非常大，表明钢筋笼内部的氯离子迁移受阻。由于通电时试验梁内部钢筋笼为等势体，钢筋笼内氯离子需绕过外层钢筋向外迁移，这使得钢筋笼包围的混凝土内氯离子迁移效率较低。

2. 电化学参数对残余氯离子分布的影响

选取双向电迁移修复后 B 区数据，分析不同通电参数下残余氯离子分布，如图 6-19 所示。图 6-19(a)为进行不同电流密度的双向电迁移后(通电时间 2 周)残余氯离子分布。相比于 L0，经过双向电迁移后，试验梁钢筋附近氯离子去除效率可以达到 64%～93%，且随着电流密度的增加，钢筋附近氯离子去除效率还有所增加。图 6-19(b)为不同通电时间的双向电迁移后(电流密度 3A/m^2)残余氯离子分布，可以看出，试验梁钢筋附近氯离

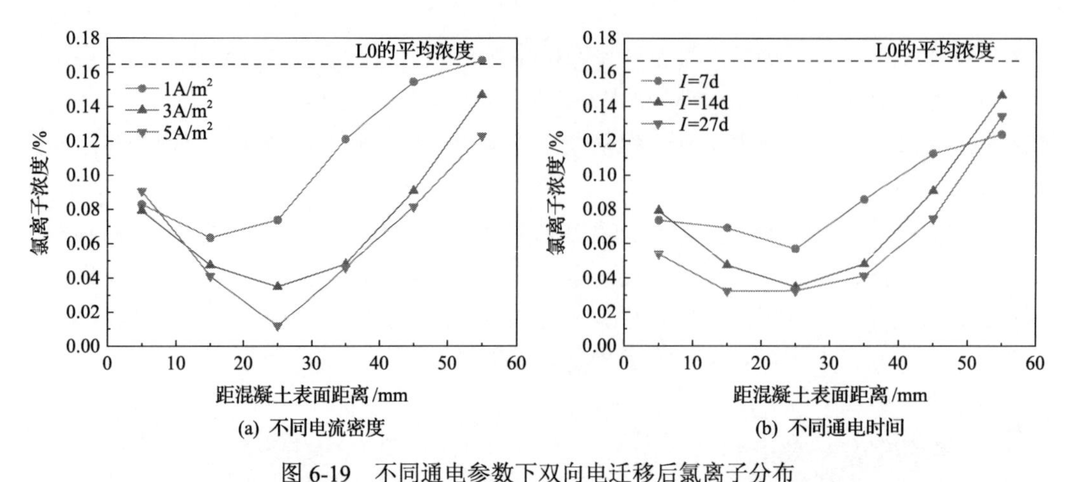

(a) 不同电流密度 (b) 不同通电时间

图 6-19 不同通电参数下双向电迁移后氯离子分布

Figure 6-19 Distribution of chloride ions after BIEM under different electrified parameters

子去除效率达 66%～90%，且随着通电时间的增加，钢筋附近氯离子去除效率也有所增加。值得一提的是，尽管通电参数越大，钢筋附近氯离子迁出效率越显著，但钢筋笼内部氯离子变化不大。

图 6-20 对比了双向电迁移和电化学除氯(电流密度 3A/m^2)后试验梁氯离子分布规律，图 6-20(a)～(f)分别展示的是 A～F 区的情况。由于试验梁钢筋笼制作时无法做到

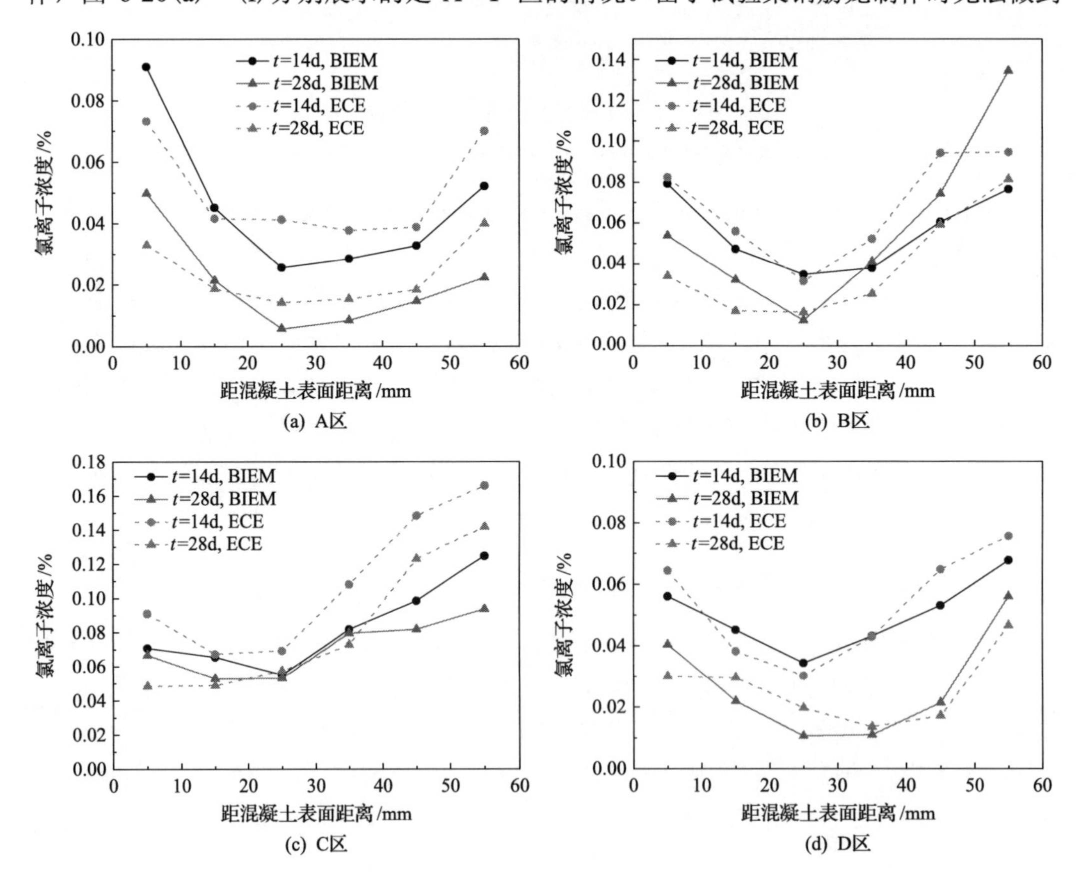

(a) A区 (b) B区

(c) C区 (d) D区

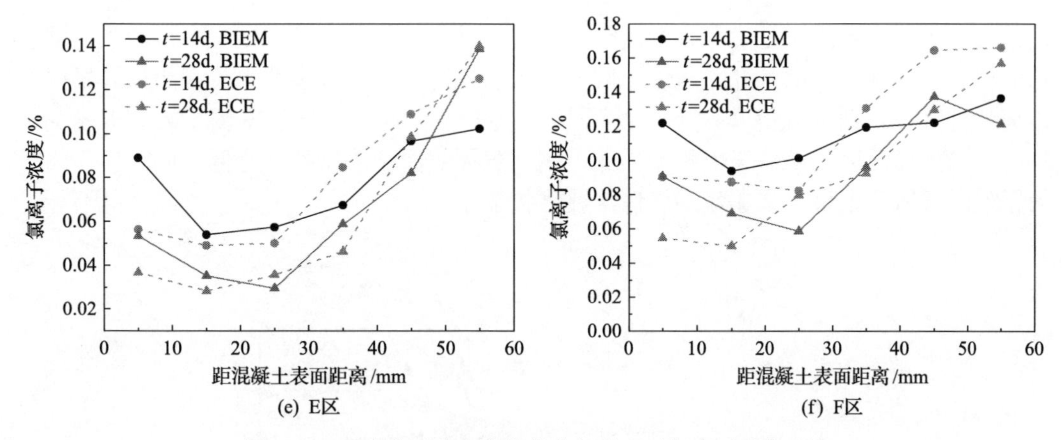

图 6-20　双向电迁移和电化学除氯处理后氯离子分布对比

Figure 6-20　Comparison of chloride ion distribution after BEIM and ECE

足够精确，图 6-20(c)和(f)因不同试验梁箍筋安装时的人为差异，进行对比时规律不太明显。但整体上 A～F 区的结果表明，相同通电参数下双向电迁移和电化学除氯对混凝土梁的氯离子迁移效果相差不大，钢筋附近的氯离子去除效率均能达到较高水平。

3. 阻锈剂的迁移效果

双向电迁移将氯离子迁出的同时，电迁移型阻锈剂迁至钢筋表面起到进一步防腐蚀作用。表 6-11 列出了不同通电参数下双向电迁移修复后试验梁纵筋表面阻锈剂浓度与氯离子残留量，电流密度越大，通电时间越长，迁至钢筋表面的阻锈剂含量越多。

表 6-11　双向电迁移后钢筋表面阻锈剂与氯离子浓度摩尔比

Table 6-11　Molar ratio of rust inhibitor and chloride ion content on the surface of reinforcement after bidirectional electromigration

梁编号	阻锈剂浓度/(mol/g)	氯离子浓度/(mol/g)	TETA / Cl^-摩尔比
LB1-2	1.594×10^{-4}	1.246×10^{-4}	1.28
LB3-2	1.780×10^{-4}	5.915×10^{-5}	3.01
LB5-2	2.019×10^{-4}	4.028×10^{-5}	5.01
LB3-1	1.528×10^{-4}	9.634×10^{-5}	1.59
LB3-4	2.712×10^{-4}	3.634×10^{-5}	7.46

当钢筋表面 TETA/Cl^-摩尔比大于 1 时，阻锈剂对钢筋能起到良好的阻锈效果。试验结果表明 TETA/Cl^-摩尔比均大于 1，双向电迁移修复对试验梁同时起到除氯及阻锈作用，阻锈剂的迁入有效提高了钢筋抵御再劣化的能力。

6.3.2　钢筋网布置下的钢筋极化特征

1. 动电位极化曲线

各试验梁弱极化曲线如图 6-21 所示。由于构件浇筑时预掺氯盐，试验梁 L0 的弱极化曲线表明内部钢筋已处于一定的活化状态，腐蚀风险较高。除氯处理后试验梁的弱极化曲线明显上移，表明其开路电位上升；阳极极化区段斜率显著增大，表明试验梁内部钢筋活性降低，耐久性提升效果明显[6-15]，且通电时间越长、电流密度越大，上述变化越明显。主要原因是随着通电量的增加，钢筋表面氯离子浓度持续降低，同时作为阴极的钢筋附近氢氧根离子增加使钢筋保持钝化状态。

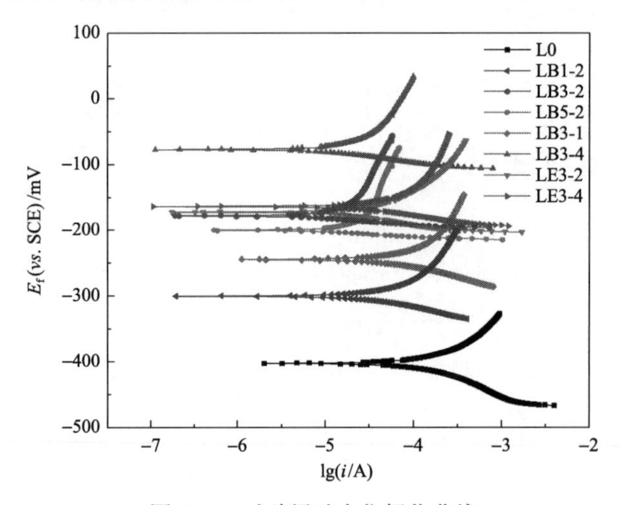

图 6-21　试验梁动电位极化曲线

Figure 6-21　Potentiodynamic polarization curves of test beams

2. 钢筋腐蚀参数分析

Miranda 等[6-16]对比除氯前后的混凝土试件发现，单纯凭借开路电位判断钢筋的腐蚀状态并不严谨，需结合腐蚀电流密度等电化学参数进行综合评定。对弱极化曲线进行拟合分析，得到通电前后试验梁腐蚀体系的开路电位 E_k 和腐蚀电流密度 i_{corr}，具体数值见表 6-12。

表 6-12　通电前后的腐蚀参数

Table 6-12　Corrosion parameters before and after power on

试验梁编号	通电前		通电后	
	E_k / mV	i_{corr} / (μA/cm²)	E_k / mV	i_{corr} / (μA/cm²)
LB1-2	−414	0.171	−300	0.112
LB3-2	−385	0.182	−172	0.063
LB5-2	−397	0.179	−200.5	0.058
LB3-1	−408	0.196	−244.7	0.092
LB3-4	−324	0.168	−77.31	0.057
LE3-2	−392	0.173	−163.7	0.079
LE3-4	−376	0.185	−177.8	0.066

各试验梁为同批次浇筑，通电前腐蚀状态相近，开路电位在−400mV 左右，腐蚀电流密度约为 0.18μA/cm^2。经过不同通电参数的双向电迁移和电化学除氯修复后，大部分试

验梁的开路电位上升至–300mV 以上，腐蚀电流密度下降到 0.1μA/cm^2 以内。Hornbostel 等[6-17]、Millard 等[6-18]学者认为，i_{corr} 低于 0.1μA/cm^2 时钢筋腐蚀速率非常低，且我国冶金部标准[6-2]规定的开路电位在–250mV 以上时钢筋腐蚀风险低。此外，对比相同通电参数下的双向电迁移和电化学除氯修复后试验梁的腐蚀参数，双向电迁移试验梁 LB3-2 和 LB3-4 相比于电化学除氯试验梁 LE3-2 和 LE3-4 的开路电位更大，腐蚀电流密度更小，表现出良好的钝化状态。出现该现象的原因是双向电迁移将阻锈剂电迁移至钢筋表层，通过抑制混凝土内钢筋的电极过程，使钢筋重新实现钝化。因此，双向电迁移及电化学除氯均能有效抑制试验梁内部钢筋的腐蚀，且双向电迁移将阻锈剂迁移至内部钢筋表面，增强钢筋钝化状态，有效提升了试验梁抵御氯离子侵蚀的能力和耐久性能。

6.4　结构性能与寿命的提升

为了系统探究混凝土结构在受氯离子侵蚀、钢筋脱钝及锈胀开裂阶段电化学修复技术的修复效果，本小节针对氯盐侵蚀结构，开展了不同阻锈剂对钢筋耐腐蚀性能提升、抵抗腐蚀性离子侵蚀能力及其保持能力方面的试验研究，从而评估性能与寿命提升效果；针对钢筋脱钝结构，分别从腐蚀电位变化规律、极化电阻变化规律、腐蚀电流变化规律进行了双向电迁移即时修复效果评估，从钢筋表面氯离子、阻锈剂及其摩尔浓度比值方面进行了双向电迁移长期修复效果评估；针对钢筋初始锈蚀结构，分别模拟了 0.94%、1.4%和 1.86%锈蚀率的混凝土试件，开展双向电迁移及电化学除氯修复，评估了其即时及长期效果；针对开裂混凝土试件，分别开展了荷载裂缝及锈胀裂缝的修复方法研究，通过加速锈蚀试验评估了不同方法修复后的劣化特征。本小节针对不同劣化阶段进行了修复效果的试验评估，研究成果可为工程实际的耐久性修复与寿命提升提供科学的数据支持。

6.4.1　氯盐侵蚀结构性能与寿命提升

本小节设计了相关试验研究并通过评估不同通电电流密度和通电时间对双向电迁移技术短期效果的影响：氯离子的排出、阻锈剂的迁入、钢筋电化学参数的变化，给出相应规律，选出最佳的通电时间和通电电流密度。试验采用通电时间 $t=15$d，通电电流密度 $i=3$A/m^2，研究不同水胶比、初始氯离子含量、保护层厚度对双向电迁移技术短期效果的影响。

双向电迁移技术的长期效果包括在不同环境作用下，阻锈剂在试块中及钢筋表面的残存能力；双向电迁移技术处理后试块再次抵抗氯离子侵入的能力；钢筋电化学参数的长期稳定性。通过对 3 组混凝土试块进行恒流通电：$t=15$d，$i=3$A/m^2，通电结束后进行半年的干湿循环测试试验，观测钢筋的腐蚀电流、腐蚀电势以及钢筋-溶液界面电荷转移电阻的变化；半年后，对试块中氯离子含量、阻锈剂含量进行测试，同时，剖开试块，取出钢筋观察锈蚀状况，综合考虑以上因素评价三乙烯四胺阻锈剂双向电迁移技术的长期效果。

1. 钢筋耐腐蚀性能提升

在为期半年的干湿循环期间，钢筋腐蚀电流变化规律如表 6-13 及图 6-22 所示，其中 13～18 个周期为自然干放阶段。对于未经处理的试块，钢筋原本就处于锈蚀状态，在干湿循环期间，其腐蚀电流一直在增加，最后达到了近 70μA，换算成钢筋腐蚀电流密度约为 2.2μA/cm^2，远大于钢筋锈蚀临界腐蚀电流密度 0.1μA/cm^2，说明钢筋锈蚀情况严重[6-19]；而经电化学除氯处理的试块，在前 3 个周期内钢筋腐蚀电流变化不明显，在第 4～11 个循环周期内钢筋腐蚀电流有所增加，表明钢筋锈蚀程度略有增大，在随后的干湿循环过程中，钢筋腐蚀电流急剧增大，最终达到 50μA 左右，虽然与未处理的试块相比，锈蚀开始时间推延且锈蚀程度有所缓解，但是钢筋也已严重锈蚀；对于经双向电迁移技术处理后的试块，整个测试过程中钢筋的腐蚀电流变化不大，比较稳定，就腐蚀电流变化情况而言，三乙烯四胺作为阻锈剂比 1,6-己二胺作为阻锈剂略有优势。

表 6-13 干湿循环过程中试块中钢筋腐蚀电流变化 （单位：μA）

Table 6-13 Corrosion current change of steel bar in test block during dry wet cycles

处理方法	循环周期								
	1	2	3	4	5	6	7	8	9
不做处理	2.62	14.85	27.80	31.30	33.50	36.50	35.90	37.40	37.50
电化学除氯	10.82	10.85	13.70	20.90	22.60	25.60	17.70	23.90	22.60
1,6-己二胺	12.63	12.73	13.70	13.90	14.10	14.70	14.80	14.10	14.00
三乙烯四胺	10.90	11.73	13.70	13.90	14.40	14.20	14.50	14.00	14.80

处理方法	循环周期								
	10	11	12	13	18	19	20	21	22
不做处理	40.10	42.00	40.10	44.00	67.80	65.90	58.70	65.40	65.90
电化学除氯	25.10	22.90	26.50	37.90	57.80	60.50	54.40	56.80	54.60
1,6-己二胺	13.20	14.10	14.20	14.00	15.70	14.80	14.70	12.80	13.00
三乙烯四胺	14.10	13.90	14.20	14.10	10.80	10.00	10.10	11.00	11.10

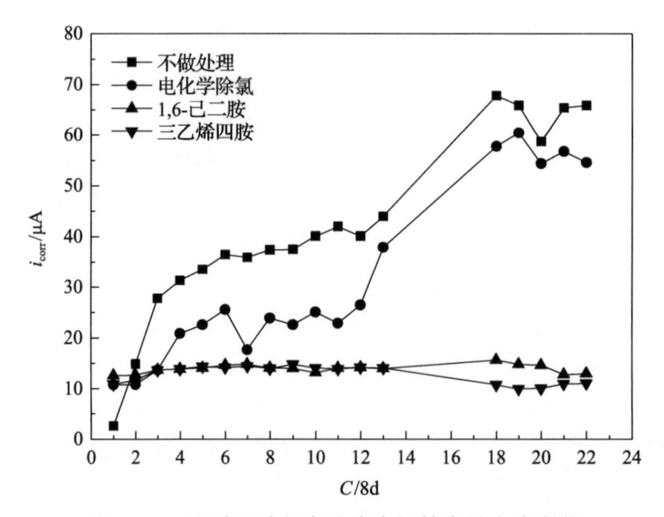

图 6-22 湿循环过程中试块中钢筋腐蚀电流变化

Figure 6-22 Corrosion current change of reinforcement in test block during wet cycles

由以上分析可知，三乙烯四胺具有不错的长期效果，经过处理的试块的钢筋腐蚀电流可以长期保持稳定的状态。表 6-14 为干湿循环期间试块中钢筋腐蚀电势变化规律。未经处理的试块的钢筋腐蚀电势一直低于–350mV，总体呈现越来越低的趋势，表明钢筋锈蚀程度越来越严重[6-20]，18～22 个周期内腐蚀电势较之前有所增大，可能与气候因素有关，该周期内天气干燥，且试块在 13～18 个周期处于风干阶段，混凝土电阻率增大导致腐蚀电势正移；对于经电化学除氯技术处理的试块，钢筋腐蚀电势在前 7 个周期大于–350mV，后面 8～12 个周期接近–350mV，之后小于–350mV，钢筋锈蚀程度开始变得比较严重；对于经双向电迁移技术处理后的试块，钢筋腐蚀电势前 3 个周期一直减小，然后基本保持不变，一直处于–200～–350mV 之间，且偏向于–200mV，说明钢筋锈蚀可能性较小，程度较轻。就整体而言，钢筋腐蚀电势和腐蚀电流呈现出基本一致的变化规律。

表 6-14　干湿循环过程中试块中钢筋腐蚀电势变化　（单位：mV）

Table 6-14　Corrosion potential change of steel bars in the test block during the dry wet cycles

处理方法	循环周期								
	1	2	3	4	5	6	7	8	9
不做处理	–275.7	–360.3	–420.3	–444.0	–466.7	–480.7	–485.7	–490.7	–502.0
电化学除氯	–42.3	–102.0	–254.7	–284.0	–295.3	–307.0	–298.3	–326.7	–319.0
1,6-己二胺	–23.7	–69.7	–170.0	–198.3	–200.3	–211.0	–216.3	–212.7	–214.3
三乙烯四胺	–5.8	–76.8	–187.7	–208.0	–213.0	–216.3	–217.0	–216.3	–219.7

处理方法	循环周期								
	10	11	12	13	18	19	20	21	22
不做处理	–531.7	–500.3	–510.7	–521.3	–439.7	–447.0	–446.7	–455.0	–447.3
电化学除氯	–339.7	–310.0	–341.3	–361.3	–378.7	–378.3	–372.0	–371.0	–375.7
1,6-己二胺	–215.7	–210.0	–231.0	–226.0	–259.3	–259.0	–252.0	–205.5	–203.5
三乙烯四胺	–227.3	–210.5	–231.3	–224.3	–226.5	–224.5	–227.5	–236.5	–239.5

表 6-15 为钢筋-溶液界面电荷转移电阻变化规律。对于未经处理的试块，电荷转移电阻一直小于 $1\times10^{5}\sim2\times10^{5}\Omega\cdot cm^{2}$，总体呈现越来越小的趋势，钢筋锈蚀程度越来越严重[6-21]；对于经电化学除氯处理的试块钢筋，电荷转移电阻在前 8 个周期均大于 $1\times10^{5}\sim2\times10^{5}\Omega\cdot cm^{2}$，9～22 个周期均小于 $1\times10^{5}\sim2\times10^{5}\Omega\cdot cm^{2}$，钢筋锈蚀程度逐渐增加；对于经双向电迁移技术处理的试块，电荷转移电阻一直大于 $1\times10^{5}\sim2\times10^{5}\Omega\cdot cm^{2}$，说明钢筋锈蚀可能性较小，程度较轻，整个过程中该值有一定的波动，但均大于 $1\times10^{5}\sim2\times10^{5}\Omega\cdot cm^{2}$。因此，钢筋-溶液界面电荷转移电阻的变化规律与腐蚀电流及腐蚀电势的变化规律大体保持一致，三个参数变化规律均说明了三乙烯四胺作为阻锈剂应用于双向电迁移技术具有不错的长期效果。

表 6-15　干湿循环过程中试块中钢筋/溶液界面电荷转移电阻变化　（单位：$\Omega \cdot cm^2$）

Table 6-15　Change of charge transfer resistance at the interface of steel bar / solution in the test block during the dry wet cycles

处理方法	循环周期					
	1	2	3	4	5	6
不做处理	1.21×10^4	2.57×10^3	2.22×10^3	1.74×10^3	6.72×10^2	9.68×10^2
电化学除氯	3.34×10^{14}	6.77×10^{14}	1.48×10^{14}	3.33×10^{14}	5.44×10^{11}	1.91×10^9
1,6-己二胺	1.76×10^{15}	5.45×10^{14}	3.67×10^{14}	3.36×10^{14}	3.33×10^{14}	3.62×10^{14}
三乙烯四胺	7.52×10^{12}	6.67×10^{14}	3.44×10^{14}	7.84×10^{11}	1.56×10^{11}	3.40×10^{14}
处理方法	循环周期					
	7	8	9	10	11	12
不做处理	1.76×10^2	6.07×10^1	8.95×10^1	8.25×10^1	9.88×10^1	2.39×10^2
电化学除氯	8.29×10^{10}	8.76×10^5	3.33×10^3	6.54×10^3	6.85×10^3	4.58×10^3
1,6-己二胺	3.93×10^{10}	5.33×10^{13}	7.40×10^{13}	1.48×10^{13}	8.50×10^{13}	3.80×10^{14}
三乙烯四胺	3.34×10^{14}	9.99×10^{14}	7.82×10^{14}	4.03×10^{12}	7.40×10^{14}	2.42×10^{11}
处理方法	循环周期					
	13	18	19	20	21	22
不做处理	2.98×10^2	1.11×10^2	9.24×10^1	2.48×10^2	1.07×10^2	1.04×10^2
电化学除氯	4.06×10^3	1.07×10^2	2.08×10^2	3.52×10^2	4.30×10^2	4.30×10^2
1,6-己二胺	8.46×10^9	3.81×10^7	1.14×10^{10}	4.50×10^{14}	1.59×10^{12}	5.00×10^{14}
三乙烯四胺	1.68×10^{11}	3.03×10^{18}	2.44×10^{15}	5.69×10^{14}	3.79×10^{14}	3.79×10^{14}

2. 抵抗腐蚀性离子侵蚀能力

图 6-23 所示为干湿循环前和干湿循环结束后试块中氯离子含量分布情况，其中下标 S、L 分别表示短期试验(short)和长期试验(long)。

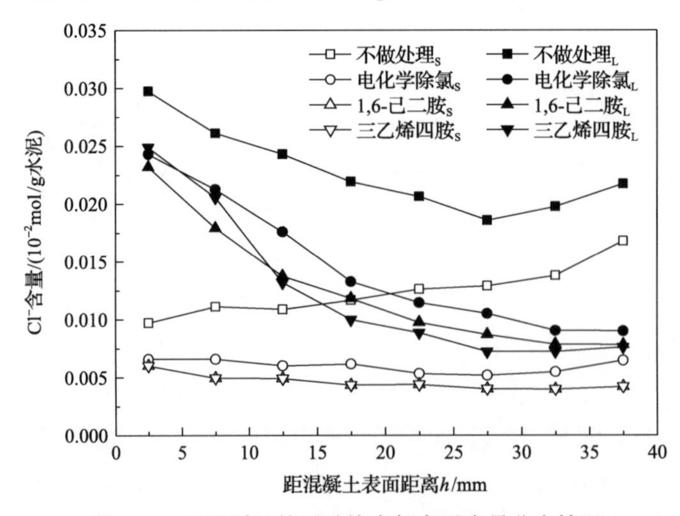

图 6-23　干湿循环前后试块中氯离子含量分布情况

Figure 6-23　Distribution of chloride ion content in test block before and after dry wet cycles

由图 6-23 可知，经过半年干湿循环作用，氯离子含量均有不同程度的增加。表 6-16 所示为干湿循环前和干湿循环结束后试块中钢筋表层氯离子含量，可以看出，经过半年的干湿循环作用，钢筋表面氯离子含量均有不同程度的增加(图 6-24 和图 6-25)。

表 6-16　长期试验和短期试验钢筋表层氯离子含量(占水泥质量分数)

Table 6-16　Chloride ion content(percentage of cement mass)**on the surface of reinforcement in long-term test and short-term test**

处理方法	不做处理		电化学除氯		1,6-已二胺		三乙烯四胺	
类型	短期	长期	短期	长期	短期	长期	短期	长期
Cl_s^-/%	0.60	0.77	0.23	0.32	0.15	0.28	0.15	0.27

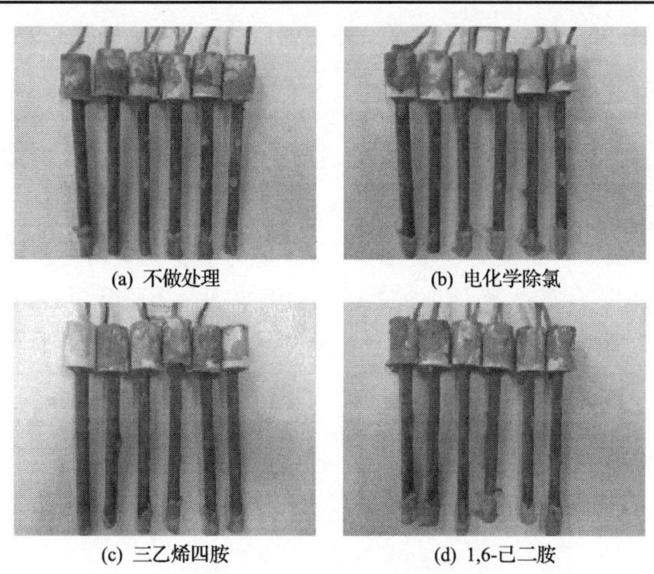

(a) 不做处理　(b) 电化学除氯　(c) 三乙烯四胺　(d) 1,6-已二胺

图 6-24　湿循环后试块中钢筋锈蚀情况对比图

Figure 6-24　Comparison of reinforcement corrosion in test block after wet cycles

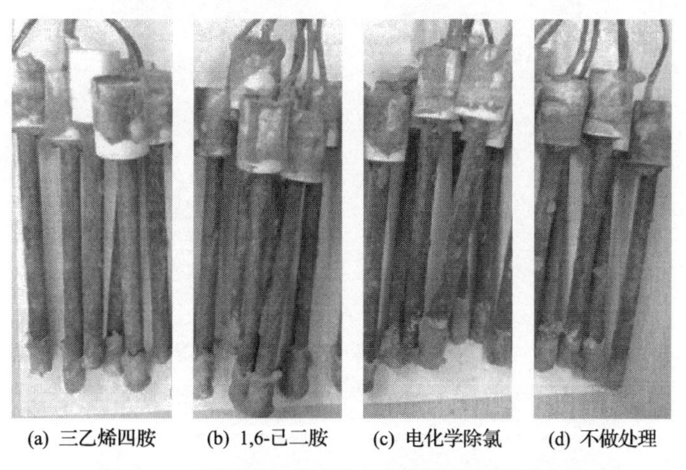

(a) 三乙烯四胺　(b) 1,6-已二胺　(c) 电化学除氯　(d) 不做处理

图 6-25　干湿循环后试块中钢筋锈蚀情况综合图

Figure 6-25　Comprehensive diagram of reinforcement corrosion in test block after dry and wet cycles

对不做处理的试块，就各层平均值而言，其氯离子摩尔含量(占水泥质量分数)由0.0125%mol/g 增加到 0.0229%mol/g，增加了 0.0104%mol/g，而此时钢筋表层的氯离子含量(占水泥质量分数)增加了 0.17%，达到 0.77%，远远大于规范要求的临界值 0.1%；对经过电化学除氯(ECE)技术处理的试块，就各层平均值而言，其氯离子摩尔含量由0.0060%mol/g 增加到 0.0146%mol/g，增加了 0.0086%mol/g，而此时钢筋表层的氯离子含量增加了 0.09%，达到 0.32%，远大于规范要求的临界值 0.1%；对经过 1,6-己二胺作为阻锈剂的双向电迁移技术处理的试块，就各层平均值而言，其氯离子摩尔含量由0.0046%mol/g 增加到 0.0126%mol/g，增加了 0.0080%mol/g，而此时钢筋表层的氯离子含量增加了 0.13%，达到 0.28%，远大于规范要求的临界值 0.1%；对经过三乙烯四胺作为阻锈剂的双向电迁移技术处理的试块，就各层平均值而言，其氯离子摩尔含量由0.0046%mol/g 增加到 0.0124%mol/g，增加了 0.0078%mol/g，而此时钢筋表层的氯离子含量增加了 0.12%，达到 0.27%，远大于规范要求的临界值 0.1%。

以上分析表明，经过双向电迁移技术处理后，对于三乙烯四胺阻锈剂而言，长期试验中表现出较强的阻碍氯离子再迁入能力，1,6-己二胺阻锈剂次之，之后是电化学除氯技术处理的试块，不做处理的试块阻碍氯离子侵入能力最弱。不做处理的试块的钢筋表面的氯离子含量增加了 0.17%，而处理过的试块钢筋表面氯离子含量均增加了 0.1%左右。因此，从阻碍氯离子再侵入的角度看，三乙烯四胺作为阻锈剂应用于双向电迁移技术产生的长期效果比其他三种更有优势。

3. 阻锈剂保持能力

图 6-26 所示为干湿循环前和干湿循环结束后试块中阻锈剂含量分布情况。

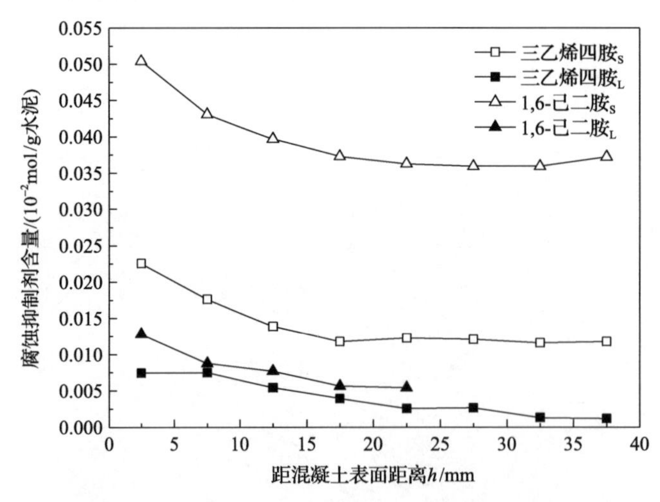

图 6-26　干湿循环前后试块中阻锈剂含量分布情况

Figure 6-26　Distribution of rust inhibitor content in test block before and after dry wet cycles

由图 6-26 可知，经过半年的干湿循环作用，阻锈剂的含量均急剧减少。就各层平均值而言，对于三乙烯四胺阻锈剂，其阻锈剂摩尔含量(占水泥质量分数)由 0.014%mol/g 减少为 0.004%mol/g，下降了 71%；对于 1,6-己二胺阻锈剂，其阻锈剂摩尔含量由 0.040%mol/g 减少为 0.005%mol/g，下降了 88%，其下降量更多，程度更大。故相对而言，三乙烯四胺较 1,6-己二胺，阻锈剂的残余能力更强，但是整体而言，它们流失得都比较快，由之前从电化学参数和钢筋表面观察可知，阻锈剂处理过的钢筋具有长期优势，且其短期优势也很明显。因此，三乙烯四胺是一种比较理想的电渗型阻锈剂，可采取表面封堵或纳米电迁以提高阻锈剂长期的残存能力。

6.4.2　钢筋脱钝结构性能与寿命提升

混凝土内氯离子浓度超过阈值后会引起钢筋脱钝，本小节拟探明电化学方法对不同脱钝程度钢筋的性能提升效果。取不同耐久性劣化阶段混凝土试件中的 W、T 组进行双向电迁移试验。将 W、T 组中混凝土试件各分为 5 组，分组见表 6-17 和表 6-18，分别取双向电迁时长为 7d、15d、20d、25d、30d。

表 6-17　钢筋未脱钝组试件(W 组)双向电迁修复参数表

Table 6-17　BIEM parameters of specimen in undebonding group (group W)

分组	编号	电解液	电流密度/(A/m^2)	通电时长/d
W1	W1-1/2/3	TETA, 1mol/L	3	7
W2	W2-1/2/3	TETA, 1mol/L	3	15
W3	W3-1/2/3	TETA, 1mol/L	3	20
W4	W4-1/2/3	TETA, 1mol/L	3	25
W5	W5-1/2/3	TETA, 1mol/L	3	30

表 6-18　钢筋脱钝组试件(T 组)双向电迁修复参数表

Table 6-18　BIEM parameters of specimen in debonding group (group T)

分组	编号	电解液	电流密度/(A/m^2)	通电时长/d
T1	T1-1/2/3	TETA, 1mol/L	3	7
T2	T2-1/2/3	TETA, 1mol/L	3	15
T3	T3-1/2/3	TETA, 1mol/L	3	20
T4	T4-1/2/3	TETA, 1mol/L	3	25
T5	T5-1/2/3	TETA, 1mol/L	3	30

待双向电迁移试验结束，将试件放入潮汐室中进行模拟干湿循环试验，加速试件耐久性性能的损伤劣化。干湿循环试验周期设计为 3 天一个周期，每个周期干湿比为 3∶1，即干 54h、湿 18h，溶液采用 5%的 NaCl 溶液。制定干湿循环试验以 10 个循环周期为一个试验阶段，每个试验阶段结束后，测试代表性试件的弱极化曲线，并测量试件钢筋表面的氯离子累积浓度与阻锈剂剩余浓度。为更好地评价混凝土试件中钢筋未脱钝阶段与脱钝阶段双向电迁移介入的长期修复效果，设置一组未经电加速氯离子侵蚀与双向电迁

移过程的空白试件组(GK 组)同时进行干湿循环对照试验。

1. 双向电迁移即时修复效果

对钢筋未脱钝组(W 组)混凝土试件进行双向电迁移修复后，测得各组试件的极化曲线，并合于图 6-27。由图 6-27 中各弱极化曲线可以看出，经不同时长的双向电迁移修复后，未脱钝组(W 组)各试件中钢筋的弱极化曲线形态均表现出更加明显的钝化特征，即阳极极化部分陡峭而阴极极化部分十分平缓，说明各组试件中钢筋均保持钝化状态，7～30d 时长双向电迁移的即时修复效果均较好。

对钢筋脱钝组(T 组)的双向电迁移修复试验也得到类似的效果，如图 6-28 所示。相比于未脱钝组，脱钝组的阳极极化曲线显得更平缓一些。但相较于自身而言，阳极极化部分曲线陡峭而阴极极化部分曲线则平缓。对于钢筋脱钝阶段混凝土结构，双向电迁移 7～30d 均具有较好的修复效果，钢筋的活化状态得到抑制，腐蚀反应得以放缓。

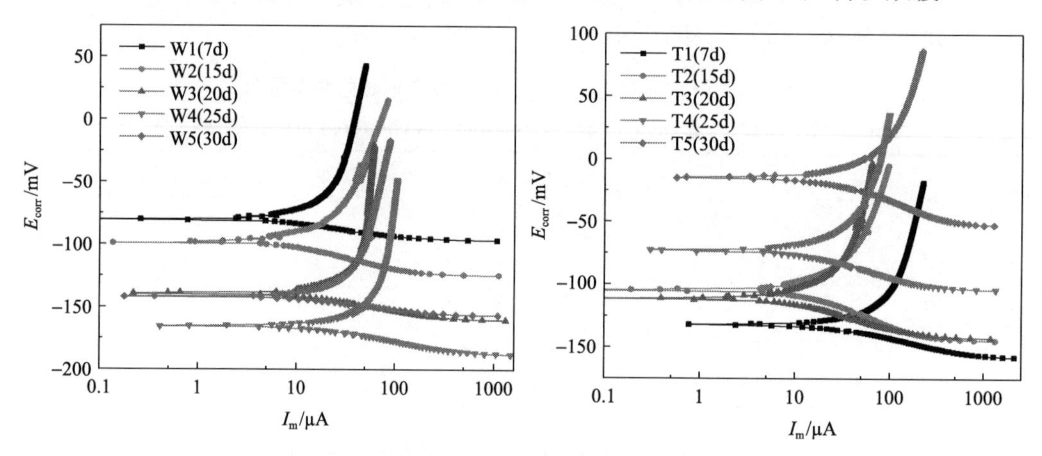

图 6-27　未脱钝组不同双向电迁移修复时间后的弱极化曲线

Figure 6-27　Weak polarization curves of non debonding group after different BIEM time

图 6-28　脱钝组不同双向电迁移修复时间后的弱极化曲线

Figure 6-28　Weak polarization curves of debonding group after different BIEM time

2. 双向电迁移长期修复效果

钢筋未脱钝各组混凝土试件(W1～W5 组)各干湿循环阶段结束时，测得的弱极化曲线变化如图 6-29 所示。由图 6-29 可以看出，随着干湿循环次数的增加，即随着双向电迁移修复后试件受氯盐侵蚀时长的增加，各组经过不同双向电迁移修复时长的混凝土试件的弱极化曲线均向负向偏移，即各组试件的腐蚀电位 E_{corr} 均逐渐降低，各组试件的锈蚀风险逐渐增加。但各组试件的腐蚀电位 E_{corr} 基本仍未负于–350mV，未进入高概率锈蚀区。

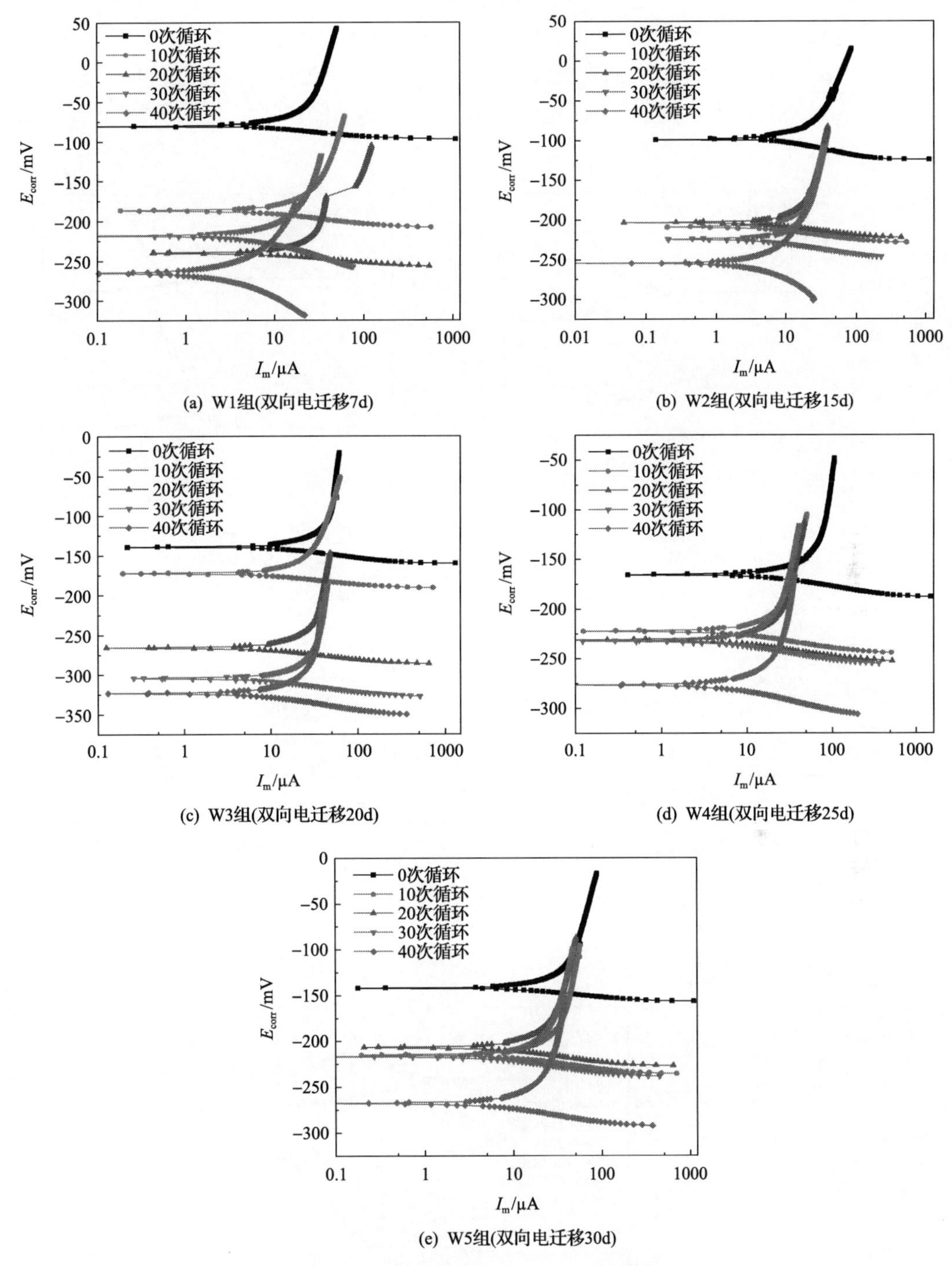

图 6-29　未脱钝组（W 组）各循环弱极化曲线

Figure 6-29　Weak polarization curve of each cycle in non debonding group（group W）

钢筋脱钝各组混凝土试件（T1～T5 组）各干湿循环阶段结束时，测得的极化曲线变化如图 6-30 所示。由图 6-30 可以看出，随着干湿循环次数的增加，各组混凝土试件的极化曲线也均逐渐向负向偏移，即各组试件的腐蚀电位 E_{corr} 均逐渐降低，表明各组试件的锈蚀风险逐渐增加。但是，各组试件的腐蚀电位 E_{corr} 基本仍未低于–350mV，对应锈蚀概率低于 50%。然而，相比于钢筋未脱钝组（W1～W5 组），钢筋脱钝各组（T1～T5 组）的腐蚀电位相对略负，表明钢筋脱钝各组试件中钢筋的锈蚀概率略高于同等条件下的钢筋未脱钝各组试件。

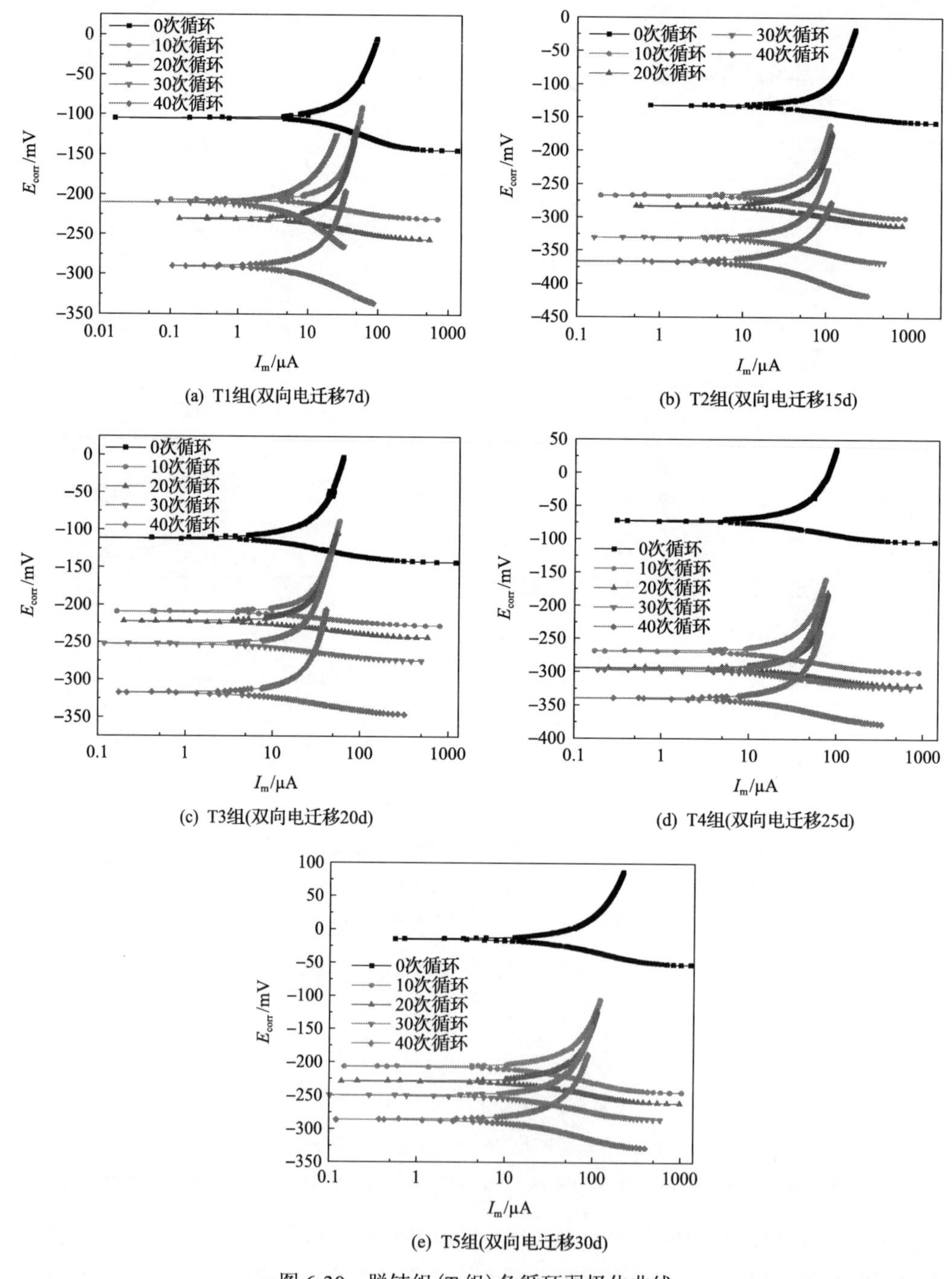

图 6-30　脱钝组（T 组）各循环弱极化曲线

Figure 6-30　Weak polarization curve of each cycle in debonding group（group T）

由图 6-29(a)可知，对于仅进行 7d 双向电迁移修复的未脱钝组(W1 组)混凝土试件，在经过 10 次、20 次干湿循环后，其极化曲线阳极极化部分仍较为陡峭而阴极极化部分比较平缓，表明此时混凝土试件中钢筋依然被有效保护，尚未脱钝，未开始锈蚀。在经过 30 次干湿循环后，其极化曲线阳极极化部分斜率略有降低且阴极极化部分斜率略有增加，表明此时试件具有脱钝的风险。而在经过 40 次干湿循环后，其极化曲线中阳极极化部分的斜率明显有所降缓而阴极极化部分斜率明显增加，表明试件在干湿循环 40 次后，经 7d 双向电迁移修复过的混凝土试件中钢筋已经脱钝，即此时阻锈剂的保护作用已经失效，不能阻止钢筋锈蚀。通过对 W1 组代表性试件破型取出钢筋进行直接观察，如图 6-31 所示，可以看出靠近混凝土保护层一侧的钢筋已经出现明显的铁锈，验证了此时混凝土试件中钢筋已经锈蚀。

由图 6-30(a)可知，对于进行 7d 双向电迁移修复的脱钝(T1)混凝土试件，在经过 10 次、20 次干湿循环后，其极化曲线仍具有明显的钝化特征，即阳极极化部分仍较为陡峭而阴极极化部分比较平缓，表明此时混凝土试件中钢筋依然被有效保护，尚未脱钝，未开始锈蚀。在经过 30 次及 40 次干湿循环后，其极化曲线阳极极化部分斜率明显有所降低且阴极极化部分斜率增加，表明此时阻锈剂难以继续阻止钢筋锈蚀。通过对 T1 组代表性试件破型取出钢筋进行直接观察，如图 6-32 所示，可以看出靠近混凝土保护层一侧的钢筋有明显的锈斑，验证了此时混凝土试件中钢筋已经脱钝，开始锈蚀。

图 6-31　未脱钝组(W 组)40 次干湿循环后钢筋直观图

Figure 6-31　Visual diagram of reinforcement after 40 cycles of dry and wet in non debonding group (group W)

图 6-32　脱钝组(T 组)40 次干湿循环后钢筋直观图

Figure 6-32　Visual diagram of reinforcement after 40 cycles of dry and wet in debonding group (group T)

由图 6-29(b)可知，对于进行 15d 双向电迁移修复的未脱钝组(W2 组)混凝土试件，在经过 10 次、20 次、30 次干湿循环后，其极化曲线阳极极化部分仍较为陡峭，而阴极极化部分比较平缓，表明此时混凝土试件中钢筋依然被有效保护，尚未脱钝，未开始锈蚀。然而在经过 40 次干湿循环后，其极化曲线中阳极极化部分的斜率明显有所降缓，而阴极极化部分斜率明显增加，表明试件在干湿循环 40 次后，经 15d 双向电迁移修复的混凝土试件中钢筋已经脱钝，即此时阻锈剂难以阻止钢筋锈蚀。通过对 W2 组代表性试件破型取出钢筋进行直接观察，如图 6-31 所示，可以看出靠近混凝土保护层一侧的钢筋有一些小型的锈斑，验证了此时混凝土试件中钢筋已经脱钝，开始锈蚀。

由图 6-30(b)可知，对于进行 15d 双向电迁移修复的脱钝组(T2 组)混凝土试件，在经过 30 次干湿循环后，其极化曲线阳极极化部分仍较为陡峭，而阴极极化部分比较平缓，表明此时混凝土试件中钢筋依然被有效保护，尚未脱钝，未开始锈蚀。在经过 40 次干湿循环后，其极化曲线中阳极极化部分的斜率明显有所降缓，而阴极极化部分斜率明显增加，表明试件在干湿循环 40 次后，经 14d 双向电迁移修复过的混凝土试件中钢筋已经脱钝，开始锈蚀，即此时阻锈剂的保护作用已经失效，不能继续阻止钢筋锈蚀。通过对 T2 组代表性试件破型取出钢筋进行直接观察，如图 6-32 所示，可以看出靠近混凝土保护层一侧的钢筋部分区域明显发黄，验证了此时混凝土试件中钢筋已经脱钝，开始锈蚀。

由图 6-29(b)、(c)、(d)可知，对于分别进行 20d、25d、30d 双向电迁移修复的未脱钝组(W3～W5 组)混凝土试件，在经过 40 次干湿循环后，其极化曲线阳极极化部分仍较为陡峭，而阴极极化部分比较平缓，表明经过 40 次干湿循环后，经 20d 及以上双向电迁移修复过的混凝土试件中钢筋依然被有效保护，尚未脱钝，未开始锈蚀。通过对 W3 组、W4 组、W5 组代表性试件破型取出钢筋进行直接观察，如图 6-31 所示，可以看出钢筋靠近混凝土保护层侧和远离混凝土保护层侧均未发生锈蚀，表明经 20d 及以上双向电迁移修复后的混凝土试件，其抵抗再次劣化的能力较强，混凝土试件中钢筋受保护效果较好，混凝土试件耐久性的提升效果较好。

由图 6-30(b)、(c)、(d)可知，对于分别进行 20d、25d、30d 双向电迁移修复的脱钝组(T3～T5 组)混凝土试件，在经过 40 次干湿循环后，其极化曲线阳极极化部分仍较为陡峭，而阴极极化部分比较平缓，表明经过 40 次干湿循环后，经 20～30d 时长双向电迁移修复过的混凝土试件中钢筋依然被有效保护，尚未脱钝，未开始锈蚀。通过对 T3 组、T4 组、T5 组代表性试件破型取出钢筋进行直接观察，如图 6-32 所示，可以看出钢筋靠近混凝土保护层侧和远离混凝土保护层侧均未发生锈蚀，表明经 20d 及以上双向电迁移修复后的混凝土试件，其抵抗再次劣化的能力较强，混凝土试件中钢筋受保护效果较好，混凝土试件耐久性的提升效果较好。

对比空白组试件干湿循环 30 次(90d)钢筋即脱钝锈蚀的情况，钢筋未脱钝阶段与脱钝阶段双向电迁移介入修复 7～14d 后，混凝土试件的耐久性与空白组试件相当。而对于经双向电迁移修复 20～30d 的钢筋未脱钝试件与脱钝试件，其耐久性优于空白组试件。

6.4.3　钢筋初锈结构性能与寿命提升

氯离子浓度超过阈值后，随着服役年限的增加，钢筋会出现不同程度的锈蚀，本小节拟探明电化学方法对不同锈蚀程度钢筋的耐久性能提升效果。取不同耐久性劣化阶段混凝土试件中的锈蚀组(X 组)进行双向电迁移试验和电化学除氯试验。将 X 组中 X1、X2、X3 组分别取 3 个试件进行双向电迁移，并于每组取额外的三个试件另行编号为 L1、L2、L3 组进行电化学除氯试验，分组如表 6-19 所示。

表 6-19　锈蚀混凝土试件组(X、L 组)电化学修复参数表

Table 6-19　Electrochemical repair parameters of corroded concrete test piece group (group X and L)

分组		编号	理论锈蚀率/%	电解液	电流密度/(A/m^2)	通电时长/d
X(双向电迁移)	X1	X1-1/2/3	0.94	TETA，1mol/L	3	15
	X2	X2-1/2/3	1.4	TETA，1mol/L	3	15
	X3	X3-1/2/3	1.86	TETA，1mol/L	3	15
L(电化学除氯)	L1	L1-1/2/3	0.94	饱和 $Ca(OH)_2$ 溶液	3	15
	L2	L2-1/2/3	1.4	饱和 $Ca(OH)_2$ 溶液	3	15
	L3	L3-1/2/3	1.86	饱和 $Ca(OH)_2$ 溶液	3	15

在双向电迁移试验结束并取粉后，对混凝土试件取粉处以环氧树脂胶滴入来填补取粉孔洞，并在外部用细砂浆抹平，使试件恢复完整。修补完成后，将试件放入模拟潮汐室中进行干湿循环，加速试件耐久性劣化。干湿循环试验方案如前一致(10 个周期为一个阶段，每个阶段测量弱极化曲线和氯离子浓度以及阻锈剂浓度)。最后将试件破型，测试钢筋的最终锈蚀率。钢筋锈蚀率测量按照《普通混凝土长期性能和耐久性能试验方法标准》(GB/T 50082)中相关规定，测量并计算钢筋锈蚀率。

1. 双向电迁移即时修复效果

对混凝土试件进行电化学除氯和双向电迁移修复后，分别测得各组试件的极化曲线，并分别合于图 6-33 和图 6-34 中。

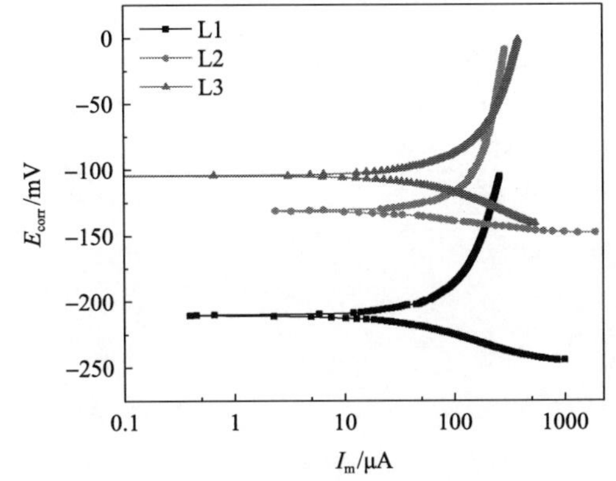

图 6-33　电化学除氯后混凝土试件极化曲线

Figure 6-33　Polarization curves of concrete specimen after electrochemical dechlorination

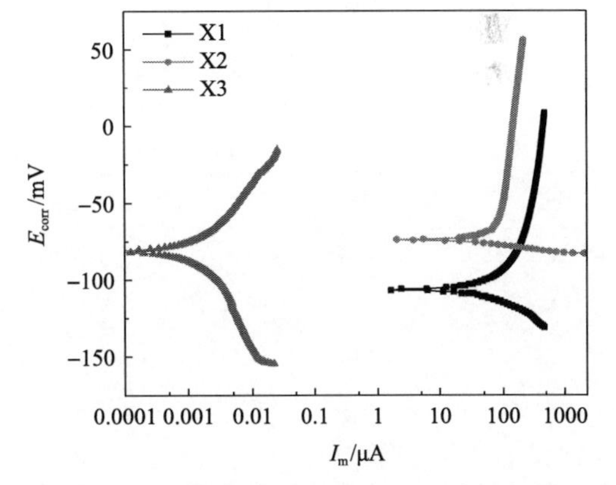

图 6-34　双向电迁移后混凝土试件极化曲线

Figure 6-34　Polarization curves of concrete specimen after BIEM

由图 6-33 中各组极化曲线可以看出，经 15d 电化学除氯后，理论锈蚀率分别为 0.94%和 1.4%的 L1、L2 组试件的极化曲线形态均表现为阳极极化部分陡峭而阴极极化部分

平缓，说明对于这两组混凝土试件，电化学除氯可以在短期内使试件中钢筋恢复钝化，抑制其腐蚀反应的进行。而理论锈蚀率为 1.86%的 L3 组试件的极化曲线，其阳极极化部分曲线相对已经较缓，而阴极极化部分曲线斜率相对其他两组较陡峭。这说明，对于理论锈蚀率为 1.86%的 L3 组试件，电化学除氯已经不能抑制钢筋的活化状态，不能使钢筋恢复钝化。

由图 6-34 中各组极化曲线可以看出，经 15d 双向电迁移修复后，对于理论锈蚀率分别为 0.94%和 1.4%的 X1、X2 组试件，其极化曲线中阳极极化部分均十分陡峭而阴极极化部分相对平缓，说明双向电迁移可以在短期内使试件中钢筋恢复钝化，抑制其腐蚀反应的进行。而理论锈蚀率为 1.86%的 X3 组试件，其极化曲线的阳极极化部分明显较缓而阴极部分明显陡峭，说明此时双向电迁移不能抑制钢筋的活化状态，不能使钢筋恢复钝化。

对比电化学除氯和双向电迁移后，各组试件的弱极化曲线特征，可以看出钢筋锈蚀率不超过 1.45 时，两者均能抑制钢筋的活化状态；而当钢筋锈蚀率达到 1.86%时，两者则均不能抑制钢筋的活化状态。

表 6-20 为电化学修复结束后锈蚀钝组混凝土试件腐蚀速率信息表。由表可知，电化学除氯后，L1、L2、L3 组混凝土试件的钢筋的腐蚀电流分别为 7.929μA、16.277μA、10.689μA，相应腐蚀电流密度分别为 0.0601μA/cm^2、0.1233μA/cm^2、0.0802μA/cm^2。相比于各组试件电化学除氯修复前钢筋的初始腐蚀电流密度 2.42μA/cm^2、2.51μA/cm^2、0.98μA/cm^2，经电化学除氯后试件中钢筋的腐蚀电流密度大幅度减小，且均低于混凝土中钢筋脱钝临界电流密度 0.15μA/cm^2。说明对于钢筋已经出现一定锈蚀的混凝土结构，短期内电化学除氯修复可以在一定程度上对混凝土中钢筋的腐蚀反应起到抑制作用，具有一定的即时修复效果。

表 6-20　电化学修复结束后锈蚀钝组混凝土试件腐蚀速率信息表

Table 6-20　Corrosion rate information of concrete specimens with blunt corrosion after electrochemical repair

分组	双向电迁移时长/d	R_p/(kΩ · cm^2)	a	I_{corr}/μA	i_{corr}/(μA/cm^2)
L1	14	0.1868	5.272	7.929	0.0601
L2	14	0.0882	5.548	16.277	0.1233
L3	14	0.1493	4.680	10.689	0.0802
X1	14	0.1011	3.970	17.570	0.1331
X2	14	0.0466	4.523	35.002	0.2652

对于经过双向电迁移修复后的各组混凝土试件，X1、X2 组试件中钢筋的腐蚀电流分别为 17.570μA、35.002μA，相应腐蚀电流密度分别为 0.1331μA/cm^2、0.2652μA/cm^2，而锈蚀程度相对较高的 X3 组试件，由于极化电阻失真而无法通过计算得到有效的腐蚀电流密度。相比于 X1、X2 组试件双向电迁移修复前钢筋的初始腐蚀电流密度 2.42μA/cm^2、2.51μA/cm^2，经双向电迁移修复后试件中钢筋的腐蚀电流密度大幅度减小，说明双向电迁移

短期内可以在一定程度上对混凝土中钢筋的腐蚀反应起到抑制作用，具有一定的即时修复效果。

对比电化学除氯后各组的腐蚀电流密度与双向电迁移后各组的腐蚀电流密度，可以看出对于钢筋进入锈蚀阶段的混凝土结构。电化学除氯与双向电迁移均可以大幅度降低钢筋的腐蚀电流密度，在一定程度上抑制钢筋的腐蚀速率，具有一定的即时修复效果。但是相比较而言，电化学除氯后各组试件的腐蚀电流密度略低于相应经过双向电迁移后的各组试件的腐蚀电流密度。

2. 双向电迁移长期修复效果

初始钢筋理论锈蚀率为0.94%的锈蚀组混凝土试件，在分别经过电化学除氯修复和双向电迁移修复后，各干湿循环阶段结束时，测得的极化曲线变化分别如图6-35和图6-36所示。可以看出随着干湿循环次数的增加，L1组和X1组试件的极化曲线均逐渐向负向偏移，即试件的腐蚀电位 E_{corr} 均逐渐降低，试件中钢筋的锈蚀风险逐渐增加。但是，相比于电化学除氯修复后的试件组L1组，双向电迁移修复后的试件组X1组在试件干湿循环的过程中，其腐蚀电位的下降更为缓慢，钢筋再次锈蚀的风险相对更小。

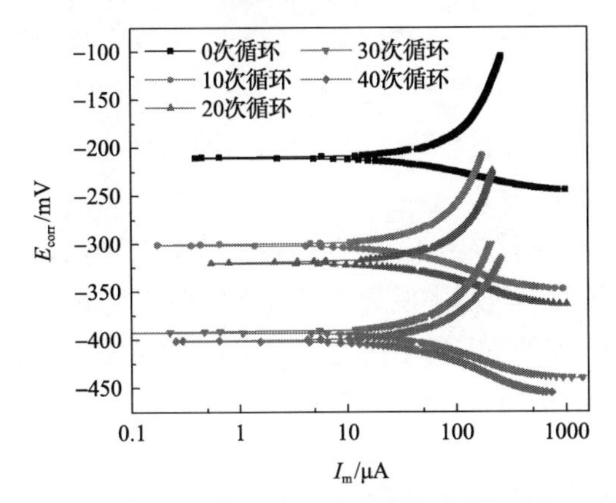

图6-35　L1组各干湿循环阶段极化曲线

Figure 6-35　Polarization curve of each dry and wet cycle stage of L1 group

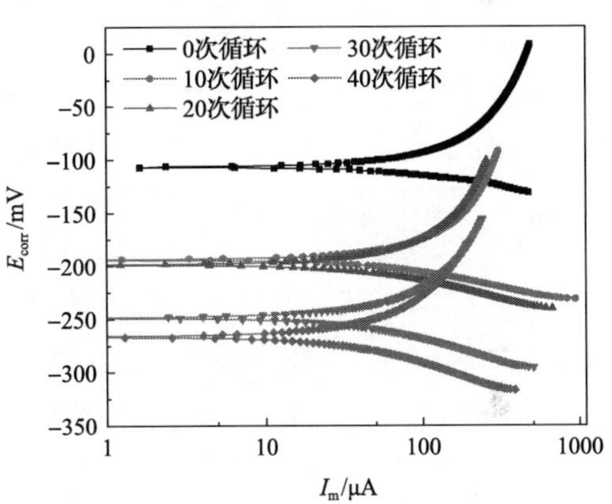

图6-36　X1组各干湿循环阶段极化曲线

Figure 6-36　Polarization curve of each dry and wet cycle stage of X1 group

由图6-35中极化曲线形态的变化可以看出，电化学除氯后的L1组试件的极化曲线在40次干湿循环后，其阳极极化部分曲线斜率有较为明显的降低，而阴极极化部分曲线斜率有较为明显的增加，说明此时试件中钢筋很可能已经再次脱钝开始锈蚀。相比较而言，图6-36中双向电迁移后的X1组试件的极化曲线在40次干湿循环后，阴、阳极极化部分曲线斜率的变化则没有L1组的变化明显，说明经双向电迁移修复的X1组试件此时钢筋的脱钝风险相对电化学除氯修复的L1组试件更小。

初始钢筋理论锈蚀率为 1.4%的锈蚀组混凝土试件在分别经过电化学除氯修复和双向电迁移修复后，各干湿循环阶段结束时，测得的极化曲线变化分别如图6-37和图6-38所示。

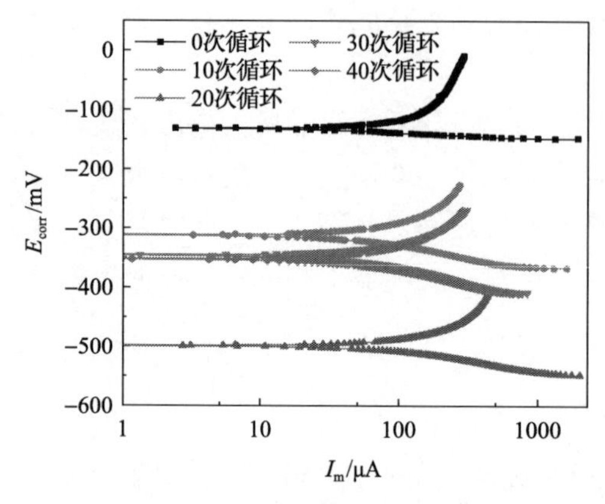

图 6-37　L2 组各干湿循环阶段极化曲线

Figure 6-37　Polarization curve of each dry and wet cycle stage of L2 group

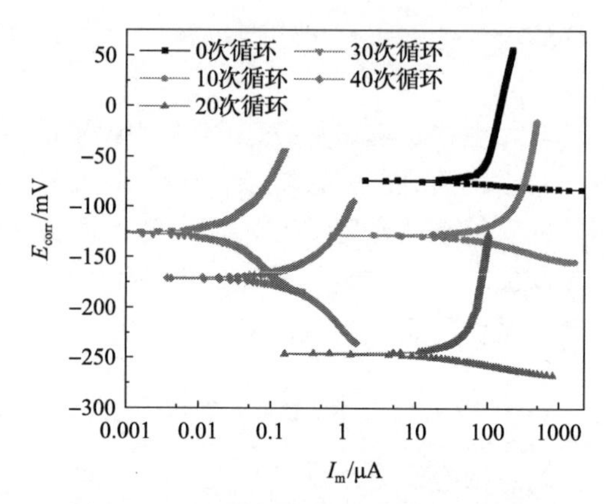

图 6-38　X2 组各干湿循环阶段极化曲线

Figure 6-38　Polarization curve of each dry and wet cycle stage of X2 group

由图 6-37 可以看出，电化学除氯后的 L2 组试件的极化曲线在 30 次干湿循环后，其极化曲线形态有较为明显的变化，阳极极化部分曲线斜率有较为明显的降低，而阴极极化部分曲线则没有前几次干湿循环后平缓，说明此时试件中钢筋很可能已经再次脱钝开始锈蚀。观察其腐蚀电位 E_{corr} 的变化，可以看出在干湿循环 20 次后，L2 组试件的腐蚀电位已经处于高腐蚀概率区，而干湿循环达 30 次后，其腐蚀电位 E_{corr} 出现了回升现象，这表明 L2 组试件中钢筋此时已经开始继续锈蚀。

由图 6-38 可以看出，双向电迁移后的 X2 组试件的极化曲线在 30 次干湿循环后，其极化曲线形态有非常明显的变化，阳极极化部分曲线斜率明显降低，而阴极极化部分曲线斜率则明显增加，说明此时试件中钢筋已经再次脱钝开始锈蚀。观察其腐蚀电位 E_{corr} 的变化，可以看出在干湿循环达 30 次后，其腐蚀电位 E_{corr} 出现了回升现象，这也表明 X2 组试件中钢筋此时也已经开始继续锈蚀。

综合比较，可以看出对于钢筋理论锈蚀率达到 1.4%的混凝土结构，电化学除氯与双向电迁移均只能在短时间内抑制钢筋腐蚀反应的进行，而经过一段劣化时间后，钢筋则开始继续腐蚀，两者长期修复效果均不理想。

初始钢筋理论锈蚀率为 1.86%的锈蚀组混凝土试件，在分别经过电化学除氯修复和双向电迁移修复后，各干湿循环阶段结束时，测得的极化曲线变化分别如图 6-39 和图 6-40 所示。

由图 6-39 可以看出，电化学除氯后的 L3 组试件的极化曲线在 10 次干湿循环后，其极化曲线中阳极极化部分曲线斜率已经明显地降低，而阴极极化部分曲线斜率则明显增加，说明此时试件中钢筋正在锈蚀。观察其腐蚀电位 E_{corr} 的变化，可以看出在干湿循环 10 次后，L3 组试件的腐蚀电位 E_{corr} 就出现了回升现象，这也表明 L3 组试件中钢筋正在继续锈蚀。

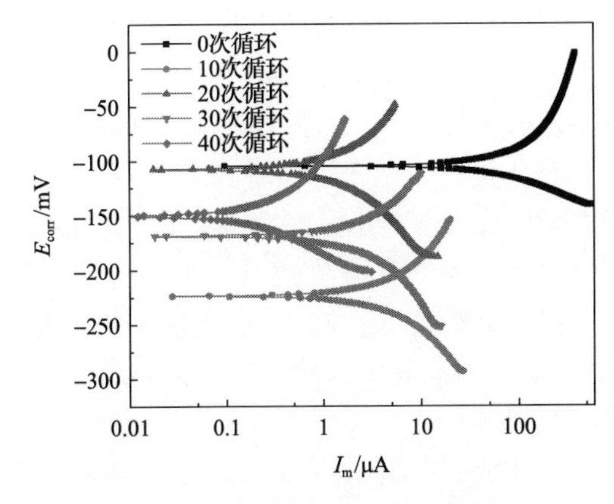

图 6-39　L3 组各干湿循环阶段极化曲线

Figure 6-39　Polarization curve of each dry and wet cycle stage of L3 group

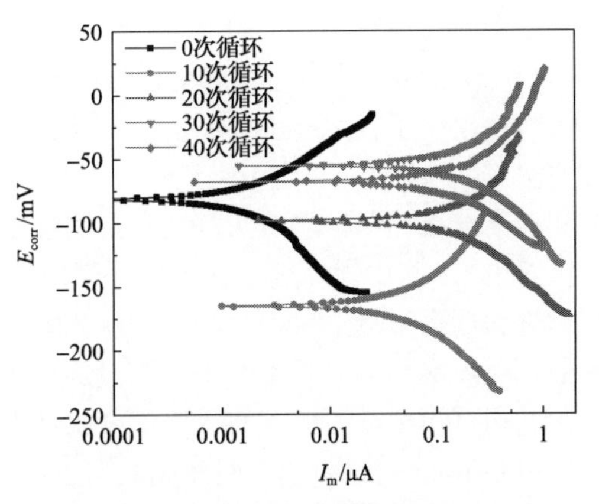

图 6-40　X3 组各干湿循环阶段极化曲线

Figure 6-40　Polarization curve of each dry and wet cycle stage of X3 group

由图 6-40 可以看出，双向电迁移后的 X3 组试件的极化曲线在干湿循环过程中，其极化曲线形态一直保持与典型的混凝土中钢筋锈蚀的极化曲线相近的形态，即阳极极化部分与阴极极化部分斜率相近。观察其腐蚀电位 E_{corr} 的变化，可以看出在干湿循环 10 次后，其腐蚀电位 E_{corr} 便出现了回升现象，这也表明 X3 组试件中钢筋此时已经在继续锈蚀。

综合比较，可以看出对于钢筋理论锈蚀率达到 1.86%的混凝土结构，电化学除氯和双向电迁移对钢筋腐蚀反应进行的抑制效果均不佳，均不能抑制钢筋的活化状态，长期修复效果均不理想。

对 X1、X2、X3、L1、L2、L3 组试件于干湿循环 40 次后，将试件破型，取代表性钢筋观察各组试件锈蚀状况，如图 6-41 所示。并将各组试件中钢筋进行清洗后称量，与各组钢筋初始质量相对比得到各组钢筋的锈蚀率，如图 6-42 所示。

图 6-41　各组 40 次干湿循环后钢筋直观图

Figure 6-41　Visual diagram of reinforcement after 40 cycles of drying and wetting in each group

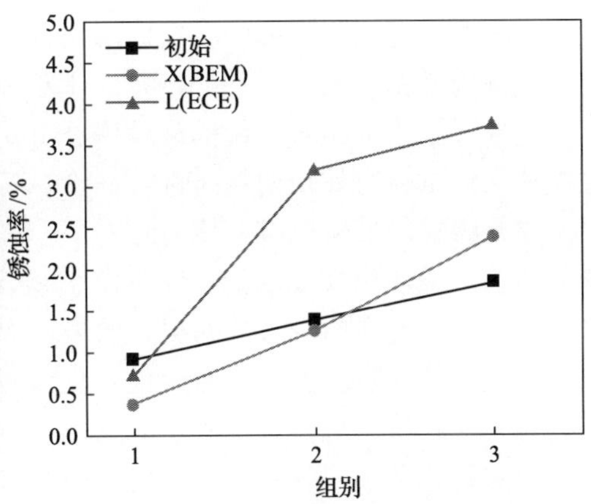

图 6-42　各组 40 次干湿循环后钢筋锈蚀率

Figure 6-42　Corrosion rate of steel bars after 40 cycles of drying and wetting in each group

由图 6-41 中比较 X1 组与 L1 组钢筋的锈蚀情况，可以看出 X1 组中钢筋靠近混凝土保护层一侧的月牙肋比较完整，锈蚀程度较轻，而 L1 组中钢筋靠近保护层一侧的月牙肋则有一些出现了较为严重的锈蚀，其锈蚀程度较 X1 严重。比较 X2 组与 L2 组钢筋的锈蚀情况，可以看出 X2 组中钢筋远离保护层一侧基本没有发生锈蚀，而 L2 组中钢筋在靠近和远离混凝土保护层的两侧均有不同程度的锈蚀。比较 X3 组与 L3 组钢筋的锈蚀情况，可以看出 X3 组中钢筋远离保护层一侧仍有较大的部分区域未发生锈蚀，而 L3 组中钢筋在靠近和远离混凝土保护层的两侧也均有不同程度的锈蚀。综合对各组钢筋在干湿循环后的直观观察，可以看出对于钢筋已经处于锈蚀阶段的混凝土结构，经双向电迁移修复后，结构再劣化过程钢筋的锈蚀程度比经电化学除氯低。

由图 6-42 可以看出，对于 X1、L1 组试件，分别在干湿循环 40 次(120d)后，其中钢筋的锈蚀率均低于初始理论锈蚀率 0.94%。这一方面是由于由法拉第定律计算出锈蚀率本身偏大，另一方面则是由于电化学除氯与双向电迁移对于锈蚀程度较轻的试件均有相对较好的耐久性修复效果。而对于初始理论锈蚀率相对较高的 X2、L2、X3、L3 组试件，在干湿循环 40 次(120d)后，除 X2 组，其余各组试件中的钢筋最终锈蚀率均高于初始理论锈蚀率。且由各组钢筋最终锈蚀率，可以看出每组相应地经过电化学除氯的试件均明显比经过双向电迁移的试件中钢筋的最终锈蚀率高。说明钢筋进入锈蚀阶段的混凝土结构，双向电迁移介入修复后，可以明显降低钢筋的腐蚀速率。

综合比较，可以看出对于理论锈蚀率 0.94%的混凝土结构，双向电迁移和电化学除氯修复均可提高结构的耐久性。对于理论锈蚀率达到 1.4%的混凝土结构，双向电迁移和电化学除氯修复均只能在短期内抑制钢筋的锈蚀反应。而对于理论锈蚀率更高(1.86%)的混凝土结构，双向电迁移和电化学除氯均不能阻止钢筋腐蚀反应的进行。但是相比较而言，双向电迁移修复可以明显延缓结构中钢筋的锈蚀速率，仍具有一定的修复意义。

6.4.4　开裂混凝土结构性能与寿命提升

沿海腐蚀环境下裂缝的存在对耐久性影响显著，传统方法多进行裂缝的封闭处理而很少关注内部钢筋锈蚀状态的恢复。本小节拟探明电化学方法对不同开裂程度钢筋的耐久性能提升效果。结合传统的裂缝修补方法对开裂混凝土结构进行综合修复研究，并通过加速劣化试验对其长期性能进行评价。双向电迁移结合灌浆修复试验：针对荷载裂缝，引入灌浆修补法，研究综合修复相对单一修复对混凝土结构耐久性的提升效果；双向电迁移结合凿槽填充修复试验：针对锈胀裂缝，引入凿槽填充法，研究综合修复相对单一修复对于混凝土结构耐久性的提升效果，如图 6-43 所示。

试验试件的裂缝宽度选为定值，重点研究综合修复对于混凝土结构耐久性的提升效果。对于此定值的选择，不宜小于规范规定的允许裂缝宽度限值(0.1mm)，否则将失去修复的必要意义；同时此裂缝宽度下的混凝土需要与未裂混凝土进行较好地区分，本节选取 0.5mm 的固定裂缝宽度展开试验研究。对于荷载裂缝试件，利用三点加载的方式制作裂缝。对于锈胀裂缝试件，采用通电加速钢筋锈蚀试验制作锈胀裂缝。试件分组情况如表 6-21 所示，其中每组试件包含 3 个平行试件。

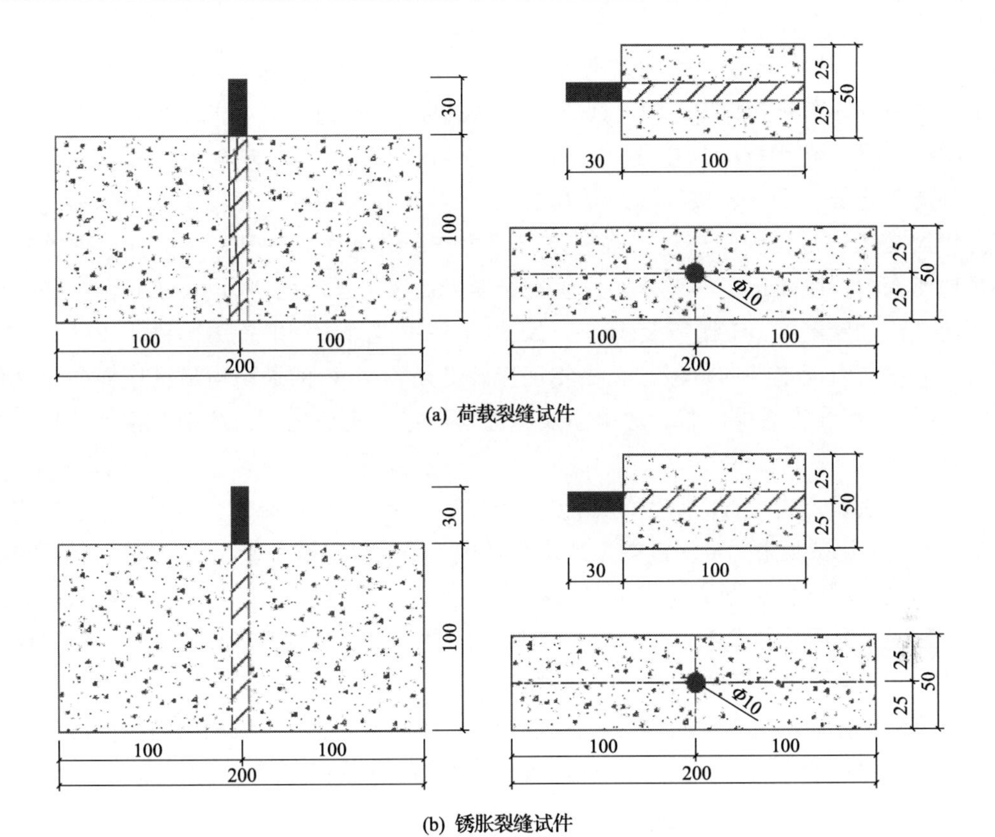

图 6-43　裂缝修复试件尺寸(单位：mm)

Figure 6-43　Specimen size of crack repair (unit：mm)

表 6-21　综合修复试件分组情况

Table 6-21　Grouping of comprehensive repair specimens

试件类型	试验组号	修复方式	试件类型	试验组号	修复方式
荷载裂缝试件	HZ-0	不处理	锈胀裂缝试件	XZ-0	不处理
	HZ-1	仅双向电迁移		XZ-1	仅双向电迁移
	HZ-2	仅灌浆		XZ-2	仅凿槽修补
	HZ-3	双向电迁移后灌浆		XZ-3	凿槽修补后双向电迁移

灌浆法修补裂缝的一般工艺流程分为：钻孔、清孔、埋设注浆针头、压力注浆、表面清理。由于该试验中所采用的混凝土试件保护层较小，不便于埋设注浆针头进行压力注浆。根据试件的实际情况，在裂缝处钻孔后采用导管替代注浆针头，连接针筒进行低压注浆。

凿槽填充修补裂缝需凿除表面松散的混凝土直至钢筋表面，对钢筋锈蚀部分进行充分的除锈及阻锈处理，后利用聚合物砂浆、环氧砂浆等材料对槽进行填充。考虑到自然条件下，钢筋靠近保护层侧锈蚀严重而远离保护层一侧锈蚀程度低，一般情况下针对钢筋的除锈及阻锈集中在钢筋的近保护层侧。而对于该试验，由于锈胀裂缝采用通电加速钢筋锈蚀产生，钢筋的锈蚀程度较高且锈蚀均匀，若要对钢筋进行较好地除锈及阻锈，需要对钢筋进行充分的暴露，即对远离保护层侧的锈蚀也进行充分的处理。

根据试验分组，HZ-1、HZ-3、XZ-1、XZ-3 组试件需进行双向电迁移试验。试验前，将试件的外露部分钢筋连接导线，外加 PVC 套筒，套筒内管环氧树脂密封以避免外露部分钢筋在通电过程中与溶液接触短路。除工作面及其对立面外，其余四个侧面均用环氧树脂密封，以防止在非工作面发生离子交换。选用三乙烯四胺(TETA)溶液作为电解质溶液，加磷酸将 pH 调节至 10 左右，以试件中埋置的钢筋作为阴极，以钛板作为阳极，分别与直流电源的负极与正极相连接。选用 $3A/m^2$ 的通电电流密度对各组试件进行 15 天的恒电流通电试验。通电前及电迁移结束并去极化后，分别对钢筋的极化曲线进行测定。

为了对该试验试件的长期劣化性能进行评价，各组试件在修复完后设计了加速劣化试验。加速劣化试验采用半浸没的方式进行通电，钢筋接电源阳极，外接钛板作为阴极，通过外加电场对试件进行加速劣化，通电电流密度为 $15A/m^2$，溶液采用自来水。利用 ZT501 数字式混凝土裂缝测宽仪(精度 0.01mm)对裂缝进行观察，每隔 6h 对裂缝宽度进行记录，并观察裂缝的扩展情况。由于规范一般按照混凝土表面裂缝宽度对开裂混凝土结构性能进行评估，故本章在进行加速劣化试验后，采用混凝土表面裂缝宽度对各组试件的长期劣化性能进行评估。因本章试验开裂混凝土初始宽度统一为 0.5mm，故选取 1.0mm 作为加速劣化终止的标志。

1. 荷载裂缝的修复效果

图 6-44 为各组试件初始状态下及修复后的钢筋极化曲线，将极化曲线进行塔费尔拟合后得到腐蚀电位及腐蚀电流列于表 6-22 中。

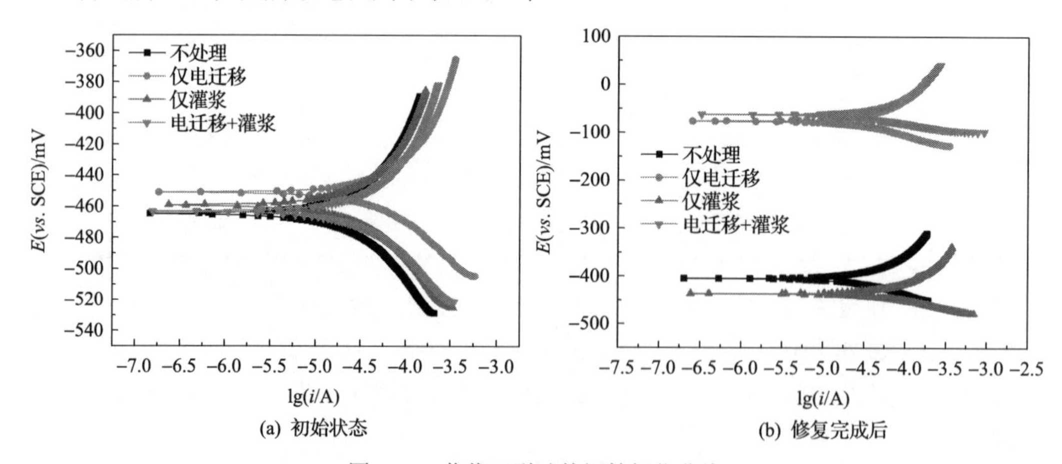

(a) 初始状态　　(b) 修复完成后

图 6-44　荷载开裂试件钢筋极化曲线

Figure 6-44　Polarization curve of steel bar of load cracking specimen

表 6-22　HZ 组试件钢筋电化学参数

Table 6-22　Electrochemical parameters of steel bars of group HZ

试件组	修复方式	初始状态			修复后		
		腐蚀电位 /mV	腐蚀电流 /μA	腐蚀电流密度 /(μA/cm^2)	腐蚀电位 /mV	腐蚀电流 /μA	腐蚀电流密度 /(μA/cm^2)
HZ-0	不处理	–465	45.3	1.44	–404	83	2.64
HZ-1	仅双向电迁移	–451	88	2.80	–76	6.7	0.21
HZ-2	仅灌浆	–459	56	1.78	–436	98	3.11
HZ-3	双向电迁移后灌浆	–463	82	2.61	–62	5	0.16

由图 6-44 和表 6-22 可以看出，各组试件在未经处理时的初始状态下，腐蚀电位在–500～–400mV 之间，腐蚀电流密度处于区间 1μA/cm^2<i≤10μA/cm^2，锈蚀速率高，说明在初始状态下钢筋已处于腐蚀状态。采用不同方式对荷载开裂混凝土进行修复后，对于不处理的试件，钢筋的锈蚀状态与初始状态相近；仅用双向电迁移进行处理后，钢筋的腐蚀电位及腐蚀电流密度均能恢复至较安全的范围内；仅灌浆处理的试件与不处理试件相近，即便有效地封堵了裂缝，但钢筋的腐蚀电位及腐蚀电流密度未得到改善，钢筋仍处于活化状态；采用双向电迁移结合灌浆处理的试件，从钢筋的腐蚀电位及腐蚀电流密度看，有了明显的改善，效果与仅电迁移试件相近。

图 6-45 为加速劣化条件下，各荷载裂缝试件组的混凝土表面裂缝宽度随劣化时间的变化。其中 HZ-0(不处理)组试件及 HZ-1(仅电迁移)组试件的初始裂缝宽度为 0.5mm，以模拟不对开裂混凝土采取任何修复措施情况下的劣化及仅进行除氯阻锈而不对裂缝采取封堵情况下的劣化，HZ-2(仅灌浆)组试件及 HZ-3(双向电迁移+灌浆)组试件由于对裂缝采取了灌浆封堵，故在加速劣化试验中的初始宽度为 0，以模拟传统修复仅对裂缝进行封堵时的混凝土劣化过程，以及采用结合双向电迁移的灌浆法进行综合修复后的混凝土劣化过程。

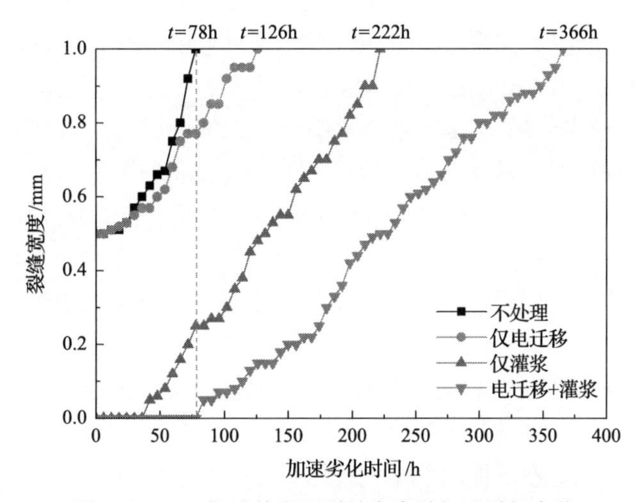

图 6-45　HZ 组试件表面裂缝宽度随加速时间变化

Figure 6-45　Variation of surface crack width with acceleration time of HZ group

由图 6-45 可见，当不对裂缝采取任何修复措施(HZ-0)时，裂缝在加速劣化 12h 后，混凝土表面裂缝宽度便开始增长，并在加速劣化 78h 后裂缝宽度达到 1.0mm，见图 6-46(a)。裂缝扩展速率快，一方面是未对预掺在混凝土内部的氯盐进行除氯，另一方面是由于裂缝的存在为水分、氧气等物质的传输提供了直达钢筋的通道，加速了钢筋的锈蚀。当仅进行双向电迁移修复(HZ-1)时，尽管对试件进行了除氯阻锈，但没有消除能够使离子快速传输的通道，开裂混凝土试件在加速劣化的情况下，裂缝仍能够较快扩展，在加速劣化 126h 后裂缝宽度达到 1.0mm，双向电迁移的除氯阻锈效果使劣化速率相对于 HZ-0 的 78h 有所降低。

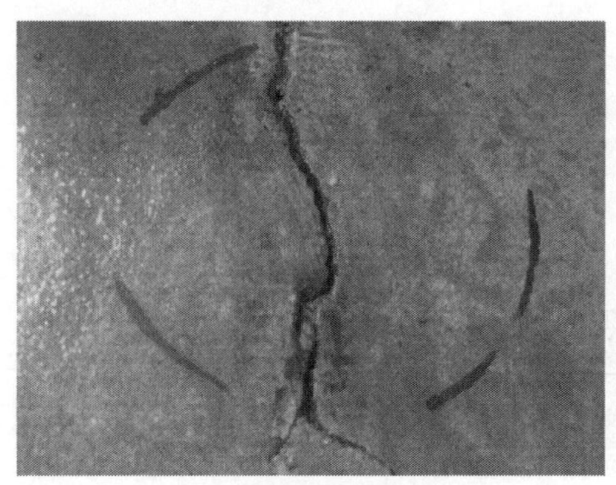

(a) 裂缝宽度达1.0mm

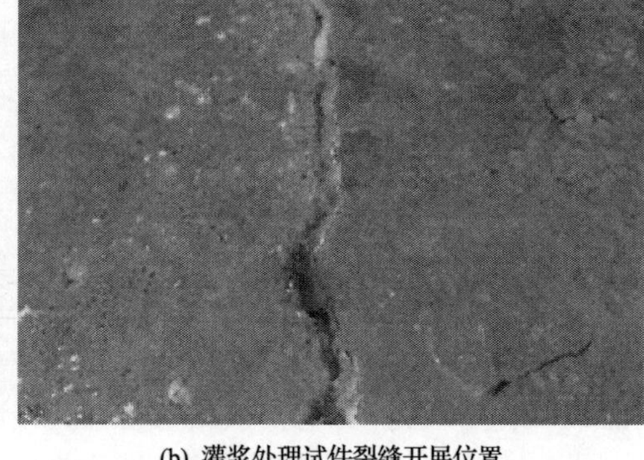

(b) 灌浆处理试件裂缝开展位置

图 6-46　HZ 组试件混凝土表面裂缝

Figure 6-46　Surface crack of HZ group concrete

当试件仅采用灌浆法对裂缝进行修复(HZ-2)时，在通电加速劣化 42h 后，在环氧树脂灌浆料与混凝土黏结界面处出现了细小裂缝(宽度 0.05mm)，并伴有铁锈渗出，见图 6-46(b)。在经过 222h 的加速劣化后，混凝土表面裂缝宽度达到 1.0mm。表明灌浆法通过对裂缝进行有效封堵后，通过消除外界与钢筋的直接传输通道，可对混凝土结构的耐久性有一定的提升效果。当采用双向电迁移结合灌浆的综合修复方法(HZ-3)对开裂混凝土结构进行修复时，在通电加速劣化 84h 后，同样在灌浆料与黏结界面处出现了裂缝，并在经过 366h 的加速劣化后，混凝土表面裂缝达到 1.0mm。相对于仅灌浆试件组(HZ-2)，混凝土表面裂缝出现的时间从 42h 延长至 84h，达到 1.0mm 所需劣化时间由 222h 延长至 366h，得到了明显的提升，此外由图 6-45 可以看出，混凝土表面裂缝随劣化时间的变化，修复后劣化曲线斜率明显减小，表明劣化速率降低。这是由于结合使用的双向电迁移技术对混凝土结构的除氯及阻锈效果，减缓了氯离子对钢筋锈蚀的加速作用，进而减缓了裂缝扩展的速率，明显提升了结构的耐久性。

为了将各组试件进行直观对比，选取了某一时间节点下各组试件的裂缝开展情况，见图 6-47，其中(a)～(d)为观察到的各组混凝土试件的表面裂缝，右上角为裂缝测宽仪的读数。此处以不修复处理试件的裂缝宽度达到 1.0mm 为时间节点进行对比，即取加速劣化 78h 后各组试件表面的裂缝开展情况进行研究。

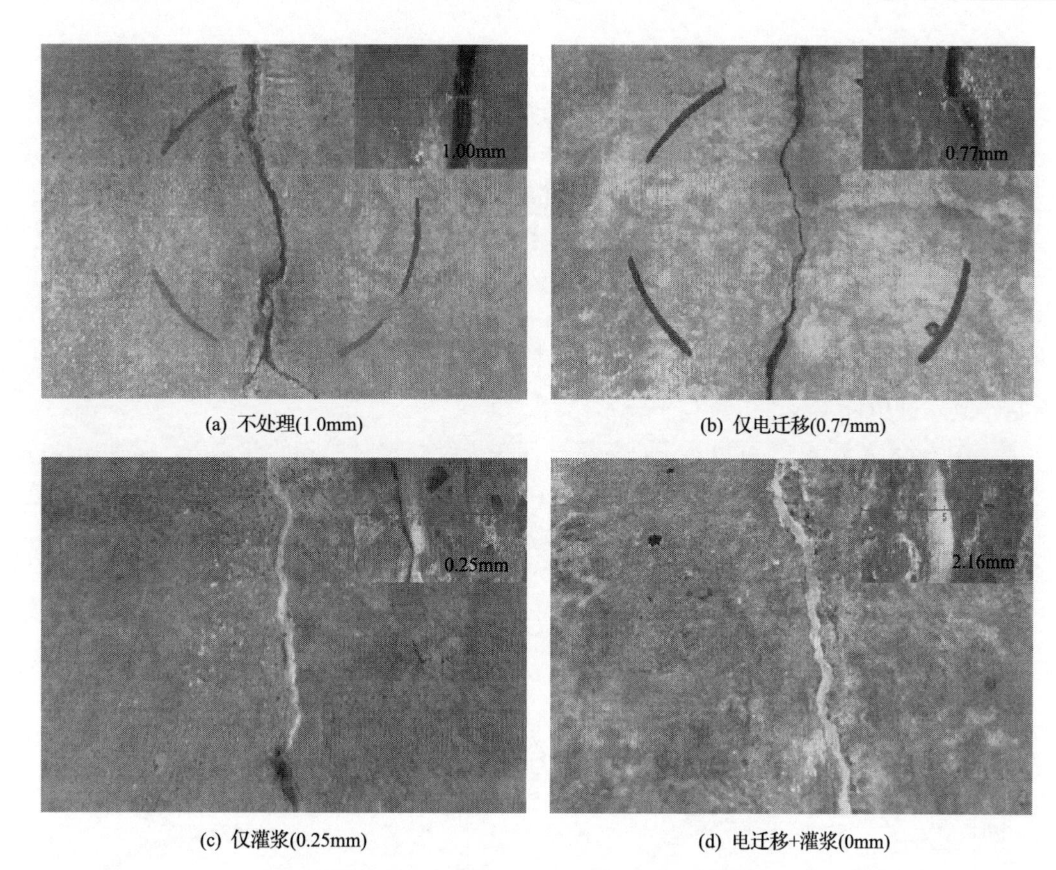

(a) 不处理(1.0mm)　(b) 仅电迁移(0.77mm)

(c) 仅灌浆(0.25mm)　(d) 电迁移+灌浆(0mm)

图 6-47　HZ 组试件加速劣化 78h 后表面裂缝宽度

Figure 6-47　Surface crack width of HZ group after accelerated degradation for 78h

由图 6-47 可见，加速劣化 78h 后，未经修复处理的试件表面裂缝宽度已达到 1.0mm；而同等劣化条件下，经双向电迁移处理而裂缝未经封堵的试件，其表面裂缝宽度为 0.77mm，裂缝开展速率慢于未处理试件，表明双向电迁移处理对于荷载开裂混凝土结构能起到增加耐久性的作用，但若不对裂缝进行封堵，其能起到的提升作用有限；经灌浆处理而未进行除氯阻锈的试件，其表面裂缝宽度在加速劣化 78h 后为 0.25mm，尽管从裂缝开展速率上看并未得到显著提升，但灌浆处理后，由于裂缝得到了有效的封堵，使再劣化过程的裂缝宽度初始值降为 0，有效减少了水分、氧气等物质的传输，延缓了裂缝出现的时间，从而对结构的耐久性有所提升；经过双向电迁移与灌浆法综合修复的试件，在加速劣化 78h 后，表面仍未出现裂缝[图 6-47(d) 中显示的 2.16mm 为仪器无法识别 0mm 宽度的裂缝而随机抓取两点的结果，实际裂缝宽度为 0mm]，表明经综合修复后的混凝土试件，由于试件经过了除氯阻锈的耐久性提升，同时通过灌浆封堵消除了外部介质进入混凝土内部的直接途径，有效地延缓了裂缝出现的时间，对混凝土结构耐久性提升效果较好。

综上所述，对于遭受氯盐侵蚀的混凝土结构，当针对锈蚀率较低的荷载裂缝展开治理时，可采用双向电迁移结合灌浆法的综合修复方式对其进行修复，能有效提升其耐久性。而在双向电迁移与灌浆法应用的先后顺序上，考虑到沿海混凝土结构裂缝附近的氯离子含量相对同深度下其余部位较高的分布特征，以及在开裂状态下进行电迁移对于裂缝处的除氯阻锈效果有明显的增强作用，先电迁移所产生的效果更好，故建议先进行双向电迁移，后及时采用灌浆法对结构裂缝进行封堵，达到集除氯阻锈封堵一体的综合修复效果，将有效提升开裂混凝土结构的耐久性。

2. 锈胀裂缝的修复效果

图 6-48 为各组试件初始状态下及修复后的钢筋极化曲线，将极化曲线进行塔费尔拟合后得到腐蚀电位及腐蚀电流列于表 6-23 中。

由图 6-48 及表 6-23 可以看出，各组试件在未经处理时的初始状态下，腐蚀电位在 –500～–400mV，腐蚀电流密度处于区间 $1\mu A/cm^2 < i \leq 10\mu A/cm^2$，锈蚀速率高，说明在初始状态下钢筋已处于腐蚀状态。经过通电加速锈蚀后，腐蚀电位负移，同时腐蚀电流密度进一步提高，钢筋的锈蚀加剧。

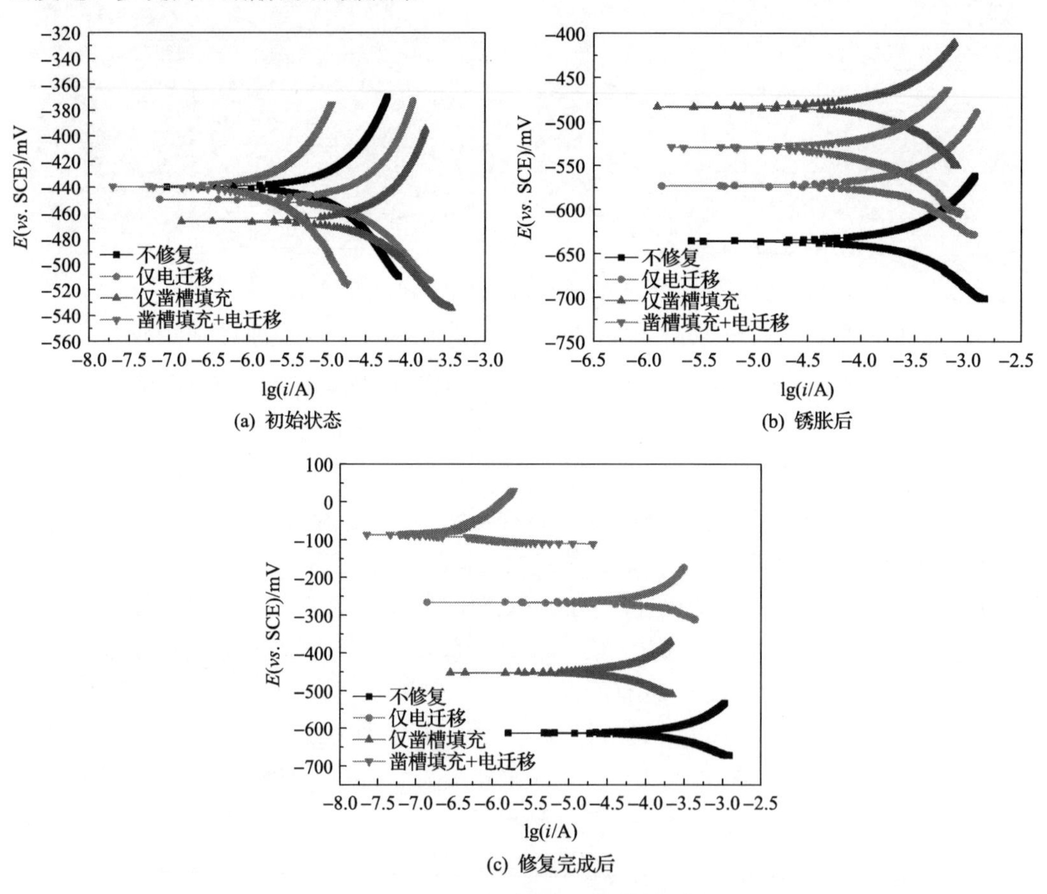

图 6-48 锈胀开裂试件钢筋极化曲线

Figure 6-48 Polarization curve of steel bar of rust expansion cracking specimen

表 6-23 XZ 组试件钢筋电化学参数

Table 6-23 Electrochemical parameters of steel bars of XZ group

试件组	处理方式	初始			锈胀后			修复后		
		腐蚀电位/mV	腐蚀电流/μA	腐蚀电流密度/(μA/cm²)	腐蚀电位/mV	腐蚀电流/μA	腐蚀电流密度/(μA/cm²)	腐蚀电位/mV	腐蚀电流/μA	腐蚀电流密度/(μA/cm²)
XZ-0	不处理	–440	42	1.34	–635	539	17.16	–613	759	24.16
XZ-1	仅双向电迁移	–450	63	2.00	–573	286	9.10	–444	130	4.14
XZ-2	凿槽修补	–467	81	2.58	–483	676	21.52	–452	156	4.97
XZ-3	凿槽修补后双向电迁移	–439	48	1.53	–559	221	7.03	–86	0.32	0.01

采用不同方式对锈胀开裂混凝土进行修复后，对于不处理的试件，钢筋锈蚀状态与初始状态相近；双向电迁移处理的试件在电迁移后腐蚀电位有所上升，腐蚀电流密度降低，但腐蚀风险仍较高；仅进行凿槽填充修补的试件在修复后，尽管对钢筋进行了除锈及阻锈处理，但钢筋腐蚀电位的提升及腐蚀电流密度的降低幅度较小，钢筋腐蚀的风险较高；使用凿槽修补结合双向电迁移处理后，腐蚀电位由–559mV 上升至–86mV，腐蚀电流密度由 $7.03\mu A/cm^2$ 降至 $0.01\mu A/cm^2$，均得到了明显的改善，相对于仅凿槽填充修补的试件而言，结合双向电迁移进一步处理的混凝土试件内氯离子含量有所降低，且在电场的作用下，原本涂刷于钢筋表面的迁移型阻锈剂在钢筋表面吸附更紧密，同时双向电迁移过程外部溶液中的阻锈基团也有一定程度的迁入，对钢筋形成了充分的阻锈防护。

图 6-49 为加速劣化条件下，各锈胀裂缝试件组的混凝土表面裂缝宽度随劣化时间的变化。其中 XZ-0(不处理)组试件及 XZ-1(仅双向电迁移)组试件的初始裂缝宽度为 0.5mm，以模拟不对开裂混凝土采取任何修复措施情况下的劣化及仅进行除氯阻锈而不对裂缝采取封堵情况下的劣化，XZ-2(仅凿槽修补)组试件及 XZ-3(凿槽修补+电迁移)组试

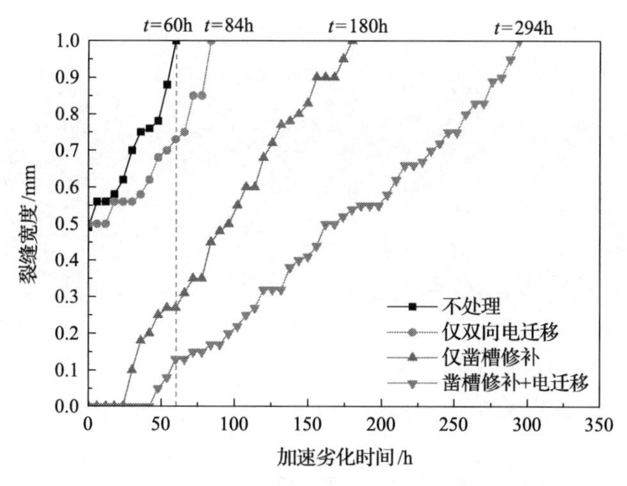

图 6-49 XZ 组试件表面裂缝宽度随加速时间变化

Figure 6-49 Variation of surface crack width of XZ group specimen with acceleration time

件由于对开裂混凝土采取了凿槽修补措施，故在加速劣化试验中的初始宽度为 0mm，以分别模拟采用结合双向电迁移及凿槽修复进行综合修复后的混凝土劣化过程以及仅采用凿槽修复锈胀裂缝后的混凝土劣化过程。

由图 6-49 可见，当不对裂缝采取任何修复措施(XZ-0)时，裂缝在加速劣化 6h 后，混凝土表面裂缝宽度便开始增长，并在加速劣化 60h 后裂缝宽度达到 1.0mm。裂缝扩展速率快，一方面是未对混凝土内部的氯盐进行除氯，另一方面是由于裂缝的存在为水分、氧气等物质的传输提供了直达钢筋的通道，加速了钢筋的锈蚀。当仅进行双向电迁移修复(XZ-1)时，裂缝在加速劣化 18h 后，混凝土表面裂缝宽度开始增长，尽管在双向电迁移作用后试件内的氯离子含量有所降低，但没有消除能够使离子快速传输的通道，在裂缝未被封闭的情况下，锈胀开裂的混凝土试件在加速劣化时，裂缝仍能够较快扩展，在加速劣化 84h 后裂缝宽度达到 1.0mm，由于双向电迁移的除氯阻锈效果，使劣化速率相对于 XZ-0 的 60h 有所降低。

当试件仅采用凿槽对裂缝进行修复(XZ-2)时，试件修复后的混凝土表面的初始状态见图 6-50(a)，在通电加速劣化 30h 后，在原混凝土与修补用聚合物砂浆的黏结界面上出现了 0.1mm 的裂缝，并伴有流锈现象，见图 6-50(b)。在经过 180h 的加速劣化后，混凝土表面裂缝宽度达到 1.0mm，见图 6-50(c)。采用凿槽修复的混凝土试件相对于不对钢筋进行除锈及不对裂缝进行封闭的 XZ-0 及 XZ-1 而言，延长了裂缝达到 1.0mm 的时间，对锈胀开裂混凝土结构的耐久性有一定的提升效果。而当采用双向电迁移结合凿槽填充的综合修复方法(XZ-3)对锈胀开裂混凝土结构进行修复时，在通电加速劣化 48h 后，在聚合物砂浆与混凝土黏结界面处出现了宽 0.05mm 的裂缝，并在经过 294h 的加速劣化后，混凝土表面裂缝达到 1.0mm。相对于仅凿槽修复试件组(XZ-2)，混凝土表面裂缝出现的时间从 30h 延长至 48h，达到 1.0mm 所需劣化时间由 180h 延长至 294h，得到了明显的提升。此外，混凝土表面裂缝随劣化时间增加劣化曲线斜率明显减小，表明劣化速率降低。可见在凿槽修复技术的基础上进一步结合双向电迁移技术，可以延缓钢筋锈蚀速率及混凝土表面裂缝扩展的速率，对于混凝土结构的耐久性有明显的提升。

(a) 修补后初始

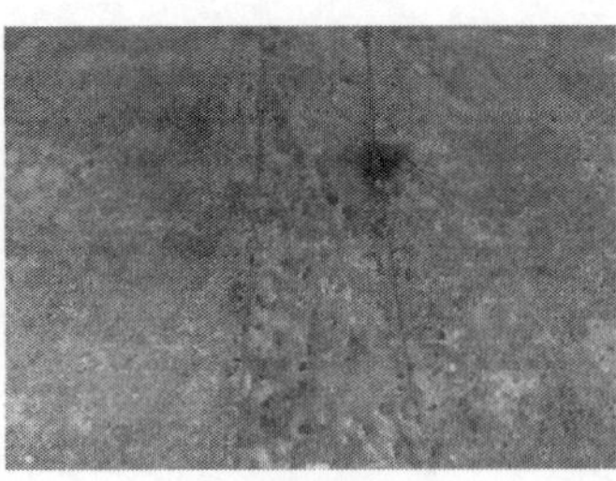

(b) 裂缝开始出现

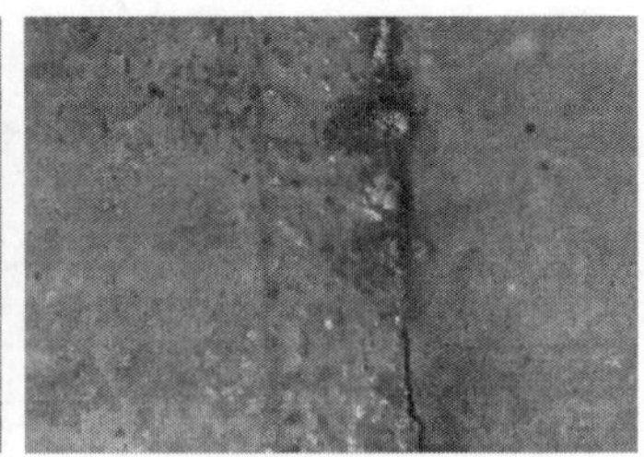

(c) 裂缝宽度达1.0mm

图 6-50 XZ 组试件混凝土表面裂缝

Figure 6-50 Surface crack of XZ group concrete

同样地，为了将各组试件进行对比，选取某一时刻各组试件裂缝开展程度，见图 6-51，此处以不修复处理试件的裂缝宽度达到 1.0mm 为时间节点，即取了加速劣化 60h 后各组试件表面的裂缝宽度。

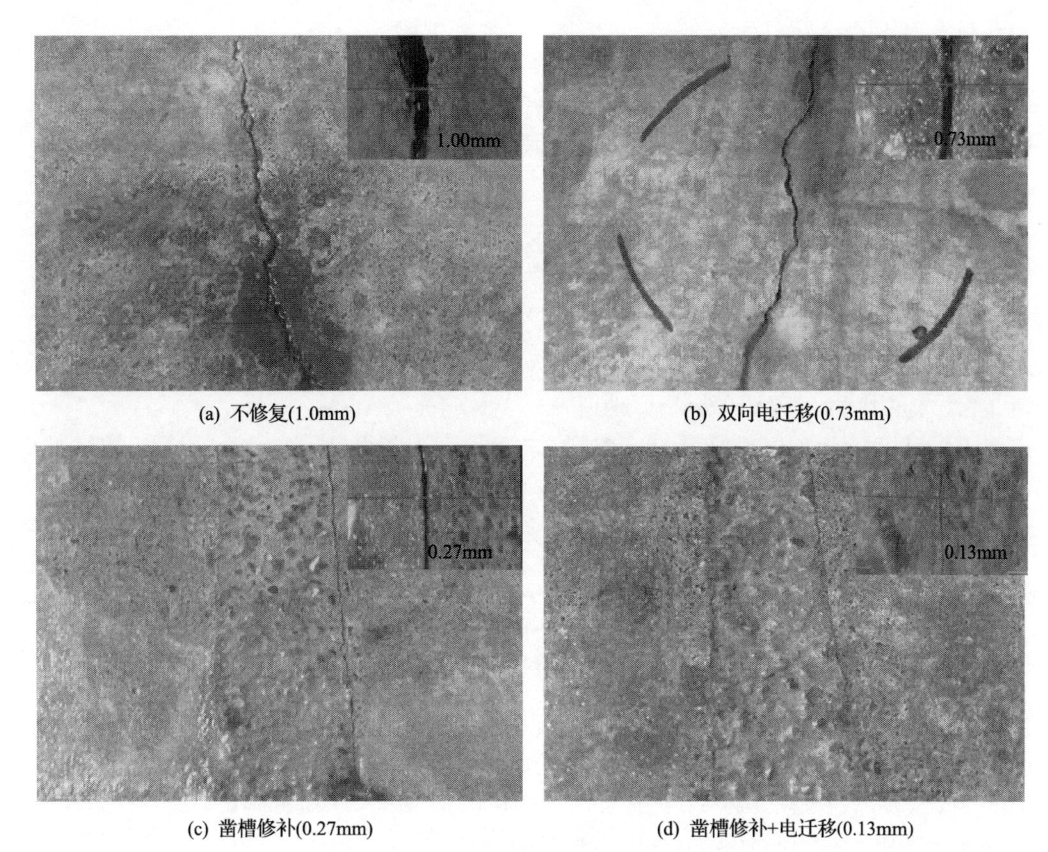

(a) 不修复(1.0mm)　(b) 双向电迁移(0.73mm)

(c) 凿槽修补(0.27mm)　(d) 凿槽修补+电迁移(0.13mm)

图 6-51　XZ 组试件加速劣化 78h 后表面裂缝宽度

Figure 6-51　Surface crack width of XZ specimen after accelerated degradation for 78h

如图 6-51 所示，加速劣化 60h 后，未经修复处理的试件表面裂缝宽度已达 1.0mm，相对于荷载裂缝试件所需的 78h，锈胀开裂试件因内部钢筋锈蚀产生了锈蚀产物，再劣化过程中的裂缝扩展将更快；而同等劣化条件下，直接采用双向电迁移修复的试件，其表面裂缝宽度为 0.73mm，这是由于双向电迁移通电过程产生的除氯效果使裂缝开展速率有所减缓，表明双向电迁移处理对于锈胀开裂混凝土结构仍能起到一定的耐久性提升作用；仅进行凿槽修补的试件，其表面裂缝宽度在加速劣化 60h 后为 0.27mm，同样地，由于凿槽填充后，钢筋的锈蚀得到了清理，同时消除了裂缝，使再劣化过程的初始裂缝宽度降为 0mm，有效减少了水分、氧气等物质的传输，延缓了裂缝出现的时间，从而对结构的耐久性有所提升；而在凿槽填充后进一步使用双向电迁移处理试件，其在同等条件的加速劣化后，裂缝宽度仅为 0.13mm，有效降低了再劣化过程中裂缝开展的速率，表明经综合修复后的混凝土试件，对混凝土结构耐久性提升效果较好。

综上，对于遭受氯盐侵蚀的混凝土结构，当考虑针对锈蚀率高的锈胀顺筋裂缝展开治理时，可采用双向电迁移技术结合凿槽填充的综合修复方式对其进行修复，可有效提升混凝土结构的耐久性。对于双向电迁移与凿槽修复的应用顺序上，直接对锈胀混凝土结构应用双向电迁移技术无法有效地对钢筋形成阻锈保护且无法有效抑制混凝土表面裂缝的再开展；在凿槽修复后再应用双向电迁移技术，可以对钢筋形成有效的阻锈防护，并可以在凿槽修复的基础上进一步降低混凝土表面裂缝开展的速率，故建议针对锈胀裂缝采取先凿槽修复，后及时进行双向电迁移修复的策略，达到集除氯阻锈封堵一体的综合修复效果，将有效提升锈胀开裂混凝土结构的耐久性。

参 考 文 献

[6-1] 曹楚南, 张鉴清. 电化学阻抗谱导论[M]. 北京: 科学出版社, 2002.

[6-2] 全国钢标准化技术委员会. 金属和合金的腐蚀 电化学试验方法 恒电位和动电位极化测量导则: GB/T 24196—2009/ISO 17475: 2005[S]. 北京: 中国标准出版社, 2009.

[6-3] 曹楚南. 腐蚀电化学原理[M]. 北京: 化学工业出版社, 2004.

[6-4] 廉慧珍, 童良, 陈恩义. 建筑材料物相研究基础[M]. 北京: 清华大学出版社, 1996.

[6-5] 章思颖. 应用于双向电渗技术的电迁移型阻锈剂的筛选[D]. 杭州: 浙江大学, 2012.

[6-6] Elsener B, Büchler M, Stalder F, et al. Migrating corrosion inhibitor blend for reinforced concrete: Part 1-Prevention of corrosion[J]. Corrosion, 1999, 55(12): 1155-1163.

[6-7] 郭柱. 三乙烯四胺阻锈剂双向电迁移效果研究[D]. 杭州: 浙江大学, 2013.

[6-8] Castellote M, Andrade C, Alonso C. Electrochemical removal of chlorides—Modelling of the extraction, resulting profiles and determination of the efficient time of treatment[J]. Cement and Concrete Research, 2000, 30(4): 615-621.

[6-9] 孙文博, 高小建, 杨英姿, 等. 电化学除氯处理后的混凝土微观结构研究[J]. 哈尔滨工程大学学报, 2009, 30(10): 1108-1112.

[6-10] 韦江雄, 王新祥, 郑靓, 等. 电除盐中析氢反应对钢筋-混凝土粘结力的影响[J]. 武汉理工大学学报, 2009, 31(12): 30-34.

[6-11] Hope B B, Ihekwaba N M, Hansson C M. Influence of multiple rebar mats on electrochemical removal of chloride from concrete[J]. Materials Science Forum, 1995, 192-194: 883-890.

[6-12] Pan C G, Jin W L, Mao J H, et al. Influence of reinforcement mesh configuration for improvement of concrete durability[J]. China Ocean Engineering, 2017, 31(5): 631-638.

[6-13] Liu Q F, Xia J, Easterbrook D, et al. Three-phase modelling of electrochemical chloride removal from corroded steel-reinforced concrete[J]. Construction and Building Materials, 2014, 70: 410-427.

[6-14] 金世杰. 混凝土结构电化学修复过程多离子传输机理与数值模拟[D]. 杭州: 浙江大学, 2018.

[6-15] 许晨, 金伟良, 王传坤. 混凝土中钢筋脱钝的电化学弱极化判别方法[J]. 交通科学与工程, 2009, 25(4): 31-36.

[6-16] Miranda J M, Cobo A, Otero E, et al. Limitations and advantages of electrochemical chloride removal in corroded reinforced concrete structures[J]. Cement and Concrete Research, 2007, 37(4): 596-603.

[6-17] Hornbostel K, Larsen C K, Geiker M R. Relationship between concrete resistivity and corrosion rate—A literature review[J]. Cement & Concrete Composites, 2013, 39: 60-72.

[6-18] Millard S G, Law D, Bungey J H, et al. Environmental influences on linear polarisation corrosion rate measurement in reinforced concrete[J]. NDT & E International, 2001, 34(6): 409-417.

[6-19] Andrade C, Alonso M C, Gonzalez J A. An initial effort to use the corrosion rate measurements for estimating rebar durability[J]. Corrosion rates of steel in concrete, ASTM STP, 1990, 1065: 29-37.

[6-20] ASTM. Standard test method for half-cell potentials of uncoated reinforcing steel in concrete[C]. Book of ASTM Standards. West Conshohocken: American Society for Testing and Materials, 2009.

[6-21] Bolzoni F, Goidanich S, Lazzari L, et al. Corrosion inhibitors in reinforced concrete structures. Part 2—Repair system[J]. British Corrosion Engineering, 2013, 41(3): 212-220.

第7章

电化学的控制技术

本章通过系统试验和理论研究，探明电化学参数对钢筋变形性能、混凝土构件静力及疲劳性能的影响，介绍了氯离子浓度、钢筋锈蚀及锈胀开裂监测技术，并提出了不同耐久性劣化的寿命控制指标。

混凝土结构耐久性是贯穿结构全寿命过程的重要性能指标，提升和控制混凝土结构耐久性是实现结构安全适用性能和延长结构使用寿命的重要保障。混凝土电化学技术可实现除氯、阻锈的双重目的，然而电化学参数的选取会影响钢筋混凝土构件内部钢筋变形性能、混凝土裂缝分布、钢筋-混凝土黏结性能、构件承载力、疲劳性能等参数。如果电化学参数控制不当，会引起钢筋-混凝土黏结性能降低、钢筋氢脆、混凝土材料微观结构变化等不利影响，进而导致整体构件的力学性能和服役性能发生变化。同时，混凝土结构耐久性的控制效果与电化学介入时机密切相关，氯离子浓度超过阈值、钢筋脱钝、钢筋锈蚀及混凝土锈胀开裂等不同阶段的电化学应用效果均存在明显差异。因此，通过技术手段监测并获取混凝土结构耐久性劣化指标，为混凝土结构耐久性电化学方法的介入提供科学依据，是控制和优化耐久性电化学提升效果的关键。

7.1 钢筋氢脆抑制机理

7.1.1 阻锈剂的氢脆抑制机理

电化学修复过程中，若保护电流密度过大，作为阴极材料的钢筋会发生析氢反应，特别是氢气浓度过高则会引起钢筋发生氢脆。有试验发现在阻锈剂溶液中钢筋的析氢反应受到了明显的抑制[7-1]。双向电迁移技术结合了迁移型阻锈剂和电化学除氯两种方法的优点，是针对已受到氯盐侵蚀的钢筋混凝土结构而研发出来的一种新技术[7-2]。不同阻锈剂拥有不同的工作原理，对于双向电迁移技术也有不同的适用范围，因此需要根据其吸附效果确定双向电迁移过程中阻锈剂的具体机理。本节根据 Langmiur 吸附等温式，对双向电迁移中常用的两类阻锈剂进行了试验分析，计算其吸附自由能，分析吸附效果。根据腐蚀电化学原理和动电位极化测试方法，对双向电迁移过程中阻锈剂的作用做出了解释，从热力学和动力学角度分别阐述了阻锈剂对电化学修复过程中的析氢抑制作用。

为探明上述机理，制备规格为 20mm×20mm×1mm 的铁片用于吸附试验。吸附试验前将铁片表面进行抛光处理，除去表面氧化膜，并用分析天平称量质量为 W_a。配制不同浓度阻锈溶液与 1mol/L 的稀盐酸混合，阻锈剂配比如表 7-1 所示。

表 7-1　阻锈剂浓度配合比

Table 7-1　Concentration mix proportion of rust inhibitor

阻锈剂	溶液配比						
三乙烯四胺阻锈剂浓度/(mol/L)	0.5	0.1	0.05	0.01	0.005	0.001	0.0005
咪唑啉阻锈剂浓度/(mol/L)	0.5	0.1	0.05	0.01	0.005	0.001	0.0005

另设置对照组为 1mol/L 的稀盐酸溶液。溶液各取 40mL 置入玻璃皿中(图 7-1)，将铁片放入浸泡 1h，然后取出用去离子水清洗干净后擦干，称得腐蚀后质量为 W_b。可计算得到质量损失(W_a-W_b)。其中，对照组质量损失为 W_0，其余为 W_i。假定铁片在稀盐酸中为均匀腐蚀，其腐蚀面积为 S_0，阻锈剂分子吸附的部分不受到腐蚀，则其吸附的面积为 S_0-S_i，由于铁片非常薄，其纵向腐蚀可以忽略不计。

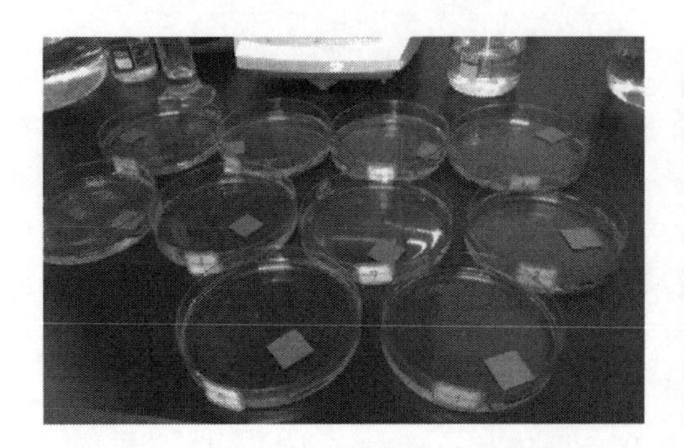
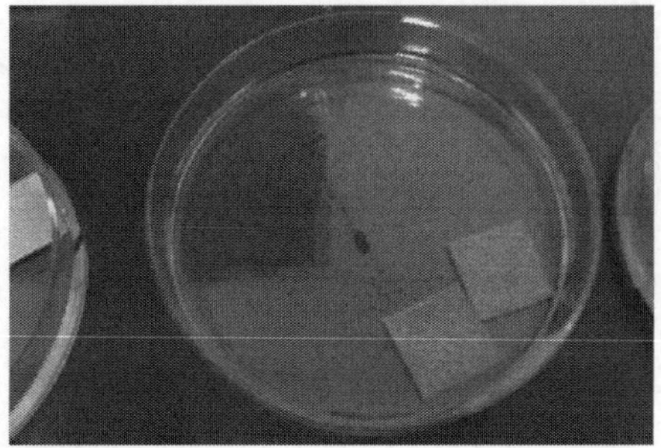

图 7-1　吸附试验

Figure 7-1　Adsorption test

$$\theta = \frac{S_0 - S_i}{S_0} = \frac{V_0 - V_i}{V_0} = \frac{W_0 - W_i}{W_0} \tag{7-1}$$

式中，V_i为腐蚀体积；θ 为钢筋表面已吸附分子的覆盖率。

1. 阻锈剂的吸附效果

用吸附试验得到的数据根据式(7-1)计算得到钢筋表面已吸附分子的覆盖率 θ，并根据阻锈剂的浓度 c 绘制 c/θ - c 曲线即可得到相应阻锈剂的吸附等温线。

图 7-2 为三乙烯四胺阻锈剂的吸附等温线，由图可知，三乙烯四胺阻锈剂在铁片表面的吸附符合 Langmuir 吸附模型，为单分子层吸附。图中得到的相关性 R^2 = 0.9967，相关性非常好，回归为一条直线，其中 c/θ - c 曲线斜率为 1.0312，接近 1。

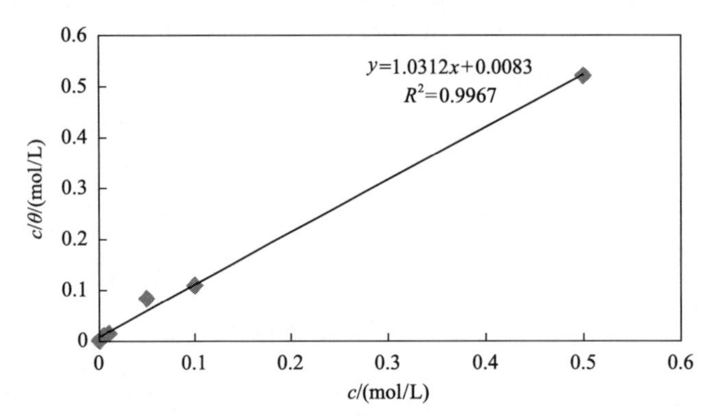

图 7-2　三乙烯四胺阻锈剂吸附等温线

Figure 7-2　Adsorption isotherm of TETA

根据 Langmuir 吸附等温式：

$$\theta = \frac{k_2 c}{k_1 + k_2 c} = \frac{bc}{1 + bc} \tag{7-2}$$

式中，$b=k_2/k_1$。

可以计算标准吸附自由能：

$$\Delta G^{\ominus} = -RT \ln K^{\ominus} \tag{7-3}$$

式中，$K^{\ominus}$ 为标准吸附平衡常数，有

$$K^{\ominus}=b^{\ominus}=\frac{\theta}{\frac{c}{c^{\ominus}}(1-\theta)} \tag{7-4}$$

式中，$c^{\ominus}$ 为溶液标准态浓度。

由式(7-2)可推得

$$\frac{c}{\theta}=c+\frac{1}{b} \tag{7-5}$$

因此，根据式(7-5)可以直接使用其截距近似计算 b。由式(7-3)计算得到吸附自由能 $\Delta G=-11.87\text{kJ/mol}$。由此可知该吸附是自发进行的，且为单分子层化学吸附。

同理，咪唑啉阻锈剂的吸附等温线如图 7-3 所示，图中得到的相关性 $R^2=1$，相关性非常好，回归为一条直线，符合 Langmuir 吸附模型，其中 c/θ-c 曲线斜率为 1.037，接近 1.0，计算得到吸附自由能 $\Delta G=-17.114\text{kJ/mol}$。由此可知该吸附是自发进行的，且为单分子层化学吸附。

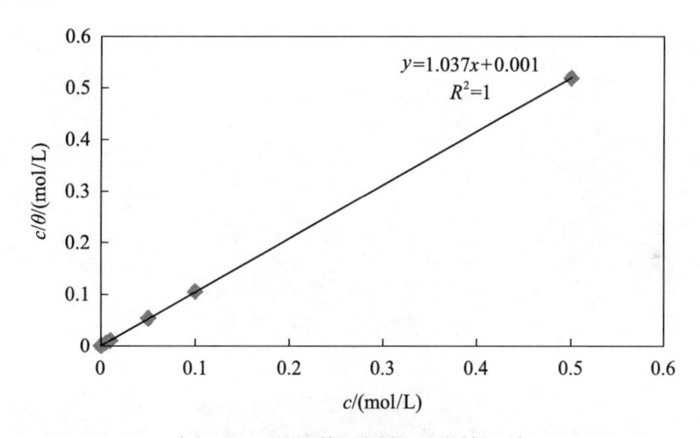

图 7-3　咪唑啉阻锈剂吸附等温线

Figure 7-3　Adsorption isotherm of inhibitor imidazoline

对比两者的吸附效果，咪唑啉阻锈剂的吸附效果较好，其吸附自由能更小。根据胺类阻锈剂的吸附原理分析，主要原因为三乙烯四胺阻锈剂分子有四个氮原子，具有多个官能团，可以与钢筋阳离子形成螯合环，可以与铁形成螯合吸附。这一过程相对复杂，因此吸附速率较慢，其逆过程脱附速率也较慢；而咪唑啉阻锈剂的吸附反应相对简单，因此吸附速率较快。

2. 阻锈剂的析氢抑制机理

通过吸附试验的结果来看，相比于咪唑啉阻锈剂，三乙烯四胺阻锈剂的吸附速率与脱附速率都相对较小，这是因为三乙烯四胺阻锈剂在铁表面的吸附会形成螯合物，其反应相对比较复杂，根据三乙烯四胺阻锈剂的分子结构，有 4 个氮原子可以吸附在铁表面，

其反应速率相对较慢。因此三乙烯四胺阻锈剂对析氢反应的抑制效果更好，该结论也与动力分析中试验现象相符。

通过对双向电迁移阻锈剂中的三乙烯四胺阻锈剂和咪唑啉阻锈剂进行了阻锈机理分析，利用 Langmuir 吸附等温式分别计算了三乙烯四胺阻锈剂和咪唑啉阻锈剂在钢筋表面的吸附自由能。在双向电迁移中，三乙烯四胺阻锈剂和咪唑啉阻锈剂在钢筋表面进行了化学吸附形成保护膜，减缓了钢筋的锈蚀，其中三乙烯四胺阻锈剂在钢筋表面的吸附自由能为 $\Delta G = -11.87$kJ/mol；咪唑啉阻锈剂在钢筋表面的吸附自由能为 $\Delta G = -17.114$kJ/mol。三乙烯四胺阻锈剂和咪唑啉阻锈剂能够使钢筋的析氢电位降低，其中三乙烯四胺阻锈剂能够使析氢电位降低 0.06V；咪唑啉阻锈剂能够使析氢电位降低 0.09V，钢筋需要更大的极化电流密度才会开始发生析氢反应。

三乙烯四胺阻锈剂和咪唑啉阻锈剂形成的保护膜能够降低析氢反应速率，三乙烯四胺阻锈剂对析氢反应速率的抑制效果更好。图 7-4 直观地显示了同样是 3A/m^2 电流密度时，钢筋表面的气泡情况，气泡数量的多少反映了钢筋表面析氢反应的剧烈程度。其中，氢氧化钙作为电解液时，大量气泡不断从受力钢筋的表面析出；咪唑啉作为电解液时，钢筋表面有少许气泡；而三乙烯四胺阻锈剂作为电解液时，钢筋表面几乎没有气泡。

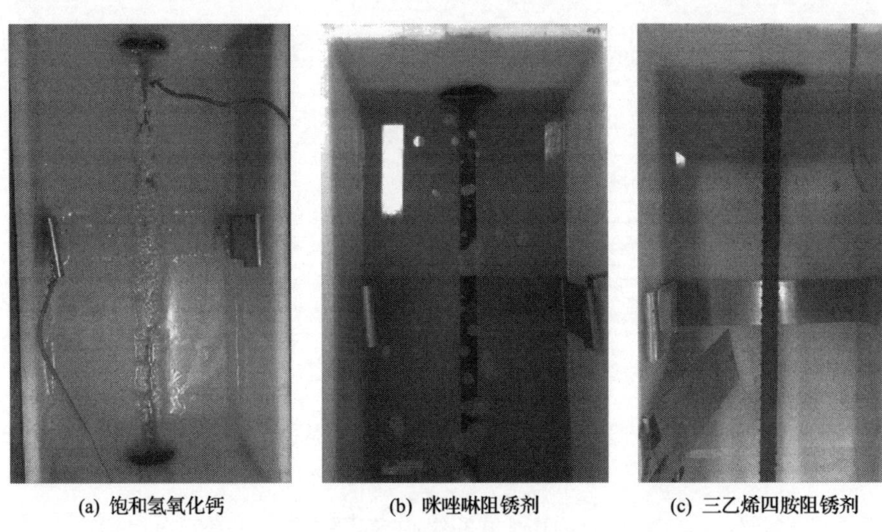

(a) 饱和氢氧化钙　　(b) 咪唑啉阻锈剂　　(c) 三乙烯四胺阻锈剂

图 7-4　不同电解液情况下的钢筋周围气泡情况

Figure 7-4　Bubbles around steel bars in different electrolytes solutions

7.1.2　阻锈剂的氢脆抑制效果

三乙烯四胺阻锈剂能够抑制析氢反应发生，因此可以结合阻锈剂的使用，优化通电参数，提升双向电迁移技术工作效率。为此，根据动电位极化法测定钢筋在三乙烯四胺阻锈剂溶液中的动电位极化曲线，研究三乙烯四胺阻锈剂浓度对析氢反应发生的电流密度的影响。通过研究“三乙烯四胺阻锈剂浓度-电流密度-通电时间”之间的关系和规律来建立电流密度控制方程，优化工作电流密度参数。试验选取 5 根直径为 14mm 的 Q235

应力状态钢筋作为试验试件，采用 5 种不同浓度的阻锈剂溶液，三乙烯四胺阻锈剂浓度梯度选择如表 7-2 所示。

表 7-2　三乙烯四胺阻锈剂浓度配比

Table 7-2　Concentration ratio of TETA

受力状态	三乙烯四胺阻锈剂浓度/(mol/L)				
60%应力水平	1	0.5	0.1	0.05	0.01

1. 临界析氢电流密度的控制

模拟阻锈剂溶液中，钢筋的动电位极化曲线如图 7-5 所示。

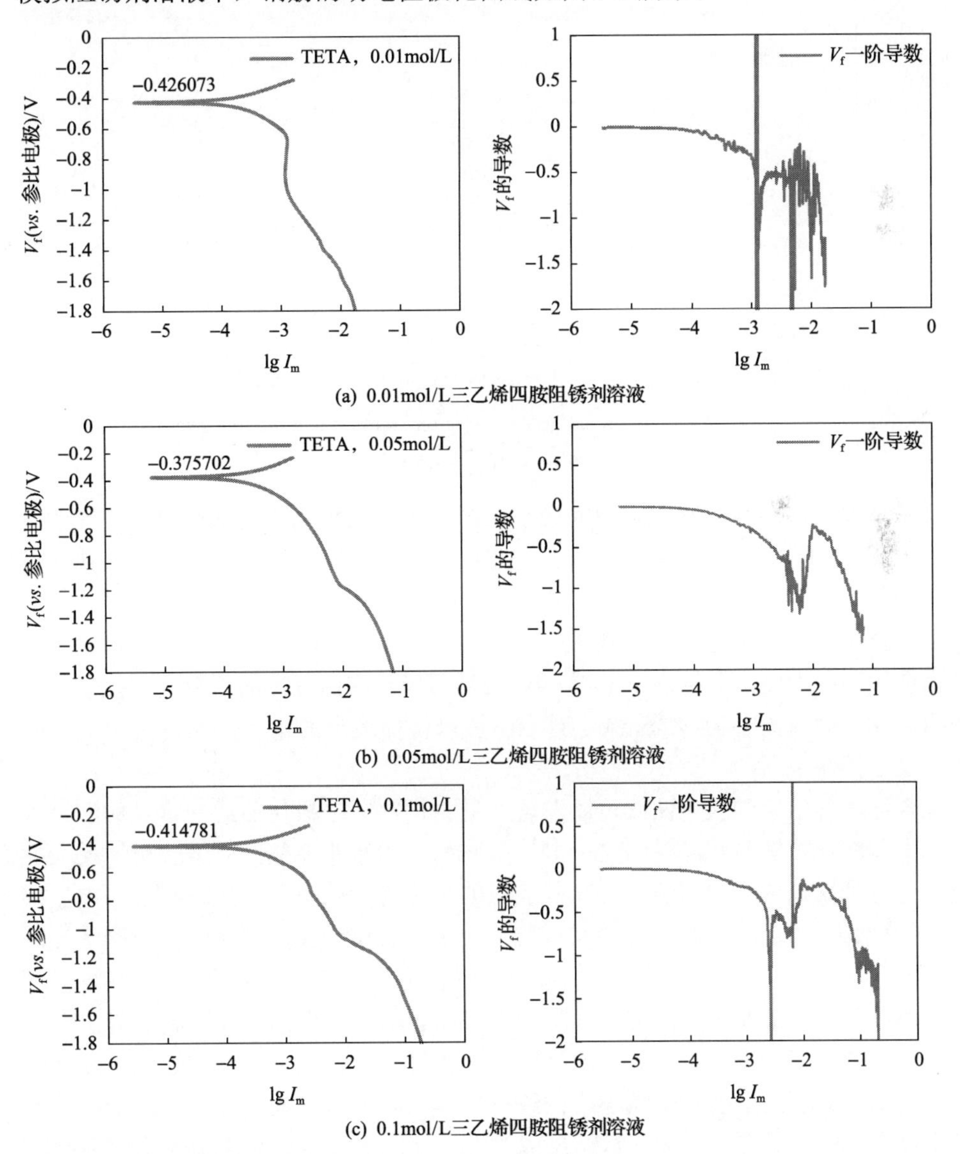

(a) 0.01mol/L三乙烯四胺阻锈剂溶液

(b) 0.05mol/L三乙烯四胺阻锈剂溶液

(c) 0.1mol/L三乙烯四胺阻锈剂溶液

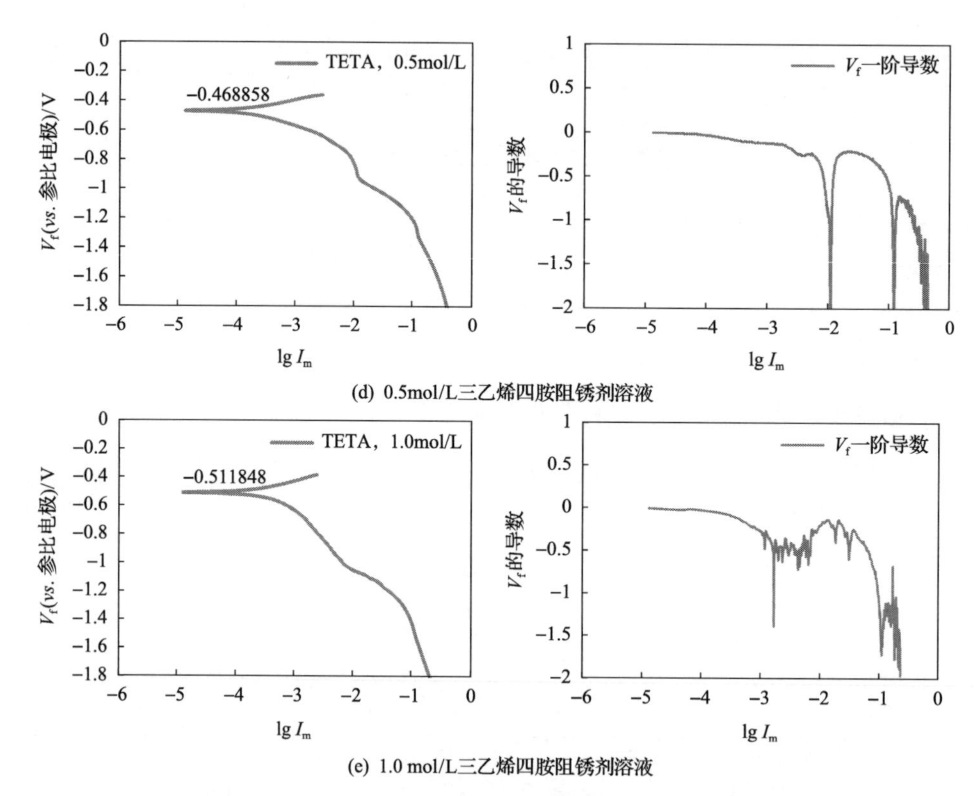

(d) 0.5mol/L三乙烯四胺阻锈剂溶液

(e) 1.0 mol/L三乙烯四胺阻锈剂溶液

图 7-5　不同浓度三乙烯四胺阻锈剂溶液中的动电位极化曲线及其一阶导数曲线

Figure 7-5　Potentiodynamic polarization curve and its first derivative curve in different concentration of TETA solution

通常情况下，中性溶液中碳钢的最小保护电位要比极化曲线平衡电位小 0.20V，最小保护电位为–0.63V，对应电流大小为–0.15mA。当电位小于这一阈值后，其阴极电流会迅速增大。从图 7-5(a)可知，浸泡在 0.01mol/L 三乙烯四胺阻锈剂溶液中，钢筋平衡电位基本稳定在–0.43V 左右；曲线求一阶导数后，可知当电位大于–0.69V 时，阴极反应主要由耗氧反应控制，当电位小于–0.69V 时，阴极反应由开始的析氢反应控制；对应电位为–1.33V，电流大小为–4.36mA，对应阴极极化曲线上的第二个拐点，可知反应完全由析氢反应控制。

综合比较各浓度的极化曲线可以发现，受力钢筋阴极极化曲线一阶导数的第一个极值点基本都在 0.71V 左右，说明这一电位是 60%应力水平钢筋开始发生析氢反应的临界电位。随着阻锈剂浓度的增加，第二极值点的电位有所减小(绝对值增大)，电流密度减小(绝对值增大)，说明阻锈剂主要在析氢反应和耗氧反应共同控制阶段起到了抑制析氢的作用。

将各浓度三乙烯四胺阻锈剂溶液中受力钢筋的动电位极化曲线绘制于图 7-6，由图可以清晰地反映出三乙烯四胺阻锈剂浓度对受力钢筋动电位极化曲线的影响。随着阻锈剂浓度的增加，钢筋的平衡电位减小，曲线有整体向右下方移动的趋势。阴极极化曲线部分基本会出现两个拐点，对应着析氢反应的发生和阴极反应完全由析氢反应控制。

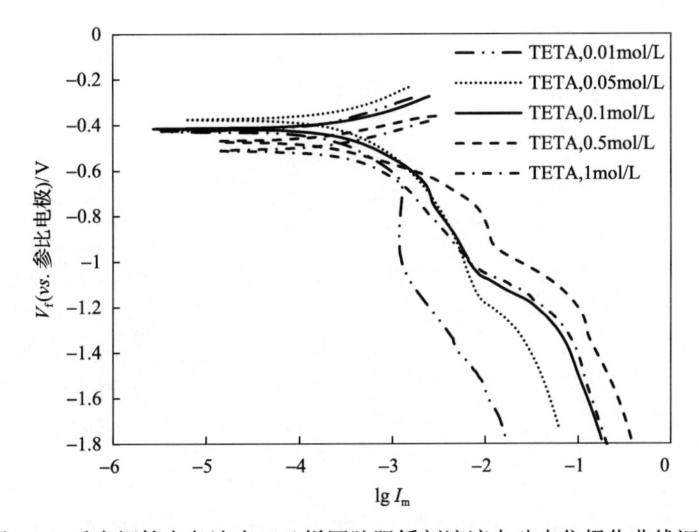

图 7-6　受力钢筋在各浓度三乙烯四胺阻锈剂溶液中动电位极化曲线汇总

Figure 7-6　Potentiodynamic polarization curve of stressed steel bars in various concentrations of TETA solution

2. 氢脆抑制的控制方程

根据阴极极化曲线可以得到三乙烯四胺阻锈剂浓度与析氢电流的关系。试验中所用受力钢筋直径为 14mm，长为 500mm，与溶液接触段长度为 380mm，因此，可以计算出三乙烯四胺阻锈剂浓度与钢筋析氢电流密度的关系。根据受力钢筋极化曲线中的结果，分别选择析氢反应开始发生的极化电流与阴极反应完全由析氢反应控制的极化电流进行计算。

临界析氢电流密度和三乙烯四胺阻锈剂浓度的关系如图 7-7 所示，由拟合结果可知，相关性较高，可以选择对数拟合作为控制方程。完全析氢电流密度和三乙烯四胺阻锈剂

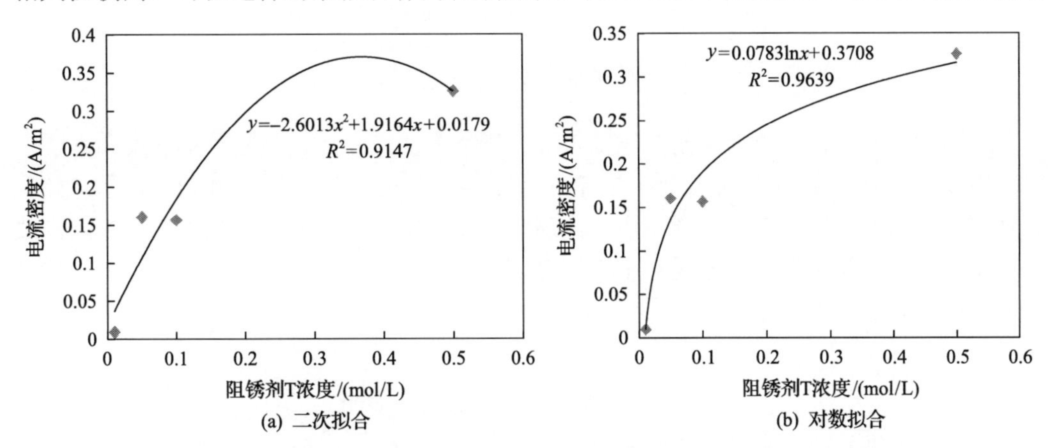

图 7-7　受力钢筋临界析氢电流密度和三乙烯四胺阻锈剂浓度关系拟合图

Figure 7-7　Relationship between critical hydrogen evolution current density of stressed steel bar and concentration of TETA

浓度的关系如图 7-8 所示，相比临界析氢电流密度，完全析氢电流密度与三乙烯四胺阻锈剂浓度的相关性要高很多，其中二次拟合的相关性最高，相关系数达到了 0.967，对数拟合的相关系数也达到了 0.9418。

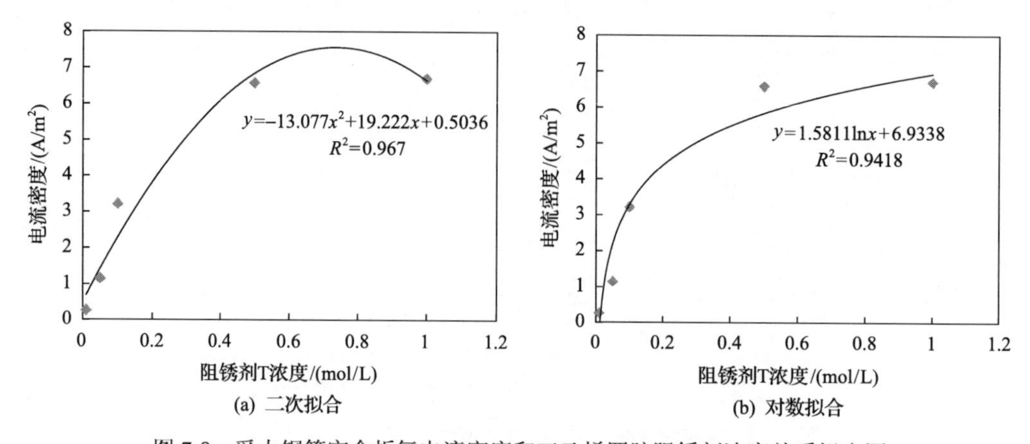

图 7-8 受力钢筋完全析氢电流密度和三乙烯四胺阻锈剂浓度关系拟合图

Figure 7-8 Relationship between fullyhydrogenevolution current density of stressed steel bar and concentration of TETA

综合考虑临界析氢电流密度的控制方程，选择对数拟合作为控制方程，如下所示：

$$i_0 = 0.0783\ln c + 0.3708 \tag{7-6}$$

$$i_{\mathrm{c}} = 1.5811\ln c + 6.9338 \tag{7-7}$$

式中，i_0 为临界析氢电流密度；i_{c} 为完全析氢电流密度(A/m²)；c 为三乙烯四胺阻锈剂浓度(mol/L)。一般来说，经过双向电迁移技术处理后，钢筋附近混凝土中三乙烯四胺阻锈剂含量能达到 $1\times10^{-4}\sim4\times10^{-4}$mol/g，即三乙烯四胺阻锈剂浓度为 0.42～1.68mol/L。将此浓度代入式(7-7)可知，采用双向电迁移技术处理后钢筋的析氢电流密度为：

$$i_{\mathrm{c}} = 5.56 \sim 7.75\mathrm{A/m^2} \tag{7-8}$$

三乙烯四胺阻锈剂能够吸附在钢筋表面，钢筋表面三乙烯四胺阻锈剂浓度会大于钢筋附近混凝土中浓度，因此完全析氢电流密度还将大于式(7-8)中的取值。对于受力钢筋，高强预应力钢筋具有捕获电化学反应产生的氢原子的能力，因此对氢脆敏感性更高，故该类构件应用电化学修复技术过程中出现氢脆现象的可能性更高，在使用过程中可依据上述方法计算工作电流密度。

7.2 钢筋变形性能控制

7.2.1 基于析氢反应的电化学参数控制

通过电化学方法测得了混凝土中钢筋(阴极电极)发生析氢反应的电流密度值，对于不同水灰比的混凝土试件，阴极电极析氢电流密度为 0.3～0.8A/m²，相比于以往的双向电迁移修复[7-3~7-5]，属于较低电流密度修复。在已有研究基础上，对掺氯盐的混凝土试件进行 0.3～0.8A/m^2 电流密度的双向电迁移试验研究。

1. 试验设计

根据所研究因素的不同，电流密度分别采用 0.3A/m^2、0.4A/m^2、0.6A/m^2、0.8A/m^2 四种，各组试件的通电时间见表 7-3。

表 7-3　各组试件详细通电参数表

Table 7-3　Detailed power on parameters of each group of test pieces

分组	电流密度/(A/m^2)	通电时间/d				
A	0.3	150	120	90	60	30
B	0.4	120	90	60	30	15
C	0.6	75	60	45	30	15
D	0.8	60	45	30	15	7

2. 除氯阻锈效果

钢筋附近的水溶性氯离子、TETA 阻锈剂(下文简称两种组分)的分布情况及阻锈剂/氯离子的比值，对钢筋进一步锈蚀的可能性影响较大，即对评价双向电迁移的修复效果有重要意义。因此本节分别以电流密度、通电时间为控制变量，测试各种工况下混凝土中钢筋附近两种组分的含量的变化情况。

图 7-9 和图 7-10 分别是采用电流密度为 0.3A/m^2、通电时间为 150d 的参数双向电迁移修复前后，试件保护层内氯离子浓度、阻锈剂离子浓度沿深度的分布图。通电前混凝土中阻锈剂含量几乎为 0，因此，图 7-10 仅给出修复后阻锈剂离子浓度沿深度的分布曲线。图 7-9 和图 7-10 中，氯离子浓度和阻锈剂离子浓度均采用单位水泥质量的摩尔含量来表示。

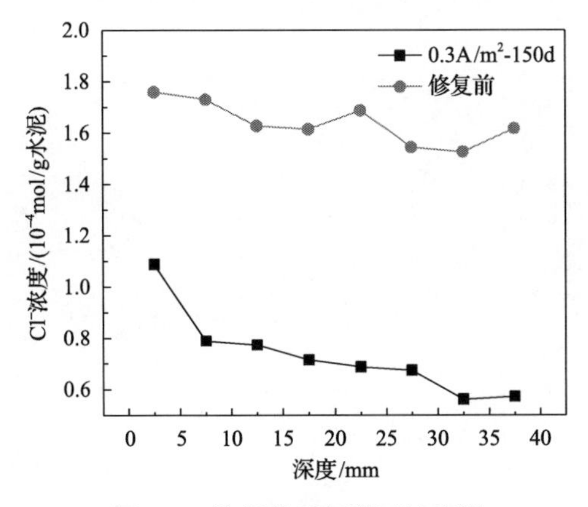

图 7-9　修复前后氯离子浓度沿保护层深度分布图

Figure 7-9　Distribution of chloride ion concentration along the depth of protective layer before and after repair

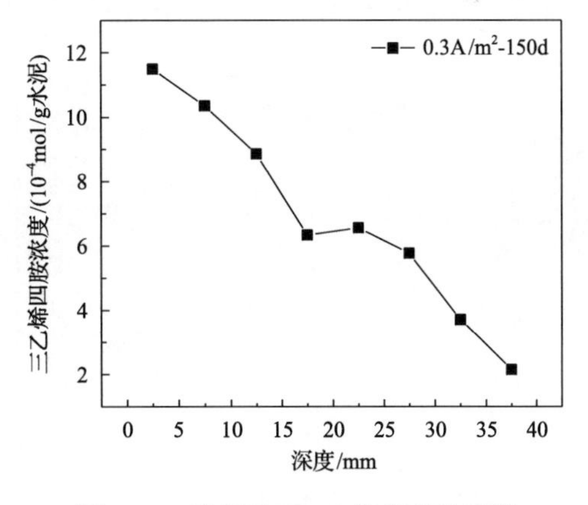

图 7-10　修复后 TETA 阻锈剂浓度沿保护层深度分布图

Figure 7-10　Distribution of TETA inhibitor concentration along the depth of protective layer after repair

由图 7-9 可知，双向电迁移后，氯离子迁出非常显著，内部氯离子不断向外迁移，由于外部阳离子浓度较高，氯离子在外部逐渐累积，最终达到平衡，从而导致沿深度方向，氯离子浓度呈递减趋势；内部钢筋表面处氯离子浓度降低最为明显，浓度从初始的 1.62×10^{-4}mol/g 水泥下降至 0.57×10^{-4}mol/g 水泥，除氯效率达 64.8%，这与文献[7-4]中采用 3A/m^2-15d 的通电参数所得的除氯效率 65%十分接近，表明在相同通电量下，采用较小的电流密度，增长通电时间，双向电迁移依然具有良好的除氯效果。

由图 7-10 可知，双向电迁移后阻锈剂离子迁入同样显著，阻锈剂离子在通电期间不断从外部迁入混凝土内部，阻锈剂离子浓度沿深度方向呈线性递减趋势，表明混凝土保护层越厚，阻锈剂离子迁入越难。其中，钢筋表面处混凝土中阻锈剂离子含量为 2.16×10^{-4}mol/g 水泥，该值远大于文献[7-4]中采用 3A/m^2-15d 的通电参数所得的阻锈剂迁移量 1.36×10^{-4}mol/g 水泥。

此外，阻锈剂与氯离子的比值常被用来作为衡量阻锈剂效果的一个指标。当阻锈剂含量/Cl^-含量大于 1 时，认为阻锈剂起到阻锈的效果[7-2]。该试验钢筋表面处混凝土中阻锈剂离子含量与氯离子浓度比值为 3.78，也远远大于有效值 1。表明此时阻锈剂有较好的阻锈效果。

钢筋表面处氯离子含量、除氯效率、阻锈剂含量及阻锈剂/氯离子值与电流密度、通电时间的关系，将各工况数据绘制如图 7-11～图 7-14 所示。

由图 7-11、图 7-12 可知，当电流密度相同时，钢筋表面处氯离子含量随通电时间的增加而降低，除氯效率随通电时间的增加而增加，最大除氯效率可达到 74.06%，表明小电流密度的双向电迁移同样具有良好的除氯效果；当通电时间相同时，钢筋表面处氯离子含量随电流密度的增大而减小，除氯效率随电流密度的增大而增大。综上所述，通电时间和电流密度均与双向电迁移除氯效果正相关，可采用增长通电时间或是增大电流密度的形式提高双向电迁移的除氯效果。

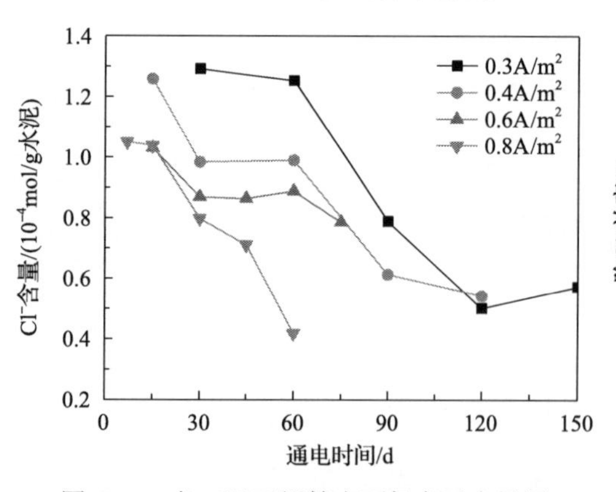

图 7-11　各工况下钢筋表面氯离子含量图

Figure 7-11　Chloride ion content on reinforcement surface

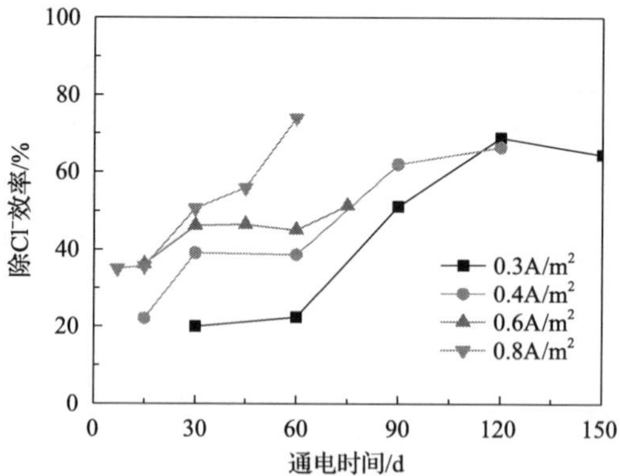

图 7-12　各工况下钢筋表面除氯效率图

Figure 7-12　Dechlorination efficiency on reinforcement surface

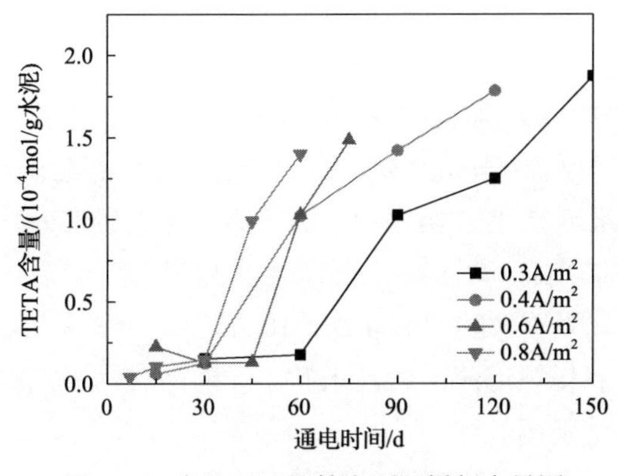

图 7-13　各工况下钢筋表面阻锈剂含量图

Figure 7-13　Content of inhibitor on reinforcement surface

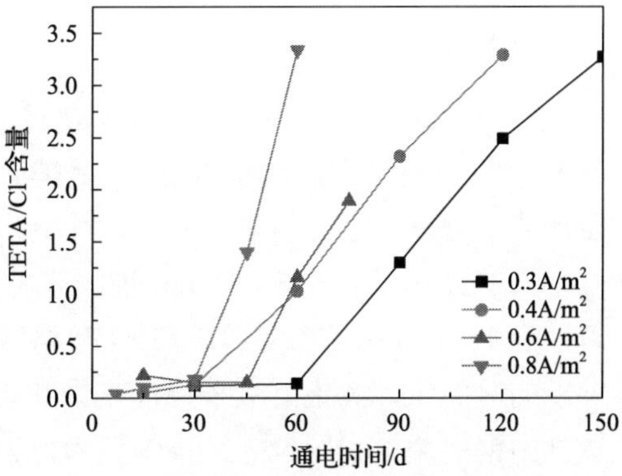

图 7-14　各工况下钢筋表面阻锈剂/氯离子

Figure 7-14　Content of inhibitor and chloride ion on reinforcement surface

由图 7-13 可知，当电流密度相同且通电时间较短时，钢筋表面处阻锈剂含量随通电时间的增加变化不大，且接近 0。这是因为此时通电时间过短，阻锈剂尚未迁移至钢筋表面；当通电时间达到某个临界值时，阻锈剂迁移至钢筋表面层，之后随着通电时间的增加，阻锈剂含量以近似线性的方式增加；该临界值与电流密度有关，电流密度越大，临界值越小；当通电时间相同且超过临界值时，钢筋表面处阻锈剂含量随电流密度增大而增大。综上所述，通电时间和电流密度均与双向电迁移阻锈剂迁移效果正相关，也可采用增长通电时间或是加大电流密度的形式提高双向电迁移的阻锈剂迁移效果。

图 7-14 形状与图 7-13 相似，其所得结论也与图 7-13 相近。当电流密度相同且通电时间较短时，阻锈剂含量/氯离子含量随通电时间的增加变化不大，接近 0；当通电时间达到某个临界值时，阻锈剂迁移至钢筋表面层，之后阻锈剂含量/氯离子含量随着通电时间的增加线性增加；当通电时间相同且超过临界值时，阻锈剂含量/氯离子含量随电流密度增大而增大。

由图 7-14 还可看出，当阻锈剂具有良好效果时，即阻锈剂含量/氯离子含量大于有效值 1 时，采用 0.3A/m^2 电流密度，至少需要通电 90d 时间；采用 0.8A/m^2 电流密度，至少需要通电 45d 时间。

7.2.2　基于氢脆指标控制的双向电迁移试验

7.2.1 节采用析氢反应控制的方法，可以从根本上避免双向电迁移过程中钢筋氢脆的发生。然而，采用析氢反应控制就意味着双向电迁移修复中，需要采用较低电流密度、较长通电时间进行修复。实际工程中，由于施工时间的限制，常需要增大电流密度，缩短通电时间以满足施工的要求。因此，有必要对常规通电参数与钢筋氢脆关系进行研究，以期获得可应用于实际工程氢脆控制通电参数。

1. 试验设计

试件由一根长度为 400mm 的 Φ12 的 HRB400 螺纹钢筋串联两块尺寸为 120mm×80mm×150mm 的混凝土试件组成，保护层厚度为 25mm，钢筋两端焊接 M14 螺纹用于固定加载，混凝土强度等级为 C30，其中，水泥为 42.5 级水泥，砂子为Ⅱ区天然河砂，含水率 3.25%，石子为 5～16mm 连续级配的碎石，含水率 0.5%。双向电迁移所采用的电解液为 1mol/L 的三乙烯四胺(TETA)溶液，采用磷酸调节 pH 至 10 左右。另设置电化学除氯的对照组，其电解液采用的是饱和氢氧化钙溶液。通过张拉千斤顶，对钢筋混凝土试件中钢筋施加轴向拉力。详细试验方案见表 7-4。

表 7-4　试验分组

Table 7-4　Test groups

变量	电解液	通电时间/d	电流密度/(A/m^2)
应力水平	三乙烯四胺	10	5
电流密度	三乙烯四胺	10	0、3、5、7、9
通电时间	三乙烯四胺	0、5、10、15、20	5
电解液	饱和氢氧化钙、三乙烯四胺	10	5

2. 通电时间的控制

在双向电迁移试验过程中，各组试件施加相同的应力水平和电流密度，将不同通电时间下受力钢筋应力-应变曲线、弹性阶段与屈服平台曲线、平均抗拉强度指标分别绘制于图 7-15～图 7-17 中。

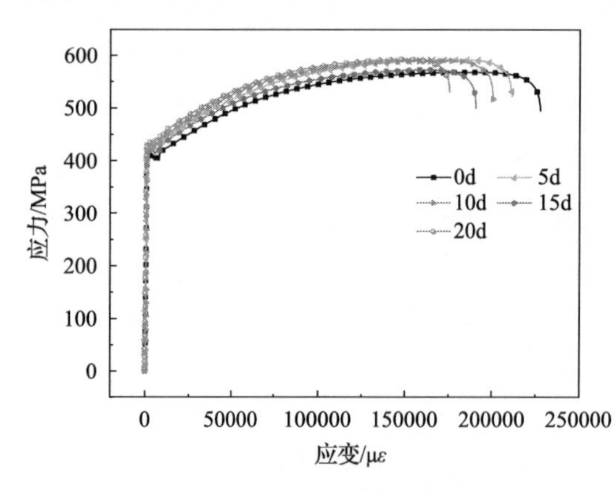

图 7-15　不同通电时间下受力钢筋试件的应力-应变曲线

Figure 7-15　Stress-strain curves of stressed steel bar under different electrification time

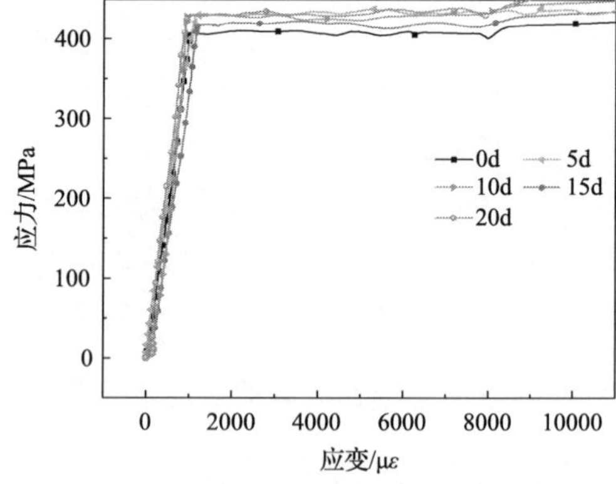

图 7-16　不同通电时间下受力钢筋试件的弹性阶段与屈服平台曲线

Figure 7-16　Elastic stage and yield platform curves of stressed steel bar under different electrification time

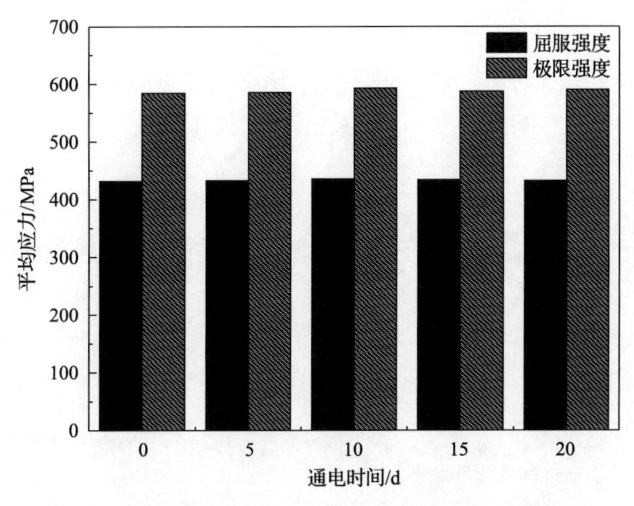

图 7-17　不同通电时间下受力钢筋平均抗拉强度指标

Figure 7-17　Average tensile strength index of stressed reinforcement under different electrification time

由图 7-15 和图 7-16 可知，各钢筋的应力-应变曲线在弹性阶段几乎完全相同，弹性模量(应力-应变曲线弹性阶段斜率)几乎一致，说明可以不考虑双向电迁移过程中通电时间对钢筋的弹性阶段的影响。在屈服阶段，个别钢筋的屈服强度有所偏差，其中屈服强度最大为 444.7MPa、最小为 410.1MPa，偏差有可能是由钢筋自身差异造成。单从图 7-16 不能判断通电时间对屈服强度的影响，因此对相同通电时间下受力钢筋屈服强度取平均值，绘制如图 7-17 所示条形图。如图 7-17 所示，钢筋的平均屈服强度几乎一致，说明通电时间对钢筋屈服强度并无太大的影响。

钢筋的断裂能比可以反映钢筋的塑性性能，断裂能比越大，钢筋的塑性性能越好，氢脆的可能性越小。双向电迁移过程中，当应力水平为 55%屈服应力、电流密度为 $5A/m^2$ 时，受力钢筋断裂能比随通电时间变化如图 7-18 所示。

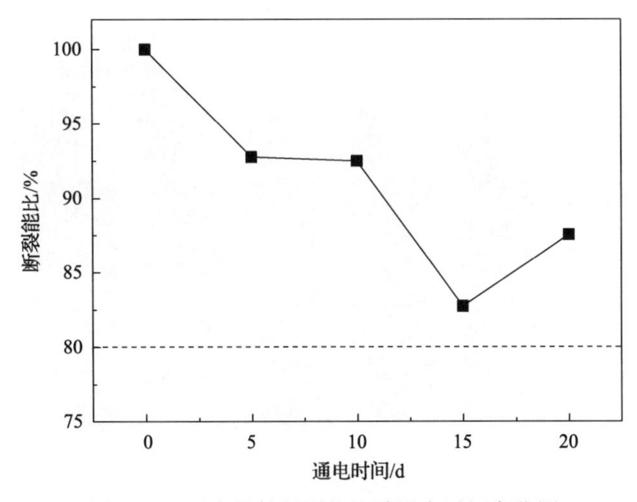

图 7-18　受力钢筋断裂能比随通电时间变化图

Figure 7-18　Change of fracture energy ratio of stressed steel bar with time

如图 7-18 所示，随着通电时间的增加，钢筋的断裂能比先逐渐减小，后略微增加。钢筋的氢脆可能性先逐渐增大，后因阻锈剂迁移至钢筋表面抑制氢脆发生而减少并趋于稳定。在实际工程中，当电流密度小于 5A/m^2 时，通电时间在 10d 左右氢脆风险较低。

3. 电流密度的控制

为研究双向电迁移过程不同电流密度对钢筋力学性能和氢脆风险的影响，将应力水平和通电时间设置为不变量，试验所得不同电流密度下受力钢筋应力-应变曲线如图 7-19 所示，截取弹性阶段与屈服平台部分曲线如图 7-20 所示，平均抗拉强度指标如图 7-21 所示。

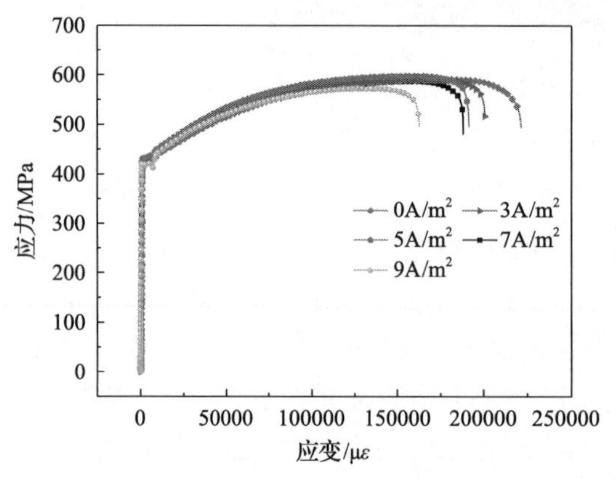

图 7-19　不同电流密度下受力钢筋试件的应力-应变曲线

Figure 7-19　Stress-strain curve of stressed steel bar under different current density

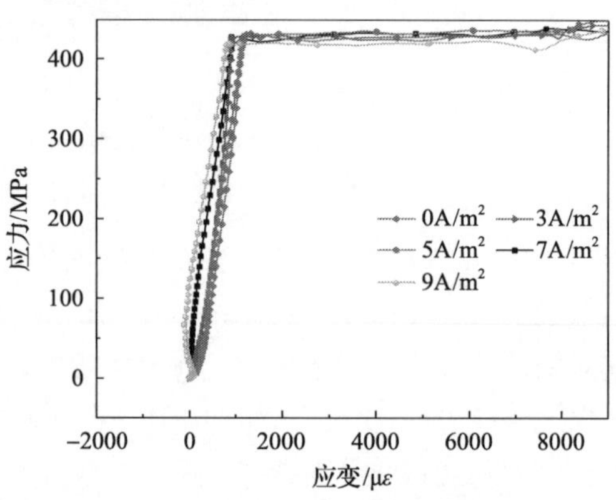

图 7-20　不同电流密度下受力钢筋试件的弹性阶段与屈服平台曲线

Figure 7-20　Elastic stage and yield platform curve of stressed steel bar under different current density

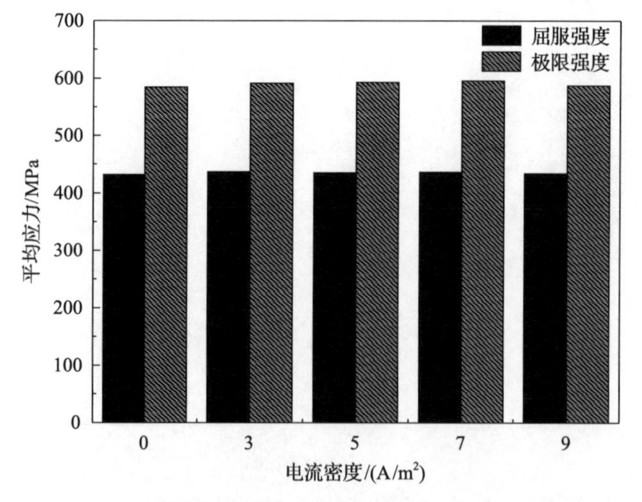

图 7-21　不同电流密度下受力钢筋平均抗拉强度指标

Figure 7-21　Average tensile strength index of stressed reinforcement under different current density

如图 7-19 和图 7-20 所示，在弹性阶段，各钢筋的应力-应变曲线基本重合，弹性模量(弹性阶段斜率)几乎一致，说明双向电迁移过程中电流密度对钢筋的弹性阶段的影响可以忽略不计。

在屈服阶段，个别钢筋试件的屈服强度出现较明显的偏差，其中屈服强度最大为 445.7MPa，最小为 425.1MPa。对相同电流密度下受力钢筋屈服强度取平均值，绘制如图 7-21 所示条形图可知，钢筋的平均屈服强度几乎相同，电流密度对钢筋屈服强度的影响并无明显规律。

在强化阶段，钢筋极限强度的平均值几乎一致，表明电流密度对钢筋极限强度影响不明显；不同通电时间下各受力钢筋的应变偏差较大，说明电流密度对钢筋拉伸性能的主要影响体现在不均匀变形阶段。在双向电迁移试验过程中，当施加应力水平为 55%屈服应力、通电作用时间为 10d 时，受力钢筋断裂能比随电流密度变化如图 7-22 所示。

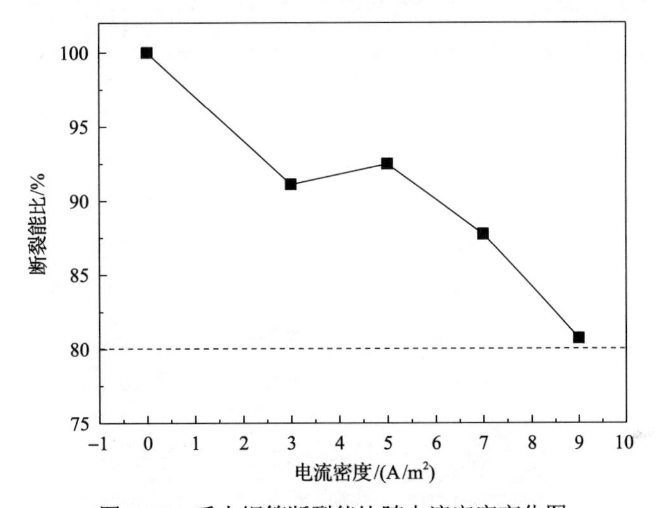

图 7-22　受力钢筋断裂能比随电流密度变化图

Figure 7-22　Change of fracture energy ratio of stressed steel bar with current density

由图 7-22 可知，随着电流密度的增加，钢筋的断裂能比先逐渐减小，钢筋塑性损失增大，氢脆可能性增大；电流密度在 3～5A/m^2 时，断裂能比趋于稳定，甚至有所增大，之后断裂能比随电流密度增加而增大。出现该现象的原因是，电流密度为 3～5A/m^2 时，达到该工况下阻锈剂生效的阈值：电流密度低于 3A/m^2 时，阻锈剂尚未迁移至钢筋表面或是迁移至钢筋表面的量不足以对钢筋起到保护作用；电流密度大于 5A/m^2 时，电流密度过大，在修复过程中，电流密度对钢筋氢脆起到控制作用。实际工程中，当通电时间为 10d 时，电流密度为 3～5A/m^2 时，氢脆风险较低。

4. 电解液的选择

电化学修复过程中，控制应力水平、通电作用时间和电流密度等试验参数相同，探究不同电解液条件下受力钢筋的力学性能。应力-应变曲线、弹性阶段与屈服平台曲线、平均抗拉强度指标分别如图 7-23～图 7-25 所示。

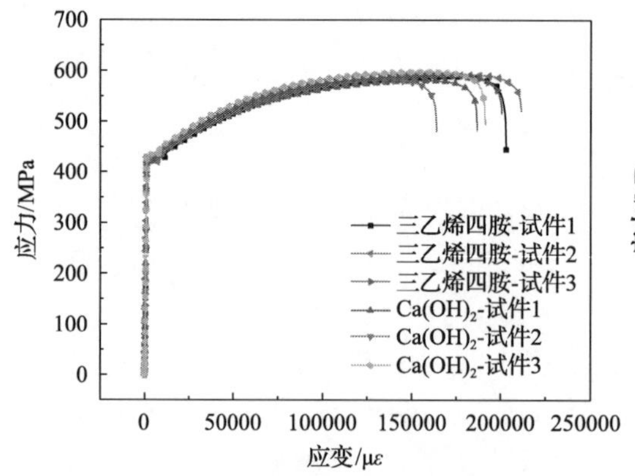

图 7-23　不同电解液修复的受力钢筋试件的应力-应变曲线

Figure7-23　Stress-strain curve of steel bars repaired with different electrolytes

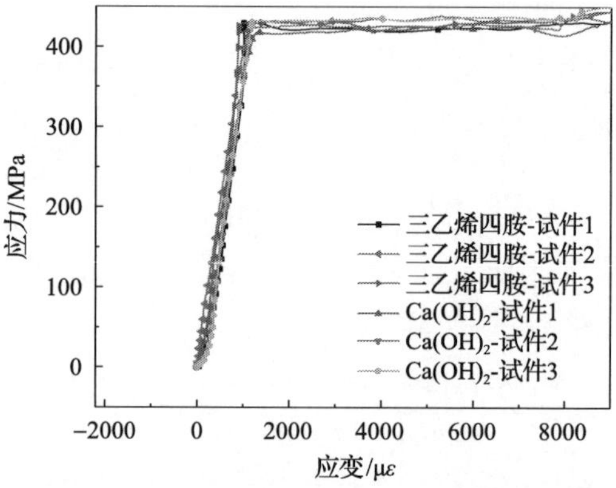

图 7-24　不同电解液修复的受力钢筋试件的弹性阶段与屈服平台曲线

Figure 7-24　Elastic stage and yield platform curve of steel bars repaired with different electrolytes

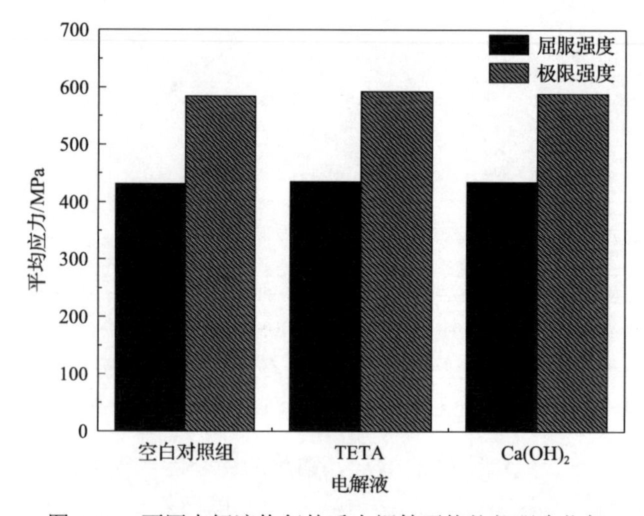

图 7-25　不同电解液修复的受力钢筋平均抗拉强度指标

Figure 7-25　Average tensile strength index of stressed steel bars repaired by different electrolytes

由图 7-23 和图 7-24 可知，不同电解质溶液的电化学修复作用后各钢筋的应力-应变曲线在弹性阶段基本重合，弹性模量几乎相同，说明电化学修复过程中电解液对钢筋的力学性能弹性阶段几乎没有影响。

在屈服阶段，个别钢筋的屈服强度有所偏差，其中屈服强度最大为 445.7MPa，最小为 425.5MPa。将相同电流密度下受力钢筋屈服强度取平均值，绘制如图 7-25 所示条形图。由图 7-25 可知，钢筋的平均屈服强度几乎一致，表明双向电迁移(电解液为三乙烯四胺)和电化学除氯(电解液为饱和氢氧化钙)修复均对钢筋屈服强度影响无明显规律。

在双向电迁移过程中，当控制应力水平为 55%屈服应力、通电作用时间为 10d 且电流密度为 5A/m^2 时，不同电解质溶液条件下受力钢筋断裂能比如图 7-26 所示。

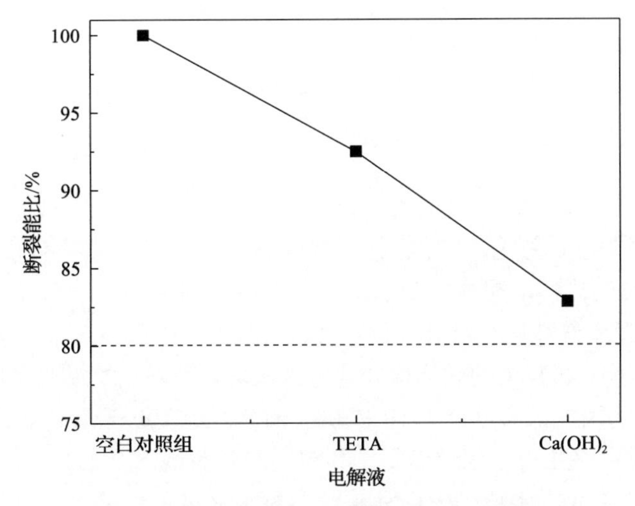

图 7-26　不同电解液对受力钢筋断裂能比的影响

Figure 7-26　Effect of different electrolytes on fracture energy ratio of stressed steel bars

由图 7-26 可知，在相同的通电参数下，采用 TETA 作为电解液处理的钢筋断裂能比高于采用饱和氢氧化钙溶液作为电解液的钢筋，即采用 TETA 处理过的钢筋具有更好的塑性性能，其发生氢脆的可能性较小。采用相同通电参数，双向电迁移技术处理过的钢筋比电化学除氯处理过的钢筋具有更低的氢脆风险。

本节对双向电迁移处理后的受力钢筋采用 0.1mm/min 恒应变速率进行拉伸试验，并采用断裂能比氢脆评价指标，深入研究了应力水平、电流密度、通电时间、电解液等因素与受力钢筋氢脆敏感性之间的关系，探明了普通受力钢筋混凝土结构双向电迁移过程的氢脆控制通电参数，结果表明，双向电迁移修复对受力钢筋弹性阶段几乎没有影响，对钢筋的屈服强度、极限强度影响并不显著，以下控制参数可获取显著的除氯阻锈及氢脆控制效果：电流密度为 $5A/m^2$ 时，该阈值在 10～15d；通电时间为 10d 时，该阈值在 3～$5A/m^2$；采用相同通电参数，双向电迁移技术处理过的钢筋比电化学除氯处理过的钢筋具有更低的氢脆风险。综合分析，双向电迁移过程中，采用 $5A/m^2$ 电流密度、10d 通电时间，钢筋表面阻锈剂浓度为 2.52×10^{-4}mol/g 水泥，此时即可达到良好的阻锈剂电迁移效果，同时也具有较低的氢脆风险。可用该通电参数作为双向电迁移过程中氢脆控制的参考依据。

7.3　构件性能控制

电化学修复技术对内置复杂钢筋网的混凝土梁能起到较好的修复效果，但在通电过程中，试验梁内部钢筋与界面的黏结性能、混凝土强度和钢筋材料性能也会随之改变。因此有必要掌握电化学修复后钢筋混凝土梁的基本性能，进一步分析电化学修复技术在实际工程应用时的适用性。

7.3.1　构件静力性能的控制

本小节开展了双向电迁移后钢筋混凝土梁的受弯试验，同时将电化学除氯试验作为对照组，通过裂缝分布、钢筋与混凝土应变、承载能力、延性等力学信息，分析了不同通电参数的双向电迁移修复后混凝土梁的静力性能，为工程应用双向电迁移技术的通电参数选取提供试验依据。

1. 试验设计

试验的混凝土强度等级为 C30，混凝土材料采用 42.5 号普通硅酸盐水泥、中砂和 5～16mm 连续级配的粗骨料，配合比为水：水泥：砂：石＝210：382：651：1157，预掺 3% NaCl（相对水泥质量）以模拟构件已遭受氯盐侵蚀，测得 28d 标准立方体试块抗压强度为 37.5MPa。为保证试验梁的破坏模式为弯曲破坏，底部受拉纵筋采用 HRB335 钢筋，直径为 14mm；箍筋及上部架立筋为 HPB300，箍筋间距 100mm，保护层厚度 25mm。对试验梁进行不同通电参数的电化学修复，其中空白对照试验梁 L0 不做电化学处理，LB 表示双向电迁移修复的试验梁，LE 表示电化学除氯修复的试验梁，具体参数见表 7-5。

表 7-5 试验梁除氯处理参数

Table 7-5 Parameters of dechlorination treatment of test beam

梁编号	修复方式	电流密度/(A/m^2)	通电时间/周
L0	—	—	—
LB1-2	双向电迁移	1	2
LB3-2	双向电迁移	3	2
LB5-2	双向电迁移	5	2
LB3-1	双向电迁移	3	1
LB3-4	双向电迁移	3	4
LE3-2	电化学除氯	3	2
LE3-4	电化学除氯	3	4

2. 试验过程

试验梁安装前进行混凝土应变片粘贴，应变片布置如图 7-27 所示，混凝土应变片为标距 100mm 的电阻应变片。试验梁跨中的顶面和底面分别粘贴 2 片，梁侧面沿高度方向上粘贴 5 片，中轴线以上应变片间距 25mm，中轴线以下间距 50mm。

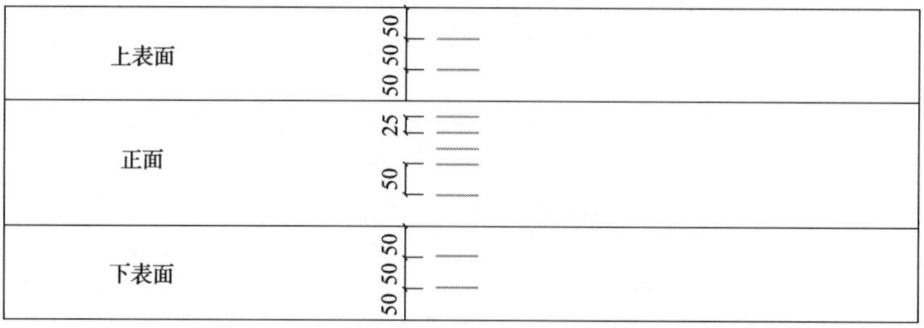

图 7-27 混凝土应变片布置图

Figure 7-27 Layout of concrete strain gauge

试验加载装置采用 PMW800 电液式脉动试验加载系统，进行 1200mm 跨长、400mm 剪跨的三分点加载方式，试验梁安装加载如图 7-28 所示。试验梁安装在一端为固定铰支座、一端为滚动铰支座之上，支座上需垫 8mm 厚钢板以防止加载过程中应力集中。跨中和支座处布置 LVDT(直线位移传感器)，用以测量加载过程中试验梁跨中位移变化。所有传感器数据均通过 DH5921 动态数据采集仪进行采集。

图 7-28　试验梁加载现场图

Figure 7-28　Field drawing of test beam loading

3. 试验结果

1) 裂缝分布特征

试验梁裂缝分布如图 7-29 所示，未进行电化学修复的试验梁 L0 在受弯过程中裂缝发展更为饱满，裂缝数目多、间距小；双向电迁移试验梁 LB1-2、LB3-2 和 LB5-2 的裂

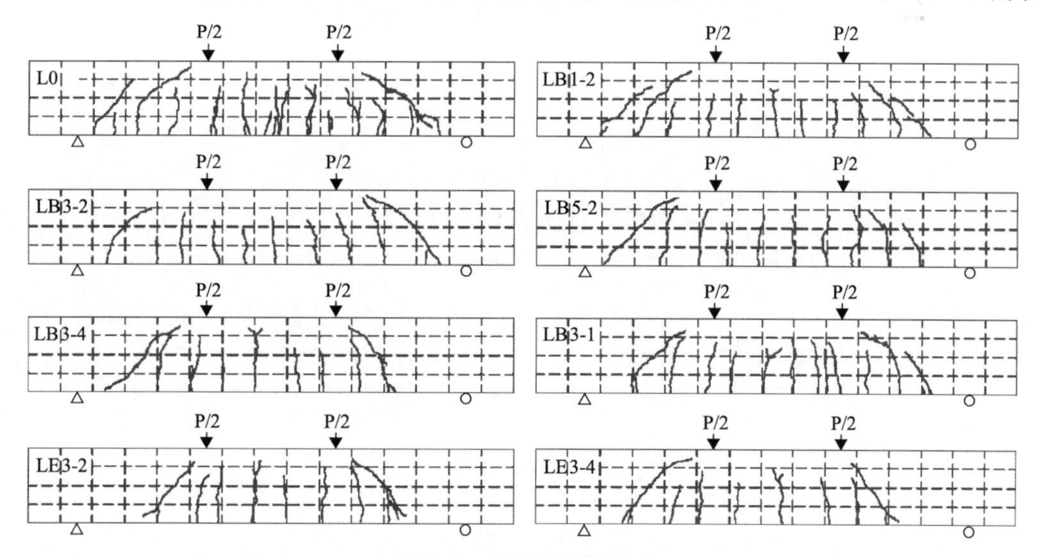

图 7-29　试验梁裂缝分布

Figure 7-29　Cracks distribution of test beam

缝分布更稀疏，且随着通电电流密度的增加，裂缝间距加宽。试验梁 LB3-1、LB3-2、LB3-4、LE3-2 和 LE3-4 有同样的变化特征，随着通电时间的增加，受弯梁裂缝间距增加。

裂缝分布的变化原因可从裂缝产生的机理进行分析，试验梁开裂后，两条裂缝间的混凝土回缩会受到钢筋-混凝土界面黏结力的约束，钢筋的部分应力传递给该区段混凝土继续协同工作，当混凝土应力再次增大至混凝土的抗拉强度，两条裂缝间的混凝土产生新裂缝，最终在试验梁纵向形成多条裂缝。

双向电迁移和电化学除氯后钢筋与混凝土界面软化及析氢反应导致钢筋与混凝土之间的黏结力降低，混凝土与钢筋协同受力性能受到削弱，裂缝产生后混凝土回缩受到的摩擦阻力减小，钢筋传递给混凝土的应力降低，难以形成新的裂缝，最终呈现出构件整体裂缝间距增加、裂缝数目减少。

2) 钢筋应变与混凝土正截面应变

加载过程中不同通电时间及不同除氯方式的试验梁纵筋荷载-应变曲线如图 7-30 所示。钢筋屈服荷载与对应的荷载-挠度曲线的屈服点位置较为符合，屈服前呈线性且斜率不随通电参数和除氯方式而发生变化，表明双向电迁移及电化学除氯均不会影响构件内部纵筋的弹性模量。

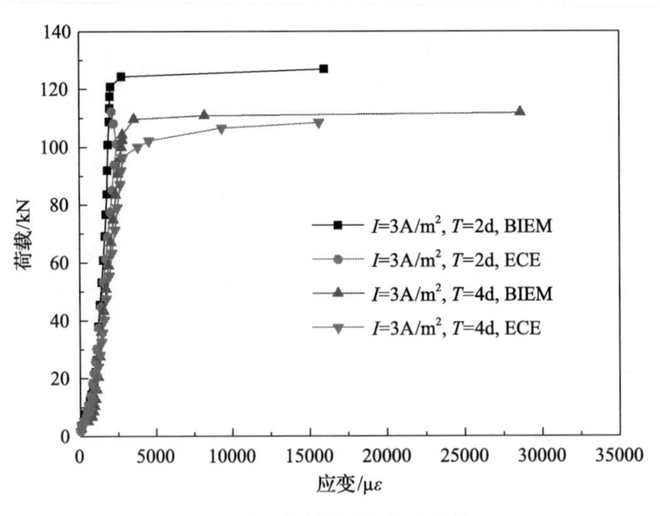

图 7-30　纵筋荷载-应变曲线

Figure 7-30　Load-strain curve of longitudinal reinforcement

图 7-31 给出了不同电流密度下双向电迁移试验梁在加载过程中跨中正截面混凝土应变(开裂导致应变片断裂后部分数据点缺失)。双向电迁移后试验梁在加载过程中跨中截面拉、压区应变呈现较好的线性关系，表明双向电迁移后试验梁仍符合平截面假定。

3) 荷载-挠度曲线

图 7-32 给出了试验梁受弯过程中的荷载挠度曲线。图 7-32(a) 和 (b) 表明试验梁 L0 与 BIEM 组试验梁 LB 在加载初期荷载挠度曲线均呈近似线性增长，且通电参数较小时试验梁刚度未发生明显变化，但 5.0A/m^2 电流密度下试验梁刚度发生明显退化。

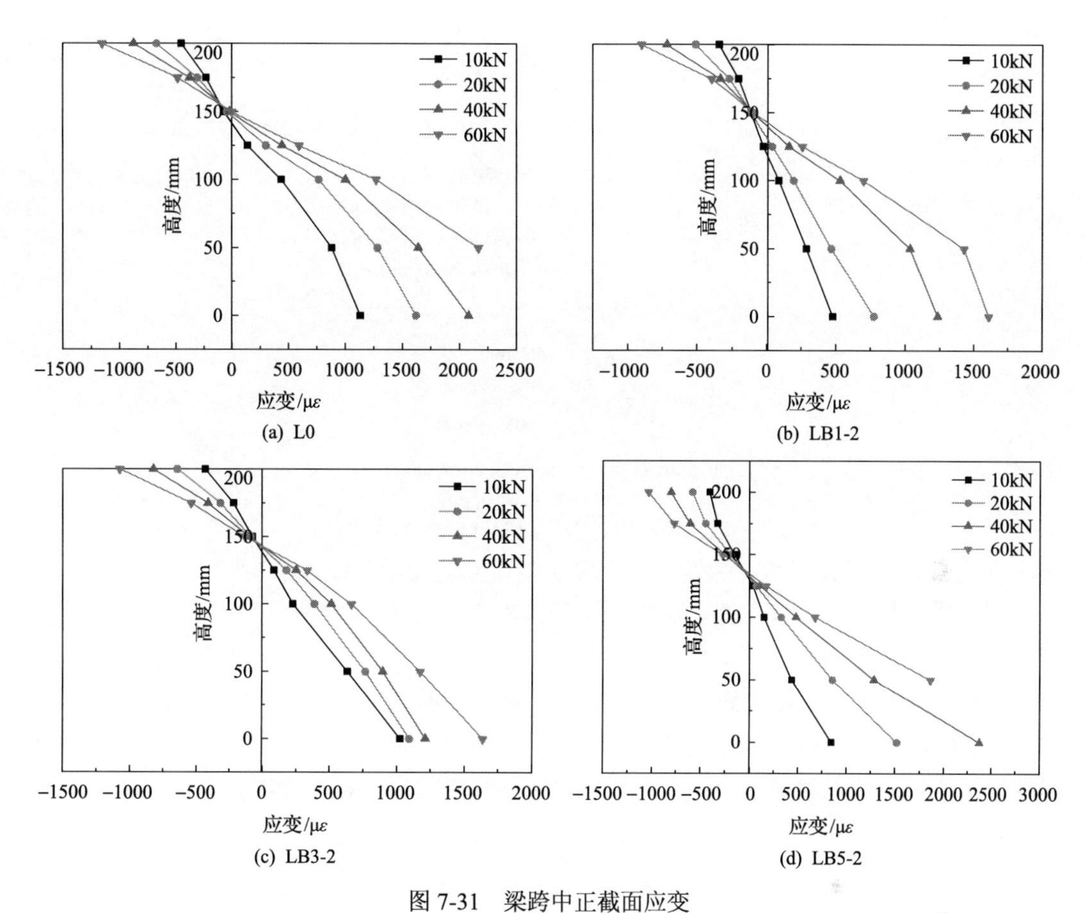

(a) L0　(b) LB1-2　(c) LB3-2　(d) LB5-2

图 7-31　梁跨中正截面应变

Figure 7-31　Strain of normal section in beam span

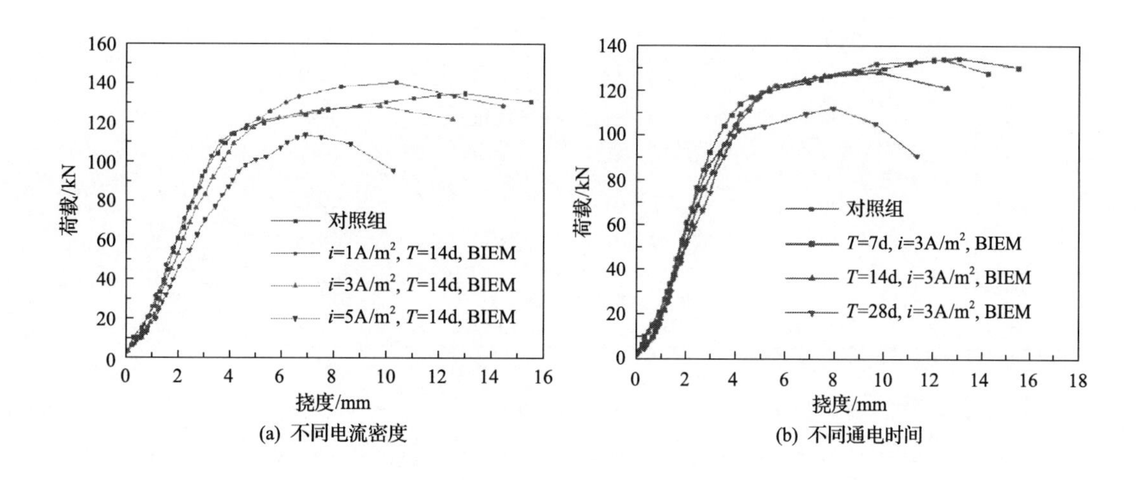

(a) 不同电流密度　(b) 不同通电时间

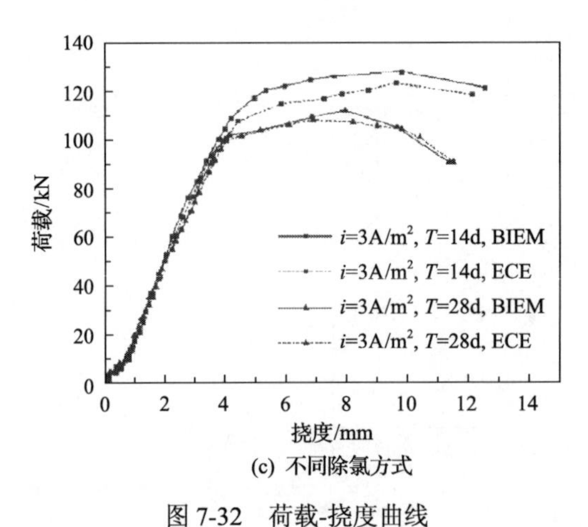

(c) 不同除氯方式

图 7-32　荷载-挠度曲线

Figure 7-32　Load deflection curve

图 7-32(c)对比了双向电迁移和电化学除氯两种电化学修复方式处理后的试验梁荷载-挠度曲线，两类试验梁在弹性工作阶段的整体刚度及承载能力都相差较小。

表 7-6 给出了荷载-挠度曲线中提取出的构件力学参数，F_y 为试验梁屈服时对应的荷载值，F_u 为试验梁破坏时对应的荷载值。双向电迁移采用的通电参数较小时修复前后试验梁的屈服承载力和极限承载力变化不大，但通电参数选取过大会对构件的承载能力造成一定影响。相比于 L0，双向电迁移后试验梁的延性均有所减小，且电流密度和通电时间越大，位移延性系数越小。另外，双向电迁移与电化学除氯试验梁延性退化幅度无明显差异。

表 7-6　静载试验结果

Table 7-6　Static load test results

梁编号	F_y /kN	F_u /kN	ω_y /mm	ω_u /mm	μ
L0	108	139	4.55	12.98	2.85
LB1-2	113	140	4.08	10.40	2.55
LB3-2	114	129	4.48	9.90	2.21
LB5-2	101	113	4.90	7.12	1.45
LB3-1	110	135	4.42	12.41	2.81
LB3-4	103	112	4.28	8.07	1.89
LE3-2	108	123	4.47	9.68	2.17
LE3-4	102	109	4.29	7.06	1.65

4. 控制方程

Siegwart 等[7-6]对电化学处理后混凝土内预应力筋进行静力拉伸试验，发现电化学修复不会对钢筋的强度造成影响，但修复过程中氢原子的渗入会降低钢筋的塑性，金伟良等[7-7]、Ueda 等[7-8]学者也持相同的观点。由于梁构件屈服后变形能力与内部纵筋的变形性能直接相关，本小节对比分析通电参数对钢筋塑性与试验梁延性的影响规律。

混凝土构件的延性可用位移延性系数 μ 表征，其值为构件极限承载力对应的位移值与构件屈服时位移值之比，通电后钢筋塑性降低程度可用断裂能比 Z 表征，表达式如下：

$$\mu = \omega_u / \omega_y \tag{7-9}$$

$$Z = W / W_0 \times 100\% \tag{7-10}$$

式中，ω_y 为构件屈服时的位移值；ω_u 为构件极限承载力对应的位移值；Z 为断裂能比；W_0 为普通钢筋的断裂能；W 为电化学修复后钢筋的断裂能，断裂能为金属材料拉伸断裂前吸收的能量，其值等于应力-应变曲线与坐标轴包围的面积。

将文献[7-9]得到的电化学修复后钢筋断裂能比与本小节得到的位移延性系数整理后，数据拟合如图 7-33 所示，图中横坐标 φ 表示通电量，等于通电时间和电流密度的乘积。其拟合方程分别为式(7-11)和式(7-12)。

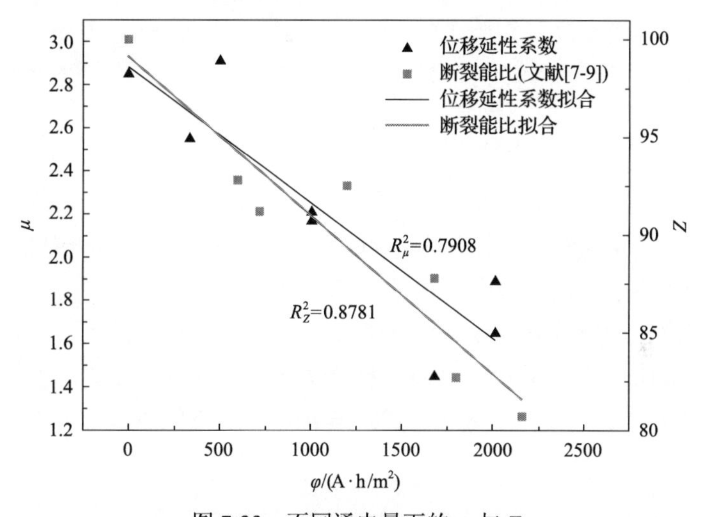

图 7-33　不同通电量下的 μ 与 Z

Figure 7-33　μ and Z under different power on conditions

$$\mu = -6.09 \times 10^{-4} \varphi + 2.88 \tag{7-11}$$

$$Z = -8.12 \times 10^{-3} \varphi + 99.14 \tag{7-12}$$

由上可知，试验梁位移延性系数和钢筋的断裂能比都与电化学修复过程通电量呈线性关系，且相关性较好。结果表明，电化学修复对钢筋的塑性和构件的延性产生的劣化程度与通电量存在负线性相关，双向电迁移和电化学除氯采用的通电参数均需综合考虑耐久性提升效果及其力学性能损伤作用。工程中通常采用的通电参数下双向电迁移技术对混凝土梁的刚度、承载能力影响可忽略，但通电参数选取较大时（$5A/m^2$）对试验梁的刚度、承载力的影响应受到关注。试验结果显示，试验梁 LB5-2 和 LB3-4 的极限承载力损失约 18%。因此，通电参数较大在高效提升混凝土梁耐久性的同时，须考虑到对结构力学性能的影响，实际工程在选取通电参数时需综合考虑耐久性提升效果和力学性能损伤作用，合理选择通电参数以满足结构安全性的要求。

7.3.2 构件疲劳性能的控制

本小节重点关注混凝土梁的疲劳性能，进行了不同电流密度下电化学修复后混凝土梁的常幅疲劳试验，并以电化学除氯作为对照，通过应变、挠度、刚度等力学指标评估了双向电迁移技术对混凝土构件疲劳性能的影响程度，同时给出了与电流密度相关联的相对刚度退化模型，为电化学修复后结构疲劳损伤程度的判定和疲劳寿命预测提供试验和理论支撑。

1. 试验设计

试验梁尺寸、混凝土材料、钢筋配置以及电化学修复过程都与静力性能研究时的设置相同，其中通电电流密度分别为 1.0A/m^2、3.0A/m^2、5.0A/m^2，通电时间恒定为 14d。通电前确保试验梁龄期超过 3 个月，以便通电完成后可对试验梁开展疲劳试验。

2. 试验过程

试验采用 1200mm 跨长、400mm 剪跨的三分点加载方式，疲劳试验在 PMW800 电液式脉动疲劳试验机上进行，加载频率为 4Hz；混凝土表面和纵筋跨中布设应变片(但通电处理引起应变片在疲劳过程中全部失效)，试验梁跨中和支座处布设 LVDT 位移传感器以量测跨中挠度。所有传感读取的信号通过 DH5922 动态数据采集仪进行采集，设置其采集频率为 200Hz。对未进行电化学修复的试验梁进行静力加载，测得试验梁极限承载力平均值 F_u 为 147kN，疲劳上限 F_{max} 取 0.6 F_u，疲劳下限 F_{min} 取 0.1 F_u，具体试验参数和结果见表 7-7。

表 7-7　试验参数及结果

Table 7-7　Test parameters and results

试验梁编号	电化学修复过程		疲劳试验			
	处理方式	电流密度	S_{max}	ρ	疲劳寿命/次	破坏模式
F0	—	—	0.6	0.1	267324	受弯破坏
FB1	BIEM	1	0.6	0.1	282048	受弯破坏
FB3	BIEM	3	0.6	0.1	259604	受弯破坏
FB5	BIEM	5	0.6	0.1	202764	受弯破坏
FE1	ECE	1	0.6	0.1	245834	受弯破坏
FE3	ECE	3	0.6	0.1	286853	受弯破坏
FE5	ECE	5	0.6	0.1	178952	受弯破坏

注：$S_{max}=F_{max}/F_u$，$\rho=F_{min}/F_{max}$，其中 F_{max} 和 F_{min} 分别为疲劳荷载上、下限值。

3. 试验结果

1) 破坏形态

各试验梁的破坏形态如图7-34所示，未经过处理和经过电化学处理后的试验梁破坏形态一致，均为纵筋突然断裂的疲劳受弯破坏。

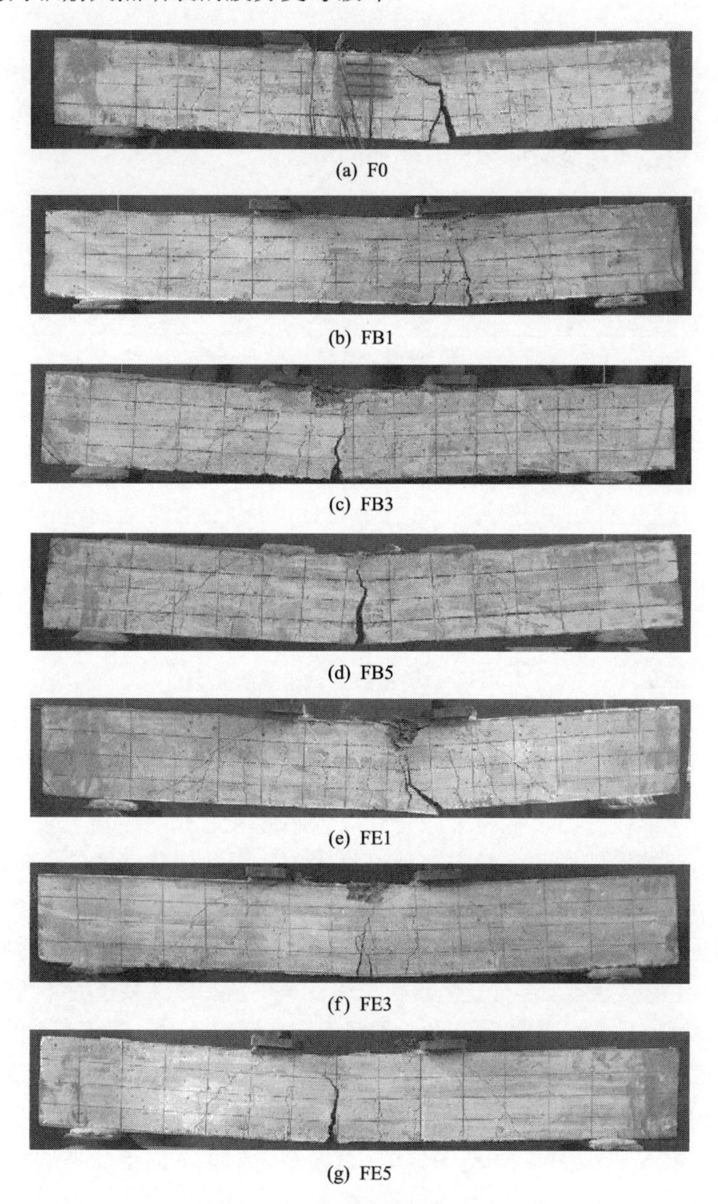

(a) F0

(b) FB1

(c) FB3

(d) FB5

(e) FE1

(f) FE3

(g) FE5

图7-34　试验梁破坏形态

Figure 7-34　Failure mode of test beams

在一个拟动力循环加载过程中，纯弯段受弯裂缝和弯剪段斜裂缝均已产生。加载初期的5000个循环内，裂缝向上延伸，发展十分迅速，此时挠度显著增长；加载至5万次，斜裂缝延伸至支座，裂缝发展趋于饱和；随后的疲劳过程裂缝发展十分缓慢，各裂缝延展不再明显；疲劳破坏时一条主裂缝宽度显著增大，这条主裂缝处的钢筋突然断裂，结构宣告破坏。

相对于其他试验梁，5A/m^{2}通电处理后的试验梁 FE5 和 FB5 试验梁破坏形态虽仍为受弯疲劳断裂，但受到黏结性能劣化影响，上部混凝土压碎现象不明显，破坏时主裂缝接近受压区边缘，破坏断面更大、更整齐。

图 7-35 描绘了疲劳断裂后试验梁表面的裂缝分布情况。未经电化学处理的试验梁 L0 表面裂缝有 9 条，平均裂缝间距 l_m 为 93.4mm；双向电迁移和电化学除氯后试验梁的裂缝数目稍有减少，平均裂缝间距有较明显的增大。

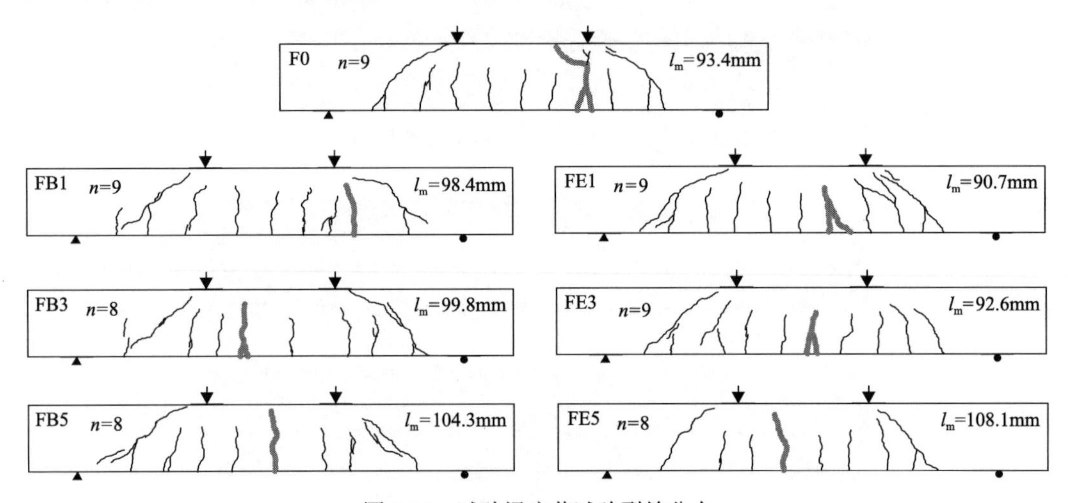

图 7-35　试验梁疲劳试验裂缝分布

Figure 7-35　Distribution of cracks in fatigue test of test beams

2) 混凝土应变

试验梁截面中部以上布设混凝土应变片以量测疲劳过程中混凝土应变的发展情况，由于加载过程中裂缝发展导致多数应变片过早失效，因此仅分析梁截面顶端受压区混凝土应变。图 7-36 为不同循环次数下截面顶部混凝土应变与荷载之间的关系曲线。双向电迁移和电化学除氯的试验梁与对照组试验梁的混凝土应变曲线发展规律相似，即在一个循环内荷载的增加使得梁截面顶部受压区混凝土应变呈现斜率逐渐减小的非线性增长(负向增长)。试验结果表明，自最小应力值开始时混凝土应变增幅较大，随着荷载的增长，受压区混凝土应变的发展逐渐减缓。此外，混凝土应变随着循环次数的增加而增大，曲线下移。

图 7-37 描述了整个疲劳过程中各试验梁受压区混凝土应变的发展情况，其中横坐标表示的是循环次数 N_i 占疲劳寿命 N_f 的比值。试验结果未见双向电迁移后混凝土应变的损伤发展与对照组试验梁有较大差别。各试验梁在疲劳初期压应变迅速增长，进入疲劳稳定阶段后混凝土应变发展较为缓慢，此时混凝土材料性能逐渐劣化，混凝土梁疲劳损伤逐渐累积。仅有试验梁 FE5 出现了加载前期应变减小的现象，可能的原因是混凝土应变片粘贴处骨料较大，在加载初期受压时骨料之间挤压导致大骨料挤出，产生的局部受拉效应而引起混凝土应变减小。

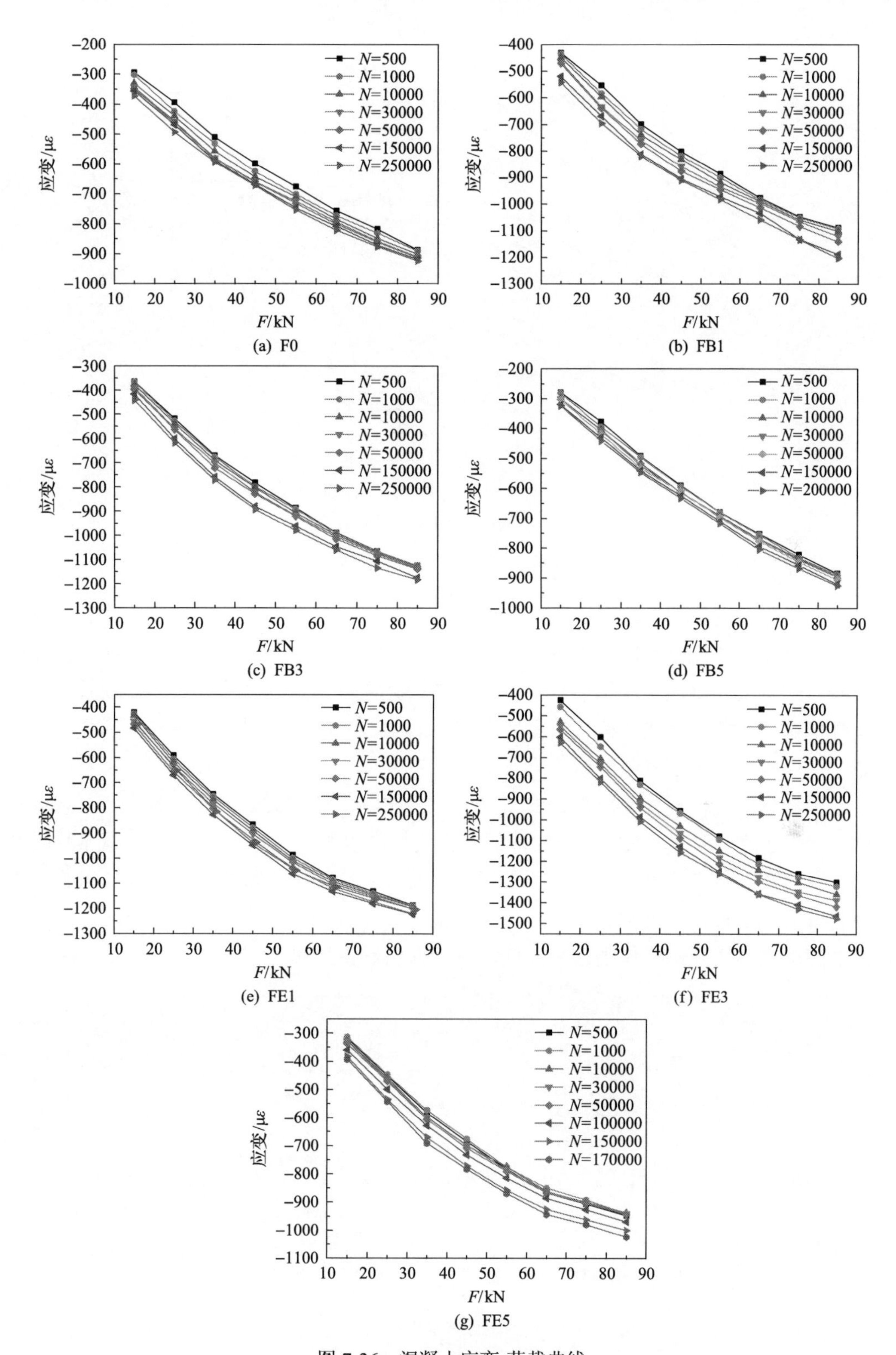

图 7-36　混凝土应变-荷载曲线

Figure 7-36　Concrete strain load curves

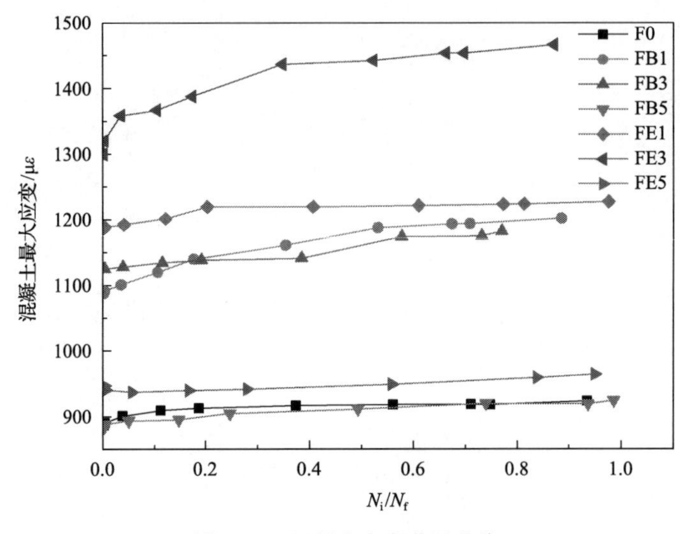

图 7-37　混凝土应变发展曲线

Figure 7-37　Concrete strain development curve

3) 挠度

试验梁疲劳过程中的跨中挠度发展曲线见图 7-38。各试验梁跨中挠度的发展呈现三阶段变化特征。第一阶段为快速增长阶段，占整个疲劳寿命的 5%，该阶段混凝土裂缝快速发展，跨中挠度出现较大幅度增长；第二阶段为疲劳稳定发展阶段，此时混凝土梁的结构性能稳定，挠度发展缓慢，约占疲劳寿命的 95%；第三阶段为瞬时破坏阶段，仅仅在数个循环内挠度迅速发展至试验梁发生脆性断裂。

值得注意的是，不同通电参数的双向电迁移和电化学除氯后试验梁的挠度发展水平不同，随着电流密度的增加，试验梁加载初期的挠度值增大。此外，5.0A/m^2 电流密度的双向电迁移和电化学除氯修复后试验梁的挠度发展更快，第二阶段斜率更大。试验结果表明，双向电迁移和电化学除氯修复后试验梁在疲劳过程中结构性能劣化更快，黏结性能降低带来的是构件协同作用能力降低，疲劳损伤累积加快。

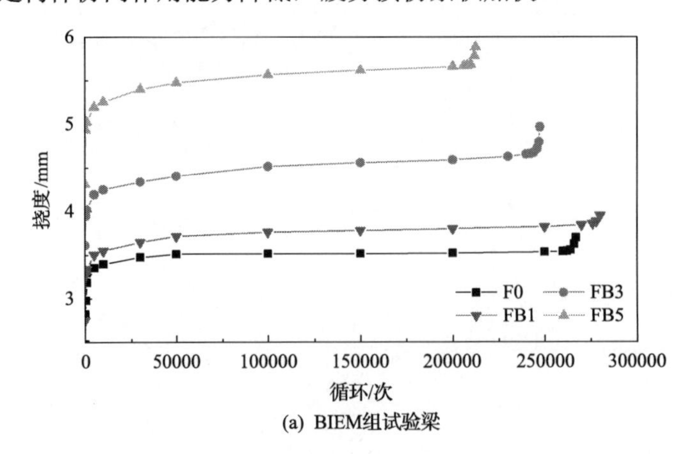

(a) BIEM组试验梁

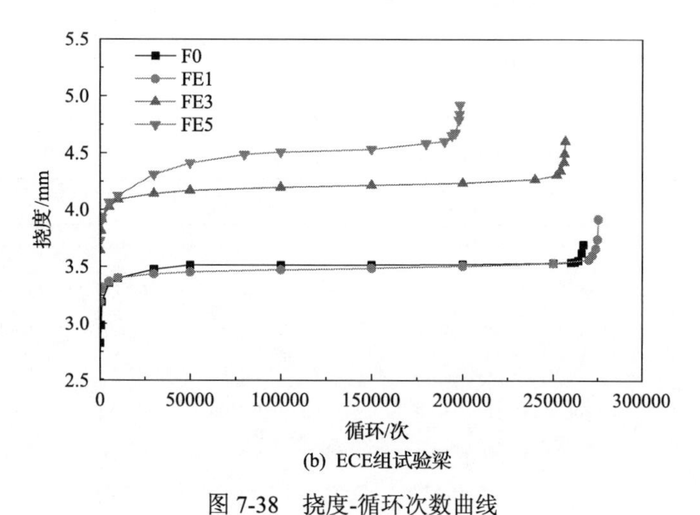

(b) ECE组试验梁

图 7-38 挠度-循环次数曲线

Figure 7-38 Deflection-cycle curves

4. 控制方程

疲劳试验结果表明，电化学修复混凝土梁因黏结力损失而对构件在疲劳过程中的挠度发展产生影响。构件的挠度发展是加载过程中材料劣化和应力重分布的宏观表现，与这一宏观量对应的结构属性是混凝土梁的刚度。混凝土构件的刚度是表征受荷状态下抵抗变形能力的力学指标，疲劳时构件的刚度变化能在一定程度上反映结构在循环荷载作用过程中的损伤发展程度[7-10]。

由该试验加载方式可知试验梁受力形式为简支梁形式，基于最小刚度原则，易得试验梁的刚度方程为

$$E = \alpha \frac{ML^2}{f} \tag{7-13}$$

式中，E 为抗弯刚度；α 为挠度系数，其值与受荷形式、支撑条件有关，当简支梁承受集中对称荷载时，$\alpha=23/216$；M 为截面弯矩；f 为试验梁在对应截面处的挠度；L 为梁支撑点之间的跨径，该试验取 1.2m。

将得到的跨中挠度数据代入式(7-13)中，得到不同循环加载次数时试验梁跨中截面的刚度值，结果如表 7-8 所示。由刚度结果可知，经过双向电迁移和电化学除氯后的试验梁初始刚度均有所下降：BIEM 组各试验梁的初始刚度分别为 $0.9827\text{MN}\cdot\text{m}^2$、$0.7488\text{MN}\cdot\text{m}^2$、$0.6870\text{MN}\cdot\text{m}^2$，分别为对照组试验梁初始刚度的 90.0%、68.6%和 57.5%；ECE 组试验梁的初始刚度分别为 $0.8478\text{MN}\cdot\text{m}^2$、$0.7427\text{MN}\cdot\text{m}^2$、$0.7254\text{MN}\cdot\text{m}^2$，分别为对照组试验梁初始刚度的 77.7%、68.1%和 66.5%。受弯构件的刚度受众多因素影响，如混凝土弹性模量和强度、钢筋的布置方式、钢筋本身的力学性质、钢筋与混凝土界面的黏结强度等，而电化学修复技术对材料性能的影响最终反映在构件的初始刚度的削弱，

尤其在电流密度较大时，初始刚度受到较大影响。

表 7-8 刚度结果表

Table 7-8 Stiffness results

循环次数/万次	不同试验梁的刚度/(MN · m²)						
	F0	FB1	FB3	FB5	FE1	FE3	FE5
0	1.0913	0.9827	0.7488	0.6870	0.8478	0.7427	0.7254
0.05	0.9075	0.8240	0.6851	0.5481	0.8107	0.7089	0.6946
0.1	0.8481	0.8097	0.6728	0.5382	0.7719	0.6910	0.6884
0.5	0.8063	0.7716	0.6449	0.5206	0.7605	0.6720	0.6657
1	0.7959	0.7621	0.6361	0.5145	0.7530	0.6612	0.6563
3	0.7778	0.7416	0.6235	0.5007	0.7449	0.6533	0.6271
5	0.7699	0.7282	0.6141	0.4941	0.7408	0.6489	0.6129
10	0.7696	0.7195	0.5989	0.4860	0.7530	0.6448	0.5998
15	0.7694	0.7155	0.5933	0.4816	0.7330	0.6418	0.5965
20	0.7681	0.7123	0.5891	0.4783	0.7287	0.6387	—
25	0.7655	0.7078	—	—	0.7232	0.6279	—

基于表 7-8 计算得到的刚度数值，采用残余刚度表征电化学修复后试验梁在疲劳过程中的损伤程度：

$$D_{\mathrm{E}}=\frac{E_{\mathrm{ini}}-E_{N_{\mathrm{i}}}}{E_{\mathrm{ini}}-E_{N_{\mathrm{f}}}} \tag{7-14}$$

式中，D_{E} 为基于残余刚度定义的受弯梁疲劳损伤变量；E_{ini} 为受弯梁疲劳初始刚度；$E_{N_{\mathrm{i}}}$ 为经历了 N_{i} 次循环荷载后试验梁的刚度；$E_{N_{\mathrm{f}}}$ 为构件失效时的刚度。

根据其物理意义知 $D_{\mathrm{E}}\in[0,1]$，当 $D_{\mathrm{E}}=0$ 时混凝土构件尚未受到疲劳损伤作用，当 $D_{\mathrm{E}}=1$ 时构件达到疲劳极限，结构失效。

由于试验梁疲劳寿命不同，现将残余刚度损伤变量表示为与时程 $N_{\mathrm{i}}/N_{\mathrm{f}}$ 相关的函数：

$$D_{\mathrm{E}}=\frac{E_0-E_{N_{\mathrm{i}}}}{E_0-E_{N_{\mathrm{f}}}}=f\left(\frac{N_{\mathrm{i}}}{N_{\mathrm{f}}}\right) \tag{7-15}$$

上式可变换为

$$\frac{E_{N_{\mathrm{i}}}}{E_0}=1-\left(1-\frac{E_{N_{\mathrm{f}}}}{E_0}\right)\cdot f\left(\frac{N_{\mathrm{i}}}{N_{\mathrm{f}}}\right) \tag{7-16}$$

将 E_{N_i} / E_0 作为 y 轴，N_i / N_f 作为 x 轴，得到各试验梁在疲劳作用下残余刚度随疲劳进程的发展曲线，如图 7-39 所示，残余刚度的变化规律同样遵循三阶段特征：刚度在加载初期下降明显，可归因于构件在初始阶段基体裂纹得到迅速扩展，形成材料初始损伤，构件刚度随着裂纹密度的增加而快速降低。而当基体裂纹发展至一定密度后，特征损伤状态(CDS)出现，基体裂纹趋于饱和，刚度退化十分缓慢，此后基本呈现斜率较小的线性下降特征，最终在第三阶段较短时间内刚度迅速退化，构件宣告失效。

基于残余刚度的变化规律，且由于第三阶段刚度退化迅速，随机性较大，现仅对第一和第二阶段建立基于残余刚度的疲劳损伤模型：

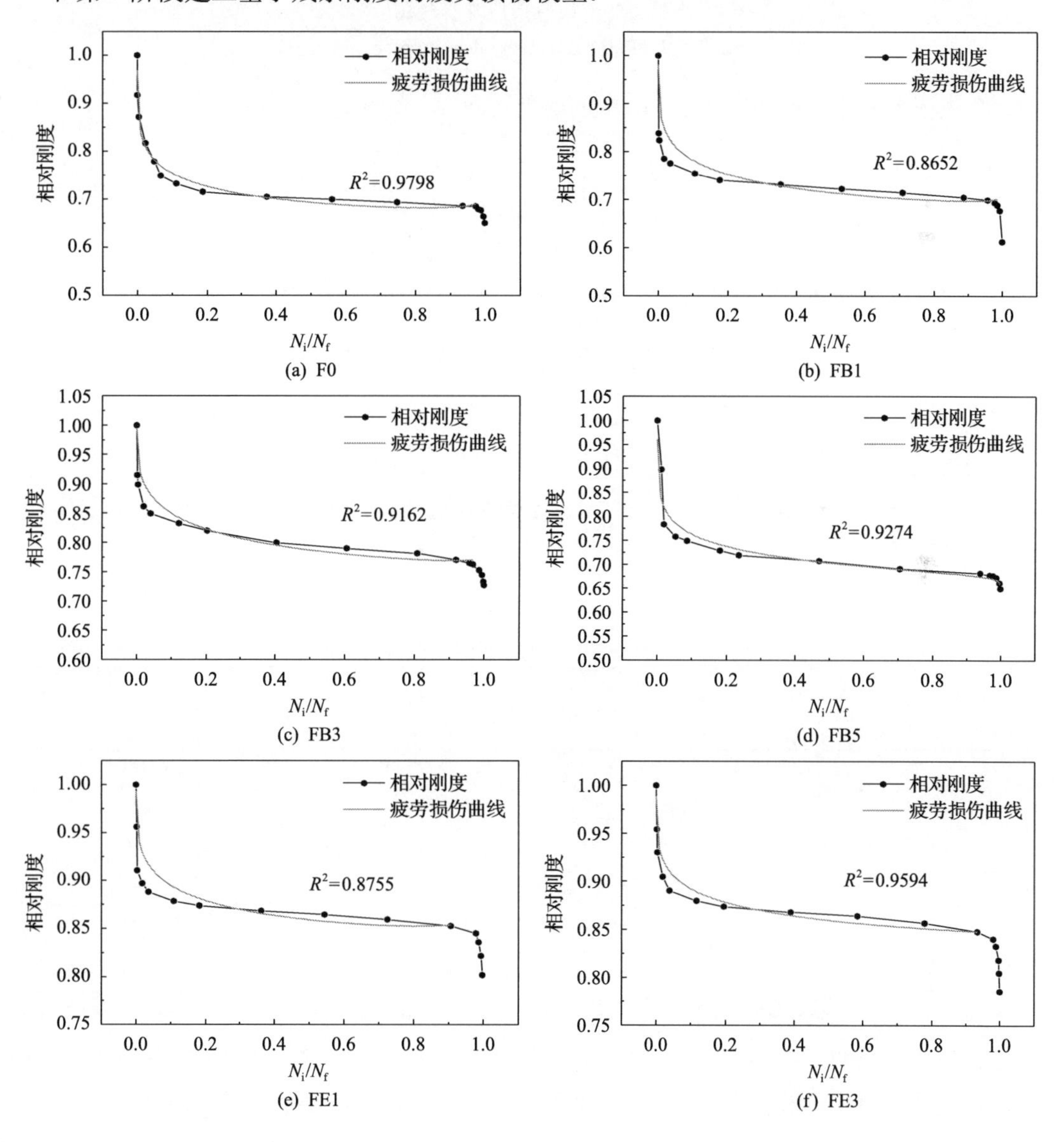

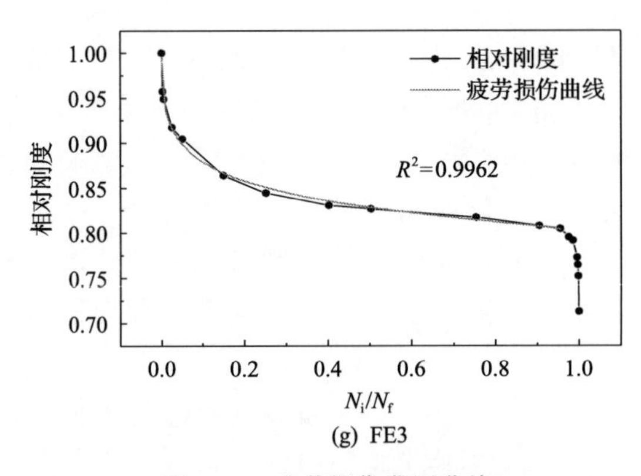

(g) FE3

图 7-39 疲劳损伤发展曲线

Figure 7-39 Fatigue damage development curves

首先根据变化特征确定式(7-16)中的函数：

$$f\left(\frac{N_\mathrm{i}}{N_\mathrm{f}}\right)=\left[1-\frac{1-(N_\mathrm{i}/N_\mathrm{f})^p}{(1-N_\mathrm{i}/N_\mathrm{f})^q}\right] \tag{7-17}$$

式中，p 和 q 为根据试验数据拟合获得的参数。将式(7-16)和式(7-17)进行整理得

$$\frac{E_{N_\mathrm{i}}}{E_0}=1-\left(1-\frac{E_{N_\mathrm{f}}}{E_0}\right)\cdot\left[1-\frac{1-(N_\mathrm{i}/N_\mathrm{f})^p}{(1-N_\mathrm{i}/N_\mathrm{f})^q}\right] \tag{7-18}$$

利用式(7-18)进行拟合，拟合曲线(疲劳损伤曲线)如图 7-39 所示。

由图 7-39 可见，基于残余刚度的损伤模型能较好地刻画试验梁在疲劳初期和稳定阶段的损伤发展情况，式(7-18)的拟合参数结果见表 7-9。

表 7-9 损伤模型拟合参数

Table 7-9 Fitting parameters of damage model

试验梁	拟合参数		R^2
	p	q	
F0	0.20746	1.07588	0.97976
FB1	0.24585	1.03816	0.86523
FB3	0.31866	1.03198	0.91616
FB5	0.18860	0.93428	0.92739
FE1	0.27832	1.07894	0.87546
FE3	0.23410	1.00483	0.95944
FE5	0.30606	0.9721	0.99617

损伤模型中的 q 值决定了疲劳损伤发展曲线第二阶段的斜率，反映了构件刚度退化的速率，其与电化学通电电流密度 i 呈良好的线性关系，见图 7-40，拟合式为

$$q=1.0835-0.0249i \tag{7-19}$$

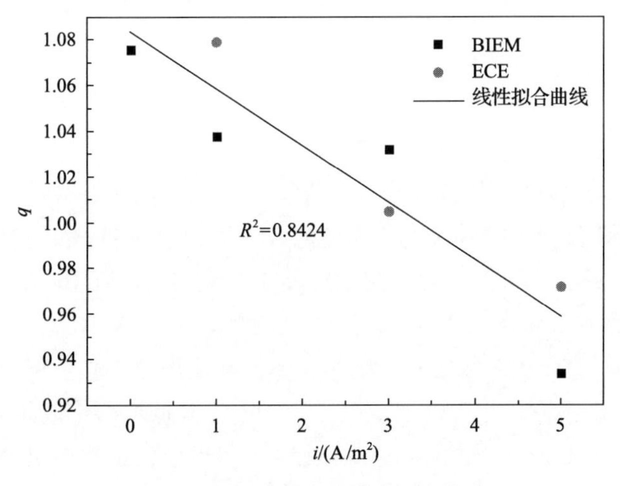

图 7-40　q 值与电流密度 i 的关系

Figure 7-40　Relationship between q value and current density i

综上分析，双向电迁移和电化学除氯后试验梁的初试刚度减小，且疲劳过程中刚度加速退化，基于残余刚度的疲劳损伤模型可较好地表示试验梁刚度退化情况和疲劳失效过程，其中的拟合参数 q 值与电流密度 i 呈线性相关性。混凝土与变形钢筋之间的机械咬合力是界面黏结力的最主要部分[7-11]，而双向电迁移和电化学除氯过程中界面处混凝土软化，机械咬合力在往复荷载作用下更容易发生退化，滑移量因此而增加，构件疲劳过程中刚度退化更为明显。此外，在疲劳进程中，电化学修复对混凝土材料的劣化作用加速了混凝土内部损伤累积，变形随损伤累积而增加，这也是双向电迁移和电化学除氯后混凝土梁在疲劳作用下刚度退化较快的原因。

根据疲劳试验数据和理论分析，提出了基于残余刚度的电化学修复后混凝土梁疲劳损伤模型，该模型中的拟合参数 q 与通电电流密度呈线性相关性。从损伤模型可以看出，双向电迁移和电化学除氯后混凝土梁的初始刚度减小，疲劳过程中的刚度退化加快，试验梁的疲劳损伤模型可为双向电迁移修复后构件的安全性和疲劳损伤程度提供理论依据和指导。

7.4　劣化过程控制

耐久性电化学提升的前提为掌握混凝土结构耐久性的关键数据，从而制定修复策略。本节研究了钢筋锈蚀过程中腐蚀电流的变化特征，介绍了氯离子浓度监测技术；研究了钢筋锈蚀过程阳极极化电流的变化规律，介绍了钢筋锈蚀电化学监测技术；研究了钢筋锈蚀过程的混凝土膨胀率和钢筋锈蚀程度的对应关系，介绍了混凝土锈胀开裂光纤监测技术。

7.4.1　氯离子浓度监测

1. 传感器设计

阳极梯传感器采用阶梯型结构，在浇筑混凝土时直径较大骨料易搁置在阳极梯上部，不易下沉，从而造成混凝土拌和不均。为此，设计了如图 7-41 所示的传感器。传感器采用单侧布置设计，降低了粗骨料发生搁置的概率。图 7-41(a)中，W1、W2、W3、W4 为直径 8mm 的碳钢棒，作为工作电极，用于监测氯离子；R1、R2、R3、R4 为直径 6mm 的钛棒，钛耐蚀性很强，在海水中不会锈蚀，作为参比电极工作性能稳定；C1、C2 为直径 10mm 的 316 不锈钢棒，作为辅助电极。为进一步降低混凝土欧姆降影响，参比电极与工作电极间距仅为 3mm。测试时，辅助电极 C1 用于极化工作电极 W1 和 W2，辅助电极 C2 用于极化工作电极 W3 和 W4。电极极化影响分析表明，辅助电极极化一侧工作电极并不会对另一侧工作电极产生极化作用。图 7-41(b)中，工作电极露出底座 2.5cm，为防止缝隙腐蚀，底部使用热缩管进行密封，工作电极暴露长度约为 2cm。为了确保各电极接线在混凝土中能长期稳定工作，在底座背面采用环氧树脂进行线路密封，如图 7-41(c)所示。

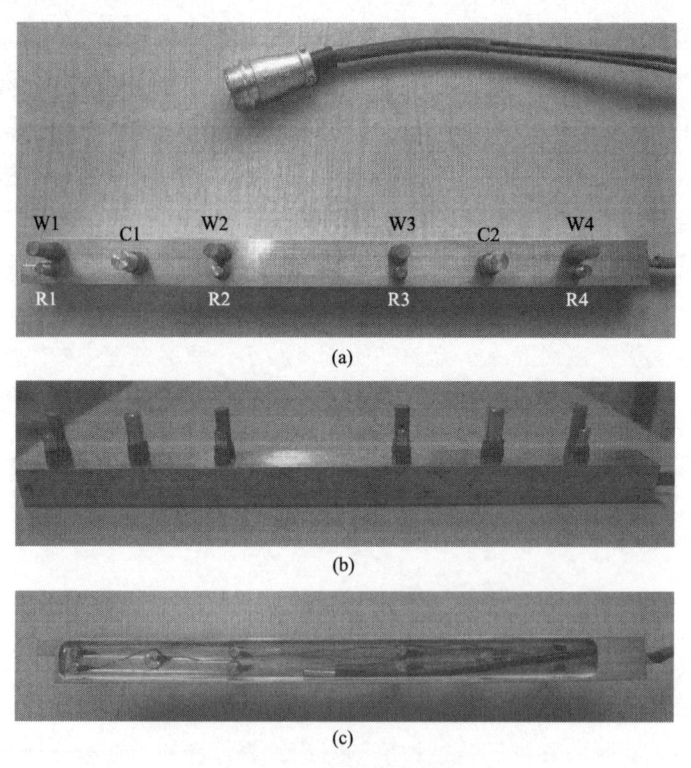

(a)

(b)

(c)

图 7-41　传感器实物图

Figure 7-41　Physical picture of sensor

2. 性能测试试验

为验证传感器用于监测氯离子侵蚀进程的有效性，设计如下室内加速试验：浇筑尺寸为 50cm×50cm×10cm 的混凝土试件。在试件一个方向布置Φ12mm 钢筋，间距为 10cm，保护层厚度为 4cm。在钢筋上部安置传感器，通过调整传感器一侧螺杆长度，改变传感器倾角。调整后各监测点的保护层厚度分别为 0.9cm、1.6cm、2.3cm 和 3cm。将试块养护 28d 后，用环氧树脂将试件四周密封，采用浸泡 4d、自然风干 3d 的干湿循环机制加速氯离子渗透，NaCl 溶液浓度为 3.5%。

3. 测试结果

在第一个循环浸泡结束后，立即测试并绘制出传感器上四个监测点的阳极极化曲线，如图 7-42 所示。图中，各监测点阳极极化曲线近似为直线，且斜率相近。这是因为，浸泡结束时刻钢筋处于缺氧状态，平衡电位已负移至阴极强极化区。随着监测点埋置深度增加，缺氧程度随之增大，平衡电位负移量也随之增加，监测点 W3、W4 极化曲线形态也较 W1、W2 更加接近于直线。

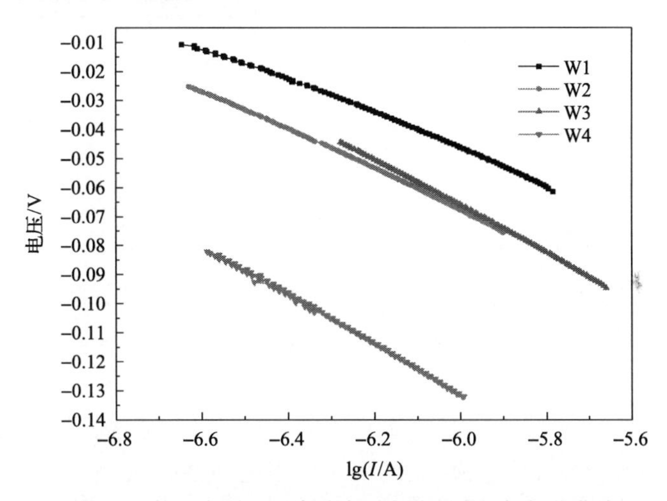

图 7-42　第一个循环浸泡结束后各监测点阳极极化曲线

Figure 7-42　Anode polarization curve of each monitoring point after the first cycle of immersion

第一个循环风干过程结束后，再次对传感器各监测点进行阳极极化曲线测试，如图 7-43 所示。对比图 7-42，图中各极化曲线形态已具备典型阳极极化特征，表明氧气供应恢复平衡。由表 7-10 可知，监测点平衡电位急剧正移，偏移量大于 100mV；阳极极化电流由负值变为正值，均明显小于锈蚀临界值，表明各监测点处于钝化态。

为了与宏电流测试方法进行对比，每次极化测试结束后，间隔半小时，使用高灵敏度零电阻电流表(量程 0～10μA，精度 0.5μA)测量辅助电极与工作电极之间的宏电流，接通稳定后记录数值。在未判定监测点 W1 锈蚀之前，测试在每个循环浸泡结束后 1h 进行；在判定监测点 W1 锈蚀后，将试件置于温度为 30℃、湿度为 40%的恒温恒湿箱中加速风干 3d，每天进行测试。

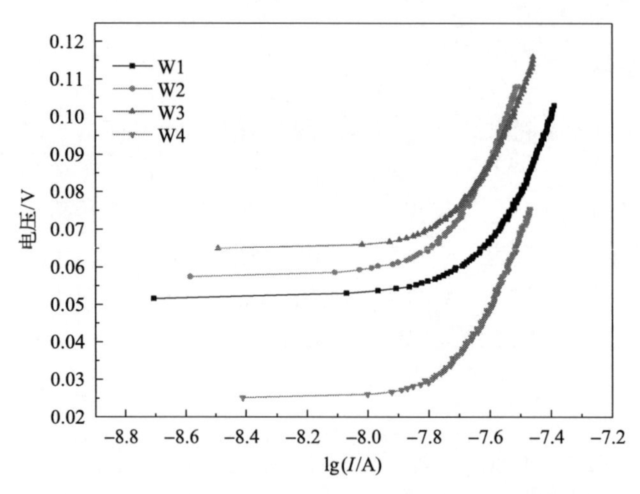

图 7-43　第一个循环风干结束后各监测点阳极极化曲线

Figure 7-43　Anode polarization curve of each monitoring point after the first cycle of air drying

表 7-10　各监测点阳极极化电流

Table 7-10　Anode polarization current at each monitoring point

监测点	W1	W2	W3	W4
浸泡结束电位/mV	−60	−75	−95	−132
风干结束电位/mV	53	58	66	26
浸泡结束极化电流/nA	−226	−235	−528	−259
风干结束极化电流/nA	40.78	31.26	34.84	33.88

图 7-44 为各监测点阳极极化电流变化。监测点 W1 从第 3 次测试开始，阳极极化电流开始逐渐增加(由钝化稳定态的 60nA 左右增加至 268nA)，表明钢筋钝化膜已逐渐脱钝；在第 5 次测试时，阳极极化电流急剧增大，达到 6.56μA，表明钢筋开始锈蚀。在锈蚀后的 3d 风干过程中，阳极极化电流变化显著，风干 1d 后阳极极化电流降低至 628nA，该值已低于锈蚀临界阳极极化电流，之后 2d 稳定在 260nA 左右，表明由于表层水分快速蒸发，监测点 W1 腐蚀电流密度急剧减小。需指出的是，在锈蚀后的 3d 风干过程中，虽然阳极极化电流已低于锈蚀临界值，但仍明显大于钝化稳定态的阳极极化电流。对比宏电流测试结果(图 7-45)，监测点 W1 在第 5 次测试时，宏电流也急剧增加，达到 3.1μA，表明钢筋开始锈蚀，与阳极极化电流判定结果一致。但在之前的几次测试中，并未出现钢筋锈蚀预兆，测试值甚至低于其他监测点。此外，在锈蚀后的 3d 风干过程中，所有监测点的宏电流均减小，且数值相近，无法对已锈蚀的监测点 W1 进行区分。

电化学测试表明，阳极极化电流法能有效表征各监测点缺氧状态；相对于宏电流判别法，阳极极化电流法除了能判定监测点锈蚀与否，还能对锈蚀预兆过程进行表征；在发生锈蚀以后，即使监测点处于干燥状态，仍能有效区别于钝化稳定态。

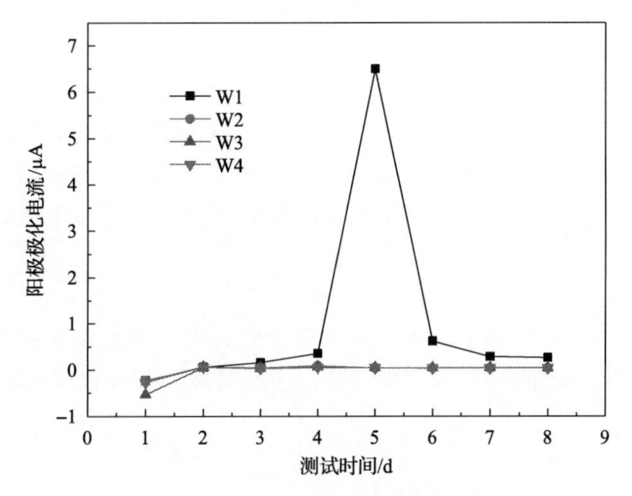

图 7-44　各监测点阳极极化电流变化

Figure 7-44　Change of anode polarization current at each monitoring point

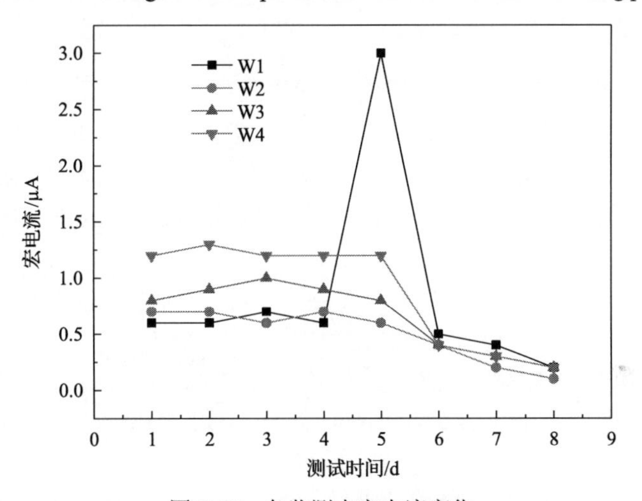

图 7-45　各监测点宏电流变化

Figure 7-45　Macro current change at each monitoring point

7.4.2　钢筋锈蚀电化学监测

目前的阳极梯系统主要由阴极和阳极两部分构成，位于阳极梯不同高度处的监测钢筋构成该系统的阳极，阳极梯旁边的钛棒为该系统的阴极，其实质相当于参比电极。通过观测阳极梯不同高度处的监测钢筋与参比电极(阴极)之间的宏电流变化来判别外部介质侵蚀进程。宏电流的大小取决于阴阳两极的电位差值，当氯离子达到监测钢筋表面引起钢筋锈蚀，阳极的钢筋电位(相对于阴极)降低，阴阳两极电位差增加，导致阴阳两极的宏电流增加，当电流值超过 15μA 认为监测钢筋已经发生锈蚀。然而，影响宏电流大小的主要因素有阴极电极的性能、阳极电极的电位响应和阴阳两极之间混凝土的电阻。首先，阳极平衡电位受阴极反应氧气浓差极化影响很大：①当混凝土表面有缺陷(裂缝或孔洞)时，氧气传输加剧，此时钢筋表现出较高的腐蚀电流密度，但阳极电位反而正移；

②当混凝土太致密或处于饱水状态时，较低的腐蚀电流密度反而会具有较负的阳极电位。其次，即使阳极处于钝化状态，当混凝土内部处于高湿状态时，阳极处负电子积聚会出现电位显著降低，导致宏电流增大，甚至可能超过锈蚀阈值，出现“假锈蚀”。

基于以上考虑，本节初步设计了基于阳极极化电流测试技术钢筋锈蚀传感器，用于监测混凝土中氯离子侵蚀进程。通过室内加速试验，对传感器工作性能进行分析。

1. 传感器设计

根据电化学原理，在一般情况下，阴极反应既有电化学极化又有浓度极化，也就是阴极过程的混合控制，这时，式(7-20)为腐蚀金属电极在弱极化区的极化曲线方程式。

$$i = i_{\text{corr}} \left\{ \exp\left(\frac{\Delta E}{\beta_{\text{a}}}\right) - \frac{\exp\left(-\frac{\Delta E}{\beta_{\text{c}}}\right)}{1 - \frac{i_{\text{corr}}}{i_{\text{L}}}\left[1 - \exp\left(-\frac{\Delta E}{\beta_{\text{c}}}\right)\right]} \right\} \tag{7-20}$$

式中，i 为极化电流密度；i_{corr} 为金属腐蚀电流密度；$\Delta E = E - E_{\text{corr}}$ 为腐蚀金属电极的极化值；β_{a}、β_{c} 分别为阳极与阴极的塔费尔斜率；i_{L} 为阴极反应的极限扩散电流密度。

当 $i_{\text{L}} \gg i_{\text{corr}}$ 时，阴极反应由电化学反应过程控制，即腐蚀过程中阴极反应的浓度极化可以忽略，称之为活化极化控制的腐蚀体系，则式(7-20)变为常见的弱极化区极化曲线方程式：

$$i = i_{\text{corr}} \left[\exp\left(\frac{\Delta E}{\beta_{\text{a}}}\right) - \exp\left(\frac{-\Delta E}{\beta_{\text{c}}}\right) \right] \tag{7-21}$$

钢筋脱钝阳极极化电流判别方法根据式(7-21)得到，由该式可知，极化电流值与 i_{corr}、β_{a}、β_{c} 和 ΔE 相关。其中，i_{corr}、β_{a}、β_{c} 为腐蚀体系自身参数，与测试条件无关，ΔE 为测试控制参数。因此，影响极化电流测试结果的唯一因素就是 ΔE 的大小(在控制每次测试扫描速率恒定的条件下)，而与参比电极的选取无关。因此，即使参比电极在恶劣条件下长期工作致使电极性能发生改变也不会影响最终极化电流测试结果。

基于以上分析，设计了如图 7-46 所示的传感器。为了能监测氯离子的侵蚀进程，采用了阳极梯的结构设计。图中，1、3、4 为监测钢筋(工作电极)，直径为 8mm，暴露长度为 50mm；2、5 为不锈钢棒(辅助电极)，直径为 9mm，暴露长度为 50mm；6 为不锈钢棒，作为参比电极；7 为塑料垫块，厚度为 5mm，通过此绝缘垫块将参比电极与主体结构连接，并能保证参比电极与监测钢筋之间距离只有 5mm，如此便能大大降低因混凝土保护层引起的欧姆降，使测试结果更为准确。

2. 性能测试试验

为验证传感器用于监测氯离子侵蚀进程的有效性，设计如下室内加速试验：传感器与钢筋的位置关系及相关尺寸见图 7-47。为了加快氯离子渗透，采用水泥砂浆浇筑试块，水泥为杭州钱潮水泥厂生产的 P.O. 42.5 水泥，砂子为天然河砂，试块的配合比见表 7-11。

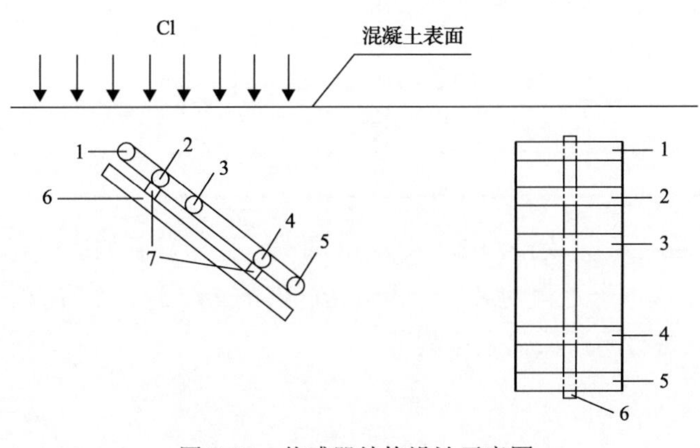

图 7-46　传感器结构设计示意图

Figure 7-46　Schematic diagram of sensor structure design

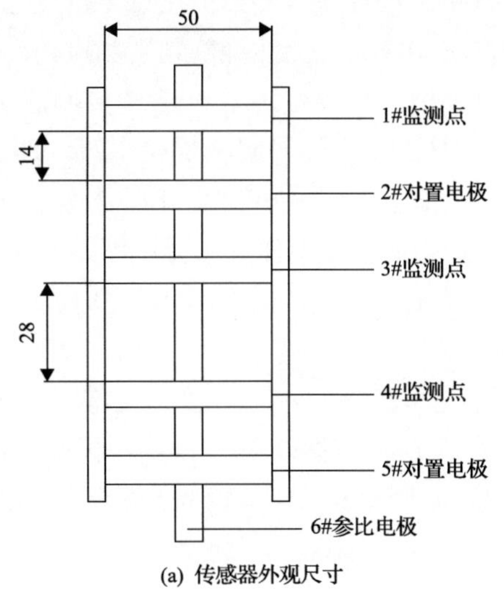

(a) 传感器外观尺寸

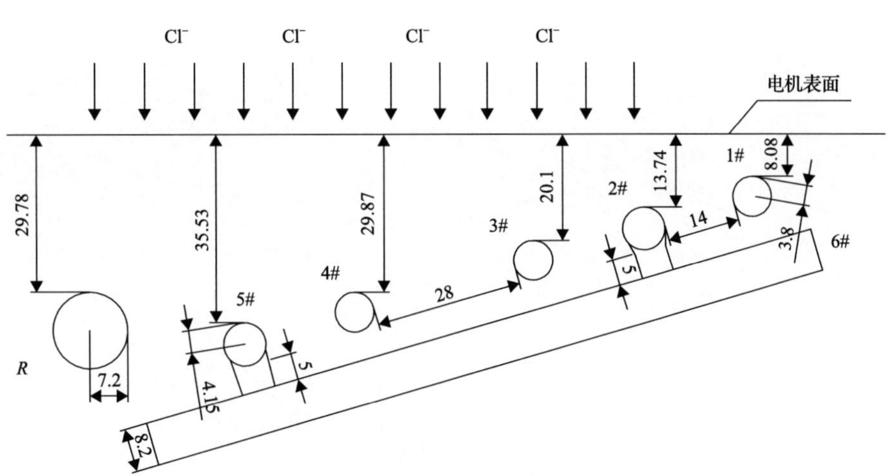

(b) 实际安装就位尺寸

图 7-47　传感器详图(单位：mm)

Figure 7-47　Sensor details (unit：mm)

表 7-11　砂浆配合比　　(单位：kg/m^3)

Table 7-11　Mortar mix proportion

水	水泥	砂
290	240	1221

将试块养护 28d 后，采用浸泡 2d 风干 3d 的干湿循环机制加速氯离子渗透，NaCl 溶液浓度为 3.5%；每次风干过程的最后一天对传感器的 1#、3#、4#监测钢筋进行相关电化学测试，对钢筋只进行阳极极化电流测试。

3. 测试结果

1) 钢筋阳极极化电流与腐蚀电位监测结果

图 7-48 为实测前 13 次干湿循环各监测点的腐蚀电位变化。图中，虽然各测点电位变化趋势较为一致，但电位波动较大，无法准确判别测点钢筋的锈蚀状态。较大电位波动主要归因于不锈钢参比电极稳定性较差。图 7-49 为实测前 13 次干湿循环各监测点的阳极极化电流变化。图中，虚线代表临界阳极极化电流，即当实测阳极极化电流大于 2.23μA 时可判定钢筋开始锈蚀。由图 7-49 可知，1#、3#测点分别在第 4、7 个循环阳极极化电流超过了锈蚀临界值，之后极化电流并未减小而是呈逐渐增大趋势，表明 1#、3#测点钢筋确实已发生锈蚀；然而，对于 4#测点，极化电流表现非常平稳且始终小于临界值，表明钢筋仍处于钝化状态。以上结果表明，13 个干湿循环后，试块中氯离子侵蚀深度可能介于 3#、4#测点之间，也可能已经到达 4#测点但钢筋表面氯离子浓度并未达到锈蚀阈值。此外，对比图 7-48 与图 7-49，1#、3#测点分别在第 4、第 7 个循环时，腐蚀电位急剧降低，根据电位判别法可判定钢筋开始锈蚀，且阳极极化电流也相应地突然增大。然而，4#测点在第 8 个循环时，腐蚀电位虽急剧降低但阳极极化电流却未

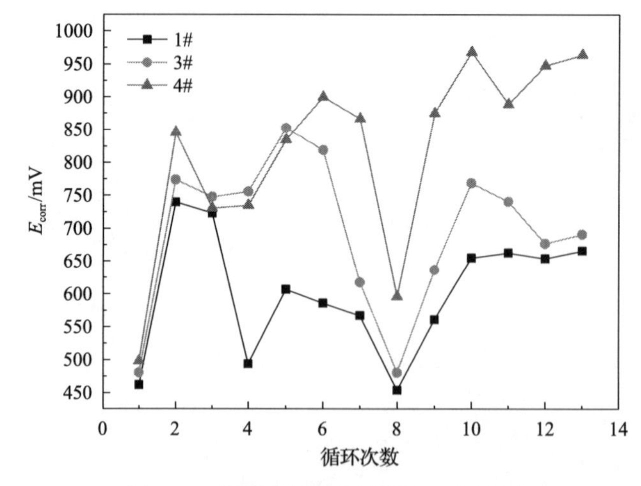

图 7-48　钢筋腐蚀电位变化(13 个循环)

Figure 7-48　Corrosion potential change of reinforcement (13 cycles)

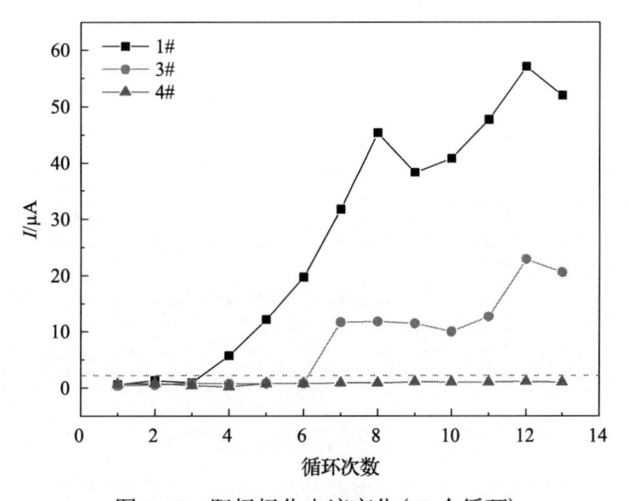

图 7-49　阳极极化电流变化(13 个循环)
Figure 7-49　Change of anode polarization current(13 cycles)

达到临界值，即两种判别法相矛盾。借助 EIS 分析，如图 7-50 所示，4#测点第 8 个循环的 Nyquist 曲线相比第 1 个循环，低频段容抗弧并未发生任何收缩，表明体系仍处于稳定钝化状态。由此可知，电位判别法受环境温湿度及参比电极性能影响较大，稳定性较差；而阳极极化电流判别法不受参比电极性能影响，且与阻抗谱分析相一致，测试数据稳定可靠。

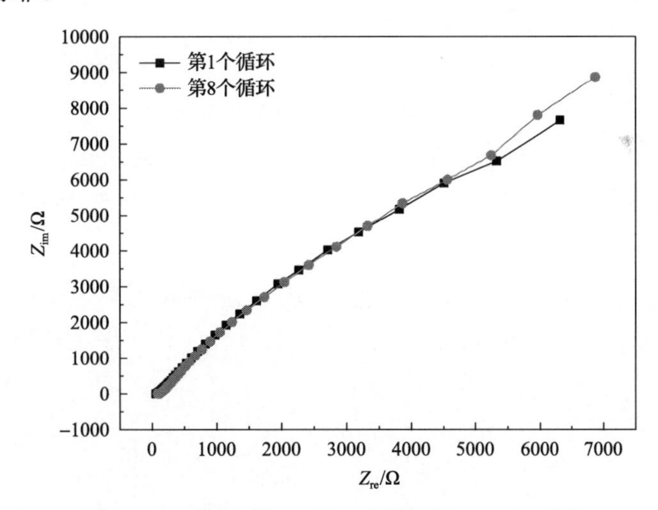

图 7-50　4#测点第 1、第 8 个循环的 Nyquist 曲线
Figure 7-50　Nyquist curve of the first and eighth cycles of 4# measuring points

2) 腐蚀电流与氯离子浓度的估算

图 7-51 表示的是图 7-47 所示传感器中 1#和 3#测点的腐蚀电流，根据阳极极化电流与腐蚀电流的经验关系可对腐蚀电流进行计算，如图 7-52 所示。图中，腐蚀电流实测值与计算值变化规律相一致，估算值略大于实测值，最大误差不超过 25%，满足实际工程要求。

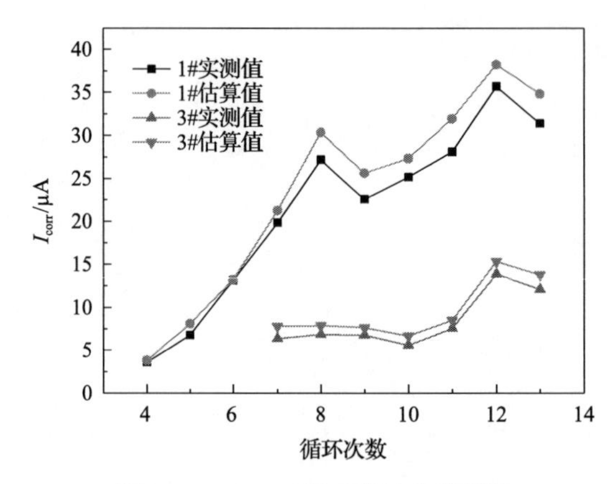

图 7-51　1#、3#测点腐蚀电流预测

Figure 7-51　Corrosion current prediction of 1# & 3# measuring points

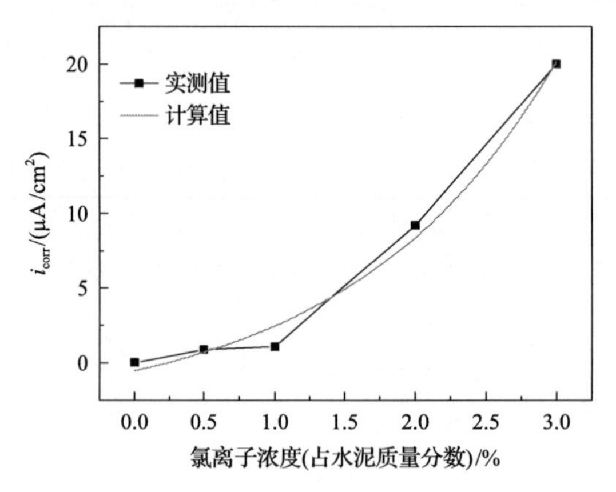

图 7-52　电流密度与氯离子浓度的关系

Figure 7-52　Relationship between current density and chloride ion concentration

确定腐蚀电流后，可根据腐蚀电流与氯离子浓度的经验公式估算相应测点处的氯离子浓度。通过内掺氯盐法建立腐蚀电流密度与钢筋周围氯离子浓度的经验关系，但由于所掺氯盐量较大，对于腐蚀电流密度较小的情况计算结果不理想，选取如下拟合关系：

$$I_{corr} = 3.04065\exp\left(\frac{a}{1.46031}\right) - 3.56346 \tag{7-22}$$

式中，a 代表 Cl^-的浓度。

将每次循环测得的腐蚀电流代入式(7-22)，得到各测点的氯离子浓度积累过程，如图 7-53 所示。由图可知，整个试验过程中当 4#测点发生锈蚀结束试验，4#测点在第 16 个循环时极化电流发生突变，1#、3#测点处的氯离子随着干湿循环进行逐渐积累。为了对浓度估值进行评价，试验结束后对试块破型，如图 7-54 所示。取破型试块的一半，钻取 1#、3#测点附近相同深度处粉样，测试粉样中氯离子含量，结果见表 7-12。

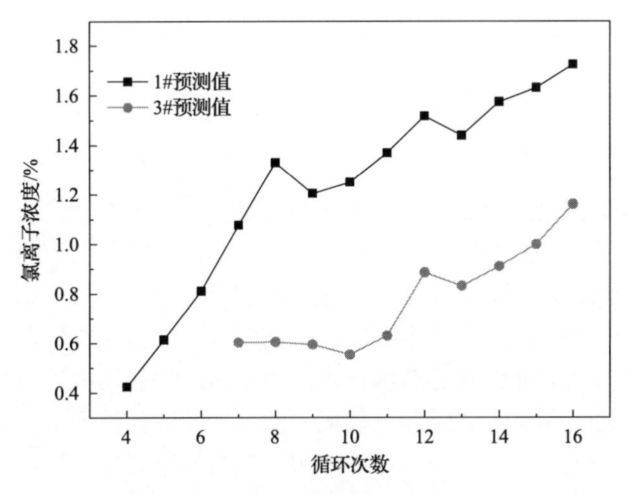

图 7-53　1#、3#测点氯离子积累过程

Figure 7-53　Chloride ion accumulation process at 1# & 3# measuring points

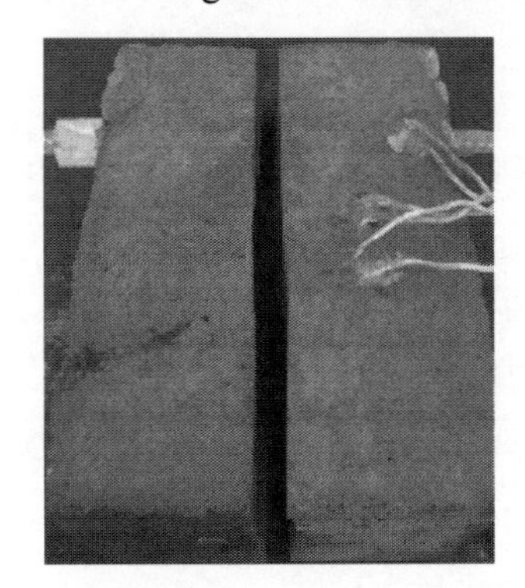

图 7-54　试块破型

Figure 7-54　Broken test block

表 7-12　氯离子浓度对比

Table 7-12　Comparison of chloride ion concentration

测点	实测氯离子浓度/%	估算氯离子浓度/%	误差/%
1#	1.53	1.72	12.4
3#	1.03	1.16	12.6

氯离子含量测试设备是丹麦 Germann Instruments A/S 公司生产的 RCT(快速氯离子浓度测试仪)。RCT 与标准实验室氯化物浓度测试有很好的相关性，其精度可与离子色谱法相提并论。表 7-12 中，估算氯离子浓度要高于实测值，误差为 12%左右。这是因为经验公式由文献数据拟合得到，并未结合试验实测数据确定。

由以上分析可知，借助监测腐蚀电流密度估算氯离子浓度的方法是可行的。目前，混凝土中氯离子浓度无损检测主要通过预埋 Ag/AgCl 电极实现。该测试技术对 Ag/AgCl 电极及相应参比电极的长期稳定性能提出了苛刻要求，根据目前工程应用情况，一般电极寿命都在 5 年之内，远未达到结构设计使用寿命。然而，只有传感器与结构自身使用寿命相近，才能真正实现对结构耐久性的长期监测。本章提出的氯离子浓度间接监测方法对参比电极稳定性能要求较低，可满足长期监测需求。

7.4.3 混凝土锈胀开裂监测

氯盐引起的钢筋混凝土锈胀开裂是影响结构耐久性的主要病害之一，对锈胀开裂进行全过程监测是评估结构的剩余使用寿命和做出维修决策的关键。分布式光纤传感技术是一种新型光电监测技术，可实现腐蚀环境下的应变、温度的长距离分布式检测，适用于钢筋混凝土锈胀开裂监测。基于钢筋混凝土锈胀开裂的力学原理，设计了钢筋混凝土锈胀开裂全过程的分布式光纤传感监测技术，通过内压加载模拟试验标定了光纤应变和混凝土膨胀、裂缝之间的对应关系，最后采用通电加速试验验证了本节提出方法的有效性。结果表明，分布式光纤传感技术能实时跟踪监测锈胀开裂全过程，监测数据可用于判断初始开裂发生的时间点，由标定试验获取的应变/裂缝系数可实现锈胀裂缝的宽度估算，为工程结构养护管理提供决策依据。

1. 传感器设计

当入射光进入光纤介质时，光波中的一部分能量会偏离原来的方向而向其他各个方向传播，这就是光的散射现象，其中一种散射光称为布里渊散射。散射光相对于入射光有一个频率的变化，称为布里渊频移。布里渊光时域分析计(BOTDA/R)利用光纤的布里渊散射光的频移量与应变和温度变化之间的线性关系，通过测量布里渊散射频移量ν_B获取光纤沿线温度和应变的分布信息。光纤应变量、温度变化量与布里渊频率漂移量之间的关系如式(7-23)所示：

$$\nu_B(\varepsilon,T)-\frac{d\nu_B(T)}{dT}(T-T_0)=\nu_B(0)+\frac{d\nu_B(\varepsilon)}{d\varepsilon}\Delta\varepsilon \tag{7-23}$$

式中，$\nu_B(0)$为初始应变、初始温度时布里渊频率频移量；$\nu_B(\varepsilon,T)$为在应变 ε、温度 T 时布里渊频率漂移量；$d\nu_B/dT$为温度比例系数；$d\nu_B/d\varepsilon$为应变比例系数；$T-T_0$为温度差；$\Delta\varepsilon$为应变变化量。

由某测试点返回的布里渊散射光到光纤起点的距离由下式获取：

$$Z_b=\frac{c\cdot t}{2n_0} \tag{7-24}$$

式中，c为真空中的光速；n_0为光纤的折射率；t为发出脉冲光至接收到散射光的时间间隔。

根据上述混凝土锈胀开裂力学机理和BOTDA传感原理，设计了如图7-55所示的钢筋锈胀开裂分布式光纤监测传感器。其中，混凝土试件直径为85mm，高度为150mm，采用直径25mm的HRB335钢筋，传感光纤缠绕直径为75mm。为消除空间分辨率和非应变监测区光纤扰动对测试结果的影响，光纤缠绕长度大于2.0m。

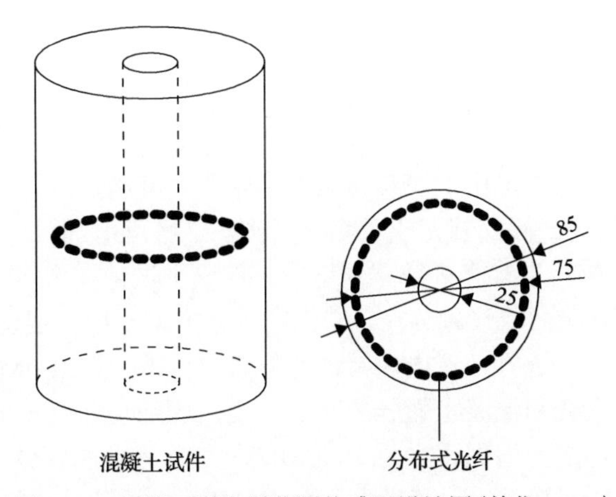

图 7-55　锈胀开裂光纤监测传感器设计图(单位：mm)

Figure 7-55　Design drawing of optical fiber monitoring sensor for rust expansion cracking (unit: mm)

2. 性能测试试验

1) 加压模拟试验设计

为验证分布式光纤传感技术在钢筋混凝土锈胀开裂监测中的可行性，通过对混凝土试块预留的内部孔洞施加环向压力，模拟钢筋锈蚀引起的混凝土膨胀和开裂。装置的基本原理如图 7-56 所示。

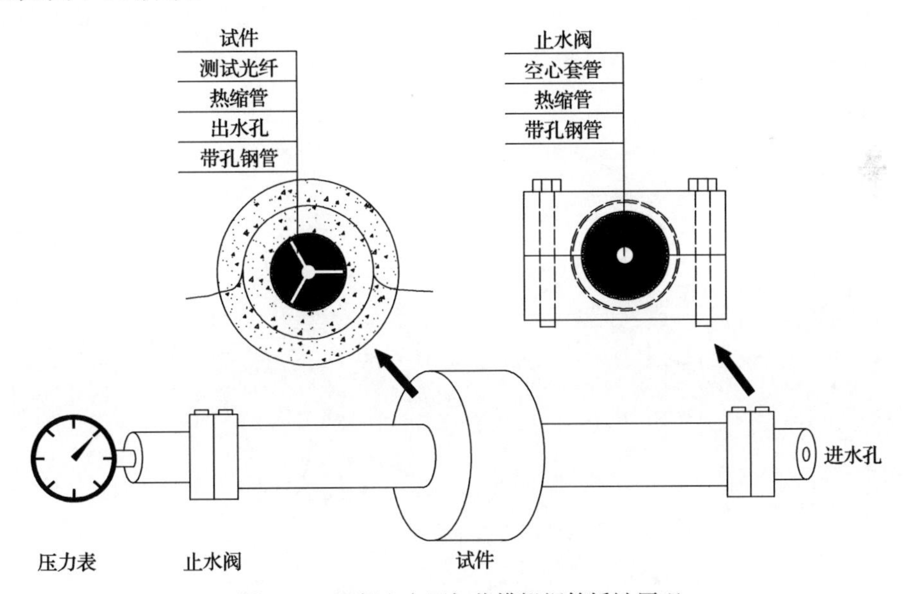

图 7-56　混凝土内压加载模拟钢筋锈蚀原理

Figure 7-56　Principle of simulating reinforcement corrosion under internal pressure of concrete

通过对带孔管道加水产生环向压力，带孔钢管的外层包有热缩套管，热缩套管和带孔钢管之间的孔隙由止水阀进行密封。在带孔钢管的中段开有三个连通的圆孔，作为出水孔，加压后带孔圆管和热缩管之间将充满水，由空心套管约束止水阀和试件之间的热缩管变形。试件处的带孔钢管未加空心套管，热缩管产生的变形及之后的压力将直接施加在试件的内孔中，使得带孔试件产生均匀的环向压力，同时采用压力表测试管内压力值作为施加于试件的环向压力。

采用 JB-Ⅲ加压泵施加水压，为观察试件的膨胀及开裂过程，减少光纤扰动对测试结果的影响，压力加载端试件安装完成后将其固定在钢底座中。测试过程中，采用 DITEST STA-R 型 BOTDA 传感器进行光纤数据的记录。混凝土试件在内压为 6.0～7.0MPa 便出现开裂，如果在试件外表面不设置约束，则混凝土会出现不稳定裂缝，试件立即被破坏。因此，设计的试验分两步进行，首先保持试件外表面自由，以 1.0MPa 的荷载步对试件进行加载，研究光纤应变和混凝土膨胀之间的关系；达到 6.0MPa 时在试件外表面用紧固件对其进行约束，再逐步增加压力至 10.0MPa 左右时将出现裂缝。为观察开裂后光纤应变和裂缝宽度之间的对应关系，减小内压至 5.0MPa，通过拧松紧固件螺丝精确控制裂缝开展过程，同时采用裂缝观测仪记录裂缝变化过程。

2) 加速锈蚀试验设计

采用通电加速锈蚀的方式对钢筋混凝土试件进行锈蚀模拟，试件混凝土组成及尺寸和加压模拟试验一致。钢筋通过导线接至直流电源正极，不锈钢网连接直流电源负极，形成加速锈蚀回路。溶液采用 5% NaCl，试件表面采用海绵网进行包裹，加速锈蚀过程中将 NaCl 溶液浇入海绵网，保持海绵网湿润，电流密度设置为 0.5mA/cm^2。分布式光纤传感技术监测过程中需考虑温度对应变测试的影响，本次加速锈蚀模拟试验过程中，将试验房间的温度恒定控制在 20℃。所有光纤连接后连入 DITEST STA-R 型 BOTDA 传感器，测试过程中设置 0.5m 空间分辨率，0.1m 采样点间隔。

3. 测试结果

1) 标定结果

光纤应变测试以连续采集的三次数据平均值作为该等级下的光纤应变，全程应变如图 7-57 所示。

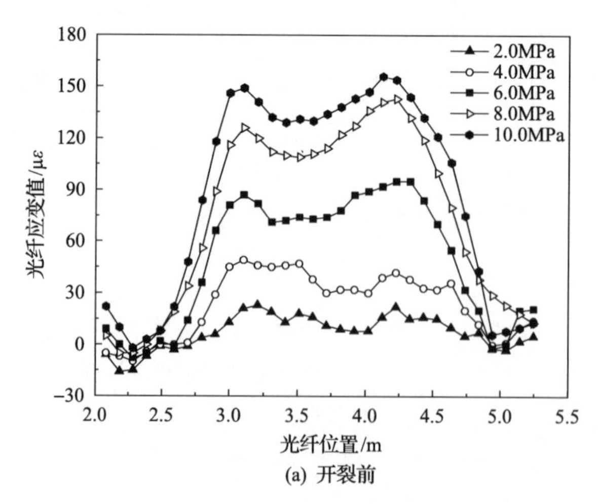

(a) 开裂前

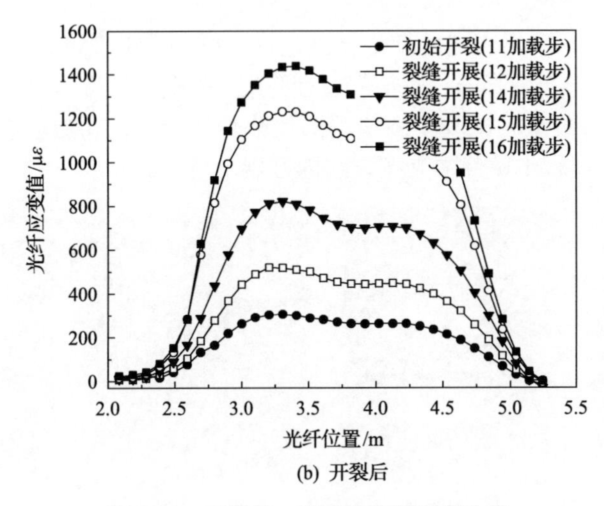

(b) 开裂后

图 7-57　开裂前、后试件光纤应变曲线

Figure 7-57　Strain curve of optical fiber before and after cracking

由上述曲线可知，开裂前曲线存在较为明显的波动，各采样点之间并不存在太大的应变差值，基本保持在±20με范围内。因此，将完全位于试件内部且不受自由段光纤影响的 5 个采样点(长度为 0.5m)的平均值作为分析数据。

试件开裂后将对环向光纤的某处施加显著的拉应变，且试件开裂后将释放膨胀产生的拉应变，光纤仅受裂缝宽度变化引起的拉应变。因此，各条曲线之间表现出相似的形状，且应变值最大点的位置基本一致，开裂以后选用应变最大点进行分析。依据上述原则绘制各加载次序下的光纤数据，如图 7-58 所示。

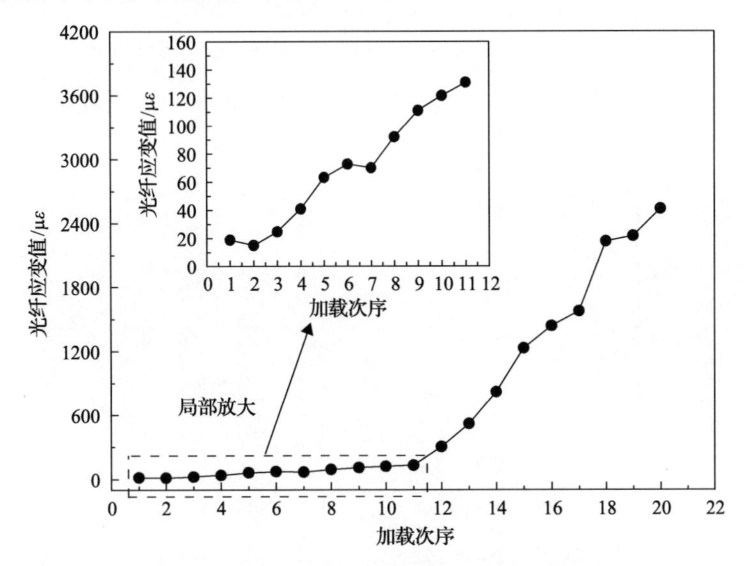

图 7-58　内压加载模拟试验的全过程应变曲线

Figure 7-58　Strain curve in the whole process of internal pressure loading simulation test

上述曲线明显地表明，在进行第 11 次加载时(10.0MPa)光纤数据出现显著的增加，该现象可作为试件开裂的判断准则。

试件开裂以后无法采用上述的理论公式进行分析。采用裂缝记录仪对试件的裂缝进行详细记录，由于混凝土内部未设置箍筋进行约束，裂缝一旦形成便贯通试件，试验过程中发现试件出现两条裂缝。试验中裂缝观测仪读数显示试件初始裂缝宽度为 0.08mm，图 7-59 显示了试验过程中试件中某条裂缝的开展全过程。

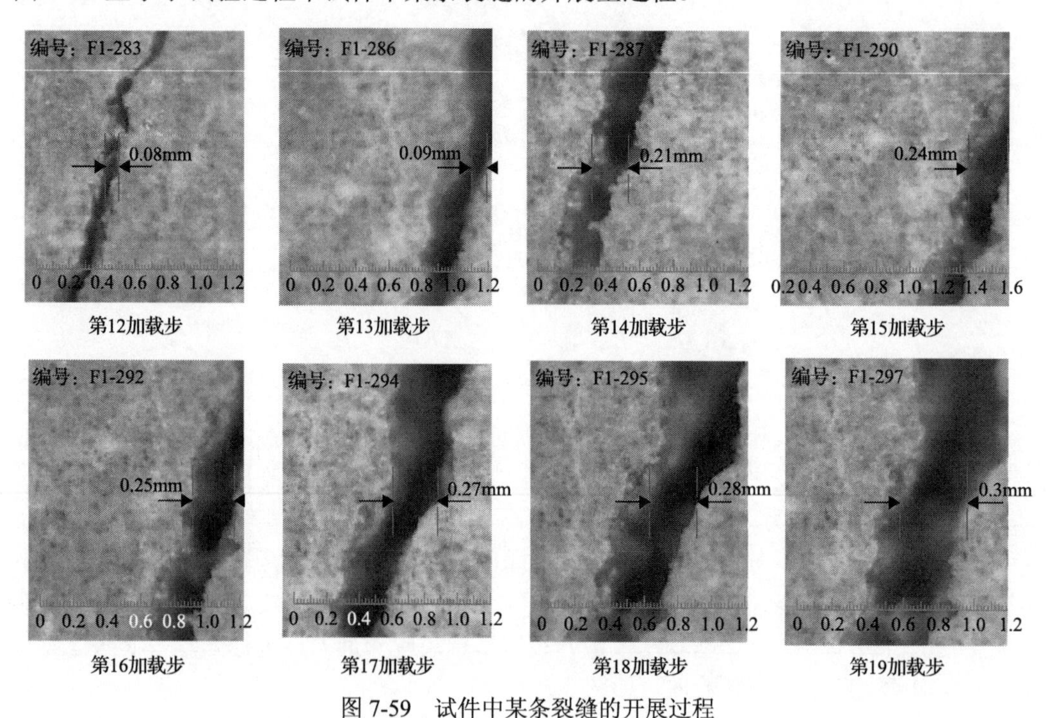

图 7-59　试件中某条裂缝的开展过程

Figure 7-59　Development process of a crack in the specimen

由图 7-59 可知，随着加载步的推进，裂缝宽度明显增加，裂缝观测仪能较为准确地获取裂缝宽度值，将光纤应变值和裂缝宽度统一绘制于图 7-60。

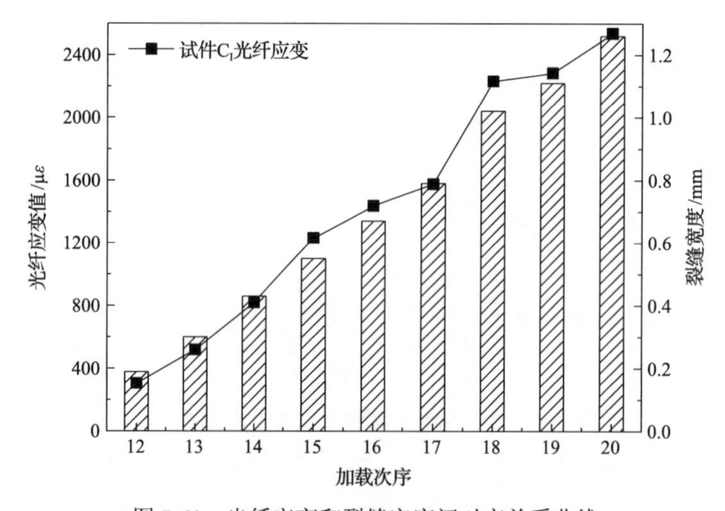

图 7-60　光纤应变和裂缝宽度间对应关系曲线

Figure 7-60　Corresponding curve between strain and crack of optical fiber

由图 7-60 可知，光纤应变和裂缝宽度具有较好的一致性，通过调整纵坐标值的大小可使各加载步的光纤应变和裂缝宽度相互重叠，应变/裂宽比值约为 2000。

2) 全过程监测结果

锈胀裂缝首先发生在试件的顶面，随着时间的推移，发生在顶面的锈蚀和裂缝沿着钢筋轴向发展，图 7-61 绘制了最终的裂缝分布图。其中粗虚线为主裂缝，其余细虚线代表微小裂缝。试验过程中沿着钢筋长度方向分别埋设了两环监测光纤(D-1 和 D-2)。

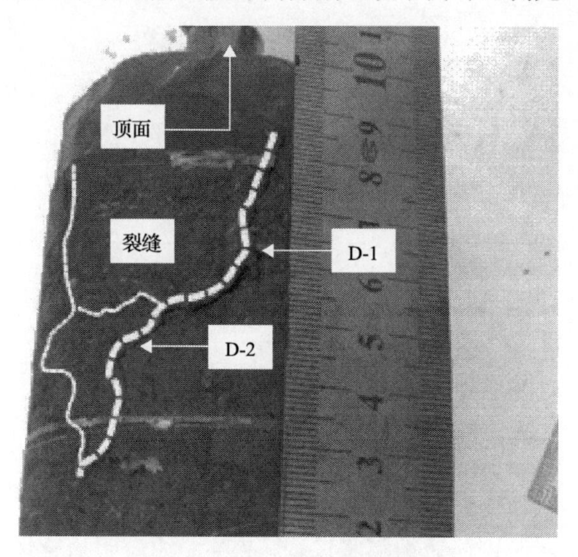

图 7-61　锈胀裂缝最终分布图

Figure 7-61　Final distribution of rust expansion cracks

测试数据如图 7-62 所示，由测试曲线可知，在各时间点 D-1 的监测应变均大于 D-2，主要原因是 D-1 更接近于试件顶面，试验过程中浇筑 NaCl 溶液时，溶液不可避免地渗

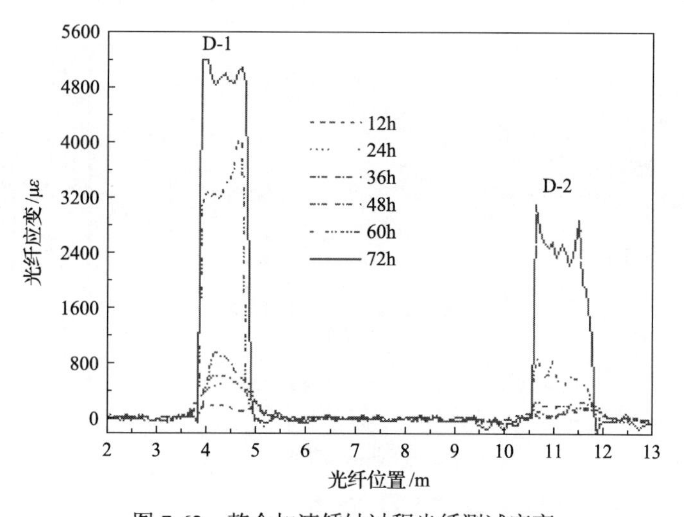

图 7-62　整个加速锈蚀过程光纤测试应变

Figure 7-62　Test strain of optical fiber during the whole accelerated corrosion process

入钢筋和混凝土交界面，致使该位置钢筋锈蚀更为严重，后期的裂缝宽度人工测试也证实了该解释。

图 7-63 描述了 D-1 和 D-2 监测环中某采样点的时程曲线，钢筋锈蚀的前期仅出现膨胀并未出现开裂，依据加压模拟试验的结果分析，应变出现明显突变为试件开裂的初始时刻。

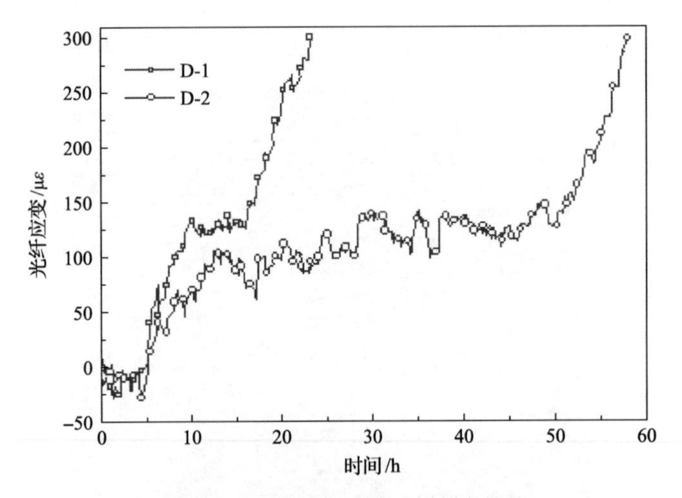

图 7-63　初始锈胀开裂时刻判定曲线

Figure 7-63　Judgment curve of initial rust expansion cracking time

上述曲线明显揭示了钢筋锈蚀膨胀过程，2 条曲线表明随着加速锈蚀试验的开展，当光纤应变达到 150$\mu\varepsilon$ 左右时应变出现明显的快速增加过程，该突变时刻可判断为锈蚀裂缝形成时刻，该现象已由人工观测证实。锈裂以后的光纤曲线如图 7-64 和图 7-65 所示。

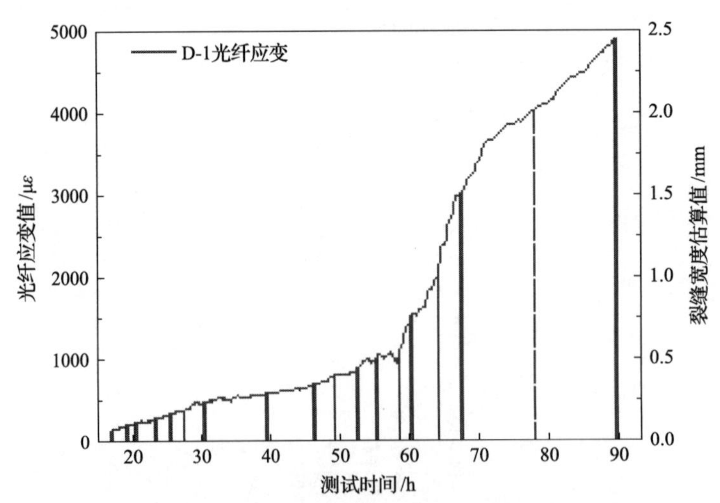

图 7-64　D-1 光纤监测环应变数据及裂缝宽度估算值

Figure 7-64　Strain data and crack width estimation of D-1 optical fiber monitoring ring

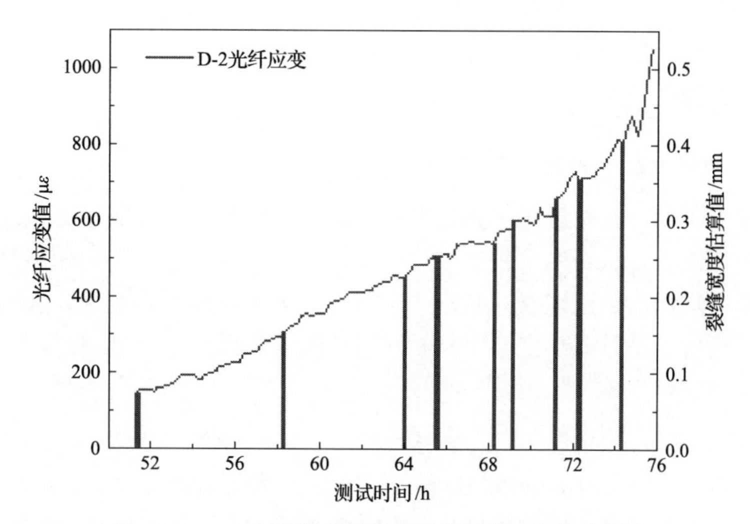

图 7-65　D-2 光纤监测环应变数据及裂缝宽度估算值

Figure 7-65　Strain data and crack width estimation of D-2 optical fiber monitoring ring

上述曲线为试件开裂后 D-1 光纤数据及依据加压标定试验估算的裂缝宽度值，可依据上述曲线估算锈胀裂缝的宽度。D-1 试件裂缝发展主要经历了两个发展阶段，前 60h 光纤数据增加较为缓慢，可认为是稳定发展阶段，而后急剧增加，表现出不稳定发展。经过 90h 的加速锈蚀后，光纤应变已达约 5000με，裂缝宽度达到 2.5mm，主要分布有 3 条裂缝，其中一条为主裂缝，两条为细裂缝。

上述曲线为试件开裂后 D-2 光纤数据及依据加压标定试验估算的裂缝宽度值，同样可依据上述曲线估算锈胀裂缝的宽度，该段曲线表明此位置光纤所监测裂缝基本处于稳定发展阶段。

由于试件加速锈蚀过程需用海绵进行包裹，若频繁拆除海绵将扰动自由光纤，从而影响测试结果。因此，未在试验进行过程中进行裂缝宽度的量测，仅在试验结束后通过裂缝观测仪读取了裂缝宽度，其中 D-1 和 D-2 处裂缝宽度和光纤估算裂缝较为接近。

7.5　失效寿命控制

7.5.1　临界氯离子浓度识别

氯离子阈值的研究是混凝土结构耐久性领域的热点问题。在进行混凝土结构耐久性设计时，氯离子阈值的确定是关键参数之一。外加电场法是 Castellote 等首先提出的实验方法[7-12]，在外加电场的作用下氯离子能够快速迁移至钢筋表面，从而大大缩短了实验时间，但是该方法存在以下两点不足之处：①实验过程中所施加的外加电场电压较大，达到 13V。在如此高的外加电场作用下，通过钢筋的外极化电流可能会使钢筋的钝化膜击穿。因此必须适当调整外加电压的大小，防止钢筋钝化膜提前被击穿。②实验过程中为确定钢筋是否脱钝，需每隔一段时间切断外电源，对钢筋进行半电位及锈蚀电流密度测试以确定钢筋是否脱钝。如此一来延长了测试时间。因为在切断外电源后，钢筋表面仍处于强极化状态，至少需将试样静置一天使其电位回落至自然状态下的电位值。本章对上述方法的不足之处加以改进，提出一种能够连续测量的氯离子阈值快速测试方法，并设计相关试验验证该测试方法的可行性。

1. 外加电场影响与钢筋脱钝判别

外加电场电压的大小对氯离子阈值的测试结果影响很大。在施加外电场前，首先需要明确钢筋的析氧电位。在明确析氧电位后，需明确不同外加电场电压下钢筋的极化状态，以及移除电场后的钢筋退极化状态，从而判定外加电场对钢筋钝化膜的影响。在明确外加电场电压后，还需要建立一个判断钢筋锈蚀的依据。

1) 试验设计

(1) 钢筋析氧电位测试试验。

在室内浇筑了尺寸为 100mm×100mm×100mm 普通混凝土试块，配比见表 7-13，其中，水泥为杭州钱潮水泥厂生产的 P.O. 42.5 水泥，砂子为天然河砂，石子为 5～16mm 连续级配的碎石。浇筑时在混凝土内埋置了钢筋及不锈钢分别作为工作电极与辅助电极，钢筋与不锈钢筋露出部分接上电线并使用环氧树脂密封，防止锈蚀。在靠近钢筋的一个侧面上放置直径为 9cm 的 PVC 管，四周使用环氧树脂进行密封。钢筋的保护层厚度定为 10mm，在 PVC 容器中放入浓度为 15%的 NaCl 溶液加速氯离子的渗透。养护 28d，倒入 NaCl 溶液后，使用保鲜膜将敞口密封，5d 后对钢筋进行极化曲线测试；测试结束后，倒出 NaCl 溶液，将试块置于室外自然风干 2d；之后，再倒入 NaCl 溶液，如此循环，直到测试结果表明钢筋锈蚀为止。测试仪器为美国 GAMRY 公司生产的型号为 Reference 600 电化学工作站，参比电极为饱和甘汞电极。在弱极化曲线测试中 ΔE 设定为 70mV，扫描速率为 0.15mV/s，小于常用的稳态扫描速率 0.167mV/s，从相对于腐蚀电位–70mV 极化至相对于腐蚀电位+70mV。

表 7-13　外加电场影响试验混凝土配比　　（单位：kg/m^3）

Table 7-13　Concrete mix proportion of experiment on effect of applied electric

水	水泥	砂子	石子
195	433	569	1156

试块养护 28d 后，在 PVC 水槽中倒入一定量纯水，静置 24h 后进行电化学阳极极化曲线测试。扫描速率定为 0.15mV/s，极化区间为从平衡电位至 2.5V（相对于平衡电位）。

(2) 外加电场电压影响试验。

确定析氧电位后，在 PVC 水槽中倒入纯水，之后将试块放入大水槽中，大水槽中液面与试块顶面齐平，如图 7-66 所示。浸泡 3d 后，连接试验装置，装置示意图如图 7-66 所示。接通外电源前，首先对试块进行电化学阻抗谱测试。之后，开启外电源，通过调整外加电场电压，使得钢筋电位分别处于析氧电位上下。具体试验步骤如下：首先测试钢筋初始平衡电位，然后开启恒电源，缓慢增大电压，此时钢筋电位同步增大；当钢筋电位增大到略微小于析氧电位时，停止增加外电压；持续通电 48h 之后，切断外电源，观察钢筋电位变化情况；静置 24h 后对试块进行 EIS 测试，激励信号为正弦波，幅值 5mV，

频率范围为 10^6～10^{-3}Hz；更换试块，重复之前的步骤，使钢筋电位大于析氧电位，之后的步骤仍与上述步骤相同。

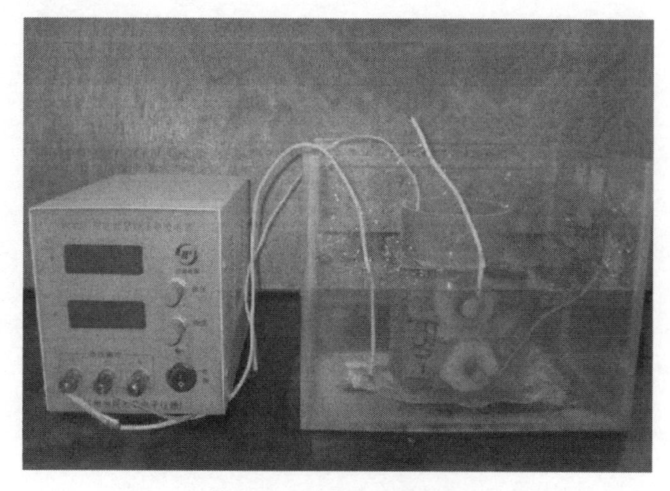

图 7-66　试验装置实物图

Figure 7-66　Physical figure of test device

此外，为进一步研究外加电场电压值对钢筋表面钝化膜的影响，测试了钢筋在不同电位下的 EIS 响应。EIS 测试的激励信号为正弦波，幅值 5mV，频率范围为 10^{-3}～10^6Hz。钢筋极化恒电位（*vs.* SCE）分别设定为 0mV、200mV、400mV、600mV、800mV 和 1200mV。

(3) 钢筋锈蚀依据判别试验。

初步分析，由于外加电场的作用，氯离子加速向混凝土内部渗透，当钢筋表面氯离子阈值达到临界浓度时，钢筋表面钝化膜破裂，将导致钢筋电位急剧降低。据此，可以将钢筋电位急剧降低作为钢筋开始锈蚀的依据，但其合理性需要试验验证。试验设计如下：在试块顶部的 PVC 小水槽中倒入质量分数为 15%的氯化钠溶液，之后将试块放入容器中，使容器中液面与试块顶面齐平。浸泡 3d 后，开始试验。根据钢筋合理极化电位，将外电场电压调至合适的大小，持续通电，其间每天对钢筋电位进行监测。

2) 试验结果与分析

(1) 钢筋的析氧电位。

图 7-67 为测试得到的钢筋阳极极化曲线，可以发现当钢筋极化电位大于 590mV 时，钢筋极化电流开始逐渐增加，试块中钢筋的析氧电位约为 590mV。文献[7-13]也指出，钢筋的析氧电位约为 600mV，与试验结果相近。

(2) 外加电压影响。

由上述可知钢筋的析氧电位约为 590mV（*vs.* SCE），调整外电压大小使钢筋电位分别位于 570mV、800mV、1.2V（*vs.* SCE），相应的试块编号分别为 E-570、E-800、E-1200。图 7-68 为施加电压前交流阻抗谱测试得到的 Nyquist 图。可以看到，图中低频区的线段接近于直线，表明钢筋处于钝化状态。通电 48h，移除外电源后，钢筋的电位变化分别如图 7-69～图 7-71 所示。可以看到，对于试块 E-570，断电后钢筋电位从 576mV 回落到

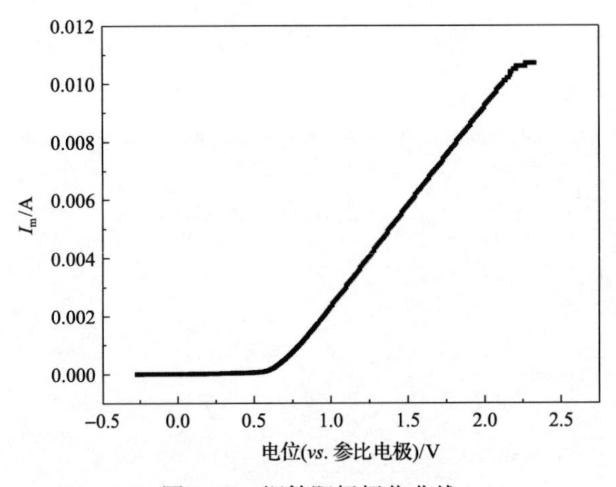

图 7-67　钢筋阳极极化曲线

Figure 7-67　Steel bar anode polarization curve

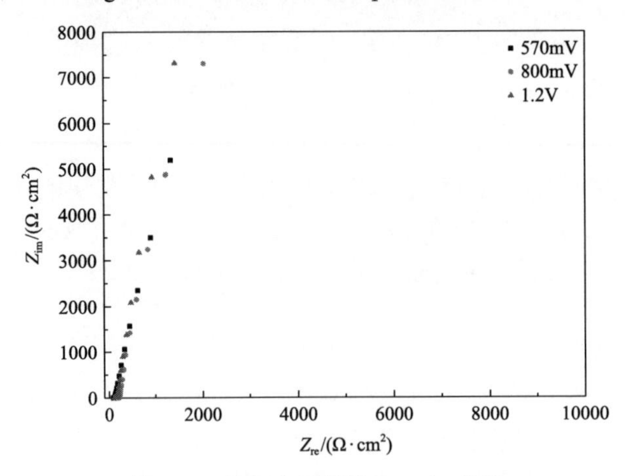

图 7-68　施加电压前的 Nyquist 曲线

Figure 7-68　Nyquist curve before applying voltage

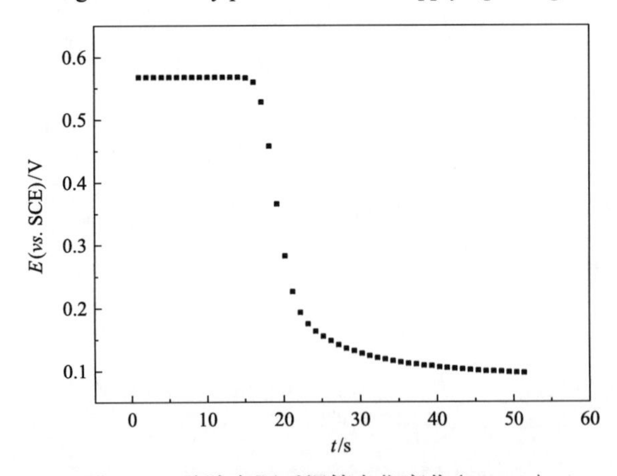

图 7-69　移除电源后钢筋电位变化(570mV)

Figure 7-69　Potential change of reinforcement (570mV) after power supply removal

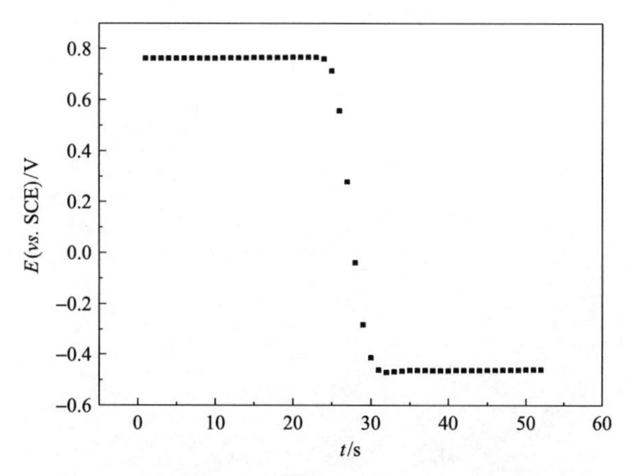

图 7-70　移除电源后钢筋电位变化(单位：800mV)

Figure 7-70　Potential change of reinforcement after power supply removal (unit: 800mV)

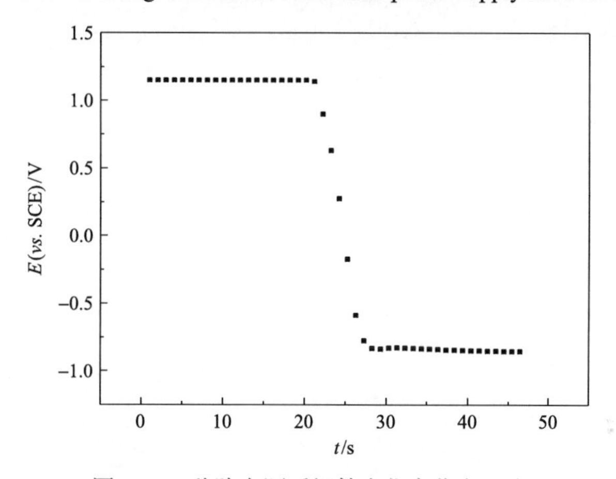

图 7-71　移除电源后钢筋电位变化(1.2V)

Figure 7-71　Potential change of reinforcement (1.2V) after power supply removal

98mV(图 7-69)；对于试块 E-800，断电后钢筋电位从 767mV 回落到–435mV(图 7-70)；对于试块 E-1200，断电后钢筋电位从 1.15V 回落到–830mV(图 7-71)。由断电后的电位值可以初步判断：施加外电场后，若将钢筋电位极化至析氧电位以上，钢筋表面钝化膜可能会被击穿。

移除电场后，钢筋仍处于强极化状态，需将试块静置 24h 使钢筋去极化，恢复至自然状态。再次对钢筋进行电化学阻抗谱测试，并与之前的测试结果相比较，测试结果如图 7-72 所示。图中可以清楚地看到，对于试块 E-570，移除电场后，阻抗谱曲线高频区仍然接近于直线，表明钢筋仍然处于钝化状态；对于试块 E-800 和 E-1200，其阻抗谱曲线低频区形成了明显的容抗弧；并且可以看到，随着施加电场后钢筋电位的增加，容抗弧压扁及收缩程度更为明显，表明钢筋表面钝化膜更不稳定。

使用图 7-73 的等效电路模型对曲线进行拟合分析，拟合结果见表 7-14。可以清楚地看到，通电前试块中钢筋的极化电阻非常大，数量级在 10^5，表面钢筋处于钝化状态。通电后，对于不同钢筋极化电位，极化电阻变化有所不同。当通电时钢筋极化电位位于 570mV，

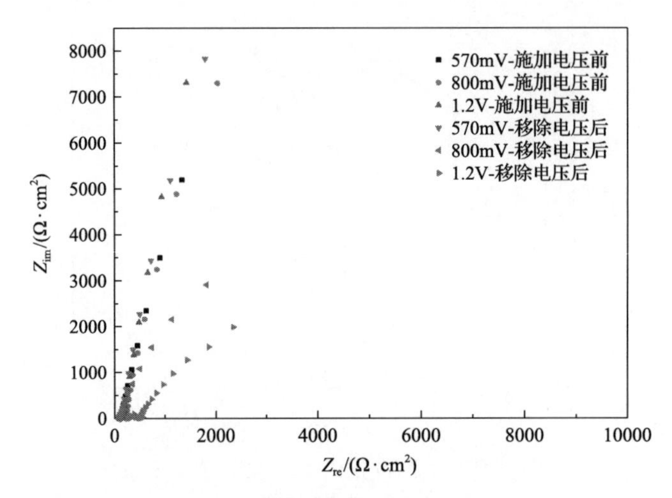

图 7-72　移除电源前后的 Nyquist 图

Figure 7-72　Nyquist curve before and after removing the power supply

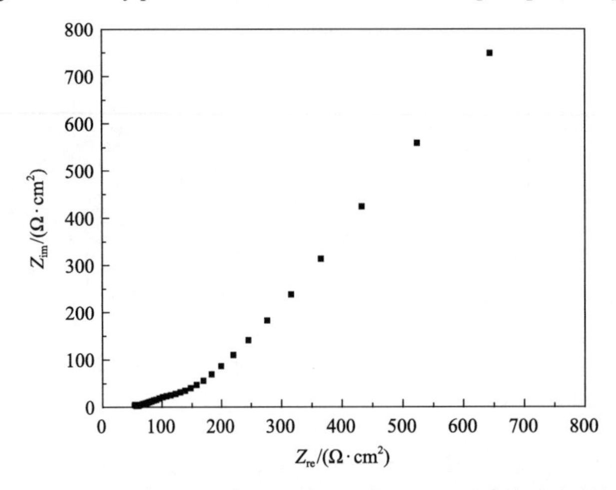

图 7-73　试块在经历第 7 个循环后的 Nyquist 图(氯盐侵蚀)

Figure 7-73　Nyquist diagram of test block after the seventh cycle (chloride erosion)

表 7-14　不同钢筋极化电位通电前后 R_p 的比较

Table 7-14　Comparison of R_p before and after energization of polarization potential of different steel bars

试验分组		$R_p/(\Omega\cdot cm^2)$
施加电压前	570mV	3.92×10^5
	800mV	2.84×10^5
	1.2V	2.63×10^5
移除电源后	570mV	3.67×10^5
	800mV	9.14×10^3
	1.2V	8.52×10^3

断电后，其极化电阻降低很小，且仍然保持在 10^5 数量级上，表明钢筋的钝化膜仍然处于稳定状态；当通电时钢筋电位大于析氧电位且为 800mV 和 1200mV 时，断电后，其相应的极化电阻急剧降低，数量级降低为 10^3，表明钝化膜的稳定性急剧降低或是已发生破裂。此外，通电时钢筋极化电位越高，断电后的极化电阻降幅越大，对钢筋钝化膜的影响也就越大。

钢筋在不同电位下的 EIS 响应测试结果如图 7-74 所示。图中，曲线 0mV、200mV、400mV 所表现出的钝化特性较为明显，虽然随着电位的增加，低频区容抗弧略微发生收缩，但收缩不明显；当钢筋电位大于析氧电位(600mV)时，低频区容抗弧发生了较为明显的收缩，表明钢筋钝化膜稳定性明显降低；当继续增加钢筋电位，曲线 800mV 和 1200mV 低频区的容抗弧发生了急剧收缩，表明此电位下钢筋钝化膜已经完全失稳，甚至可能被击穿。采用图 7-73 的等效电路对数据进行拟合分析，得到了不同电位下的 R_p，见表 7-15。钢筋电位与 $1/R_p$ 的关系如图 7-75 所示。由线性极化法可知，电极反应速率与 $1/R_p$ 成正比，即 $1/R_p$ 与阳极析氧反应中 H^+ 的生成速率成正比。由图 7-75 可知，当电位增加到 600mV 大于析氧电位时，H^+ 的生成速率大约增大了 41 倍；当电位继续增加，达到 1200mV 时，H^+ 的生成速率达到了初始的 4685 倍之多，此时，钢筋表面 OH^- 浓度将会急剧降低，从而导致钢筋钝化膜稳定性急剧下降，甚至被击穿。此外，同样是将钢筋极化至 800mV 和 1200mV，表 7-15 中的 R_p 数值却明显低于表 7-14 中的数值，这是因为表 7-14 中的 R_p 是在试块静置 24h 后测试得到，钢筋表面附近孔隙液中的 OH^- 及时补充中和了析氧反应产生的 H^+，使得钢筋钝化膜逐渐修复，稳定性提高。

由以上分析可知，为了使外加电场条件下测试得到的氯离子阈值能代表实际工况下的氯离子阈值，必须保证钢筋电位位于析氧电位之下，将通电时钢筋电位设定为 570mV。

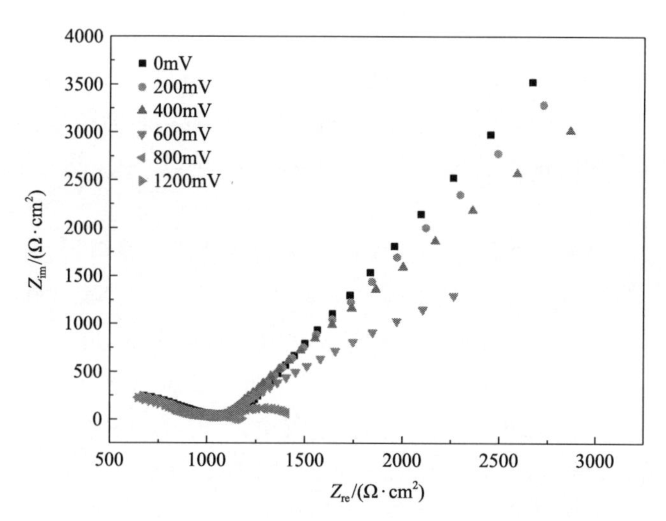

图 7-74　不同极化电位下的 Nyquist 曲线

Figure 7-74　Nyquist curves under different polarization potentials

表 7-15　不同电位下的 R_p

Table 7-15　R_p at different potentials

试验分组	R_p/（$\Omega\cdot cm^2$）
0mV	4.92×10^5
200mV	3.63×10^5
400mV	2.25×10^5
600mV	1.20×10^4
800mV	357
1200mV	105

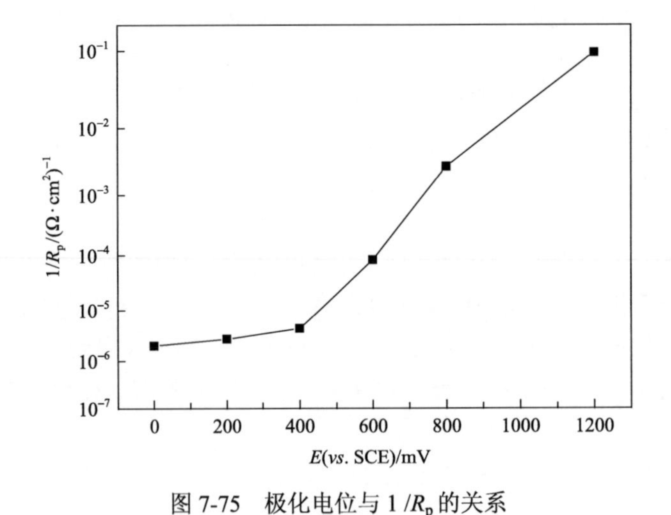

图 7-75　极化电位与 $1/R_p$ 的关系

Figure 7-75　Relationship curve between polarization potential and $1/R_p$

(3) 钢筋脱钝判别。

由外加电场影响分析可知，施加外电场后，钢筋电位小于析氧电位时，钢筋表面钝化膜仍然处于稳定状态；当钢筋电位大于析氧电位时，钢筋表面钝化膜不再稳定。因此，若要使由电场加速得到的氯离子阈值能符合实际工况，则所施加的电压必须使得钢筋电位小于析氧电位。

开启外电源，将钢筋电位稳定于 570mV。之后持续保持通电状态，并每日对钢筋电位进行测试。图 7-76 为监测得到的钢筋电位变化图。图中，前 4d 钢筋电位一直都保持在 570mV 左右，第 5 天时钢筋电位急剧降低至 109mV。此时切断外电源，钢筋电位变化如图 7-77 所示。图中，移除外加电压后，钢筋半电位迅速下降至–765mV，初步判断钢筋钝化膜已经破裂。将试块静置 24h 后，进行电化学阻抗测试。为能清晰地反映钢筋脱钝后的阻抗谱特征，将测试曲线图 7-78 与图 7-72 中曲线放在一起进行比较。从图 7-78 可以发现：曲线低频区容抗弧出现了更为显著的压扁及收缩，形成了较为明显的半椭圆弧，是典型的锈蚀钢筋阻抗谱曲线，经等效电路拟合后得到，$R_p = 5064\Omega\cdot cm^2$，明显低于表 7-14 中的数值。

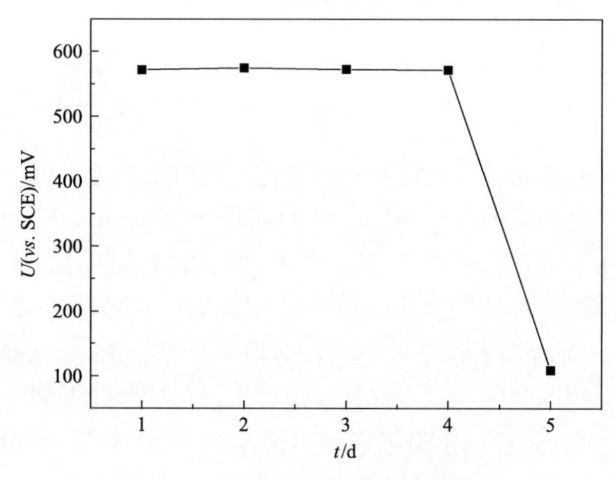

图 7-76 持续通电时钢筋电位变化图

Figure 7-76 Potential change of reinforcement during continuous power

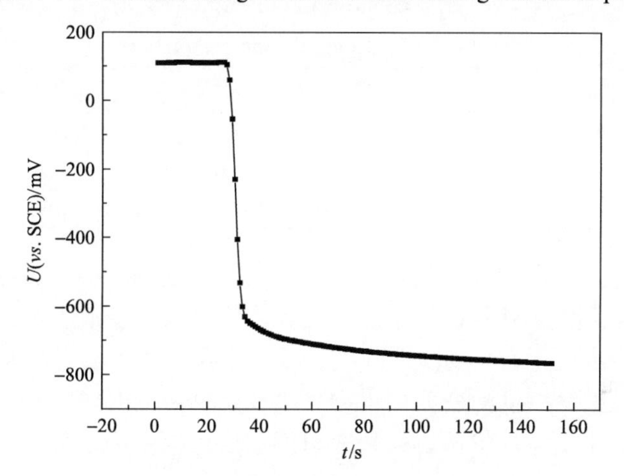

图 7-77 移除电源后钢筋电位变化图

Figure 7-77 Potential change of reinforcement after voltage removal

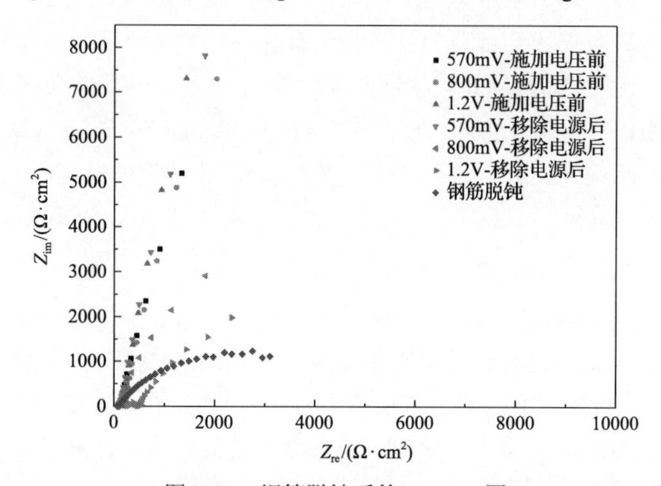

图 7-78 钢筋脱钝后的 Nyquist 图

Figure 7-78 Nyquist diagram of steel bars after debonding

2. 电场加速条件下钢筋脱钝氯离子阈值快速测定

1) 试验设计

为与电场加速试验方法进行对比，验证快速测试方法的可行性，设计了氯离子自然渗透试验，方案如下：在室内浇注了尺寸为 100mm×100mm×100mm 混凝土试块，配合比见表 7-16，每种配合比分别浇筑 6 个试块，3 个用于自然渗透实验，其余 3 个用于电场加速实验，实验原材料及试验方法与 7.5.1 节相同。在倒入 NaCl 溶液后，将试块置于环境温度为 25℃、湿度大于 95%的恒温恒湿箱中，每隔 5d 对钢筋进行半电位与阳极极化电流测试，直到钢筋脱钝。判定钢筋脱钝后，停止试验，劈裂试块，磨取钢筋表面粉末测试粉末中氯离子含量。在阳极极化电流测试中 ΔE 设定为 50mV，扫描速率为 0.15mV/s。

表 7-16　混凝土配比　（单位：kg/m^3）

Table 7-16　Concrete mix proportion

类型	ρ(水)	ρ(粉煤灰)	ρ(水泥)	ρ(砂子)	ρ(石子)
A	195	0	433	569	1156
B	195	43	403	569	1156
C	195	129	304	569	1156

电场加速测定氯离子阈值实验在室内进行，试块制作和 NaCl 溶液的配制与自然渗透实验相同，室内温度控制为 25℃。进行实验之前将试块浸泡于水中饱水 3d，之后将试块置于容器中并使水位正好浸没过试块。开启电源，将钢筋电位稳定于 570mV，连续通电，每天监测钢筋电位的变化，当钢筋电位急剧降低时表明钢筋已经脱钝。钢筋脱钝后停止电场加速试验，将试块劈裂取出钢筋后磨取钢筋表面粉末测试粉末中氯离子的质量分数。

2) 自然侵蚀状态下氯离子阈值测定试验

制作了三种不同配合比的试块共 9 个，每种配合比各 3 个，试块编号见表 7-17。试验过程如上所述，仅以 C1 为例介绍钢筋脱钝的判别方法。图 7-79 和图 7-80 分别为实测钢筋半电位和阳极极化电流。图 7-79 中，第 110d 时钢筋半电位突然降低，而此时对应的阳极极化电流显示钢筋仍处于钝化状态，直到第 115d 时阳极极化电流才开始增加，表明钢筋已脱钝，停止试验，对氯离子阈值进行测试。表 7-18 为试块氯离子阈值测试结果。

3) 电场加速条件下氯离子阈值快速测定试验

试块与自然渗透试验相一致，试块编号见表 7-19。根据上述试验方法及钢筋脱钝判别条件，分别对 9 个试块进行快速氯离子测定。试验结果表明，普通混凝土试块通电时间为 5～6d，掺 10%粉煤灰的混凝土试块通电时间为 9d 左右，而掺 30%粉煤灰的混凝土试块通电时间约为 12d，这是因为粉煤灰使混凝土更为致密，阻碍了氯离子渗透。氯离子阈值测试结果如表 7-20 所示。

表 7-17　自然浸泡试验试块编号

Table 7-17　Number of test block for natural immersion test

试块种类	试块编号
普通混凝土	A1
	A2
	A3
掺 10%粉煤灰	B1
	B2
	B3
掺 30%粉煤灰	C1
	C2
	C3

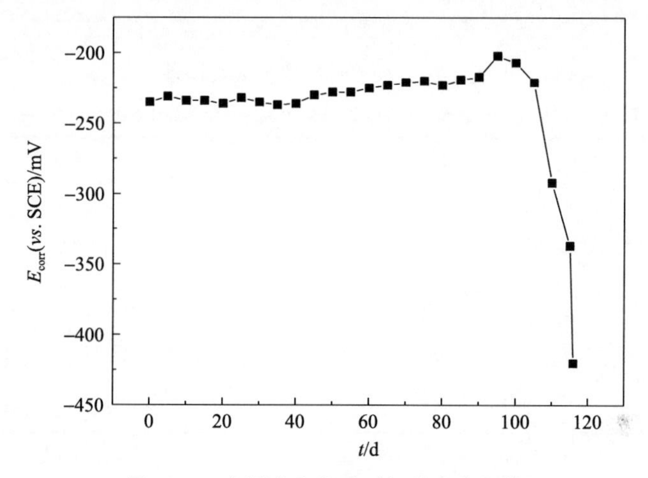

图 7-79　实测半电位随时间的变化规律

Figure 7-79　Variation law of measured half potential with time

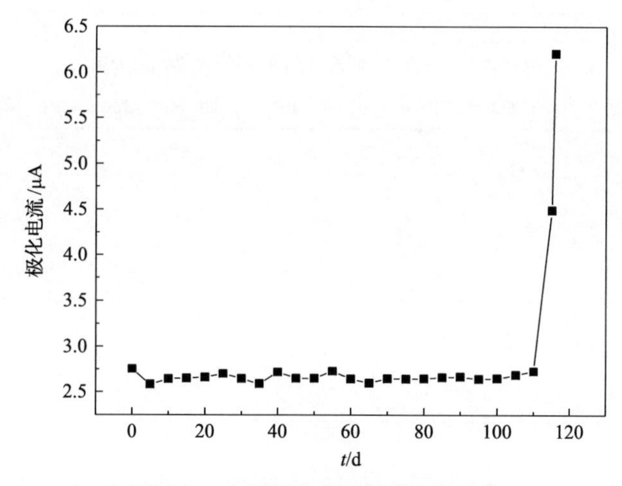

图 7-80　实测极化电流随时间的变化

Figure 7-80　Variation law of measured polarization current with time

表 7-18 自然渗透方法下的氯离子阈值测试结果

Table 7-18 Chloride ion threshold test results under natural penetration method

试块编号	氯离子阈值/%	平均值/%
A1	0.75	
A2	0.69	0.753
A3	0.82	
B1	0.57	
B2	0.63	0.593
B3	0.58	
C1	0.33	
C2	0.4	0.373
C3	0.39	

表 7-19 加速锈蚀试验试块编号

Table 7-19 Number of test block for accelerated corrosion test

试块种类	试块编号
	A4
普通混凝土	A5
	A6
	B4
掺 10%粉煤灰	B5
	B6
	C4
掺 30%粉煤灰	C5
	C6

表 7-20 电场条件下的氯离子阈值测试结果

Table 7-20 Test results of chloride ion threshold under electric field

试块编号	氯离子阈值/%	平均值/%
A4	0.59	
A5	0.63	0.597
A6	0.57	
B4	0.53	
B5	0.49	0.510
B6	0.51	
C4	0.30	
C5	0.33	0.307
C6	0.29	

3. 相关性分析

由以上测试结果可知，无论是自然渗透试验还是电场加速试验均得到了氯离子阈值随粉煤灰掺量增大而减小的趋势，这一点与其他学者研究结果相一致[7-14,7-15]。因为在碱性越强的环境下，钢筋表层钝化膜越稳定，然而粉煤灰的加入会使混凝土水化产物碱性降低，从而减小氯离子临界浓度。另外，基于电场加速的氯离子阈值快速测定方法能够有效区别掺和料对于氯离子阈值的影响，从而验证了该测试方法的可行性。

此外，将由两种方法测得的氯离子阈值相比后，比值分别为 1.214。可见，自然渗透试验下氯离子阈值略大于电场加速条件下测试结果，但两者相差不大，比值位于 1.1～1.3 之间。这是由于外加电场的作用，电流通过混凝土内部使钢筋产生了阳极极化，极化后的电位在 570～600mV 之间，远大于自然状态下的电位值。很多学者[7-16]认为在不同的电位下，钢筋的脱钝氯离子阈值不同，这是因为钢筋所处电位越高，表面钝化膜越不稳定，相应的氯离子阈值也会减小。但是测试结果表明，当钢筋极化电位小于析氧电位时，极化对钢筋钝化膜的稳定性影响不大，因此测试得到的氯离子阈值也较为相近。Alonso 等[7-17]研究发现，当钢筋电位大于 −200mV ± 50mV(*vs.* SCE) 时，氯离子阈值随电位变化不明显；当钢筋电位小于 −200mV ± 50mV(*vs.* SCE) 时，氯离子阈值随电位的降低急剧增加，如图 7-81 所示。对比试验结果，可以发现两者结论相一致，进一步验证了快速测定方法的有效性。

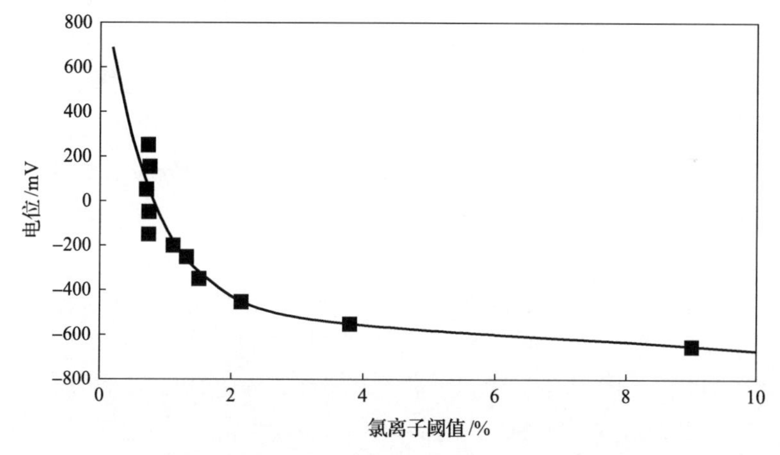

图 7-81　氯离子阈值随钢筋半电位变化规律

Figure 7-81　Variation law of chloride ion threshold with half potential of reinforcement

需要指出的是，由于通电后需确保钢筋电位略微小于析氧电位，相应的外加电场电压大约在 5V，流过试块的电流为 2～3mA。对比 RCM 试验规范，此电流值偏小。因此，为达到加速效果，试块的保护层不宜过大，宜小于 1.5cm。

出于试验对比考虑，这里将自然渗透的试验环境控制在温度为 25℃、湿度大于 95%，接近饱水状态。但是在实际环境下，不同温度、湿度对氯离子阈值会产生影响。因此，若能明确不同温湿度对氯离子阈值的影响关系，通过本章提出的快速测试方法便可估算不同温湿度环境下的氯离子阈值，这对于实际工程应用是非常有意义的。

7.5.2 钢筋脱钝识别

在进行极化曲线测试时，极化方式对极化曲线的特性影响较大。无论是从阴极开始极化还是从阳极开始极化都会导致电位偏移。合理的极化曲线应分别测定两个方向的极化曲线，但在测定过程中容易产生误差。这是因为在一个方向进行极化测量后转到另一个极化方向时，腐蚀电位需要等较长时间才能恢复至初始值附近。若等待时间不够，接着测量所控制的极化值就不是被测电极的极化值，因而所测量的外侧极化电流的数值就有相当大的误差。

1. 钢筋脱钝的阳极极化电流判别理论依据

通过对电化学弱极化方程的讨论可知，当钢筋处于钝化状态时，阳极溶解过程的阻力相当大，此过程也成为该腐蚀体系的控制步骤，表现在式(7-25)中，即为 β_a 趋向于无穷大。

$$I = I_{corr}\left[\exp\left(\frac{\Delta E}{\beta_a}\right) - \exp\left(\frac{-\Delta E}{\beta_c}\right)\right] \tag{7-25}$$

由此可知，当 β_a 显著减小时可以认为钢筋钝化膜开始破裂。β_a 可以由以下两种方法得到：①直接由式(7-25)回归拟合得到。②将钢筋极化至强极化区，此时阳极极化曲线已为一直线，直线的斜率即为 $2.303\beta_a$。但是，当钢筋处于钝化时，运用方法①存在拟合精度较低的问题。而方法②需要将钢筋极化至强极化区，对钢筋的扰动较大。因此，根据 β_a 发生突变来判断钢筋脱钝的方法也不可取。

分析式(7-25)可知，若保持极化过电位 ΔE 不变，当钢筋脱钝时由于 β_a 急剧降低，I_{corr} 显著增大，将会导致外阳极极化电流密度 i 显著增加。此时，虽然 β_c 也会略有增大，但比起 β_a 的降低幅度仍改变不了外阳极极化电流 I 增大的趋势。因此，可以通过观察阳极极化结束时刻外极化电流的变化趋势来判断钢筋脱钝。此方法的前提条件是，每次极化的过电位 ΔE 与扫描速率必须一致。

为验证以上判据，设计如下试验：干湿循环机制为浸泡 3d、风干 2d，浸泡和风干结束后对钢筋进行阳极极化电流测试。测试中 ΔE 设定为 50mV，扫描速率为 0.15mV/s。扫描方式为从腐蚀电位开始，极化至相对于腐蚀电位+50mV 结束，记录极化结束时刻的极化电流。

测试结果如表 7-21 及图 7-82、图 7-83 所示。图 7-82 中，半电位随时间波动较为明显，分析原因可能是受环境波动影响较大。第 35d 半电位开始下降，到第 50d 发生急剧下降，此时值为–318mV(相对于 Cu-$CuSO_4$ 参比电极)。根据半电位判据，此时钢筋仍然可能处于钝化状态，虽然半电位出现突变但仍无法准确判别钢筋是否脱钝。分析图 7-83 可以发现，前 45d 极化电流发展较为平稳，到第 50d 时突然急剧增大，且增加了将近一倍，达到 7.39μA，可以初步判断此时钢筋已经脱钝。

表 7-21　半电位及弱极化电流测试结果

Table 7-21　Test results of half potential and weak pole current

参数	时间/d									
	5	10	15	20	25	30	35	40	45	50
半电位/mV	–242	–223	–226	–233	–245	–244	–246	–249	–263	–318
弱极化电流/μA	4.88	4.86	4.83	4.82	4.87	4.88	4.82	4.86	4.92	7.39

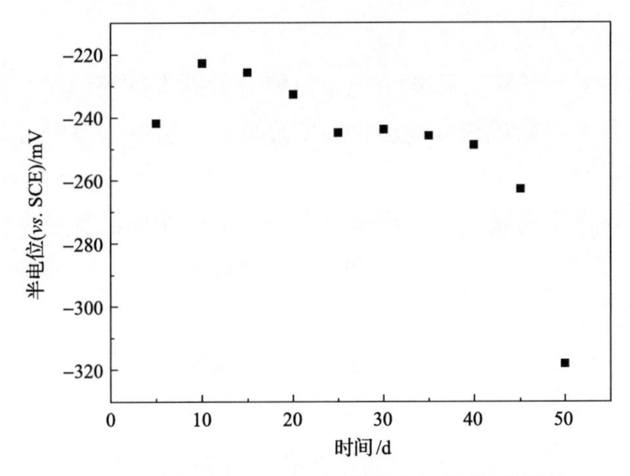

图 7-82　实测半电位随时间的变化规律(钢筋脱钝)

Figure 7-82　Variation law of measured half potential with time

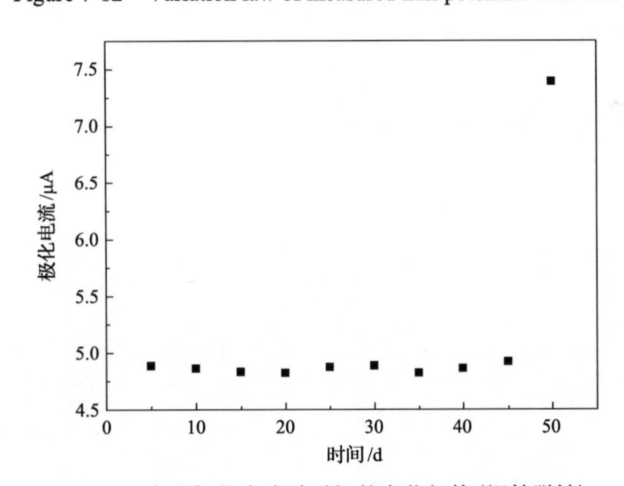

图 7-83　实测极化电流随时间的变化规律(钢筋脱钝)

Figure 7-83　Variation law of measured polarization current with time

为进一步验证，于第 51d 及第 65d 再次对钢筋进行半电位及阳极极化电流测试，结果如表 7-22 所示。可以发现，在初步判断钢筋已脱钝的第二天即第 51d，半电位仍然继续下降且极化电流持续增大达到 9μA，第 65d 极化电流甚至达到 30μA，表明此时钢筋已经锈蚀。因此，可以判定第 50d 时钢筋确实已经开始脱钝，从而验证了该判据的有效性。

表 7-22 第 51d、第 65d 半电位与极化电流测试结果

Table 7-22 Test results of half potential and polarization current in the 51st and 65th days

参数	时间/d	
	51	65
半电位/mV	–328	–432
弱极化电流/μA	9.00	30

2. 钢筋脱钝判别标准

在相对稳定的外界环境下，阳极极化电流能有效判别钢筋锈蚀。但当外界环境发生改变，如外界温度升高，阳极极化电流仍会明显增加。因此，有必要基于此方法建立一个统一的脱钝判别标准。

为更为准确地获得钢筋脱钝的临界极化电流，干湿循环机制设为浸泡 1d、风干 6d，一周一循环。每个循环中，风干 1d 后进行阳极极化电流测试，当发现极化电流突然增加，停止测试，记录相应极化电流值。

测试结果如图 7-84 所示。极化电流随钢筋直径增加而增大，两者之间关系近似线性。为了建立统一的评价标准，采用极化电流密度表示。计算极化电流密度需准确计算钢筋极化面积，为此需准确量取钢筋直径。采用游标卡尺测量取平均后分别为 13.56mm、11.53mm 和 7.18mm。极化电流密度按如下公式计算：

$$i = \frac{I}{A} = \frac{I}{\pi dl} \tag{7-26}$$

式中，i 为极化电流密度(μA/cm^2)；I 为极化电流(μA)；d 为钢筋直径(cm)；l 为钢筋暴露长度(cm)，即为试块边长 10cm。

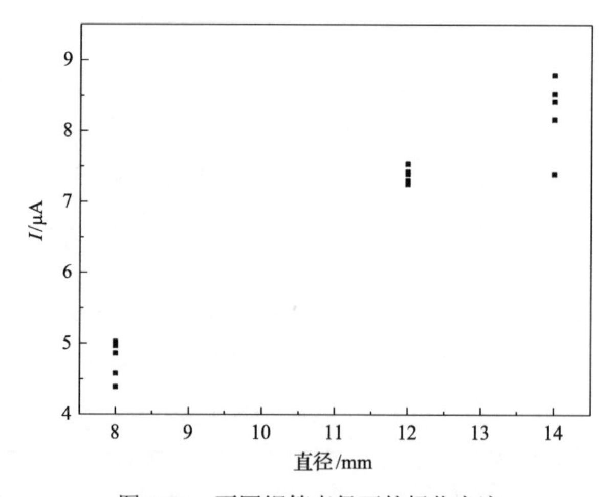

图 7-84 不同钢筋直径下的极化电流

Figure 7-84 Polarization current under different reinforcement diameters

图 7-85 所示为计算得到的极化电流密度随钢筋直径的变化，采用线性拟合得到如下关系：

$$i = 0.231 - 0.001D \tag{7-27}$$

由此可知，随着钢筋直径的变化，临界极化电流密度基本维持在 0.231μA/cm²。当钢筋直径为 30mm 时，临界极化电流密度为 0.201μA/cm²。出于保守考虑，可将钢筋脱钝的临界极化电流密度定为 0.2μA/cm²。当温度达到 50℃时，极化电流由初始的 1.413μA 增大到 3.506μA，折算成极化电流密度为 0.082μA/cm²，远低于临界值 0.2μA/cm²，表明钢筋未锈蚀。因此，该判别方法相对于半电位方法而言，不存在“假锈蚀”现象，测试结果可靠。

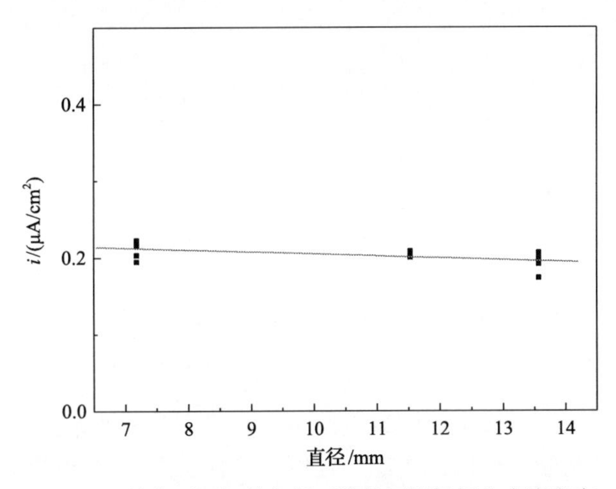

图 7-85　钝化不同钢筋直径下的临界阳极极化电流密度

Figure 7-85　Critical anode polarization current density of passivated steel bars with different diameters

3. 阳极极化电流密度与腐蚀电流密度的相关性

通过试验统计分析，若能直接建立阳极极化电流密度与腐蚀电流密度间的关系，便可由阳极极化电流快速获取钢筋腐蚀电流密度，测试方法简单快捷，无需进行任何数据处理，便于工程应用。

判定钢筋锈蚀后，继续进行干湿循环试验，改变干湿循环机制为浸泡 2d、风干 3d。风干后次日，先对钢筋进行阳极极化电流测试，记录极化电流。待所有试块测试完后，此时钢筋电位已回落至初始腐蚀电位，再对钢筋进行弱极化曲线测试，使用弱极化拟合技术计算钢筋腐蚀电流密度。

为了减小极化对钢筋的扰动，弱极化曲线测试中设定的极化过电位 ΔE 不应过大。为此，将极化过电位设为 70mV。采用弱极化拟合技术对数据进行处理，得到腐蚀电流 I_{corr}。极化电流 I 与腐蚀电流 I_{corr} 之间的关系见图 7-86，两者之间呈明显的线性关系，线性拟合结果见式(7-28)。将式(7-28)两边同时除以极化面积 A，可建立腐蚀电流密度 i_{corr} 与极化电流密度 i 之间的关系，见式(7-29)，考虑到右边第二项很小，可以略去。将临界极化电流密度代入式(7-29)得到临界腐蚀电流密度为 0.134μA/cm²，该值与目前国内外公认的钢筋脱钝临界腐蚀电流密度 0.1～0.2μA/cm² 相一致。

$$I_{\text{corr}} = 0.67I + 1.01(\mu\text{A}) \tag{7-28}$$

$$i_{\text{corr}} = 0.67i + \frac{1.01}{A} \approx 0.67i(\mu\text{A}/\text{cm}^2) \tag{7-29}$$

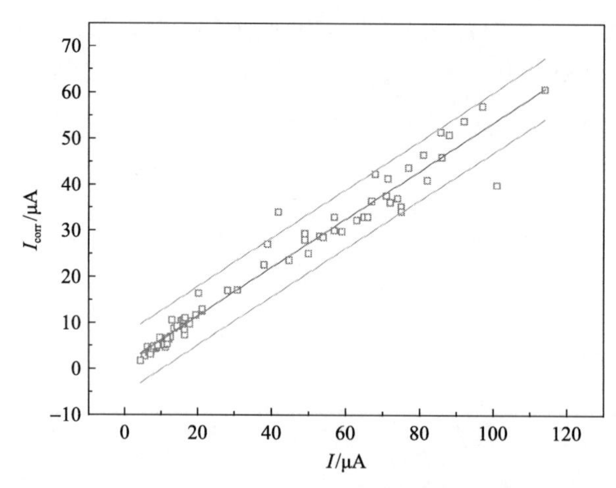

图 7-86　腐蚀电流与极化电流的关系

Figure 7-86　Relationship between corrosion current and polarization current

以上分析表明，阳极极化电流测试方法不存在对钢筋的初始扰动，测试方法简单，只需记录极化结束时刻的极化电流便能判定钢筋锈蚀状态，且无需对数据进行任何处理便能快速计算钢筋腐蚀电流密度。

参 考 文 献

[7-1] 陈佳芸. 电化学修复技术对混凝土模拟溶液中受力钢筋的作用效应[D]. 杭州: 浙江大学, 2016.

[7-2] 章思颖. 应用于双向电渗技术的电迁移型阻锈剂的筛选[D]. 杭州: 浙江大学, 2012.

[7-3] 郭柱. 三乙烯四胺阻锈剂双向电渗效果研究[D]. 杭州: 浙江大学, 2013.

[7-4] 黄楠. 双向电渗对氯盐侵蚀钢筋混凝土结构的修复效果及综合影响[D]. 杭州: 浙江大学, 2014.

[7-5] 张华. 混凝土双向电渗耐久性提升应用关键技术研究[D]. 杭州: 浙江大学, 2015.

[7-6] Siegwart M, Lyness J F, McFarland B J, et al. The effect of electrochemical chloride extraction on pre-stressed concrete[J]. Construction and Building Materials, 2005, 19(8): 585-594.

[7-7] 金伟良, 陈佳芸, 毛江鸿, 等. 电化学修复对钢筋混凝土结构服役性能的作用效应[J]. 工程力学, 2016, 33(2): 1-10.

[7-8] Ueda T, Ashida M, Mizoguchi S, et al. Influence of desalination on mechanical behavior of prestressed concrete members[J]. Japan Society of Civil Engineers, 1999, (613): 189-199.

[7-9] 李腾. 电化学修复中混凝土结构中受力钢筋氢脆评估与控制试验研究[D]. 杭州: 浙江大学, 2017.

[7-10] 汤红卫, 李士彬, 朱慈勉. 基于刚度下降的混凝土梁疲劳累积损伤模型的研究[J]. 铁道学报, 2007, (3): 84-88.

[7-11] Arel H Ş, Yazlcl Ş. Concrete-reinforcement bond in different concrete classes[J]. Construction and Building Materials, 2012, 36: 78-83.

[7-12] Castellote M, Andrade C, Alonso C. Accelerated simultaneous determination of the chloride depassivation threshold and of the non-stationary diffusion coefficient values[J]. Corrosion Science, 2002, 44(11): 2409-2424.

[7-13] Bertolini L, Carsana M, Pedeferri P. Corrosion behaviour of steel in concrete in the presence of stray current[J]. Corrosion Science, 2007, 49(3): 1056-1068.

[7-14] Manera M, Vennesland Ø, Bertolini L. Chloride threshold for rebar corrosion in concrete with addition of silica fume[J]. Corrosion Science, 2008, 50(2): 554-560.

[7-15] Ann K Y, Song H W. Chloride threshold level for corrosion of steel in concrete[J]. Corrosion Science, 2007, 49(11): 4113-4133.

[7-16] Gouda V K, Halaka W Y. Corrosion and corrosion inhibition of reinforcing steel Ⅱ. Embedded in concrete[J]. British Corrosion Journal, 1970, 5(5): 204-208.

[7-17] Alonso C, Castellote M, Andrade C. Chloride threshold dependence of pitting potential of reinforcements[J]. Electrochimica Acta, 2002, 47(21): 3469-3481.

第8章

预应力结构的电化学方法

传统的预应力混凝土结构的耐久性问题主要集中在预应力的锚具系统，而对预应力筋的应力腐蚀重视不够，更是对出现预应力结构的耐久性提升和控制鲜有报道。本章针对预应力混凝土结构的耐久性问题，研究了电流密度、通电时间、电解质溶液等因素与预应力筋氢脆敏感性之间的关系，以断裂能比来评价电化学修复对预应力筋的氢脆影响，提出了专门针对预应力混凝土结构的电化学方法，以此来控制和提升预应力结构的耐久性。

8.1 预应力结构的电化学问题

8.1.1 预应力混凝土结构的耐久性

预应力混凝土结构由于施加了预压应力能够控制混凝土的裂缝开展程度，有较强的抵御环境侵蚀的能力，但预应力筋和锚固连接体系的特殊腐蚀行为和预应力筋高应力的工作状态，对预应力混凝土结构的耐久性提出了更高的要求。

预应力筋腐蚀和混凝土损伤对预应力混凝土构件的整体力学性能存在影响。Minh 等[8-1,8-2]通过通电加速氯盐侵蚀的方式研究了孔道灌浆质量对后张法预应力混凝土梁锈胀开裂以及承载力的影响，试验发现孔道灌浆体的饱满度和灌浆长度越长(即孔道灌浆质量越高)，预应力筋的腐蚀对梁锈胀开裂的影响就越大，但对梁的承载力影响不大。曹大富等[8-3]对经过快速冻融循环(分别为 0、75、100、125 次)的预应力梁构件进行受弯性能分析，研究发现预应力混凝土梁的开裂荷载与极限承载力分别随着冻融循环次数的增加而加速下降；开裂前，冻融循环次数对梁的抗弯刚度影响不大，开裂后，其抗弯刚度随冻融次数增大而下降；同时给出了预应力混凝土梁经历冻融后极限承载力的计算方法。张宏宇[8-4]研究认为由于预应力钢筒混凝土管结构(PCCP)使用环境的特殊性，氯离子侵蚀对其耐久性影响较大，混凝土碳化对其影响较小；通过有限元模拟分析氯盐环境下预应力钢丝腐蚀对 PCCP 结构性能的影响，结果表明局部预应力损失和局部钢丝锈蚀对 PCCP 整体结构性能影响较小，但会降低局部区域的承载能力，而预应力钢丝断裂对 PCCP 整体结构性能影响显著，会降低结构的承载能力。蔺恩超[8-5]通过对 7 根不同预应力筋坑蚀程度预处理的预应力梁构件进行受力性能研究，结果表明预应力筋腐蚀会引起预应力筋局部应力集中，预应力梁抗裂性能和承载力会降低，腐蚀坑程度增加，开裂荷载和极限承载力逐渐下降。刘荣桂等[8-6]试验研究了不同冻融循环作用对预应力混凝土梁疲劳性能的影响，并提出了冻融作用下预应力混凝土结构疲劳的可靠度概率计算方法，研究发现低冻融循环次数对预应力混凝土梁疲劳影响不大，但预应力的应力水平会对结构可靠度数值产生较大影响。

预应力混凝土结构出现腐蚀损伤后(如混凝土碳化、冻融损伤、预应力筋腐蚀等)，其材料及结构的力学性能都会出现退化，继而影响到结构的安全性及使用寿命。由于在环境侵蚀作用下，预应力筋对应力腐蚀非常敏感，导致结构容易发生没有任何预兆的脆性断裂。因此，对腐蚀预应力混凝土结构的力学性能分析主要集中在腐蚀预应力筋的受拉性能、腐蚀预应力混凝土构件的受弯、受剪及疲劳性能等几个方面。

然而，对于腐蚀预应力混凝土结构的修复、提升和控制的研究却鲜有报道，主要原因是电化学方法对预应力混凝土结构的作用机理、适用范围和影响程度还不够清晰和深入了解，其本质问题是涉及预应力筋的氢脆理论。

8.1.2 预应力筋氢脆敏感性高的成因

预应力混凝土结构中的预应力筋属于高等级优质高碳碳素结构钢，其经过多次拉拔程序，其化学成分及微观组织结构与普通钢筋很不一样，从而在电化学过程中其氢脆敏感性也很不一样。

目前，用于预应力混凝土结构或构件中的预应力筋，主要采用预应力钢丝、钢绞线和预应力螺纹钢筋，而精轧螺纹钢筋仅用于中、小型预应力混凝土构件或作为箱梁的竖向、横向预应力钢筋。预应力钢丝与钢绞线在预应力筋中的用量占据 75%～85%。预应力钢丝与预应力钢筋都需要经过一道工序，即拉拔。拉拔是利用材料应变硬化原理，实际上是迫使钢丝发生塑性变形的过程。拉拔工艺提高了钢丝的强度和硬度，但降低了钢丝的延性。拉拔后钢丝存在 3 种类型的残余内应力[8-7]：①由拔丝模表面挤压过程造成的宏观内应力；②钢丝晶粒或亚晶粒间的不均匀变形而引起的晶间内应力；③晶格畸变内应力，是最主要的内应力，塑性变形使晶界附近堆积大量位错，导致晶界附近晶格产生畸变，这种畸变导致晶格畸变内应力，这类内应力增加了位错移的阻力，但提高了钢丝的强度和硬度，降低了钢丝的塑性。残余应力的存在，增大了钢丝应力腐蚀的敏感性。

用于钢筋混凝土结构的国产普通钢筋为热轧钢筋。热轧钢筋是低碳钢、普通低合金钢在高温状态下轧制而成的软钢，其应力-应变曲线有明显的屈服点和流幅，断裂时有颈缩现象，伸长率较大，如图 8-1 所示。

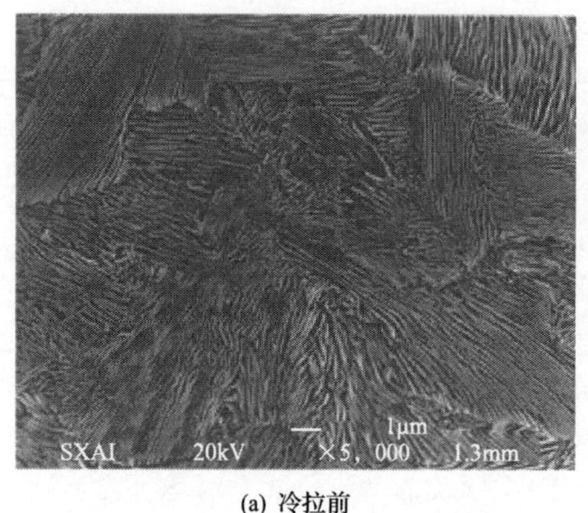

(a) 冷拉前

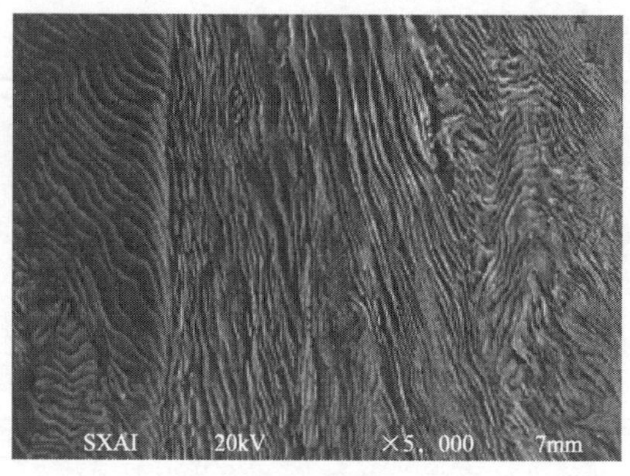

(b) 冷拉后

图 8-1 钢丝冷拉前后组织朝向的纵断面显示

Figure 8-1 Longitudinal section display of tissue orientation before and after cold drawing steel wire

各种氢脆理论的共同点是，氢原子通过应力诱导扩散在高应力区富集，当富集的氢原子浓度达到临界阈值时，使材料断裂的应力值降低，致使金属发生脆断。氢的扩散机理指出，金属裂纹尖端高应力塑变区晶格缺陷堆积，使得氢原子在此区域不断堆积，从而使裂纹尖端脆化。预应力筋在制作过程中，拉拔、捻制等工艺的存在使得预应力筋晶格畸变，晶间裂纹产生，在电化学修复处理过程中，阴极反应的存在提供了大量氢原子，加上氢与预应力筋缺陷交互作用的陷捕反应，从而使缺陷区域脆化。换言之，即预应力筋较普通钢筋在电化学处理过程中由于其本身缺陷的存在，使其更具捕获氢原子的能力，因而其氢脆敏感性更高。

8.1.3 电化学修复参数对预应力筋氢脆敏感性的影响

国内外不同学者对电化学修复过程中预应力筋氢脆现象持有不同看法。例如，

Siegwart 等[8-8]指出预应力高强钢筋对氢脆现象十分敏感，电化学修复技术引起的预应力筋氢脆现象并不会随电化学时效条件(如电流密度、通电时间和形式)改变而发生变化。Bertolini 等[8-9]指出电化学修复技术会引起预应力筋出现氢脆现象，但在严格监控的前提下，可以对简单预应力结构进行电化学修复技术。Ishii 等[8-10]指出虽然电化学处理会引起预应力筋发生氢脆现象，但并不影响钢筋混凝土梁的整体承载力及刚度。干伟忠等[8-11]指出通过正确选择电化学参数，可以避免电化学修复的副作用，跟踪试验表明：在没有金属护套的先张预应力混凝土结构中也没有发生氢脆的迹象。第 7 章试验研究结果表明，针对普通钢筋混凝土适用的双向电迁移的最优通电参数，双向电迁移能抑制预应力筋氢脆，但氢脆控制程度因构件参数而异，当保护层厚度增加时，氢脆风险增大。因此，有必要对电化学修复过程中通电参数与预应力筋氢脆关系进行研究，以期获得可应用于实际工程中预应力混凝土结构中的预应力筋氢脆控制通电参数。

8.2　预应力筋的电化学效应

本节分别对电化学除氯和双向电迁移处理后的预应力筋采用 0.1mm/min 恒应变速率进行拉伸试验，在试验中分别测量不同通电处理时间、不同电流密度和不同类型电解质溶液作用条件下预应力钢筋的断裂能比，以断裂能比为直观指标反映经电化学处理后预应力筋的氢脆特性变化，探明了电化学修复方法对预应力筋氢脆特性的影响规律。在试验结果的基础上，综合考虑电化学方法的除氯效果和对氢脆的影响程度，总结了恰当的电化学处理控制条件和相关参数，进一步为在实际预应力混凝土结构中采用电化学方法进行耐久性修复和提升奠定了理论和试验基础。

8.2.1　试验设计

消除应力钢丝是用优质碳素钢(含碳量 1.4%～7%)轧制成盘条，经铅浴淬火处理后，再冷拉加工而成的钢丝。消除应力钢丝制作工艺与钢绞线较为接近，其强度较高，且单根钢丝便于用力学方法评估氢脆程度，能更好地反映氢脆现象，拉伸试验对试验机夹头、钳口要求低，易操作，试验预应力筋选用直径为 9mm 的螺旋肋消除应力钢丝，其极限强度标准值为 1470MPa。《混凝土结构设计规范》(GB 50010)[8-12]规定，在一般情况下，张拉控制应力不宜超过表 8-1 中的限制。

表 8-1　张拉控制应力限制 σ_{con} 限值

Table 8-1　Tension control stress limit σ_{con} threshold

钢筋种类	σ_{con}
消除应力钢丝、钢绞线	$\leqslant 0.75f_{ptk}$
中强度预应力钢丝	$\leqslant 0.70f_{ptk}$
预应力螺纹钢筋	$\leqslant 0.85f_{ptk}$

注：(1) 表中消除应力钢丝、钢绞线、中强度预应力钢丝的张拉控制应力值不应小于 $0.4f_{ptk}$，f_{ptk} 为预应力钢筋强度标准值。
(2) 预应力螺纹钢筋的张拉控制应力值不宜小于 $0.5f_{ptk}$。

实际工程中，预应力筋张拉控制应力范围为(0.7～0.75)f_{ptk}。因此，本书中的应力水平控制为0.7f_{ptk}，通过张拉台座对预应力混凝土试件施加预应力，试验过程如图8-2所示。用锚具固定预应力筋，浇筑混凝土试件并进行养护。与传统先张法不同的是，预应力筋不放松，由张拉台座承受预应力直至试验完成。预应力混凝土试件尺寸为120mm×150mm×300mm，除了布置预应力筋外，每个试件内部另放置一根直径9mm的螺旋肋消除应力钢丝，长度为350mm，两端各伸出25mm。

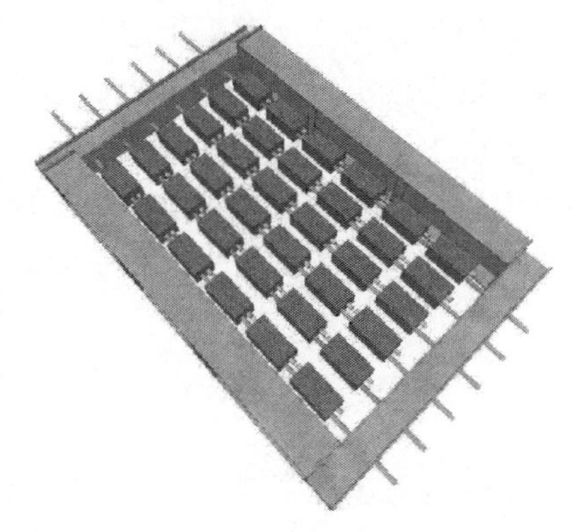

图8-2　预应力混凝土电化学修复试验布置

Figure 8-2　Test layout of electrochemical rehabilitation of prestressed concrete

试件的混凝土配合比见表8-2。

表8-2　混凝土试件配合比

Table 8-2　Mix ratio of concrete specimens

强度等级	各组成部分比例/(kg/m^3)			
	水	水泥	砂	石子
C30	213	410	638	1086

试件浇筑养护完成后，首先进行不同通电时间下的电化学修复处理，探究不同通电时间对预应力筋氢脆的作用效应，筛选效果较好的通电时间参数，并以此通电时间参数进行不同电流密度、不同电解质溶液下的电化学修复处理。各试件的编号、电解质溶液类型、通电时间和电流密度选取分别如表8-3～表8-5所示，其中相同参数设置三组平行试验组。

表8-3　不同通电时间参数试件处理方法与编号

Table 8-3　Processing method and number of specimens with different electrification time parameters

编号	电解质溶液	通电时间/d	电流密度/(A/m^2)
AC-2	饱和氢氧化钙（电化学除氯）	7	3
AC-3		14	
AC-4		21	
AC-5		28	
AT-2	三乙烯四胺（双向电迁移）	7	
AT-3		14	
AT-4		21	
AT-5		28	

表 8-4　不同电流密度参数试件处理方法与编号

Table 8-4　Processing method and number of specimens with different current densities

编号	电解质溶液	通电时间/d	电流密度/(A/m^2)
BC-1	饱和氢氧化钙(电化学除氯)	14	1
BC-2			2
BC-3			3
BT-1	三乙烯四胺(双向电迁移)	14	1
BT-2			2
BT-3			3
BT-5			5
BT-7			7
BT-9			9

表 8-5　不同电解质溶液参数试件处理方法与编号

Table 8-5　Processing method and number of specimens with different electrolyte solution

编号	电解质溶液	通电时间/d	电流密度/(A/m^2)
BC-3	饱和氢氧化钙(电化学除氯)	14	3
BM-3	咪唑啉(双向电迁移)	14	3
BT-3	三乙烯四胺(双向电迁移)	14	3

8.2.2　不同通电时间对预应力筋氢脆的作用效应

1. 电化学除氯作用效应

对照试验组和经电化学除氯处理 7d、14d、21d 和 28d 后的预应力筋应力-应变曲线图如图 8-3 所示，分别截取各条曲线弹性阶段至屈服阶段部分如图 8-4 所示。

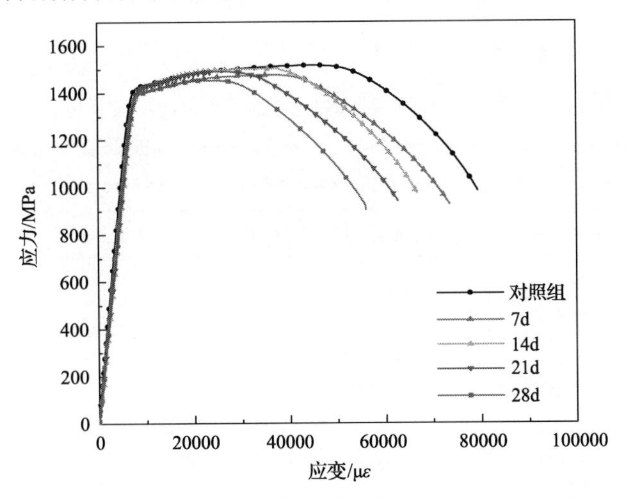

图 8-3　不同电化学除氯处理时间后预应力筋应力-应变曲线

Figure 8-3　Stress-strain curves of prestressed tendons after different electrochemical dechlorination treatment time

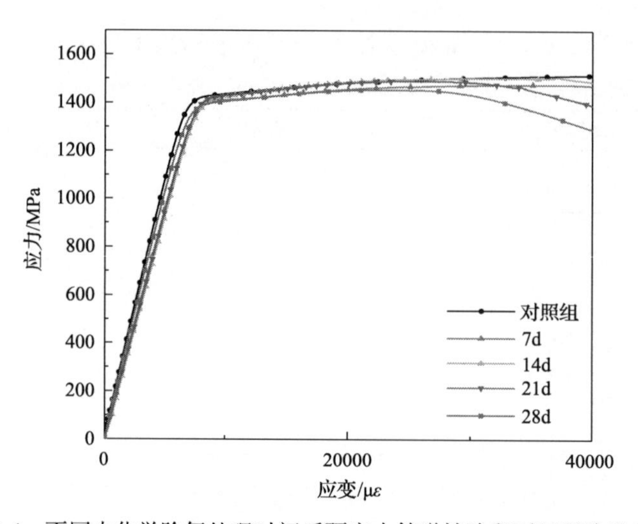

图 8-4　不同电化学除氯处理时间后预应力筋弹性阶段至屈服阶段曲线

Figure 8-4　Curves from elastic stage to yield stage of prestressed tendons after different electrochemical dechlorination treatment time

可以直观地发现：经过不同时间的电化学除氯处理后，预应力筋应力-应变曲线的弹性阶段几乎没有发生变化，而塑性阶段则出现明显的差异。随着通电时间的增加，各应力-应变曲线下降所对应的应变减小，通电时间为 28d 时，颈缩阶段曲线斜率陡，下降迅速。在电流密度 $3A/m^2$ 下，随着电化学除氯通电时间的增加，预应力筋其塑性变形能力变差，通电时间仅为 7d 的情况下，预应力筋的断后变形偏差也较大。可以认为，在电流密度 $3A/m^2$ 下，即使只通电 7d，电化学除氯氢脆控制效果差，但预应力筋氢脆的程度还需根据断裂能比进一步分析。图 8-4 表示了不同电化学除氯处理时间后预应力筋弹性阶段至屈服阶段的曲线，预应力筋条件屈服强度与极限强度随通电处理时间的变化不大，变异系数分别为 1.1%与 1.4%。

表 8-6 给出了不同电化学除氯通电时间后预应力筋的抗拉强度指标。

表 8-6　不同电化学除氯处理时间后预应力筋抗拉强度指标

Table 8-6　Tensile strength index of prestressed tendons after different electrochemical dechlorination treatment time

编号	条件屈服强度/MPa	条件屈服强度平均值/MPa	极限强度/MPa	极限强度平均值/MPa
空白对照组	1439.28	1430.30	1526.31	1515.49
	1426.77		1516.64	
	1424.19		1487.14	
	1426.77		1530.72	
	1434.47		1516.61	
AC-2	1427.96	1422.45	1492.56	1487.82
	1426.53		1494.47	
	1412.85		1476.43	

续表

编号	条件屈服强度/MPa	条件屈服强度平均值/MPa	极限强度/MPa	极限强度平均值/MPa
AC-3	1430.33	1417.41	1506.49	1490.71
	1400.17		1486.70	
	1421.73		1478.94	
AC-4	1436.56	1425.29	1491.11	1483.92
	1386.08		1452.41	
	1453.23		1508.25	
AC-5	1403.40	1421.92	1453.93	1476.39
	1436.56		1495.00	
	1425.81		1480.24	
变异系数	1.1%		1.4%	

2. 双向电迁移作用效应

对照组及不同双向电迁移处理时间后的预应力筋应力-应变曲线图如图 8-5 所示。

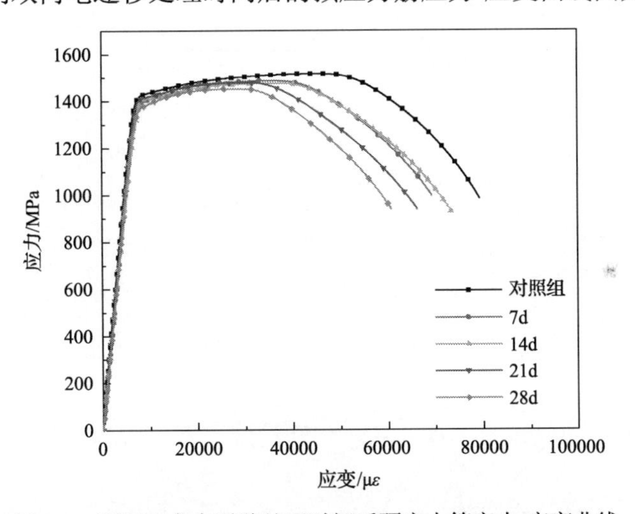

图 8-5　不同双向电迁移处理时间后预应力筋应力-应变曲线

Figure 8-5　Stress-strain curves of prestressed tendons after different bidirectional electromigration treatment time

表 8-7 为不同通电时间双向电迁移处理后各组预应力筋的条件屈服强度和极限强度实测值。图 8-5 为各组曲线的汇总图，与电化学除氯试验结果类似，双向电迁移通电时间对预应力筋应力-应变曲线弹性阶段影响较小，主要影响体现在不均匀变形阶段。在电流密度 3A/m^2 下，双向电迁移随着通电时间的增加，预应力筋其塑性变形能力变差，其曲线下降所对应的应变越小。通电 7d 和 14d 后的预应力筋的应力-应变曲线较接近，但随着处理时间的增加，在通电 21d、28d 的情况下，其应力-应变曲线偏离增大。预应力筋是否发生氢脆及其氢脆的程度，还需根据断裂能比进一步分析。图 8-6 表示了不同双向电迁移处理时间预应力筋弹性阶段至屈服阶段的曲线，经不同双向电迁移通电时间处

理后预应力筋条件屈服强度与极限强度均无大幅度变化，变异系数分别为 1.0%与 1.3%。

表 8-7　不同双向电迁移处理时间后的预应力筋抗拉强度指标

Table 8-7　Tensile strength index of prestressed tendons after different bidirectional electromigration treatment time

编号	条件屈服强度/MPa	条件屈服强度平均值/MPa	极限强度/MPa	极限强度平均值/MPa
空白对照组	1439.28	1430.30	1526.31	1406.66
	1426.77		1516.64	
	1424.19		1487.14	
	1426.77		1530.72	
	1434.47		1516.61	
AT-2	1412.02	1411.93	1478.68	1487.98
	1400.17		1486.70	
	1423.60		1498.56	
AT-3	1398.30	1408.91	1476.45	1480.56
	1415.59		1488.80	
	1412.85		1476.43	
AT-4	1396.43	1407.52	1482.82	1481.41
	1425.81		1478.94	
	1400.31		1482.46	
AT-5	1390.15	1411.84	1452.41	1480.81
	1411.86		1498.92	
	1433.50		1491.11	
变异系数	1.0%		1.3%	

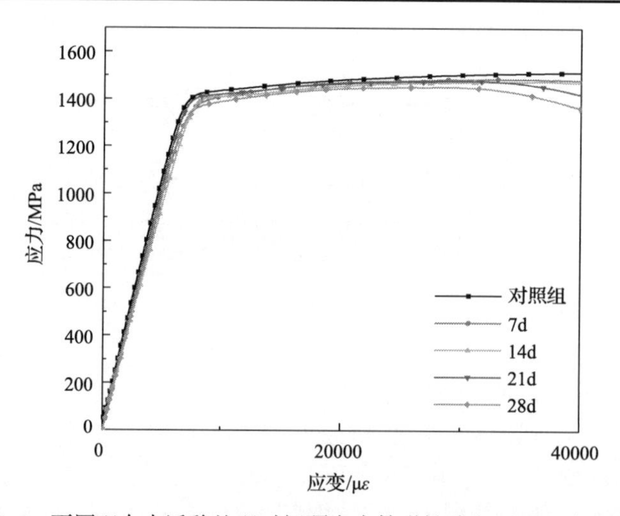

图 8-6　不同双向电迁移处理时间预应力筋弹性阶段至屈服阶段曲线

Figure 8-6　Curves from elastic stage to yield stage of prestressed tendons with different bidirectional electromigration treatment time

3. 不同通电时间下预应力筋断裂能比

电流密度为 3A/m^2，双向电迁移与电化学除氯后，不同通电时间参数下预应力筋的断裂能比变化如图 8-7 所示。

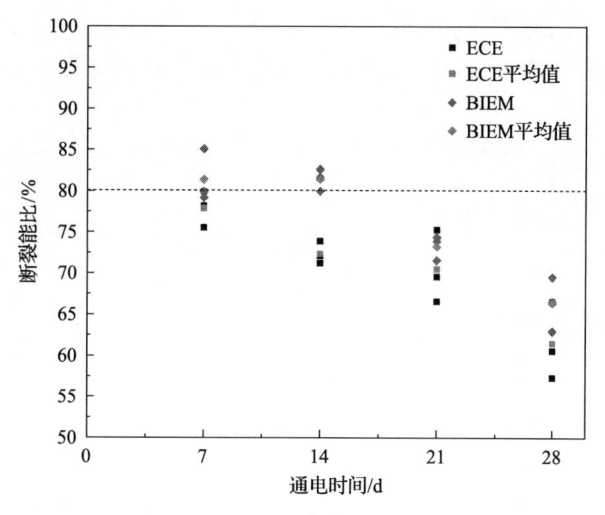

图 8-7　不同通电时间参数下预应力筋断裂能比

Figure 8-7　Fracture energy ratio of prestressed tendons under different electrification time

由图 8-7 可知，随着通电时间的增加，预应力筋的断裂能比呈下降趋势。双向电迁移较电化学除氯而言，其整体氢脆控制效果更好。电化学除氯在电流密度 3A/m^2，通电时间 7d、14d、21d、28d 时，其断裂能比平均值分别为 77.88%、72.36%、70.48%与 61.52%，其塑性损失较大，氢脆风险高。电解质溶液为三乙烯四胺的双向电迁移，在电流密度 3A/m^2 下，通电 7d 时，断裂能比为 81.40%，通电 14d 时，断裂能比为 81.42%，通电 21d 和 28d 时的断裂能比均小于 80%。对双向电迁移处理后的试件取粉测得通电 14d 后，预应力筋表面混凝土中阻锈剂含量为 1.55×10^{-4}mol/g 水泥，通电 7d 预应力筋表面混凝土中阻锈剂含量为 0.92×10^{-4}mol/g 水泥，通电 21d 预应力筋表面混凝土中阻锈剂含量为 1.53×10^{-4}mol/g 水泥，通电 28d 预应力筋表面混凝土中阻锈剂含量为 2.0×10^{-4}mol/g 水泥。随着通电时间的增加，预应力表面混凝土中阻锈剂含量也随之增加，但氢脆风险也随之升高。因此，在电流密度 3A/m^2 的条件下，综合考虑除氯阻锈效果与预应力筋氢脆控制效果，通电时间采用 14d 较为理想，此时断裂能比可达 80%以上且阻锈剂含量也较高。

8.2.3　不同电流密度对预应力筋氢脆的作用效应

1. 电化学除氯作用效应

由 3.3 节可知，通电 14d 氢脆效果控制较好，因而本节在研究通电参数中电流密度时，通电时间采用 14d。不同电流密度电化学除氯处理后的预应力筋应力-应变曲线如图 8-8 所示。预应力筋的抗拉强度指标和变异系数如表 8-8 所示。

图 8-8 为各组应力-应变曲线的汇总图，与 8.2.2 小节中结论相似，预应力筋应力-应变曲线弹性阶段受不同电化学除氯电流密度的影响较小，没有明显差异，而在曲线的不均匀变形阶段受影响较大。电流密度为 3A/m^2 时，曲线下降所对应的应变以及断裂时所对应的应变最小。预应力筋是否发生氢脆以及其氢脆的程度还需根据断裂能比进一步分析。图 8-9 表示了不同电流密度电化学除氯后预应力筋弹性阶段至屈服阶段的曲线。由表 8-8 的数据可知电流密度对预应力筋条件屈服强度与极限强度影响均较小，变异系数分别为 0.9%与 1.2%。

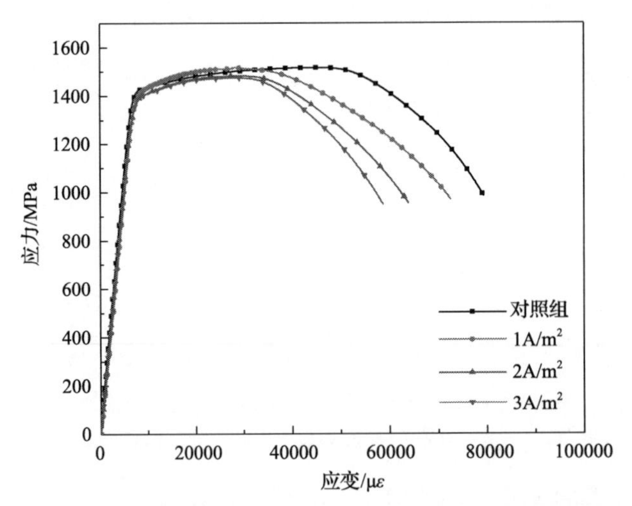

图 8-8　不同电流密度电化学除氯后预应力筋应力-应变曲线

Figure 8-8　Stress-strain curves of prestressed tendons after different current densities of electrochemical dechlorination

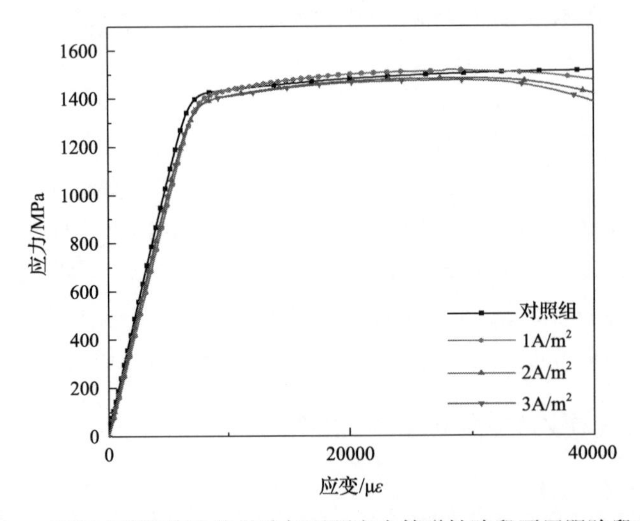

图 8-9　不同电流密度电化学除氯后预应力筋弹性阶段至屈服阶段曲线

Figure 8-9　Curves from elastic stage to yield stage of prestressed tendons after different current densities of electrochemical dechlorination

表 8-8　不同电流密度电化学除氯处理后预应力筋抗拉强度指标

Table 8-8　Tensile strength index of prestressed tendons after electrochemical dechlorination treatment with different current densities

编号	条件屈服强度/MPa	条件屈服强度平均值/MPa	极限强度/MPa	极限强度平均值/MPa
空白对照组	1439.28	1430.30	1526.31	1515.49
	1426.77		1516.64	
	1424.19		1487.14	
	1426.77		1530.72	
	1434.47		1516.61	
BC-1	1434.47	1423.73	1522.53	1502.72
	1436.56		1498.92	
	1400.17		1486.70	
BC-2	1424.19	1418.92	1506.42	1491.56
	1400.31		1482.46	
	1432.26		1485.78	
BC-3	1432.26	1414.90	1491.11	1486.97
	1410.84		1496.93	
	1401.60		1472.86	
变异系数	0.9%		1.2%	

2. 双向电迁移作用效应

经过不同电流密度参数的双向电迁移作用后，各组试件的应力-应变曲线如图 8-10 所示。图 8-11 为各组应力-应变曲线的弹性和屈服阶段部分的汇总图，双向电迁移处理后预应力筋的抗拉强度指标如表 8-9 所示。

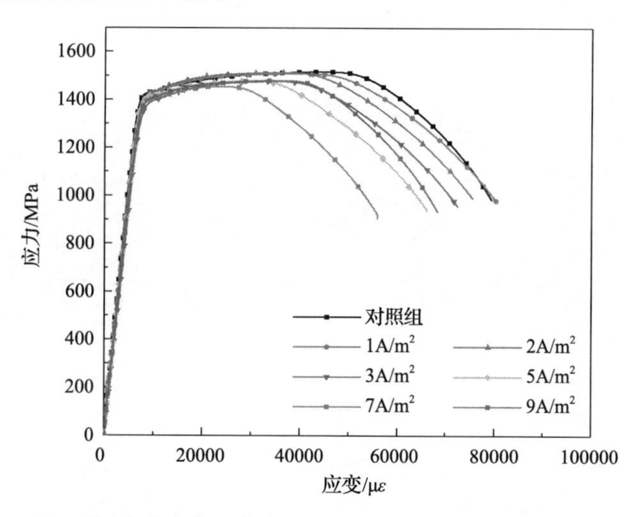

图 8-10　不同电流密度双向电迁移处理后预应力筋应力-应变曲线图

Figure 8-10　Stress-strain curves of prestressed tendons after bidirectional electromigration with different current densities

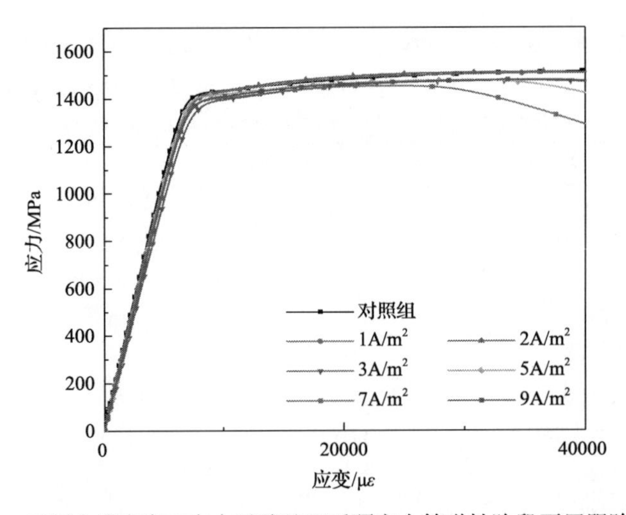

图 8-11　不同电流密度双向电迁移处理后预应力筋弹性阶段至屈服阶段曲线

Figure 8-11　Curves from elastic stage to yield stage of prestressed tendons after bidirectional electromigration with different current densities

表 8-9　不同电流密度双向电迁移处理后预应力筋抗拉强度指标

Table 8-9　Tensile strength index of prestressed tendons after bidirectional electromigration with different current densities

编号	条件屈服强度/MPa	条件屈服强度平均值/MPa	极限强度/MPa	极限强度平均值/MPa
空白对照组	1439.28	1430.30	1526.31	1515.49
	1426.77		1516.64	
	1424.19		1487.14	
	1426.77		1530.72	
	1434.47		1516.61	
BT-1	1401.87	1414.91	1479.14	1484.2
	1432.26		1508.18	
	1410.59		1465.28	
BT-2	1419.07	1418.55	1516.54	1501.99
	1400.02		1476.43	
	1436.56		1513.01	
BT-3	1398.30	1408.91	1476.45	1480.56
	1415.59		1488.80	
	1412.85		1476.43	
BT-5	1424.71	1418.54	1479.35	1489.71
	1399.50		1482.46	
	1431.42		1507.32	
BT-7	1405.94	1419.04	1453.93	1482.99
	1415.70		1498.92	
	1435.47		1496.12	

续表

编号	条件屈服强度/MPa	条件屈服强度平均值/MPa	极限强度/MPa	极限强度平均值/MPa
BT-9	1410.02	1407.31	1479.42	1471.78
	1410.03		1472.94	
	1401.87		1462.99	
变异系数	0.9%		1.4%	

从图 8-10 可发现，进入颈缩阶段，各预应力筋应力-应变曲线偏差显著。从图 8-11 可以看出，与对照组相比，预应力筋条件屈服强度的变异系数为 0.9%，极限屈服强度的变异系数为 1.4%，均无大幅度改变。

3. 不同电流密度下预应力筋断裂能比

由图 8-12 可知，对于电化学除氯，随着电流密度的增加，其断裂能比逐渐下降，电流密度为 1A/m^2 时，断裂能比为 81.16%，大于 80%，此时其氢脆风险较小，电流密度为 2A/m^2、3A/m^2 时，断裂能比分别为 73.81%、65.97%，均小于 80%，此时氢脆风险高，预应力筋极易发生氢脆。图 8-12 中，电化学除氯最高通电电流密度为 3A/m^2，考虑到预应力筋在电化学除氯过程中电流密度为 3A/m^2 时，氢脆风险已极高，因而随着电流密度的继续增加，氢脆会愈加严重，故没有进行更高电流密度的试验。对于双向电迁移，由图 8-12 可知，随着电流密度的增加，其断裂能比逐渐下降。当电流密度小于 3A/m^2 时，由图 8-12 可知，双向电迁移处理下较电化学除氯处理下，预应力筋断裂能比数值更大，即氢脆控制效果较电化学除氯控制效果更好。电流密度为 1A/m^2 时，双向电迁移与电化学除氯对应的预应力筋的断裂能比分别为 95.01%和 81.16%，双向电迁移的氢脆控制效果明显高于电化学除氯。当电流密度为 2A/m^2 时，双向电迁移所对应的预应力筋断裂能比

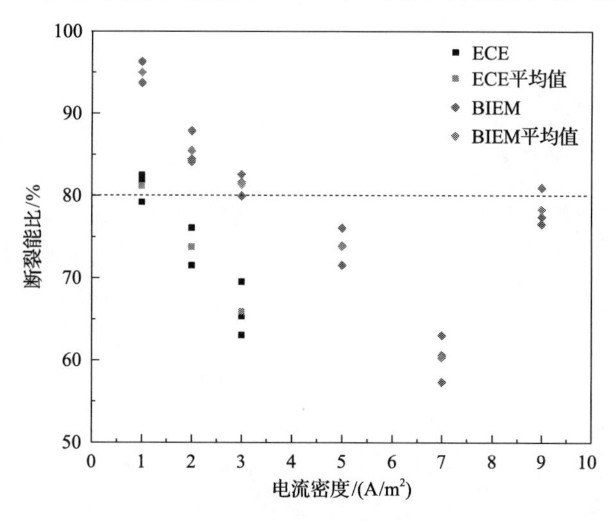

图 8-12　不同电流密度双向电迁移处理后预应力筋断裂能比

Figure 8-12　The fracture energy ratio of prestressed tendons after bidirectional electromigration with different current densities

为 85.53%，电化学除氯的为 73.81%，此电流密度参数下电化学除氯处理预应力筋的氢脆风险极高，双向电迁移仍能抑制氢脆，其塑性变形能力较好。当电流密度为 3A/m^{2}时，双向电迁移所对应的预应力筋断裂能比为 81.42%，此时氢脆风险较低。但当电流密度大于 3A/m^{2}时，双向电迁移已不能抑制预应力筋氢脆。图 8-12 中，电流密度为 9A/m^{2}时，其断裂能比大于 5A/m^2、7A/m^{2}时的断裂能比，出现此反常的原因，是高应力状态下预应力筋在通电过程中已发生氢脆断裂，对氢脆断裂后的预应力筋进行拉伸试验得到的数据不能正确反映电流密度为 9A/m^2、通电时间 14d 下双向电迁移对预应力筋氢脆的影响，但通过此数据可反映出在电化学修复过程中应力水平对预应力筋氢脆的影响极大。

因此，运用电化学除氯对预应力筋进行修复时，其氢脆安全电流密度应低于 1A/m^2；运用双向电迁移对预应力筋修复时，控制其电流密度低于 3A/m^{2}时，其氢脆风险小。

8.2.4 不同电解质溶液对预应力筋氢脆的作用效应

在不同电解质溶液的试验中电流密度均选取为 3A/m^2，通电处理时间均为 14d，预应力筋应力-应变曲线如图 8-13 所示，曲线中弹性及屈服部分单独列于图 8-14 中，抗拉强度指标计算后汇总于表 8-10。

根据表 8-10 的计算结果，预应力筋条件屈服强度与极限强度受电解质溶液类型的影响相差不大，变异系数分别为 0.8%与 1.2%。由图 8-13 可知，进入颈缩阶段后，三乙烯四胺电解质溶液偏离未经电化学修复处理的预应力筋应力-应变曲线最小，咪唑啉与饱和氢氧化钙次之。电解质溶液参数对预应力筋应力-应变曲线的影响主要体现在不均匀变形阶段，但预应力筋是否发生氢脆以及其氢脆的程度还需根据断裂能比进一步分析。

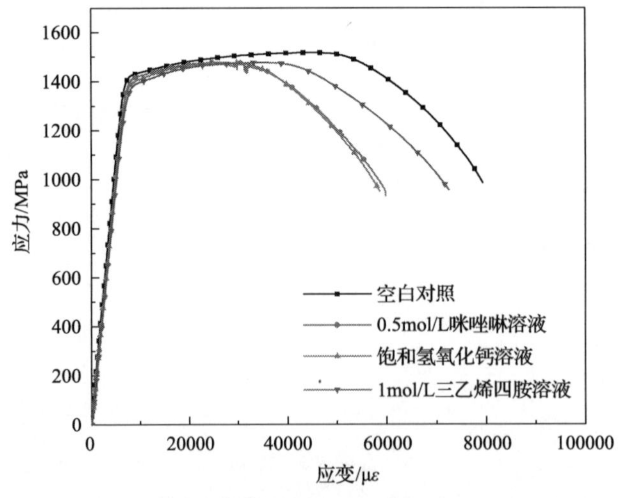

图 8-13 不同电解质溶液参数下预应力筋应力-应变曲线图

Figure 8-13 Stress-strain curves of prestressed tendons under different electrolyte solution parameters

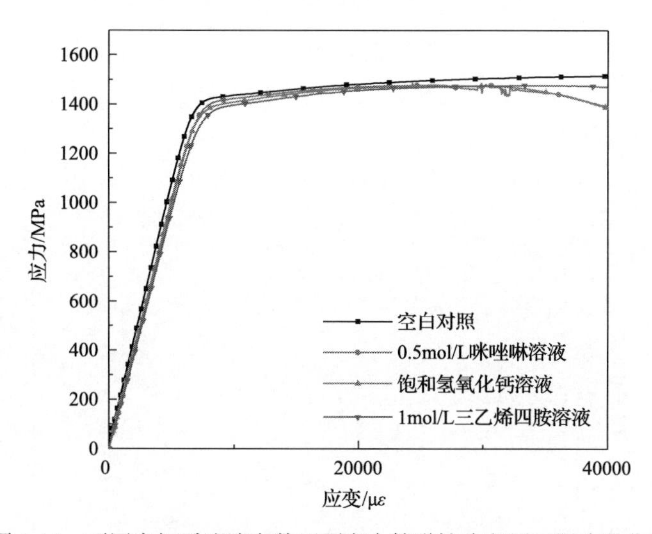

图 8-14　不同电解质溶液参数下预应力筋弹性阶段至屈服阶段曲线

Figure 8-14　Curves from elastic stage to yield stage of prestressed tendons under different electrolyte solution parameters

表 8-10　不同电解质溶液电化学修复处理后预应力筋抗拉强度指标

Table 8-10　Tensile strength index of prestressed tendons after electrochemical rehabilitation with different electrolyte solutions

编号	条件屈服强度/MPa	条件屈服强度平均值/MPa	极限强度/MPa	极限强度平均值/MPa
空白对照组	1439.28	1430.30	1526.31	1515.49
	1426.77		1516.64	
	1424.19		1487.14	
	1426.77		1530.72	
	1434.47		1516.61	
BM-3	1421.73	1414.63	1480.24	1486.71
	1411.29		1484.88	
	1410.86		1495.00	
BC-3	1424.19	1418.92	1506.42	1491.55
	1400.31		1482.46	
	1432.26		1485.78	
BT-3	1398.30	1408.91	1476.45	1480.56
	1415.59		1488.80	
	1412.85		1476.43	
变异系数	0.8%		1.2%	

由图 8-15 可知，电流密度为 $3A/m^2$、通电时间为 14d 时，不同电解质溶液参数下预应力筋的断裂能比不同。三乙烯四胺作为双向电迁移电解液时预应力筋的断裂能比为 81.42%，大于 80%，此时预应力筋氢脆风险较小；咪唑啉与饱和氢氧化钙时预应力筋断裂能比分别为 65.13%和 65.97%，均小于 80%，此时预应力筋氢脆风险极高。因而，可

得出结论：当电流密度为 3A/m^2、通电时间为 14d 时，三乙烯四胺作为电解液时预应力筋氢脆控制效果最好，咪唑啉与饱和氢氧化钙不能抑制预应力筋氢脆，其作电解液时预应力筋的氢脆风险极高。

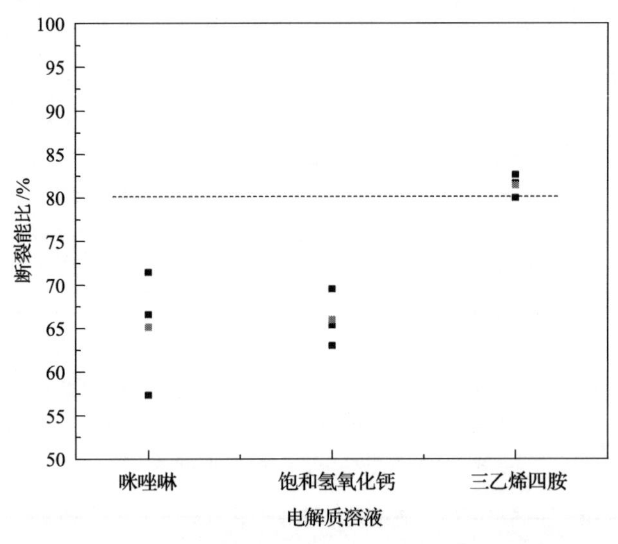

图 8-15　不同电解质溶液参数下预应力筋的断裂能比

Figure 8-15　The fracture energy ratio of prestressed tendons with different electrolyte solution parameters

分别对电化学除氯与双向电迁移处理后的预应力筋进行拉伸速率为 0.1mm/min 恒应变速率拉伸试验，用断裂能比来评价电化学修复对预应力筋的氢脆影响，研究了电流密度、通电时间、电解质溶液等因素与预应力筋氢脆敏感性之间的关系，主要结论如下：

(1) 不同电化学参数(不同通电时间、不同电流密度、不同电解质溶液) 电化学修复技术对预应力筋的弹性变形及预应力筋的条件屈服强度、极限强度的影响较小；对预应力筋试件不均匀塑性变形阶段影响较大。

(2) 当电流密度为 3A/m^2 时，电化学除氯在通电 7d、14d、21d、28d 后，其断裂能比均小于 80%，其塑性损失较大，氢脆明显；双向电迁移 14d 后，其塑性损失较小，预应力筋表面能迁入更多的阻锈剂，其氢脆控制效果最佳。

(3) 当通电时间为 14d，运用电化学除氯对预应力筋修复时，电流密度高于 1A/m^2 后，预应力筋氢脆风险极高；运用双向电迁移对预应力筋修复时，控制其电流密度低于 3A/m^2 时，其氢脆风险小，因而以三乙烯四胺作为电解液的双向电迁移其预应力筋氢脆控制安全电流密度为 3A/m^2。

(4) 根据不同电解质溶液的双向电迁移修复试验结果，控制电流密度和通电时间等参数相同时，三乙烯四胺电解质中预应力筋的断裂能比超过 80%，氢脆风险最小，因此三乙烯四胺为最适宜的电解质溶液。

8.3　预应力结构的电化学提升控制

本书第 6 章开展了不同通电参数下对普通混凝土构件双向电迁移试验，通过对氯离子排出效果影响和阻锈剂迁入效果影响筛选出双向电迁移最优通电参数。当电流密度为 3A/m²，通电时间为 12～15d 时，钢筋表面氯离子残留含量较低，且氯离子去除效率较高。一般认为选取电流密度为 3A/m²，通电时间为 12～15d，双向电迁移效果最佳。本节选用上述电化学参数，考察双向电迁移在预应力结构中的提升效果。

8.3.1　试验设计

本节涉及的试验中包括预应力筋选材、构件尺寸、加载方式等均与 8.2.1 节有相同的设置。预应力筋的电流密度为 3A/m²，通电时间为 14d。各试件试验参数控制和编号如表 8-11 所示，为保证试验结果的准确性，所有试件均设置三组平行试验组。

表 8-11　试件处理方法与编号

Table 8-11　Processing method and number for specimens

编号	电解液	保护层厚度/mm	电流密度/(A/m²)	通电时间/d
T-20	三乙烯四胺（双向电迁移）	20	3	14
T-25		25		
T-30		30		
T-35		35		
T-40		40		

8.3.2　应力-应变曲线特征

在该试验中控制应力水平相同，电流密度均选取为 3A/m² 且通电时间均为 14d。不同保护层厚度下双向电迁移处理后预应力筋的应力-应变曲线如图 8-16 所示，各组试件的弹性阶段至屈服阶段曲线如图 8-17 所示，预应力筋的抗拉强度指标如表 8-12 所示。

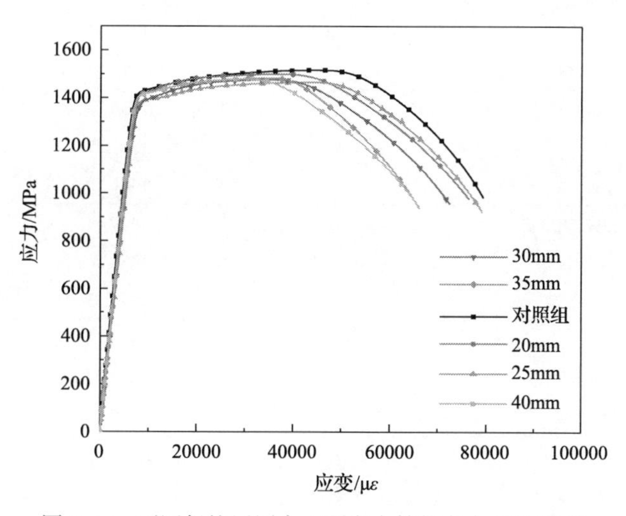

图 8-16　不同保护层厚度下预应力筋的应力-应变曲线

Figure 8-16　Stress-strain curves of prestressed tendon under different protective layer thickness

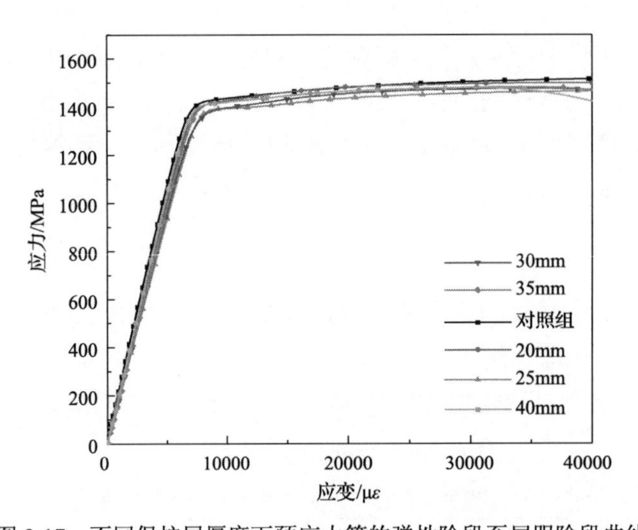

图 8-17　不同保护层厚度下预应力筋的弹性阶段至屈服阶段曲线

Figure 8-17　Curves from elastic stage to yield stage of prestressed tendons under different protective layer thickness

表 8-12　不同保护层厚度下预应力筋的抗拉强度指标

Table 8-12　Tensile strength index of prestressed tendons under different protective layer thickness

编号	条件屈服强度/MPa	条件屈服强度平均值/MPa	极限强度/MPa	极限强度平均值/MPa
空白对照组	1439.28	1430.30	1526.31	1515.49
	1426.77		1516.64	
	1424.19		1487.14	
	1426.77		1530.72	
	1434.47		1516.61	
T-20	1392.55	1402.67	1460.32	1482.97
	1395.59		1488.91	
	1419.88		1499.67	
T-25	1400.17	1406.66	1486.70	1486.71
	1424.27		1507.33	
	1395.54		1466.10	
T-30	1398.30	1408.91	1476.45	1480.56
	1415.59		1488.80	
	1412.85		1476.43	
T-35	1396.43	1414.45	1482.83	1488.44
	1414.67		1492.02	
	1432.26		1490.46	
T-40	1400.05	1418.73	1474.73	1486.72
	1430.33		1506.49	
	1425.81		1478.94	
变异系数	1.1%		1.3%	

图 8-16 为不同保护层厚度下预应力筋的应力-应变曲线的汇总图，在弹性阶段，各预应力筋的应力-应变曲线基本重合，弹性模量(弹性阶段斜率)几乎一致，可认为双向电迁移过程构件参数对预应力筋弹性阶段的影响不大。预应力筋强化阶段后的颈缩阶段，各预应力筋的应力-应变偏差显著，随着保护层厚度的增加，各应力-应变曲线下降所对应的应变减小，保护层厚度为 40mm 的预应力筋试件，其应力-应变曲线较其他试件，偏差最大，颈缩阶段曲线斜率较陡，下降迅速，其塑性变形能力较差。应力-应变曲线中不均匀变形阶段受保护层厚度影响较大。保护层厚度的不同对预应力筋氢脆风险的影响可根据预应力筋断裂能比进一步研究。

8.3.3　断裂能比控制

钢筋的断裂能比可以反映钢筋的塑性性能，断裂能比越大，钢筋的塑性性能越好，氢脆的可能性越小。电流密度为 $3A/m^2$，通电时间为 14d，双向电迁移后，不同构件参数下预应力筋的断裂能比变化如图 8-18 所示。

图 8-18 中，浅色为各预应力筋断裂能比的平均值。由图 8-18 可知，预应力筋的断裂能比有一定的离散性，但总体来说随着保护层厚度的增加，预应力筋的断裂能比随之下降，即预应力筋的韧性下降，塑性损失增大。保护层厚度为 20mm、25mm、30mm、35mm 与 40mm 时，双向电迁移处理后预应力筋的断裂能比平均分别为 89.35%、86.97%、81.42%、79.94%与 71.79%，当保护层厚度高于 35mm 后，其断裂能比的平均值小于 80%，当保护层厚度为 40mm 时，其断裂能比数值为 71.79%，此时预应力筋氢脆敏感性高，塑性损失大，氢脆风险高。

保护层作为预应力筋与外界离子接触的传输介质，其厚度因素主要是影响离子的传输路径长度，保护层厚度越大，离子传输越困难。图 8-19 列出了电流密度为 $3A/m^2$、通电时间为 14d 时，双向电迁移处理后不同保护层厚度下预应力筋表面阻锈剂含量。由图 8-19 可知双向电迁移处理下，电迁移过程中，三乙烯四胺阻锈剂有效成分到达了预应力筋的表

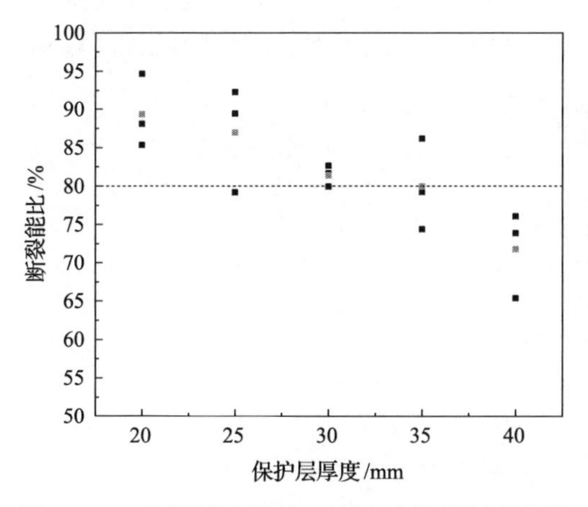

图 8-18　不同保护层厚度下预应力筋的断裂能比

Figure 8-18　Fracture energy ratio of prestressed tendons under different protective layer thickness

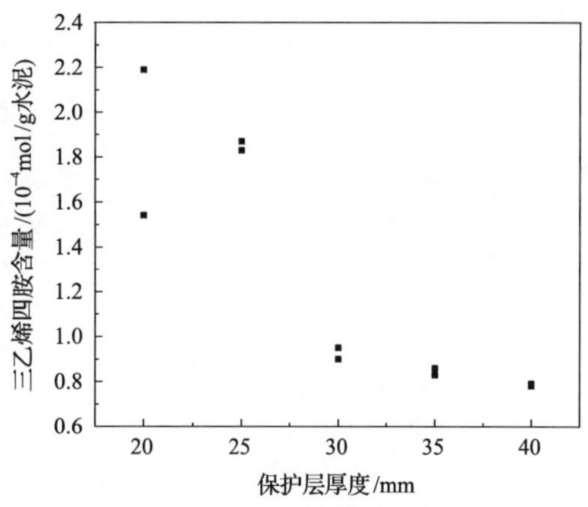

图 8-19　预应力筋表面阻锈剂含量

Figure 8-19　Content of rust inhibitor on the surface of prestressed tendons

面，但随着保护层厚度的增加，离子电迁移难度加大，有效迁移距离降低，预应力筋表面阻锈剂含量逐渐降低，在保护层厚度为 40mm 的预应力筋表面，能检测到三乙烯四胺的含量，但预应力筋塑性降低程度较高。

当控制双向电迁移试验过程中的通电参数不变时，预应力筋的氢脆风险会因不同混凝土保护层厚度而发生变化。保护层厚度为三乙烯四胺电迁移至预应力筋表面的路径长，其厚度越大，离子电迁移困难程度越大，但三乙烯四胺的存在能抑制预应力筋的氢脆，提高预应力筋表面阻锈剂的含量，为阻止双向电迁移氢脆的重要措施。试验过程中预应力筋张拉控制应力为 $0.7f_{ptk}$，高应力水平下，其氢脆敏感性更高。实际工程中，预应力混凝土结构预应力筋必将处于高应力水平状态，对于新建结构，在浇筑制作过程中，可于混凝土中内掺阻锈剂，提高混凝土中阻锈剂的含量。

8.3.4 电化学提升控制建议

通过对不同构件参数下双向电迁移处理后的预应力筋采用 0.1mm/min 恒应变速率进行拉伸试验，根据预应力筋的条件屈服强度、极限强度、断裂能比等力学指标对预应力筋进行氢脆敏感性评估，研究了不同构件参数与预应力筋氢脆敏感性之间的关系，主要建议如下：

(1) 由于预应力筋材料的特殊性，塑性变形能力较差，不宜使用断面收缩率与断后伸长率评估预应力筋氢脆敏感性，用断裂能比能较好地评估预应力筋的氢脆敏感性。

(2) 双向电迁移处理过程对不同保护层厚度下预应力筋的弹性变形及预应力筋的条件屈服强度、极限强度的影响较小；对预应力筋试件不均匀塑性变形阶段影响较大。

(3) 在通电参数不变的情况下，不同保护层厚度会影响双向电迁移过程中预应力筋的氢脆敏感性。在电流密度为 $3A/m^2$、通电时间为 14d 的情况下，保护层厚度超过 35mm 时，预应力筋氢脆敏感性大大增加，氢脆风险高，主要原因是保护层厚度增加，离子传输路径距离增加，阻锈剂难以到达钢筋表面，氢脆抑制效果不理想。该试验保护层厚度达到 40mm 时，在预应力筋表面检测到阻锈剂的存在，但预应力筋塑性降低程度较高。

参 考 文 献

[8-1] Minh H, Mutsuyoshi H, Niitani K. Influence of grouting condition on crack and load-carrying capacity of post-tensioned concrete beam due to chloride-induced corrosion[J]. Construction and Building Materials, 2007, 21(7): 1568-1575.

[8-2] Minh H, Mutsuyoshi H, Taniguchi H, et al. Chloride-induced corrosion in insufficiently grouted posttensioned concrete beams[J]. Journal of Materials in Civil Engineering, 2008, 20(1): 85-91.

[8-3] 曹大富，秦晓川，袁沈峰. 冻融后预应力混凝土梁受力全过程试验研究[J]. 土木工程学报, 2013, 46(8): 38-44.

[8-4] 张宏宇. 预应力钢筒混凝土管结构性能及耐久性理论研究[D]. 武汉：武汉大学, 2014.

[8-5] 蔺恩超. 预应力筋应力腐蚀后预应力混凝土梁的受力性能试验研究[D]. 扬州：扬州大学, 2006.

[8-6] 刘荣桂，高嵩，王大军，等. 预应力混凝土在冻融作用下的疲劳性能分析及可靠度研究[J]. 混凝土, 2009, (11): 10-13.

[8-7] 丁建生. 金属学与热处理[M]. 北京：机械工业出版社, 2004.

[8-8] Siegwart M, Lyness J F, McFarland B J, et al. The effect of electrochemical chloride extraction on pre-stressed concrete[J]. Construction and Building Materials, 2005, 19(8): 585-594.

[8-9] Bertolini L, Bolzoni F, Pedeferri P, et al. Cathodic protection and cathodic prevention in concrete: principles and applications[J]. Journal of Applied Electrochemistry, 1998, 28(12): 1321-1331.

[8-10] Ishii K, Seki H, Fukute T. Cathodic protection for prestressed concrete structures[J]. Construction and Building Materials, 1998, 12(2-3): 125-132.

[8-11] 干伟忠, 王纪跃, Alois B. 电化学排除钢筋混凝土结构氯盐污染的试验研究[J]. 中国公路学报, 2003, 16(3): 45-48.

[8-12] 中华人民共和国建设部. 混凝土结构设计规范: GB 50010—2002[S]. 北京: 中国建筑工业出版社, 2010.

第9章 工程应用

本章分别介绍了电化学方法在桥梁工程运营期的预防性维护、桥梁工程施工期缺陷治理、房屋建筑施工期缺陷治理、“海砂屋”防治与提升等工程案例。

针对沿海地区钢筋混凝土结构受材料、工况、海水和海洋气候等腐蚀环境的影响，提出采用电化学方法进行耐久性修复、提升和控制。在桥梁工程运营期的预防性维护工程应用中，提出了依据设计资料和现场数据检测获取氯离子扩散系数和表面氯离子浓度等关键参数，并用 Fick 第二定律数值解进行双向电迁移后寿命预测；施工期缺陷治理实践中，提出了氯离子浓度检测与分析，通过电化学方法降低氯离子浓度，消除宏电池腐蚀风险；“海砂屋”防治与提升实践中，针对海岛建筑特点设计了电解液保持装置、自动化喷淋系统、太阳能供电系统、远程控制系统，实现了电化学修复的无人值守施工。

9.1 桥梁工程运营期的预防性维护

氯盐环境中钢筋混凝土桥梁随着服役年限增长，其耐久性问题越来越突出，甚至会造成巨大经济损失。对钢筋混凝土结构进行耐久性修复，延长其使用寿命，已成为一个迫切需要解决的课题。基于电化学原理的电迁移除氯技术是耐久性修复重要方法，包括电化学除氯技术、电渗阻锈技术和双向电迁移技术。电化学除氯技术通过对钢筋混凝土保护层施加电场排出保护层中氯离子，已在一些工程中得以应用，中国也出台了相关规范，如《海港工程钢筋混凝土结构电化学防腐蚀技术规范》(JTS 153-2)[9-1]。电渗阻锈技术[9-2]将电迁型阻锈剂引入钢筋混凝土内部，达到阻止钢筋锈蚀效果，也有部分工程应用报道。本书介绍了双向电迁移技术，可将氯离子排出和阻锈剂迁入结合，同时实现除氯和阻锈。

上述技术均能实现氯盐侵蚀钢筋混凝土结构的耐久性修复，但修复后的混凝土长期耐久性能还有待研究，该方面研究报道较少。方英豪等[9-3]、Elsener[9-4]对电化学除氯后 5 年、10 年及 15 年结构进行过氯离子浓度检测，结果表明氯离子浓度有所增大。因此，非常有必要对电化学修复后结构进行寿命预测，提供进行“再次电化学修复”的时间节点。特别是位于水位变动区的桥梁承台，由于该区域受潮水干湿交替的影响，电化学修复后氯离子会重新侵蚀且进程快。氯盐侵蚀环境下的钢筋混凝土结构可将钢筋位置的氯离子达到临界浓度，作为耐久性失效的极限状态[9-5]。氯离子在混凝土中传输机理是带电粒子在多孔介质孔隙液中传输，Collepardi 等[9-6]于 1972 年提出采用 Fick 第二定律描述氯离子扩散过程，该定律被广泛使用，可用于电化学修复后耐久性评估。

本节介绍了双向电迁移技术在沿海桥梁工程中的应用，采用 Fick 第二定律对双向电迁移后的混凝土氯离子扩散规律进行了分析，从而评估钢筋混凝土的使用寿命。本节可用于在役氯盐侵蚀钢筋混凝土桥梁的耐久性提升，为该类桥梁的混凝土耐久性养护规划提供技术支持。

9.1.1 工程背景

浙江大学混凝土结构耐久性课题组 2014 年对浙江省境内某桥梁进行了钢筋混凝土耐久性的预防性提升，该桥梁于 2003 年竣工通车。大桥的承台混凝土设计强度为 C30，水胶比为 0.43，其配合比见表 9-1。

表 9-1　混凝土配合比

Table 9-1　Concrete mix proportion

材料	水泥	细骨料	粗骨料	水	外加剂	粉煤灰
配合比/(kg/m^3)	340	735	1031	184	7.74	90

通过钻孔取粉的方法对大桥承台进行取样，方法为用 12mm 的钻头每 5mm 为一层钻孔取样，直至保护层厚度，采用 TR-ClA 2501B 氯离子快速测定仪对承台进行氯离子浓度测试。结果表明(表 9-2)，已经有一定浓度氯离子迁入混凝土内部，但尚未到达钢筋表面，但在海水干湿循环作用下，若干年后钢筋表面将积聚一定氯离子，钢筋存在脱钝风险。现阶段是对该桥进行耐久性的最佳时间，因此，针对桥梁承台，作者团队进行了耐久性预防性提升工作。

表 9-2　双向电迁移效果统计表

Table 9-2　Statistics of bidirectional electromigration effect

距混凝土表面距离/mm	氯离子浓度/%		阻锈剂浓度/%	氯离子排除率/%
	电迁移前	电迁移后		
5	1.20	0.29	0.24	76
10	1.95	0.35	0.18	82
15	1.56	0.22	0.10	86
20	0.74	0.16	0.09	78
25	0.46	0.10	0.06	79
30	0.27	0.05	0.02	84
35	0.11	0.03	0.02	69
40	0.08	0.03	0.02	56
45	0.07	0.04	0.02	50
50	0.08	0.03	0.02	57
55	0.07	0.03	0.02	50

注：氯离子和阻锈剂浓度均为占胶凝材料的质量分数。

9.1.2　实施过程

采用双向电迁移技术对选取部位进行了除氯和阻锈，现场布置如图 9-1 所示，沿着承台高度方向，由上至下分别为第 1、2、3 层。

研发的双向电迁移装置如图 9-1 所示，该装置具备完全的密封性和抵抗潮水拍击的能力，可保证阻锈剂存放的有效性，避免外界环境污染电解液。同时，该装置设置了溶液检测孔，可定期检测阻锈剂 pH，装置具备可拆卸、重复利用等优点，适用于实际工程应用。电迁移前，采用 PS 200 S Ferroscan 型钢筋探测仪获取电迁移区域(面积为 500mm×500mm)的钢筋，钢筋配置如表 9-3 所示。

图 9-1 双向电迁移现场布置图

Figure 9-1 Site layout of bidirectional electromigration

表 9-3 双向电迁移区域的钢筋网配置表

Table 9-3 Reinforcement network configuration of bidirectional electromigration area

电迁移区位置	钢筋配置		钢筋面积/m^2
	水平方向	垂直方向	
第 1 层	3ϕ20	3ϕ12	0.15
第 2 层	3ϕ20	3ϕ12	0.15
第 3 层	4ϕ20	3ϕ12	0.18

电迁移前测试得到的混凝土电阻为 500Ω 左右，如采用 3A/m^2 的电流密度，则最低电压值将超过安全电压的限值，采用 48.0V 安全电压进行双向电迁移，最小的电流密度为

$$i_1 = \frac{48.0}{500 \times 0.18} = 0.53 \tag{9-1}$$

根据换算公式得到所需的通电时间为

$$t_1 = \frac{t_0 \cdot i_0}{i_1} = \frac{15 \times 3}{0.53} = 85 \tag{9-2}$$

式中，i_0、t_0 分别为建议电流密度和通电时间，即 i_0=3A/m^2，t_0=15d。

不同于电化学除氯技术，双向电迁移的重要技术特征是将混凝土内部氯离子迁移出混凝土，同时将电迁型阻锈剂迁移至钢筋表面，混凝土中的 N 元素浓度可代表胺类阻锈剂迁入混凝土内部的浓度。双向电迁移结束后，通过钻孔取钢筋位置处的混凝土粉样，采用有机元素分析仪(Italy Thermo Finnigan Flash EA1112)测定混凝土中 N 元素的含量，测定试验根据 JY/T 017《元素分析仪方法通则》[9-7]进行。双向电迁移前后数据如表 9-2 所示。

由检测数据可知，双向电迁移后氯离子浓度降低显著，特别是距离混凝土表面 35mm 以内，氯离子排除效率达到 80%左右。距离混凝土表面 35mm 以后氯离子排除率降低为 50%左右，双向电迁移后残余氯离子浓度减小为 0.03%，同时，阻锈剂迁入混凝土内部浓度也降低为 0.02%。

阻锈剂迁入量低是因为双向电迁移需要进行正、负离子交换，距离混凝土表面 35mm 以后可迁出的负离子量非常低，使得阻锈剂迁入量也非常低。另外还说明，依托项目钢筋处氯离子浓度(保护层为 50mm)远低于临界氯离子浓度，钢筋处于钝化状态，不需要阻锈剂进行钢筋的修复。

从双向电迁移的基本原理看，选择一种合适的阻锈剂是该技术的关键，该阻锈剂必须在氯盐环境下有较好的阻锈能力且易溶于水，从而在溶液中有相当数量带正电的阻锈剂粒子。通过系统试验研究，综合考虑阻锈剂阻锈效果、电迁移能力、环境友好性等方面，选定某胺类有机物作为双向电迁移阻锈剂[9-8]。综合考虑氯离子排除和阻锈剂内迁效率，建议采用电流密度为 $3A/m^2$ 且通电时间为 15d。工程实际中钢筋配置复杂、混凝土电阻较大，采用 $3A/m^2$ 的电流密度时，电压往往超过最大安全电压(48.0V)，存在安全隐患。因此，可依据和建议参数的电通量大小相等原则，计算所需的通电时间，如式(9-3)所示：

$$i_0 \cdot t_0 = i_1 \cdot t_1 \tag{9-3}$$

式中，i_1、t_1 为实际工况下的通电电流密度和通电时间，此时 $i_1 < 3A/m^2$，i_1 依据最大可用电压、钢筋配置及混凝土电阻确定。

9.1.3 应用效果

1. 耐久性失效极限状态定义

氯盐侵蚀钢筋混凝土结构耐久性失效过程一般经历钢筋脱钝、保护层胀裂、锈胀裂缝开展至限值及承载力下降至限值共 4 个阶段[9-9]。一般认为对桥梁进行耐久性提升(或称预防性修复)的最佳时间为钢筋表面氯离子浓度达到临界氯离子浓度之前。因此，选择钢筋脱钝作为耐久性失效的极限状态，此时钢筋表面的氯离子浓度达到钢筋去钝化浓度，即混凝土的临界氯离子浓度 C_{cr}[9-10]，其功能函数为[9-11]

$$Z_{Cl} = C_{cr} - C(x,t) \tag{9-4}$$

式中，Z_{Cl} 为钢筋位置处的氯离子浓度与临界氯离子浓度的差值；$C(x,t)$ 为混凝土保护层范围内的氯离子浓度随时间变化函数，x 为离开混凝土表面的距离；t 为时间。

2. 混凝土中氯离子扩散模型

采用 Fick 第二定律描述混凝土中氯离子扩散过程：

$$\frac{\partial C(x,t)}{\partial t}=D\frac{\partial^2 C(x,t)}{\partial^2 x} \tag{9-5}$$

式中，D 为混凝土中的氯离子扩散系数。

该模型的边界条件为混凝土表面氯离子浓度为定值，混凝土内初始氯离子浓度为零，以及氯离子在混凝土中的扩散系数为定值。

Fick 第二定律的解析解为

$$C(x,t)=C_{sa}\left[1-\operatorname{erf}\left(\frac{x}{2\sqrt{D_{app}\cdot t}}\right)\right] \tag{9-6}$$

式中，erf 为误差函数；D_{app} 为氯离子表观扩散系数；C_{sa} 为表面氯离子浓度。

3. 氯离子扩散模型中的关键参数

Fick 第二定律中存在表面氯离子浓度 C_{sa} 和氯离子表观扩散系数 D_{app} 两个关键参数。氯离子在混凝土孔隙液中传输除了扩散外，还存在吸收、对流及结合等复杂过程，因此，利用式(9-6)来近似反映如此复杂的过程，解析解中的氯离子表观扩散系数 D_{app} 需依靠现场实测数据反演分析[9-12]。依据实测数据进行参数反演过程如图 9-2 所示。

混凝土表面氯离子浓度由于受到雨水冲刷等因素影响，存在一个对流区(图 9-2 的阴影区)，假设对流深度为 X_c，实测表面氯离子浓度 C_s 往往会偏离 Fick 第二定律，应选取曲线拟合回归得到的表面氯离子浓度 C_{sa}。混凝土内部以扩散主导，符合 Fick 第二定律，设扩散区表面氯离子浓度为 C_{sc}。

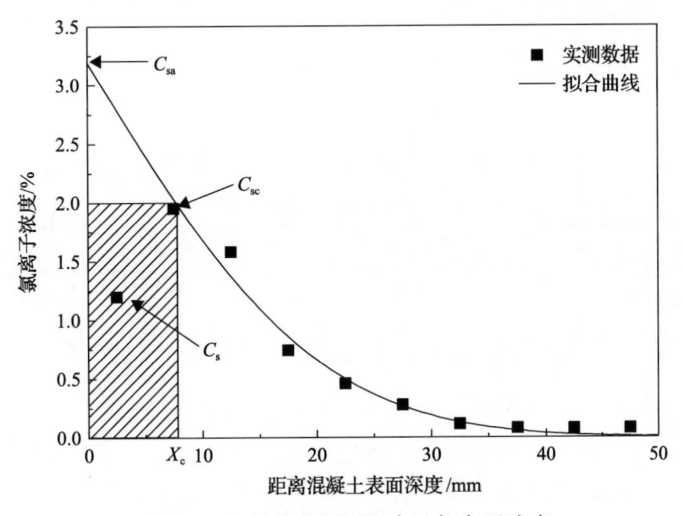

图 9-2 混凝土内不同深度处氯离子浓度

Figure 9-2 Chloride ion concentration in concrete at different depths

在上述模型中，氯离子扩散系数 D_{app} 随着时间不断减小，一般认为 25 年以后才趋于稳定，D_{app} 随时间衰减的关系可描述为[9-13]

$$D_{app}(t)=D_{app}(28)\cdot\left(\frac{28}{t}\right)^{n_a} \tag{9-7}$$

式中，$D_{app}(28)$为 28d 时的扩散系数；n_a为龄期系数，对于干湿交替区域混凝土，n_a的表达式为

$$n_a=\frac{0.8w}{b}-0.04+0.35\left(\frac{F}{50}+\frac{S}{70}\right) \tag{9-8}$$

式中，w 为混凝土中水的质量；b 为混凝土中胶凝质量；F 为粉煤灰占胶凝材料质量分数；S 为矿渣占胶凝材料质量分数。

4. 电化学修复前后混凝土寿命预测步骤

实际桥梁电化学修复前后的混凝土耐久性寿命评估与预测，可采用如下步骤进行：①收集设计资料：获取桥梁的混凝土配合比资料，包括水胶比、外加剂。②现场数据检测：对待评估部位进行取粉，获取氯离子随深度的分布曲线。③拟合关键参数：依据检测数据，回归氯离子扩散系数和表面氯离子浓度。④开展寿命预测：电化学除氯前寿命预测采用解析解[式(9-6)]进行；电化学除氯后，由于混凝土内已有残余氯离子，Fick 第二定律的解析解不再适用，采用 COMSOL Multiphysics 有限元数值分析软件的扩散模块(Diffusion)[9-14,9-15]，在扩散模块中输入数值模型、初始氯离子浓度、氯离子扩散系数，获取氯离子浓度随服役时间变化规律，从而进行寿命预测。

5. 双向电迁移后混凝土寿命预测

依据表 9-3 中双向电迁移前后的氯离子浓度值，通过曲线拟合可得表面氯离子浓度 C_{sa}和表观扩散系数 D_{app}，结果如表 9-4 所示。

表 9-4　关键参数 C_{sa}和 D_{app}拟合结果

Table 9-4　Fitting results of key parameters C_{sa} and D_{app}

时间点	C_{sa} /%	D_{app} / (mm²/d)	R^2
双向电迁移前	3.19	0.032	0.98
双向电迁移后	0.506	0.037	0.97

结合表 9-1 的混凝土设计资料及式(9-8)，考虑粉煤灰水化过程的火山灰效应可得承台混凝土的龄期系数 $n_a=0.44$。临界氯离子浓度与环境温湿度、混凝土碱度等相关[9-16,9-17]，不同资料或规范给出的临界氯离子浓度存在较大差异(0.1%～0.3%)。依托项目为国家重点工程，取对桥梁管理和养护有利的 0.1%作为临界氯离子浓度进行寿命预测，依据三部分的预测步骤，对大桥的承台进行了双向电迁移前后的寿命预测。采用 5 年作为时间间隔，分别计算双向电迁移前后的氯离子分布曲线，如图 9-3 所示。

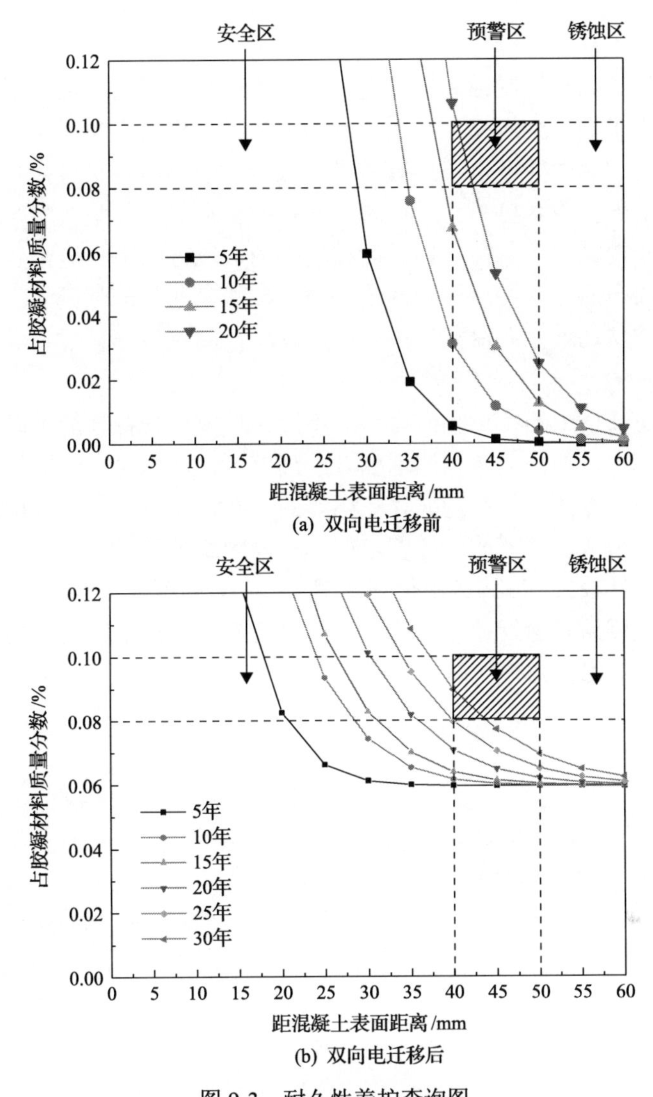

(a) 双向电迁移前

(b) 双向电迁移后

图 9-3 耐久性养护查询图

Figure 9-3 Durability maintenance query

图 9-3 为混凝土耐久性养护查询图，图中的时间起点为 2014 年。以距离钢筋表面 10mm 处的混凝土氯离子浓度达 0.08%作为预警值，分别划分了安全区、预警区及锈蚀区，桥梁混凝土耐久性一般 5 年大检，以 5 年为周期进行耐久性寿命预测。由图 9-3(a)可知，双向电迁移前的承台在 20 年后进入预警期(即竣工 31 年后，下同)，混凝土耐久性提升后寿命预测如图 9-3(b)所示，双向电迁移后承台在 30 年后进入预警期。

9.2 桥梁工程施工期缺陷治理

我国沿海地区是经济建设的重要地区，然而由于海洋环境的氯盐侵蚀，沿海地区的桥梁、码头等钢筋混凝土结构容易受到钢筋锈蚀引起的耐久性威胁，造成重大的经济损失。混凝土结构中氯离子来源主要有两种：①混凝土原料采用氯盐超标的海砂；②结构服役过程受到外界氯离子的侵蚀。养护期的混凝土结构在凝结硬化过程中，其内部的凝胶孔与毛细孔等尚未被完全填充，且毛细管孔隙的吸收作用会加速混凝土表层氯离子的侵入，所以处于养护期的混凝土结构更易遭受氯盐侵蚀。当结构直接暴露于海水环境、地下水侵蚀环境或养护用水氯离子超标时，养护期是混凝土的耐久性控制的关键时期，有必要对其氯离子侵蚀进行监控防护。而在现有的规范方法中，通常要求对被检测结构进行取芯检测，取出的芯样在后续处理过程中，往往只取某一部分的砂浆粉末进行氯离子检测，缺乏保护层深度方向氯离子浓度梯度变化，同时也容易导致混凝土表层氯离子超标问题被忽视。

对于处于海岸环境中的结构物而言，其不同构件或同一构件的不同部位往往处于不同的氯盐腐蚀环境中，如桥梁结构的承台处于潮差区，而墩身则一般位于浪溅区与大气区。在不同区域中，氯离子侵蚀速率存在明显的差异，当氯盐入侵至钢筋表面时，将会在构件高度方向上形成氯离子浓度梯度，产生不同的腐蚀环境。若同一构件的不同位置所处的腐蚀环境差异较大，即腐蚀电位存在明显差值，则可能会出现宏观腐蚀电池现象。本章主要针对施工期结构的氯盐侵蚀诊断与修复，将结合工程案例对施工期的氯盐侵蚀问题进行研究，并对修复效果做具体分析。

9.2.1　工程背景

某工程经检测发现，现浇箱梁中硬化混凝土中氯离子浓度分别为 0.068%和 0.065%，超过了《公路桥涵施工技术规范》(JTG/T 3650)[9-18]中 6.8.3 预应力混凝土结构中最大氯离子浓度的控制要求(不超过胶凝材料用量的 0.06%)。为得到初始氯离子浓度与分布，在现场随机取两个点对桥面板分层钻孔取样，钻孔深度 50mm，每 10mm 保存为一个样品，随后将样品使用氯离子快速测定法(RCT)进行氯离子浓度测试，结果如图 9-4 所示。

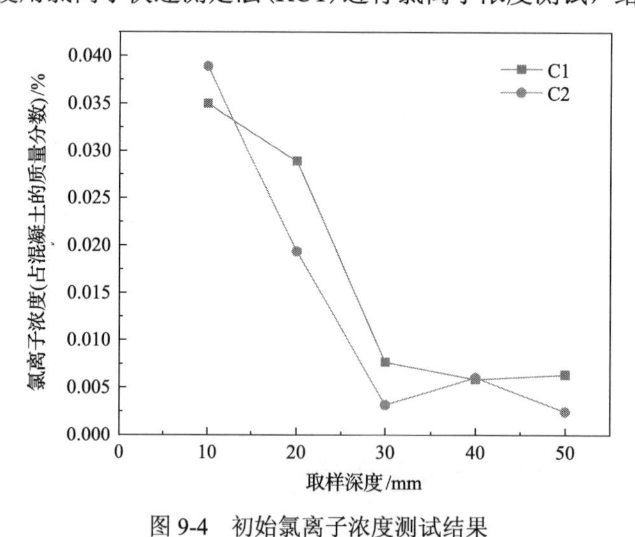

图 9-4　初始氯离子浓度测试结果

Figure 9-4　Test results of initial chloride ion concentration

由测试结果可知，氯离子沿桥面板深度方向不均匀分布，桥面板表面氯离子浓度明显高于深层氯离子浓度，说明该桥梁为养护用水中存在一定氯离子浓度，造成表层氯离子浓度超标，可采用电化学方法进行混凝土表面氯离子去除，以保证其耐久性。

9.2.2　实施过程

项目实施过程中设置电解池尺寸为2m×2m，共175个。每21个电解池共用一个电源区，用于存放电柜与电源设备，电源区设置于左幅桥面对应位置。巡查过程中按电源区编号依次进行。为保证电解池溶液体积，在桥面不同位置设置三处供水区，电解池水位降低后就近取水，各区域布置如图9-5所示。

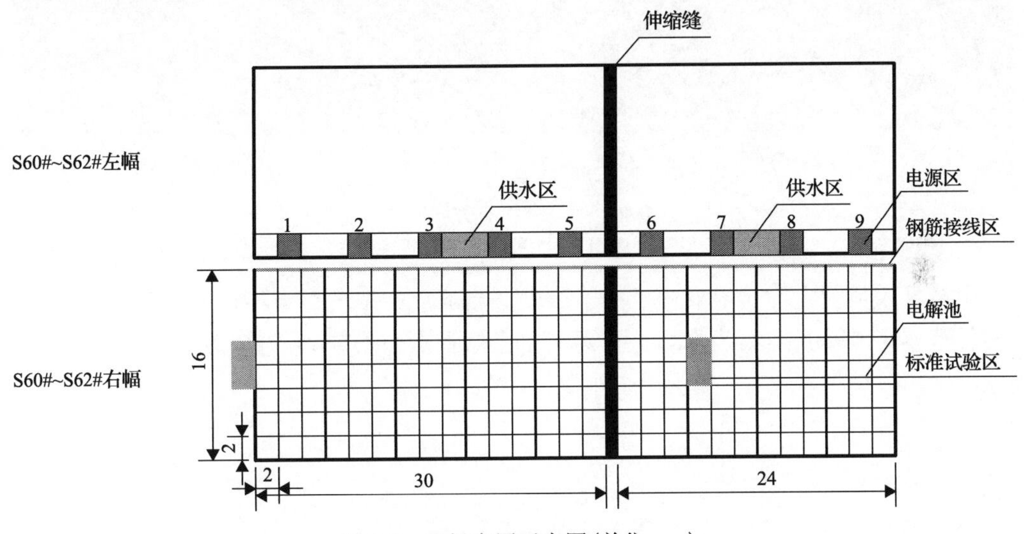

图9-5　现场布置示意图(单位：m)

Figure 9-5　Site layout (unit：m)

电解池内部净空尺寸为2m×2m，以便后续钢丝网顺利铺设。电解池高度为15cm，位置与构造示意图见图9-5，并进行保水试验2～3d。现场实施过程中注意以下事宜。

现场用电：现场通电面积大、混凝土电阻较高，通电过程中电源总功率可达60kW。总包单位应保证桥面四级供电箱可提供足够电源功率，并在电路出现问题时及时派遣电工至现场解决。

现场防盗：现场防盗主要通过将电源接入电柜、在现场安装监控设备监控现场情况等措施，保证电源及电线的安全。

每日巡检：为跟踪除氯效果，在现场设置标准试验区并配备相应的工作人员加强日常巡查，跟踪记录各项参数的工作。尤其注意，现场取样测试在取样后需注入相同体积的水以保证氯离子浓度的准确，取的试样需做好分类标记，将取样时间、位置、试样溶液体积等内容记录在册。

电迁移装置的安装包括电解池施工、建筑毯与钢丝网铺设、导线连接、塑料膜铺设等部分。总包单位按照设计图纸进行电解池施工，并于施工结束后进行保水试验。确认现场具备项目实施条件后派遣技术人员在现场进行钢丝网铺设与线路连接。钢丝网作为阳极连接至电源正极，桥面板露出钢筋作为阴极连接至电源负极。其中阳极导线采用黑线，阴极导线采用白线，以便后续管理，如图 9-6 所示。线路连接完成后在表面铺设塑料膜，以减少电解池内溶液蒸发和避免外界污染。

(a) 电解池施工

(b) 正式通电实施

图 9-6　现场实施过程

Figure 9-6　Field implementation process

由技术人员测定样品溶液中氯离子浓度，当溶液中浓度稳定不再上升后可认为除氯过程已基本完成并安排取芯检测。图 9-7 为正式通电期间 7-4 号电解池 12 月 4～12 日取样氯离子测定结果。

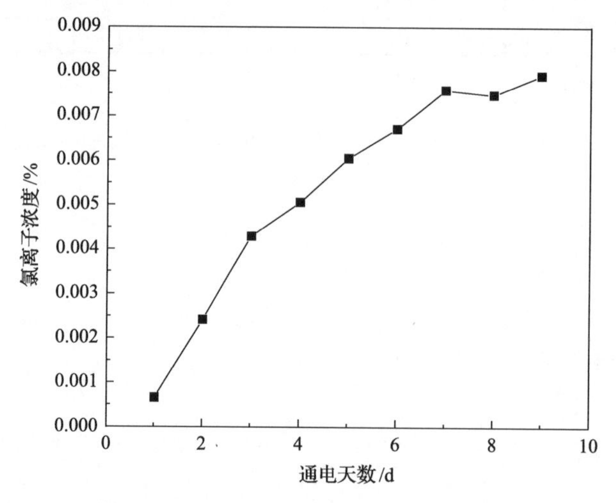

图 9-7　7-4 号电解池氯离子跟踪检测结果

Figure 9-7　Chloride ion tracking test results of 7-4 electrolytic cell

9.2.3　应用效果

委托专业机构进行现场取芯，取芯深度达到保护层厚度以下。两次取芯过程均符合《混凝土结构现场检测技术标准》(GB/T 50784—2013) 规定，钻取混凝土芯样检测氯离子含量时，将相同混凝土配合比的芯样分为一组，每组芯样的取样数量不少于 3 个(表 9-5)；氯离子含量检测的取样深度不小于钢筋保护层厚度。

表 9-5 芯样检测结果

Table 9-5 Core sample test results

芯样编号	取样部位	检测结果/%	规范阈值/%
25-4	S61#～S62#右幅现浇箱梁南侧	0.025	0.06
1-4	S60#～S61#右幅现浇箱梁北侧	0.025	0.06
2-5	S60#～S61#右幅现浇箱梁中部	0.018	0.06

上述工程表明，电化学修复后氯离子含量明显下降，三处取样结果都下降到规范要求的安全值内，有效阻止氯离子对钢筋的加速锈蚀，工程实践为同类结构性能提升提供了典型案例。

9.3 房屋建筑施工期缺陷治理

9.3.1 工程背景

某工业厂房位于沿海腐蚀环境，距黄海直线距离不到 100m。建筑长度为 87.8m，宽度为 33.5m，檐口高度为 18.0m，占地面积为 2948.55m^2。该建筑结构体系为三层钢筋混凝土框架结构，基础形式为柱下独立基础，结构设计使用年限为 50 年，建筑结构安全等级为二级，结构重要性系数为 1.0，地基基础设计等级为丙级。工程抗震设防烈度为 6 度，设计基本地震加速度为 0.05g，水平地震影响系数最大值为 0.04，场地类别为Ⅳ类，基础及主要混凝土构件强度为 C30，钢筋采用 HPB300 及 HRB400。根据检测报告显示，抽检的基础承台及承台柱的氯离子含量为 0.337%及 0.308%，均已超过规范要求(≤0.20%)。该厂房为新建钢筋混凝土结构，尚无明显耐久性病害出现。但由于其氯离子含量在施工期间已出现超标现象，且结构处于沿海高氯盐浓度环境中，如果不对结构做耐久性修复处理，其未来可能出现钢筋锈蚀及保护层开裂等安全隐患，影响结构使用寿命，如图 9-8 所示。

图 9-8 现场调研

Figure 9-8 Site investigation

根据施工单位资料显示，该结构正负零上下两部分混凝土为不同批次浇筑，结构中氯盐超标的原因在于正负零以下的混凝土拌和物中使用了氯离子超标的海砂。但由于厂房靠近海边，调研过程中结构正负零位置以下回填土开挖后，海水渗出现象明显，水位约一天时间即可升高 50cm 左右，施工期处于该环境下的混凝土还会受到海水中氯离子的侵蚀。

氯离子含量检测包括现场取样、溶液配制、RCT 测试三个过程。取样选取了编号为柱 1、承台 1、基础圈梁 1 的三个构件进行钻孔取粉。采用直径 $D = 12\text{mm}$ 的钻头，5mm 为一层钻取粉末，每层钻取 3 个孔洞，用孔径为 0.3mm 的筛子进行筛分，称取粉样 2.0g，溶于 20mL 去离子水中，浸泡 24h 后进行 RCT 测试。氯离子含量检测结果如图 9-9 所示。

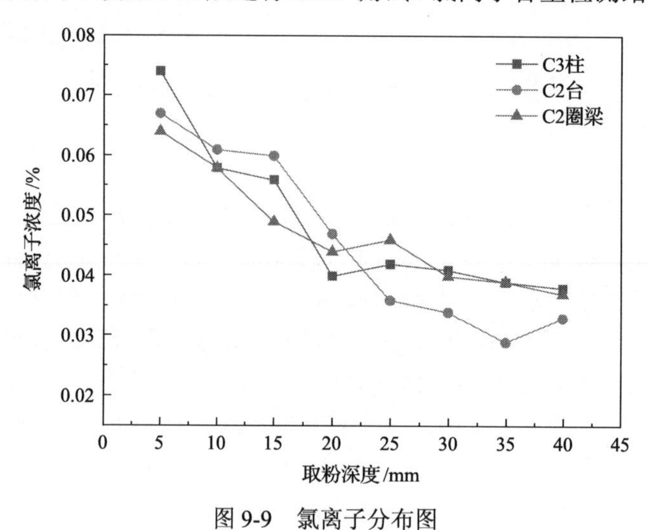

图 9-9　氯离子分布图

Figure 9-9　Distribution of chloride ion

由图 9-9 可以看出，距混凝土保护层表面 20mm 深度范围内氯离子出现浓度梯度，符合外界氯盐侵蚀特征。说明在混凝土养护期间，结构正负零以下部分受到海水的侵蚀，侵蚀深度达到约 20mm 的深度。当采用取芯方式进行检测时，若仅对芯样的局部粉末进行检测可能出现测试结果离散性过大的结果。

参考国家行业标准《混凝土中钢筋检测技术规程》(JGJ/T 152) 采用半电池电位法对两根边柱进行钢筋锈蚀状况评估，测试区域为正负零以下部分，即由氯盐超标的混凝土所浇筑区域。

采用半电池电位法对边柱保护层内部钢筋的锈蚀情况进行评估，如图 9-10 和图 9-11 所示。其测试主要包括以下几个步骤：①配置铜-硫酸铜参比电极：放入适量的硫酸铜晶体，倒入蒸馏水溶解几分钟，充分溶解后保证容器中还存在一定的硫酸铜晶体，即该溶液为饱和的硫酸铜溶液；②钻孔、连接：冲击钻钻孔，将连接万用表负接线柱的导线与保护帽混凝土内钢筋相连，万用表的正接线柱与参比电极相连；③测区布置，并湿润混凝土表面，沿钢筋分布方向进行测量，并记录数据。

图 9-10 检测区域划分

Figure 9-10 Detection area division

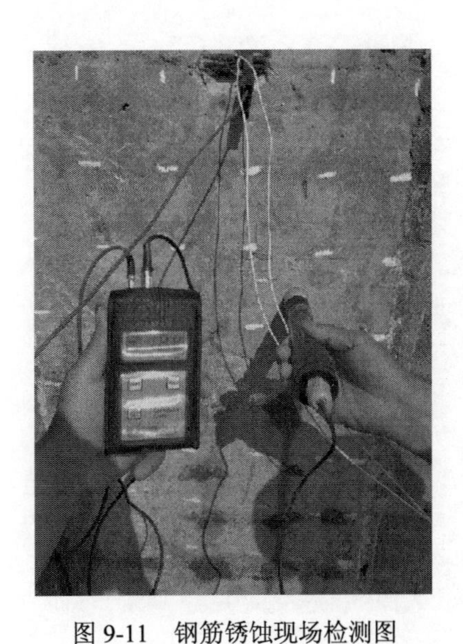

图 9-11 钢筋锈蚀现场检测图

Figure 9-11 Inspection of reinforcement corrosion on site

根据试验检测的原始数据对两个测区的钢筋锈蚀进行评估，数据分析结果如表 9-6 所示。

表 9-6 自腐蚀电位法判断钢筋腐蚀标准

Table 9-6 Self corrosion potential method to judge corrosion standard of reinforcement

标准名称	电位区间/mV	判别标准
美国 ASTM C876[9-19]	＞–200	5%腐蚀概率
	–350～–200	50%腐蚀概率
	＜–350	95%腐蚀概率
冶金部标准	＞–250	不腐蚀
	–400～–250	可能腐蚀
	＜–400	腐蚀

由图 9-12 及表 9-6 可见，由于该厂房为新建结构，此时钢筋处于腐蚀概率较小的区间(＞–200mV)，基本可判断该结构内部未发生腐蚀。但从局部腐蚀电位分布来看，边柱越靠近上部，其腐蚀电位越高，推测原因为正负零以上部分采用的混凝土中氯盐未超标，与正负零以下混凝土中的氯盐产生较大的氯盐浓度梯度，两批次混凝土交接部分由于电化学不相容性形成宏观腐蚀电池引起了腐蚀电位梯度分布。

9.3.2 实施过程

1. 电化学参数计算

对结构进行电化学修复的整体过程包括现场调研与病害诊断、修复方案确定、现场修复方案实施与修复效果评估几个过程，实施过程流程图如图 9-13 所示。

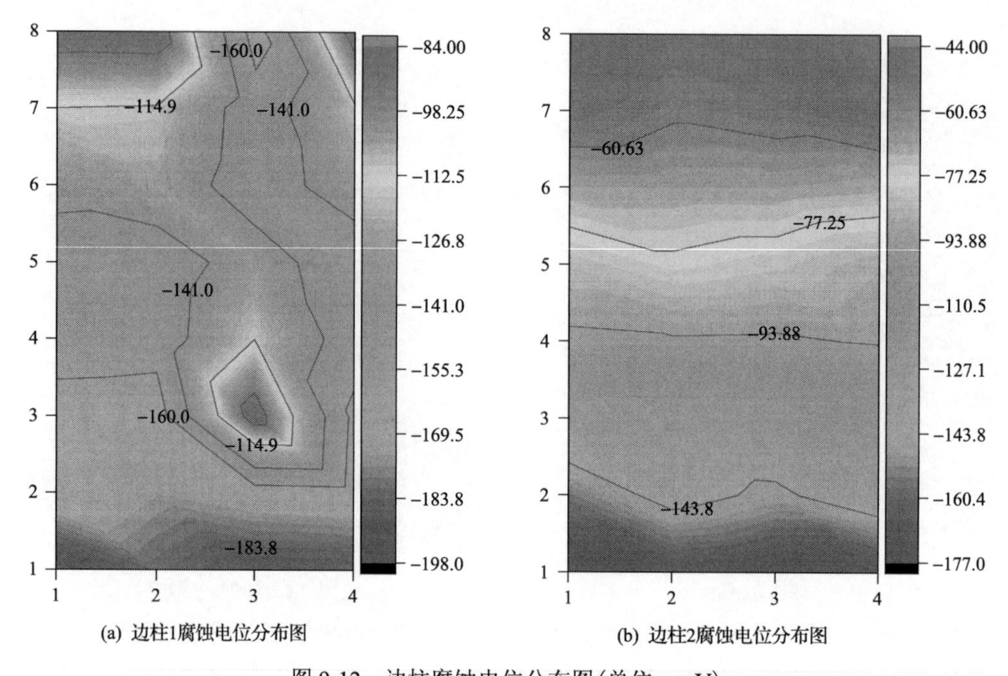

图 9-12　边柱腐蚀电位分布图(单位：mV)

Figure 9-12　Corrosion potential distributions of side columns(unit：mV)

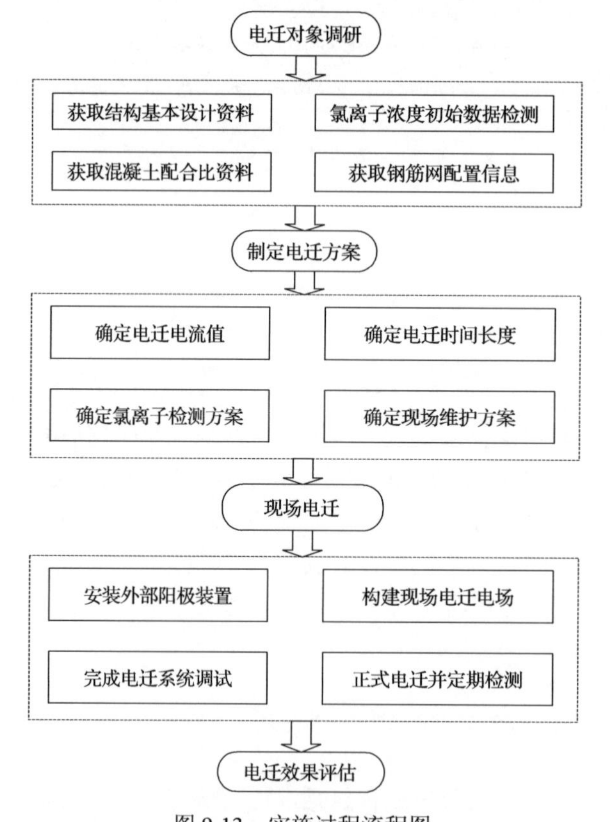

图 9-13　实施过程流程图

Figure 9-13　Flow chart of implementation process

装置安装前，需对电迁移区域内部钢筋的位置、数量、钢筋直径及保护层厚度进行探测，并绘出钢筋网分布图，便于电迁移参数的计算及钢筋与电源的连接，检测过程如图 9-14 所示。

图 9-14 钢筋探测

Figure 9-14 Reinforcement detection

现场通电区域划分与通电参数设计应考虑构件内钢筋直径、钢筋分布、混凝土电阻率、直流电源最大功率与场地情况等多个影响因素。电迁移区域尺寸设计为

$$a=\sqrt{\frac{Il_1l_2}{\pi i\left(d_1l_2+d_2l_1\right)}} \tag{9-9}$$

式中，I为直流电源最大电流；l_1、l_2分别为箱梁内横向钢筋间距与纵向钢筋间距；d_1、d_2分别为横向钢筋直径与纵向钢筋直径；i为设计电流密度。

最佳电流密度 i 为 3A/m^2，但同时考虑施工成本需限定最小电迁移装置面积，电流密度设计值为

$$i=\frac{l_1l_2U}{\left(d_1l_2+d_2l_1\right)\rho\pi h} \tag{9-10}$$

式中，U为直流电源最大电压限值；ρ为混凝土的电阻率；h为混凝土保护层厚度。

由于不同构件配筋参数、混凝土电阻率等存在差异，为保证每一个电迁移装置的通电除氯效率，本方案使用通电设计表确定通电参数，如表 9-7 所示。

2. 装置设计安装

基础柱电迁移装置包括建筑毯、钢丝网片和塑料膜三层。建筑毯在切割后紧密包裹于柱体待电迁移区域表面，并用匝丝固定。将钢丝网片裁剪后盖在建筑毯上方，并用不锈钢丝连接使其与建筑毯贴合。随后在建筑毯上浇水使水分完全浸透，最后在表面包裹一层塑料膜以减缓水分蒸发。基础柱电迁移装置的制作现场流程如图 9-15 所示。

表 9-7 通电参数设计表

Table 9-7 Power parameters

输入参数								输出结果		
钢筋参数/m				混凝土参数		通电参数		通电参数		通电范围边长 a/m
纵向钢筋直径 d_1	纵向钢筋间距 l_1	横向钢筋直径 d_2	横向钢筋间距 l_2	混凝土保护层厚度 h/m	混凝土电阻率 $\rho/(\Omega \cdot \mathrm{m})$	预设电流密度 $i/(\mathrm{A/m^2})$	电源最大电流 I/A	电压值 /V	通电时间 /d	
0.016	0.15	0.016	0.15	0.045	1100	2.2	6	73	20	2.02

图 9-15 基础柱电迁移装置的制作

Figure 9-15 Fabrication of electromigration device for foundation column

承台电迁移装置采用两层建筑毯包夹一层钢丝网片的形式覆盖于承台表面，并定期浇水以提高贴合效果并降低电阻率。电场构建前，采用钢筋探测仪获取钢筋位置，然后用冲击钻取至钢筋表面，导线与钢筋直接相连。钢筋连接直流电源负极，钢丝网片连接直流电源正极。电源采用集中放置管理，便于在断电时及时发现故障线路。由于电源长时间处于满负荷工作状态，部分电源可能会出现故障情况，每日巡检过程中应当及时发现并更换故障电源，保证通电时长。

9.3.3 应用效果

通电过程达到设计时间后，对结构进行耐久性检测，以评价电迁移修复效果，并根据修复效果对电迁移参数及电迁移装置做出改进。对进行过电迁移修复的构件进行氯离子浓度测试，测试选取的构件与初始调研测试构件相同，在 C3 号柱子、C2 号承台、C2 号圈梁初次取样位置附近再次钻孔取粉。氯离子含量检测结果如表 9-8 所示，所测氯离子含量为占混凝土的质量分数。

由图 9-16 和图 9-17 中可以看出，电迁移修复后的构件中氯离子含量明显下降，降幅最高处达到 79%，最低处为 57%。修复后的残余氯离子浓度分布随保护层深度增加，整体呈下降趋势，且钢筋附近的残余氯离子浓度最低，可有效地抑制氯离子对钢筋的侵蚀。

表 9-8 氯离子浓度分布

Table 9-8 Distribution of chloride ion content

取粉深度/mm	电迁移修复前氯离子浓度(占混凝土质量分数)/%			电迁移修复后氯离子浓度(占混凝土质量分数)/%		
	C3 柱	C2 台	C2 圈梁	C3 柱	C2 台	C2 圈梁
5	0.074	0.067	0.064	0.029	0.026	0.027
10	0.058	0.061	0.058	0.020	0.021	0.023
15	0.056	0.060	0.049	0.017	0.016	0.016
20	0.040	0.047	0.044	0.015	0.013	0.013
25	0.042	0.036	0.046	0.013	0.013	0.012
30	0.041	0.034	0.040	0.012	0.011	0.013
35	0.039	0.029	0.039	0.009	0.012	0.013
40	0.038	0.033	0.037	0.008	0.008	0.010

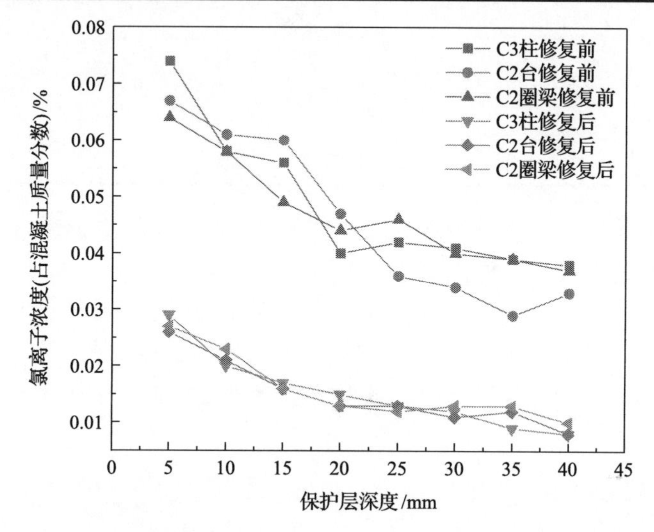

图 9-16 电迁移修复前后氯离子浓度对比

Figure 9-16 Comparison of chloride ion content before and after electromigration

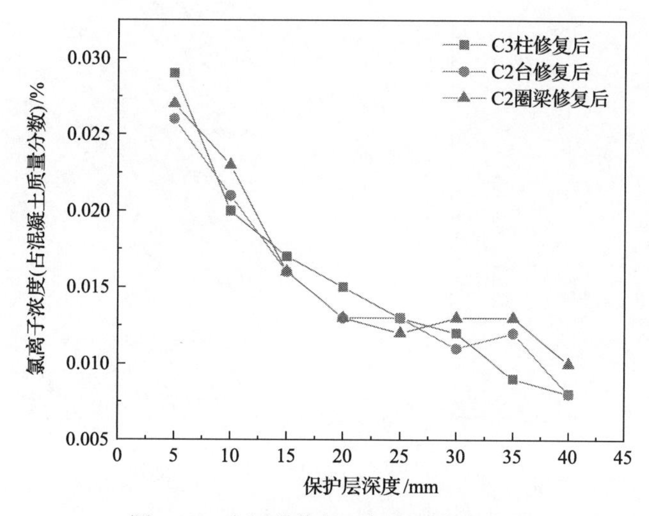

图 9-17 电迁移修复后氯离子浓度分布

Figure 9-17 Concentration distribution of chloride ions after electromigration

为准确判断构件中钢筋锈蚀风险，得到氯离子占胶凝材料的含量，需按照《混凝土中氯离子含量检测技术规程》(JGJ/T 322—2013)对结构中的氯离子浓度进行检测。现场对该结构随机抽取两处承台及三处承台柱，各钻取 1 颗芯样，编号分别为 B3 柱、G3 柱、D2 柱、K3 台和 L2 台。取样深度大于钢筋保护层厚度，取得的样品密封保存和运输，未被其他物质污染。经检测，随机抽取的五个芯样氯离子占胶凝材料的质量全部降至 0.2%以下，符合规范要求。检测结果如表 9-9 所示。

表 9-9　氯离子浓度检测结果

Table 9-9　Test results of chloride ion content

编号	芯样位置	环境类别	氯离子占砂浆质量分数/%	氯离子占胶凝材料质量分数/%	规范要求/%
L2	2/L 轴基础承台	二 a	0.0507	0.1643	≤0.20
K3	3/K 轴基础承台	二 a	0.0432	0.1400	≤0.20
B3	3/B 轴承台柱	二 a	0.0224	0.0726	≤0.20
D2	2/D 轴承台柱	二 a	0.0379	0.1228	≤0.20
G3	3/G 轴承台柱	二 a	0.0380	0.1231	≤0.20

为评价电迁移修复对钢筋锈蚀状况的修复效果，在对结构进行通电电迁移修复后 40 天再次进行半电池电位检测，检测对象仍为两处基础柱。

由图 9-18 可见，经过电迁移修复的结构内钢筋腐蚀电位相比于修复前发生了明显正向移动，且全部高于–200mV，表明此时钢筋锈蚀概率处于较低水平。同时构件内的腐蚀电位分布较为平均，无明显梯度现象，表明宏观腐蚀现象得到了一定程度的抑制，有利于结构耐久性的提升。

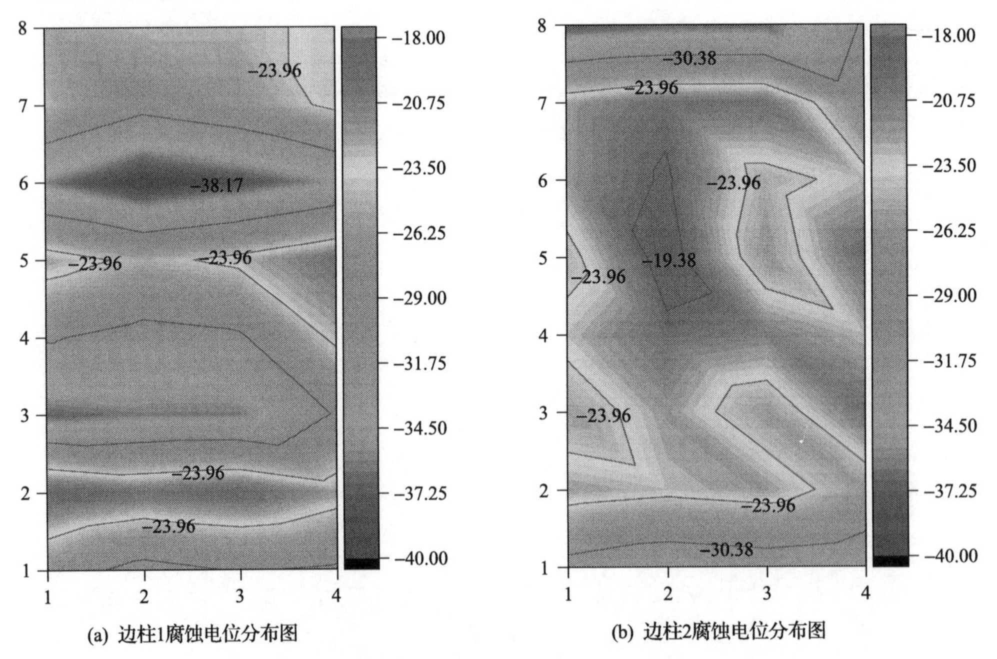

(a) 边柱1腐蚀电位分布图　　(b) 边柱2腐蚀电位分布图

图 9-18　电迁移修复后边柱腐蚀电位分布图(单位：mV)

Figure 9-18　Corrosion potential distributions of side columns after electromigration (unit：mV)

9.4 “海砂屋”的防治与提升

“海砂屋”现象在沿海的海岛中非常常见，海岛钢筋混凝土建筑处于典型海洋腐蚀环境，混凝土耐久性问题非常突出。随着海岛的开发和利用，大量既有海岛建筑的使用功能从民居变更为民宿、餐厅等公共建筑。随着使用功能和荷载工况的改变，如果不对既有海岛建筑进行必要的维修和加固，则存在严重的安全隐患。目前，钢筋混凝土结构的加固方法主要包括粘贴纤维复合材料、外粘钢板、增大截面、置换混凝土等[9-20]，均已较为成熟。然而，将其应用于海岛建筑时，即便进行了结构加固，混凝土内部存在的有害氯离子将持续腐蚀钢筋，从而降低结构的安全性。因此，既有海岛建筑在结构加固之前先进行混凝土耐久性提升。目前，混凝土结构耐久性提升的主要技术包括电化学再碱化法、电化学沉积修复技术、电化学除氯技术、电渗阻锈法、双向电迁移技术，上述技术主要应用于桥梁、码头等基础设施，在钢筋混凝土建筑中应用报道较少。

9.4.1 工程背景

以宁波市某海岛建筑群为研究对象，对其进行了混凝土耐久性现场检测、关键构件的破坏性试验，并进行了基于双向电渗技术的海岛建筑混凝土耐久性提升应用。

宁波市某海岛建筑群于1984～1987年期间建造，结构形式为砖混结构。梁为预制混凝土构件，楼板、挑梁等为现浇混凝土构件。调研过程中对建筑进行了保护层厚度检测、混凝土强度检测和氯离子浓度检测，将拆除的钢筋混凝土构件进行破坏性静载试验，构件破型后对钢筋进行了材料特性试验。

采用钢筋探测仪对该海岛建筑的混凝土保护层厚度进行了测试，结果表明既有海岛建筑的梁、楼板平均保护层厚度分别为 28.0mm、21.0mm。根据现行《混凝土结构设计规范》(GB 50010—2010)[9-21](简称《混凝土规范》)要求，海岛建筑的环境类别为三 b(海岸环境)，楼板的最小混凝土保护层厚度为 40mm，梁的最小混凝土保护层厚度为 50mm。由此可知，既有海岛建筑的梁、板混凝土保护层厚度均已低于现行规范要求。

依据《回弹法检测混凝土抗压强度技术规程》(JGJ/T 23—2011)[9-22]对既有海岛建筑进行了混凝土强度检测，测得的梁和楼板的混凝土抗压强度值为 16.05MPa 和 31.6MPa。混凝土规范要求，设计年限为 50 年的混凝土结构，其混凝土最低强度等级为 C40(26.8MPa)。结果表明，检测的部分既有海岛建筑混凝土强度存在低于现行规范要求的情况。

选取建筑物中楼板、梁、阳台挑梁进行混凝土取粉和氯离子浓度测试。采用直径 12mm 的钻头，5mm 为一层钻孔取粉，每层均钻取 3 个孔洞并归一层，采用孔径为 0.3mm 的筛子进行筛分。称取粉样 2.0g，溶于 20mL 去离子水中，浸泡 24h 后，采用快速氯离子检测方法(RCT)测量每层混凝土中氯离子浓度，结果如图 9-19 所示。

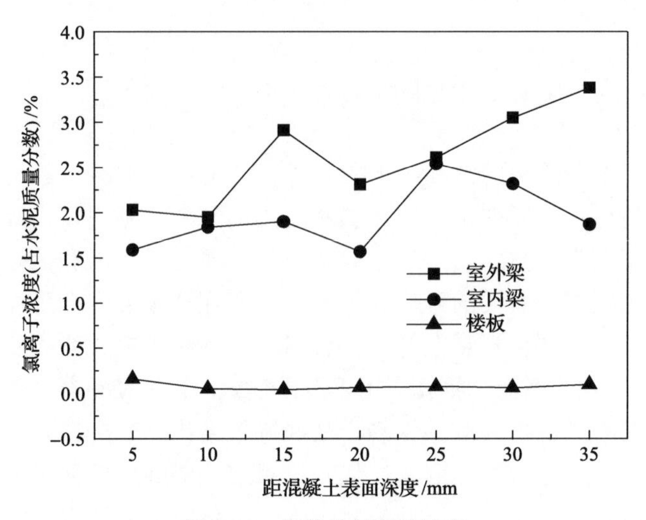

图 9-19　构件的氯离子浓度

Figure 9-19　Chloride ion content of components

室外梁(阳台挑梁)、室内梁(预制檩条)、楼板(现浇板)的最大氯离子浓度(占水泥质量分数)分别为 3.38%、1.9%和 0.16%。然而，《混凝土质量控制标准》(GB 50164—2011)[9-23]中规定，潮湿并含有氯离子环境中的钢筋混凝土中氯离子浓度不得超过水泥重量的 0.1%，因此，该海岛建筑群各构件的氯离子浓度已严重超过规定值。同时，如果氯离子是通过渗透或者扩散进入混凝土内部时，其分布应符合 Fick 第二定律[9-24]，从检测结果分析，既有海岛建筑不同深度处氯离子浓度无显著差异，说明上述海岛建筑中的氯离子为建造期随着建筑材料均匀掺入。

9.4.2　实施过程

1. 电解液保持装置设计

考虑到海岛建筑交通运输不方便等情况，作者团队在开展工程应用前制定了较为详细的材料准备清单，保证材料准备的齐全。为了控制成本，针对海岛建筑的特点，作者团队放弃了桥梁工程应用时的成本较高的有机玻璃框的形式，而采用不透水薄膜和保水海绵的形式，大大降低了成本。室内试安装过程如图 9-20 所示。

2. 自动化喷淋系统设计

由于采用了不透水薄膜和保水海绵的形式，阻锈剂会随着时间蒸发，同时氯离子逐渐进入电解液中引起 pH 降低，使得电迁移效率降低。因此，针对海岛建筑的特点，设计了能自动滴定的喷淋系统，通过时间控制开关实现自动喷淋，其结构组成如图 9-21 所示。

3. 太阳能供电系统设计

为了解决海岛建筑无市电的问题，采用了太阳能系统，该系统由太阳能板、逆变器及蓄电池组成，其中蓄电池可为现场提供 1～2d 的直流电供应，其组成如图 9-22 所示。

图9-20 双向电迁移室内试安装

Figure 9-20 Indoor trial installation of BIEM

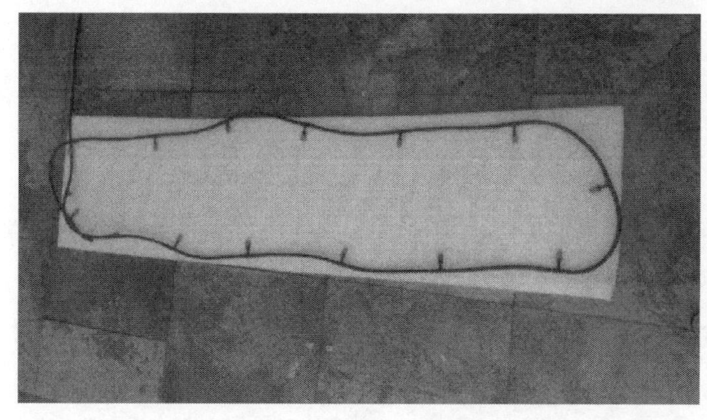

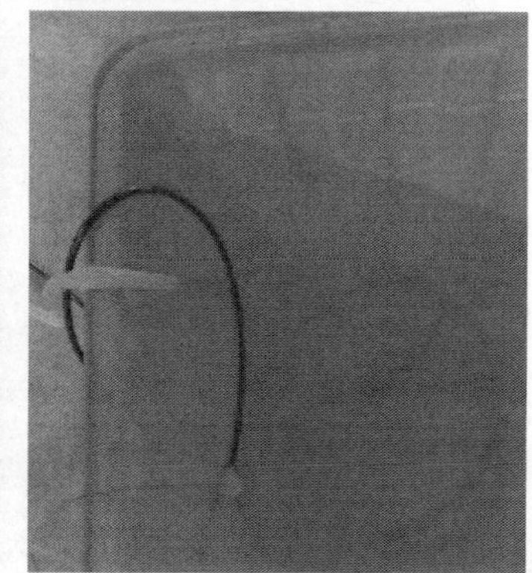

图9-21 自动喷淋系统

Figure 9-21 Automatic spray system

图9-22 太阳能供电系统

Figure 9-22 Solar power supply system

4. 远程控制系统设计

采用 GPRS 网络进行双向电迁移数据的远程传输和双向电迁移过程的控制，现场包括短信接收模块、程控电源、电迁移数据发送装置，浙江大学宁波理工学院实验室内包括控制参数发送装置、电迁移参数接收装置、数据显示装置，具体布置如图 9-23 所示。

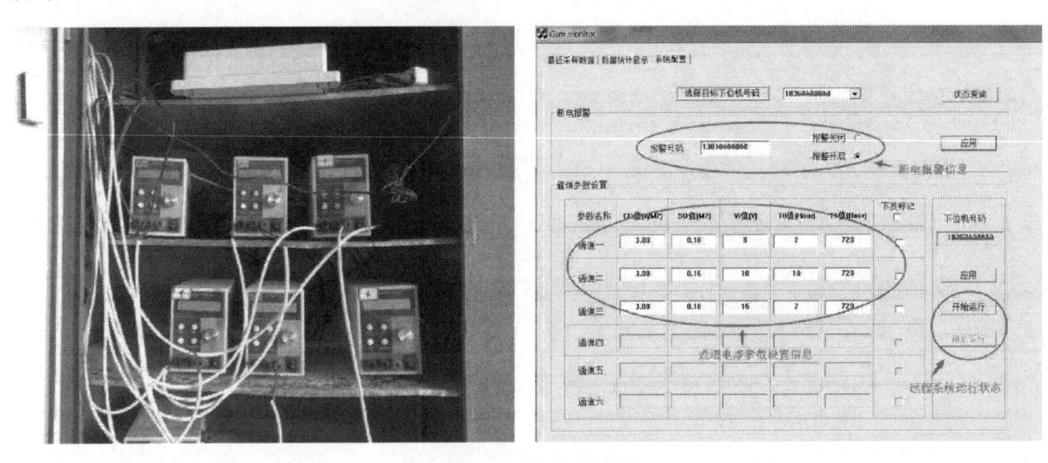

图 9-23 远程控制系统

Figure 9-23 Remote control system

5. 设备安装

设备安装经历保水材料加工、喷淋系统加工、梁板电迁移材料安装、组锈液配置等工序，具体流程如图 9-24 所示。

(a) 梁上电迁移材料安装及夹具集成

(b) 梁和楼板材料安装

图 9-24 现场安装过程

Figure 9-24 Site installation process

9.4.3 实施效果

双向电迁移后对构件进行取粉，重新检测氯离子浓度，结果如图 9-25 和图 9-26 所示。

由图 9-25 可知，整根梁在宽度方向距结构表面 15mm 至钢筋表面，梁底部保护层中氯离子浓度都达到规范阈值以下，表明钢筋周围氯离子浓度已处于安全值内。

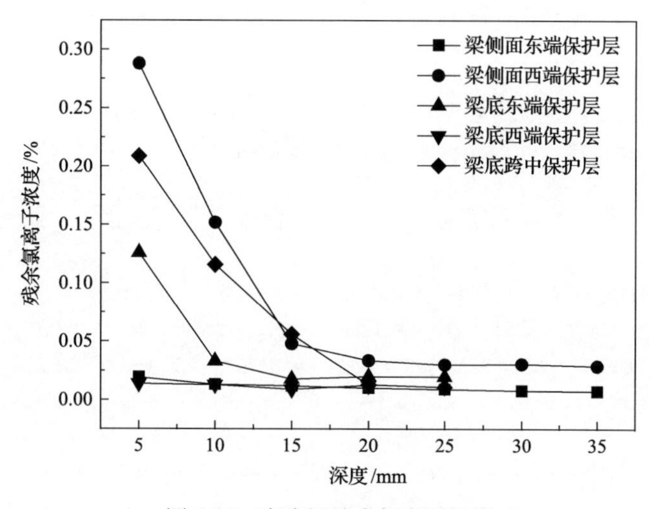

图 9-25　室内梁残余氯离子浓度

Figure 9-25　Residual chloride ion content of indoor beam

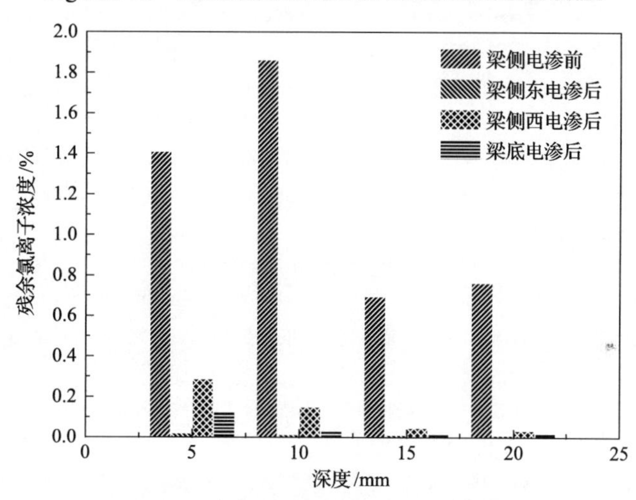

图 9-26　室内梁电渗前后氯离子浓度对比

Figure 9-26　Comparison of chloride ion content before and after electroosmosis of indoor beam

由图 9-26 可知，双向电迁移后的氯离子浓度显著下降，降幅达到 80%以上。双向电迁移后的主要承载构件可选用粘贴碳纤维复合材料提升承载能力，以期满足规范更新后建筑的安全使用要求，延长建筑服役寿命。

参 考 文 献

[9-1] 中华人民共和国交通运输部. 海港工程钢筋混凝土结构电化学防腐蚀技术规范: JTS153-2—2012[S]. 北京: 人民交通出版社, 2012.

[9-2] 唐军务, 李森林, 蔡伟成, 等. 钢筋混凝土结构电渗阻锈技术研究[J]. 海洋工程, 2008, 26(3): 83-88.

[9-3] 方英豪, 李森林, 范卫国, 等. 电化学脱盐防腐蚀保护技术现场应用[J]. 水运工程, 2009, (4): 56-59.

[9-4] Elsener B. Long-term durability of electrochemical chloride extraction[J]. Materials and Corrosion, 2008, 59(2): 91-97.

[9-5] 金伟良, 吕清芳, 赵羽习, 等. 混凝土结构耐久性设计方法与寿命预测研究进展[J]. 建筑结构学报, 2007, 28(1): 7-13.

[9-6] Collepardi M, Marcialis A, Turriziani R. Penetration of chloride ions into cement pastes and concretes[J]. Journal of the American Ceramic Society, 1972, 55(10): 534-535.

[9-7] 国家教育委员会. 元素分析仪方法通则: JY/T 017—1996[S]. 北京: 科技文献出版社, 1997.

[9-8] 章思颖, 金伟良, 许晨. 混凝土中胺类有机物——胍对钢筋氯盐腐蚀的作用[J]. 浙江大学学报(工学版), 2013, 47(3): 449-455+487.

[9-9] 金伟良, 李志远, 许晨. 基于相对信息熵的混凝土结构寿命预测方法[J]. 浙江大学学报(工学版), 2012, 46(11): 1991-1997.

[9-10] 武海荣. 混凝土结构耐久性环境区划与耐久性设计方法[D]. 杭州: 浙江大学, 2012.

[9-11] 中国土木工程学会. 混凝土结构耐久性设计与施工指南: CCES 01—2004[S]. 北京: 中国建筑工业出版社, 2004.

[9-12] 范宏, 王鹏刚, 赵铁军. 长期暴露混凝土结构中的氯离子侵入研究[J]. 建筑结构学报, 2011, 32(1): 88-94.

[9-13] Mangat P S, Molloy B T. Prediction of long-term chloride concentration in concrete[J]. Materials and Structures, 1994, 27(6): 338-346.

[9-14] 金立兵. 多重环境时间相似理论及其在沿海混凝土结构耐久性中的应用[D]. 杭州: 浙江大学, 2008.

[9-15] Li L Y, Xia J, Lin S S. A multi-phase model for predicting the effective diffusion coefficient of chlorides in concrete[J]. Construction and Building Materials, 2012, 26(1): 295-301.

[9-16] Glass G K, Buenfeld N R. The presentation of the chloride threshold level for corrosion of steel in concrete concrete[J]. Corrosion Science, 1997, 39(5): 1001-1013.

[9-17] Alonso C, Andrade C, Castellote M, et al. Chloride threshold values to depassivate reinforcing bars embedded in a standardized OPC mortar[J]. Cement and Concrete Research, 2000, 30(7): 1047-1055.

[9-18] 中华人民共和国交通运输部. 公路桥涵 施工技术规范: JTG/T 3650—2020[S]. 北京: 人民交通出版社, 2020.

[9-19] ASTM. Standard Test Method for Corrosion Potentials of Uncoated Reinforcing Steel in Concrete: ASTM C876—2015[S]. West Lonshohocken: ASTM, 2015.

[9-20] 陈轩. 外包钢加固钢筋混凝土梁承载能力研究[D]. 杭州: 浙江大学, 2015.

[9-21] 中华人民共和国住房和城乡建设部. 混凝土结构设计规范: GB 50010—2010[S]. 北京: 中国建筑工业出版社, 2011.

[9-22] 中华人民共和国住房和城乡建设部. 回弹法检测混凝土抗压强度技术规程: JGJ/T 23—2011[S]. 北京: 中国建筑工业出版社, 2011.

[9-23] 中华人民共和国住房和城乡建设部、中华人民共和国国家质量监督检验检疫总局. 混凝土质量控制标准: GB 50164—2011[S]. 北京: 中国建筑工业出版社, 2011.

[9-24] 张鑫, 袁廷朋. 受氯离子严重腐蚀的钢筋混凝土结构检测加固研究[J]. 建筑结构, 2006, 36(12): 46-48+75.

附录一　在混凝土结构耐久性电化学方面作者指导的研究生学位论文(2012～2020年)

序号	作者	论文题目	学位类型	指导教师	完成年份
1	许晨	混凝土结构钢筋锈蚀电化学表征与相关检监测技术	博士	金伟良	2012
2	薛文	基于全寿命理论的海工混凝土耐久性优化设计	博士	金伟良	2012
3	吴航通	混凝土结构双向电迁移技术性能提升与控制优化	博士	金伟良	2018
4	章思颖	应用于双向电渗技术的电迁移型阻锈剂的筛选	硕士	金伟良	2012
5	郭柱	三乙烯四胺阻锈剂双向电渗效果研究	硕士	金伟良	2013
6	黄楠	双向电渗对氯盐侵蚀钢筋混凝土结构的修复效果及综合影响	硕士	金伟良	2014
7	张华	混凝土双向电渗耐久性提升应用关键技术研究	硕士	金伟良	2015
8	陈佳芸	电化学修复技术对混凝土模拟溶液中受力钢筋的作用效应	硕士	金伟良	2016
9	房久鑫	氯盐环境下混凝土内部钢筋的腐蚀机理和模拟研究	硕士	金伟良 夏晋	2017
10	李腾	电化学修复中混凝土结构中受力钢筋氢脆评估与控制试验研究	硕士	金伟良	2017
11	朱垚锋	混凝土结构电化学修复过程的氯离子空间分布特征研究	硕士	毛江鸿	2017
12	焦明远	混凝土结构耐久性不同劣化阶段双向电迁修复试验研究	硕士	金伟良	2018
13	伍茜西	电化学修复对混凝土结构中预应力筋氢脆影响试验研究	硕士	金伟良	2018
14	彭文浩	混凝土裂缝修复的电沉积方法及其影响因素的研究	硕士	金伟良	2018
15	金世杰	混凝土结构电化学修复过程多离子传输机理与数值模拟	硕士	夏晋	2018
16	杨超	电迁移性阻锈剂在海洋环境混凝土耐久性保障中的试验研究	硕士	毛江鸿	2018
17	高谦	电化学修复后混凝土氯离子扩散试验研究	硕士	毛江鸿	2018
18	张文文	电化学修复后混凝土耐久性非均匀劣化及防治研究	硕士	毛江鸿	2018
19	谢振康	双向电迁移修复致钢筋氢含量变化及其对力学性能的影响	硕士	金伟良	2019
20	元斐斌	基于双向电迁移的开裂混凝土耐久性提升效果及策略研究	硕士	金伟良	2019
21	龙江兴	双向电迁移技术对钢筋混凝土结构力学性能影响研究	硕士	金伟良	2019
22	吴凯	基于电化学的内蕴氯离子混凝土的再生利用方法与试验研究	硕士	毛江鸿	2019
23	宋鑫	混凝土结构建造期的氯离子电迁移控制方法及其效果试验	硕士	金伟良	2020
24	李天	氯盐环境混凝土内部钢筋非均匀腐蚀机理与数值模拟研究	硕士	夏晋	2020

附录二　作者在混凝土结构耐久性电化学领域发表的论文（2010～2020年）

[1] Fan W, Mao J, Jin W, Xia J, Zhang J, Li Q. Repair effect of bidirectional electromigration rehabilitation on concrete structures at different durability deterioration stages. Construction and Building Materials, 2020, 251: 118872.

[2] Pan C, Mao J, Jin W, Fan W, Zhu D. Effects of environmental Water-Level changes and bidirectional electromigration rehabilitation on durability of concrete. Construction and Building Materials, 2020, 265: 120335.

[3] Zhang J, Jin W, Mao J, Long J, Zhong X. Deterioration of static mechanical properties of RC beams due to bond damage induced by electrochemical rehabilitation. Construction and Building Materials, 2020, 237: 117629.

[4] Xia J, Cheng X, Liu Q F, Xie H B, Zhong X P, Jin S J, Jin W L. Effect of the stirrup on the transport of chloride ions during electrochemical chloride removal in concrete structures. Construction and Building Materials, 2020, 250: 118898.

[5] Zhang J, Mao J H, Jin W L, Fan W J, Xia J, Xu Y D, Li Q. Control of repair effect and hydrogen embrittlement risk by parameters optimization for BIEM. Journal of Central South University, 2020, 27(8): 2408-2423.

[6] Pan C, Li X, Mao J. The effect of a corrosion inhibitor on the rehabilitation of reinforced concrete containing sea sand and seawater. Materials, 2020, 13(6): 1480.

[7] Pan C, Mao J, Jin W. Effect of imidazoline inhibitor on the rehabilitation of reinforced concrete with electromigration method. Materials, 2020, 13(2): 398.

[8] Xia J, Li T, Fang J X, Jin W L. Numerical simulation of steel corrosion in chloride contaminated concrete. Construction and Building Materials, 2019, 228: 116745.

[9] Mao J, Jin W, Zhang J, Xia J, Fan W, Xu Y. Hydrogen embrittlement risk control of prestressed tendons during electrochemical rehabilitation based on bidirectional electro-migration. Construction and Building Materials, 2019, 213: 582-591.

[10] Mao J, Xu F, Jin W, Gao Q, Xu Y, Xu C. An optical fiber sensor method for simultaneously monitoring corrosion and structural strain induced by loading. Journal of Testing and Evaluation, 2018, 46(4): 1443-1451.

[11] Xia J, Liu Q F, Mao J H, Qian Z H, Jin S J, Hu J Y, Jin W L. Effect of environmental temperature on efficiency of electrochemical chloride removal from concrete. Construction and Building Materials, 2018, 193: 189-195.

[12] Xia J, Xi Y, Jin W L. Temperature-dependent coefficient of thermal expansion of concrete in freezing process. Journal of Engineering Mechanics, ASCE, 2017, 143(8): 04017043.

[13] Pan C G, Jin W L, Mao J H, Zhang H, Sun L H, Wei D. Influence of reinforcement mesh configuration for improvement of concrete durability. China Ocean Engineering, 2017, 31(5): 631-638.

[14] Xia J, Jin W L, Li L Y. Performance of corroded reinforced concrete columns under the action of eccentric loads. Journal of Materials in Civil Engineering, 2016, 28(1): 04015087.

[15] Mao J H, Yu K Q, Xu Y D, Wu X X, Jin W L, Xu C, Pan C G. Experimental research on the distribution of chloride ion migration in concrete cover during electrochemical chloride extraction treatment. Int. J. Electrochem. Sci, 2016, 11: 4076-4083.

[16] Xu C, Jin W L, Wang H L, Wu H T, Huang N, Li Z Y, Mao J H. Organic corrosion inhibitor of triethylenetetramine into chloride contamination concrete by electro-injection method. Construction and Building Materials, 2016, 115: 602-617.

[17] Xu C, Jin W L, Huang N, Wu H T, Li Z Y, Mao J H. Bidirectional electromigration of a corrosion inhibitor in chloride contaminated concrete. Magazine of Concrete Research, 2016, 68(9): 450-461.

[18] Mao J, Xu F, Gao Q, Liu S, Jin W, Xu Y. A monitoring method based on FBG for concrete corrosion cracking. Sensors, 2016, 16(7): 1093.

[19] Zhong X P, Jin W L, Xia J. A time-varying model for predicting the life-cycle flexural capacity of reinforced concrete beams. Advances in Structural Engineering, 2015, 18(1): 21-32.

[20] Mao J, Chen J, Cui L, Jin W, Xu C, He Y. Monitoring the corrosion process of reinforced concrete using BOTDA and FBG sensors. Sensors, 2015, 15(4): 8866-8883.

[21] Liu Q F, Xia J, Easterbrook D, Yang J, Li L Y. Three-phase modelling of electrochemical chloride removal from corroded steel-reinforced concrete. Construction and Building Materials, 2014, 70: 410-427.

[22] Xia J, Jin W L, Zhao Y X, Li L Y. Mechanical performance of corroded steel bars in concrete. Proceedings of the Institution of Civil Engineers-Structures and Buildings, 2013, 166(5): 235-246.

[23] Xu C, Li Z, Jin W. A new corrosion sensor to determine the start and development of embedded rebar corrosion process at coastal concrete. Sensors, 2013, 13(10): 13258-13275.

[24] Xia J, Li L Y. Numerical simulation of ionic transport in cement paste under the action of externally applied electric field. Construction and Building Materials, 2013, 39: 51-59.

[25] Li L Y, Xia J, Lin S S. A multi-phase model for predicting the effective diffusion coefficient of chlorides in concrete. Construction and Building Materials, 2012, 26(1): 295-301.

[26] Xia J, Jin W L, Li L Y. Effect of chloride-induced reinforcing steel corrosion on the flexural strength of reinforced concrete beams. Magazine of Concrete Research, 2012, 64(6): 471-485.

[27] Xu C, Li Z, Jin W, Zhang Y, Yao C. Chloride ion ingress distribution within an alternate wetting-drying marine environment area. Science China Technological Sciences, 2012, 55(4): 970-976.

[28] Yan Y D, Jin W L, Chen J. Experiments of chloride ingression in flexural reinforced concrete beams. Advances in Structural Engineering, 2012, 15(2): 277-286.

[29] Mao J H, Jin W L, He Y, Cleland D J, Bai Y. A novel method of embedding distributed optical fiber sensors for structural health monitoring. Smart Materials and Structures, 2011, 20(12): 125018.

[30] Zhang Y, Jin W L. Distribution of chloride accumulation in marine tidal zone along altitude. ACI Materials Journal, 2011, 108(5): 467-475.

[31] Lu C, Jin W, Liu R. Reinforcement corrosion-induced cover cracking and its time prediction for reinforced concrete structures. Corrosion Science, 2011, 53(4): 1337-1347.

[32] 宋鑫，王金权，肖龙，毛江鸿，陈健. 海洋环境下混凝土内钢筋宏电池腐蚀危害及其防治[J]. 低温建筑技术，2020, 42(6): 22-25+33.

[33] 沈灵，夏晋，张晖. 电化学修复对混凝土微观结构影响的研究综述[J]. 混凝土, 2020(4): 23-28.

[34] 龚园军，孙洋，吴关良，毛江鸿，谢振康，蒋静. 不同电化学参数的双向电迁移作用下钢筋断口形貌特征[J]. 科技创新与应用, 2020(11): 72-74.

[35] 张军，金伟良，毛江鸿，龙江兴，樊玮洁. 混凝土梁电化学修复后的耐久性能及力学特征[J]. 哈尔滨工业大学学报，2020, 52(8): 72-80.

[36] 谢振康，金伟良，毛江鸿，张军，樊玮洁，夏晋. 双向电迁移后混凝土内钢筋氢含量变化及影响[J]. 材料导报，2020, 34(2): 2039-2045.

[37] 夏晋，金世杰，何晓宇，徐小梅，金伟良. 电势条件对混凝土结构电化学修复数值模拟的影响[J]. 浙江大学学报(工学版), 2019, 53(12): 2298-2308.

[38] 赵景锋，裘泳，陈柳君，李明明，毛江鸿，金伟良，沈建生. 氯盐环境下钢筋混凝土结构电化学修复效果研究现状[J]. 硅酸盐通报, 2019, 38(12): 3868-3872+3877.

[39] 元斐斌，金伟良，毛江鸿，王金权，樊玮洁，夏晋. 基于双向电迁移的开裂混凝土除氯阻锈效果[J]. 浙江大学学报(工学版), 2019, 53(12): 2317-2324.

[40] 吴凯, 罗林, 毛江鸿, 金伟良, 潘崇根, 樊玮洁. 养护期介入电迁阻锈保障混凝土耐久性试验研究[J]. 海洋工程, 2019, 37(4): 117-123.

[41] 沈建生, 柳俊哲, 毛江鸿, 金伟良, 徐亦冬. 钢筋混凝土不同劣化阶段的电化学特征[J]. 建筑材料学报, 2020, 23(4): 963-968.

[42] 吴义忠, 李明明, 毛江鸿, 沈山, 龚园军. 砖混结构中含氯混凝土构件的耐久性提升与工程应用[J]. 建筑施工, 2019, 41(4): 706-708.

[43] 金伟良, 彭文浩, 毛江鸿, 王金权, 樊玮洁, 潘崇根. 不同电流密度下混凝土裂缝电沉积产物的分布特性[J]. 土木与环境工程学报(中英文), 2019, 41(3): 127-133.

[44] 樊玮洁, 毛江鸿, 金伟良, 张军, 彭文浩. 电化学沉积影响混凝土孔隙结构的试验及分析[J]. 哈尔滨工程大学学报, 2019, 40(12): 1986-1992.

[45] 吴义忠, 李明明, 毛江鸿, 袁善提, 陆飞, 吴凯. 含氯钢筋混凝土板在碳纤维加固后的电化学除氯试验研究[J]. 建筑施工, 2019, 41(3): 511-513+517.

[46] 黄腾腾, 徐祖恩, 张大伟, 倪国荣, 金伟良. 基于模糊理论的混凝土梁桥耐久性综合评估[J]. 公路, 2019, 64(3): 141-145.

[47] 焦明远, 金伟良, 毛江鸿, 李腾, 夏晋. 电化学修复过程混凝土内环境对钢筋表面析氢影响的实验研究[J]. 中国腐蚀与防护学报, 2018, 38(5): 463-470.

[48] 金世杰, 夏晋, 戴显荣, 金伟良. 孔隙结构演变对混凝土电化学修复过程影响数值模拟研究[J]. 低温建筑技术, 2018, 40(8): 1-3+16.

[49] 高谦, 毛江鸿, 金伟良, 罗林, 朱垚锋, 沈建生, 李舒灵, 吴国坚. 电场作用下早龄期混凝土内部离子的电迁特征试验研究[J]. 混凝土, 2018(5): 24-26+31.

[50] 金伟良, 吴航通, 许晨. 纳米氧化铝在混凝土中的电迁移效果[J]. 东南大学学报(自然科学版), 2018, 48(3): 537-542.

[51] 杨超, 毛江鸿, 孙洋, 王银辉, 朱垚锋, 沈建生. 电化学除氯过程钢筋网周围电场与氯离子分布特征试验研究[J]. 土木建筑与环境工程, 2018, 40(3): 81-85.

[52] 李明明, 陈春雷, 毛江鸿, 杨超, 李舒灵, 高原, 沈建生. 养护期电化学除氯提高含氯盐混凝土耐久性的探索与试验[J]. 混凝土, 2018(1): 12-14.

[53] 朱垚锋, 毛江鸿, 金伟良, 王建新, 许晨, 沈建生, 徐亦冬. 宁波市某海岛建筑群混凝土结构耐久性现状及提升方法[J]. 建筑结构, 2018, 48(2): 14-18.

[54] 张文文, 毛江鸿, 孙洋, 朱垚锋, 沈建生, 金伟良. 不同电场方向下电化学除氯过程氯离子迁移特征试验研究[J]. 建筑科学, 2018, 34(1): 38-43.

[55] 柏平, 张建东, 许晨, 金伟良. 双向电渗技术在沿海地区小型桥梁中的应用[J]. 现代交通技术, 2017, 14(5): 50-52, 66.

[56] 潘崇根, 张奕, 崔晨光, 魏冬, 孙立豪, 金伟良, 毛江鸿. 海洋环境混凝土功能组分优化设计与性能研究[J]. 硅酸盐通报, 2017, 36(10): 3439-3445, 3458.

[57] 金伟良, 伍茜西, 毛江鸿, 许晨, 陈佳芸, 夏晋. 电化学修复过程氢致钢筋塑性降低的影响与控制试验研究[J]. 海洋工程, 2017, 35(5): 88-94.

[58] 李腾, 金伟良, 许晨, 毛江鸿. 电化学修复过程中钢筋析氢稳态临界电流密度测定实验方法[J]. 中国腐蚀与防护学报, 2017, 37(4): 382-388.

[59] 许晨, 罗月静, 金伟良, 王海龙. 一种新型混凝土耐久性监测传感器的应用[J]. 山西建筑, 2017, 43(15): 27-28.

[60] 郭柱, 朱育军, 金骏, 金伟良, 许晨. 三乙烯四胺双向电渗技术长期效果试验研究[J]. 混凝土, 2017(2): 113-116, 119.

[61] 郭柱, 金骏, 朱育军, 金伟良, 许晨. 材料特性对三乙烯四胺双向电渗技术短期效果试验研究[J]. 混凝土, 2017(1): 71-75.

[62] 郭柱, 刘朵, 金伟良, 张建东, 许晨. 通电参数对三乙烯四胺双向电渗短期效果试验研究[J]. 混凝土, 2016(12): 29-33, 37.

[63] 郭柱, 张建东, 金伟良, 刘朵, 许晨. 三乙烯四胺阻锈剂双向电渗数值分析[J]. 混凝土, 2016(11): 90-94.

[64] 潘崇根, 李伊伊, 舒咚咚, 王锃, 祝少杰, 毛江鸿, 金伟良. 迁移型阻锈剂在钢筋混凝土中的研究进展[J]. 材料导报, 2016, 30(13): 145-151.

[65] 毛江鸿, 陈佳芸, 崔磊, 金伟良, 夏晋, 许晨, 王小军. 氯盐侵蚀钢筋混凝土锈胀模型的动态修正[J]. 建筑材料学报, 2016, 19(3): 485-490.

[66] 钟小平, 金伟良, 张宝健. 氯盐环境下混凝土结构的耐久性设计方法[J]. 建筑材料学报, 2016, 19(3): 544-549.

[67] 钟小平, 金伟良. 钢筋混凝土结构基于耐久性的可靠度设计方法[J]. 土木工程学报, 2016, 49(5): 31-39.

[68] 陈海燕, 李明明, 毛江鸿, 王珏, 李志远, 俞凯奇, 高原. 海水侵蚀环境对混凝土早期耐久性的影响及养护措施[J]. 混凝土, 2016(4): 43-45, 49.

[69] 金伟良, 陈佳芸, 毛江鸿, 许晨, 夏晋. 电化学修复对钢筋混凝土结构服役性能的作用效应[J]. 工程力学, 2016, 33(2): 1-10.

[70] 毛江鸿, 金伟良, 李志远, 许晨, 任旭初. 氯盐侵蚀钢筋混凝土桥梁耐久性提升及寿命预测[J]. 中国公路学报, 2016, 29(1): 61-66.

[71] 毛江鸿, 金伟良, 张华, 许晨, 夏晋. 海砂混凝土建筑的耐久性提升技术及应用研究[J]. 中国腐蚀与防护学报, 2015, 35(6): 563-570.

[72] 金伟良, 吴航通, 许晨, 金骏. 钢筋混凝土结构耐久性提升技术研究进展[J]. 水利水电科技进展, 2015, 35(5): 68-76+135.

[73] 吴航通, 许晨, 金伟良, 毛江鸿. 海砂海水双向电渗有效离子迁移效果试验研究[A]. 工业建筑杂志社.《工业建筑》2015年增刊Ⅱ[C].: 工业建筑杂志社, 2015: 5.

[74] 许晨, 金伟良, 黄楠, 吴航通, 毛江鸿, 夏晋. 双向电渗对钢筋混凝土的修复效果实验——保护层表面强度变化规律[J]. 浙江大学学报(工学版), 2015, 49(6): 1128-1138.

[75] 毛江鸿, 陈佳芸, 崔磊, 何勇, 金伟良, 夏晋, 许晨. 氯盐侵蚀钢筋混凝土锈胀开裂监测及预测方法[J]. 建筑材料学报, 2016, 19(1): 59-64.

[76] 俞凯奇, 毛江鸿, 陈佳芸, 金伟良, 任旭初, 吴波明. 混凝土电化学除氯过程钢筋周围氯离子迁移规律试验研究[J]. 混凝土, 2015(2): 33-35, 42.

[77] 许晨, 金伟良, 章思颖. 氯盐侵蚀混凝土结构延寿技术初探Ⅱ——混凝土中 6 种胺类有机物电迁移与阻锈性能[J]. 建筑材料学报, 2014, 17(5): 761-767.

[78] 许晨, 金伟良, 章思颖. 氯盐侵蚀混凝土结构延寿技术初探Ⅰ——模拟孔隙液中 6 种胺类有机物阻锈性能分析[J]. 建筑材料学报, 2014, 17(4): 572-578.

[79] 章思颖, 金伟良, 许晨. 混凝土中胺类有机物——胍对钢筋氯盐腐蚀的作用[J]. 浙江大学学报(工学版), 2013, 47(3): 449-455, 487.

[80] 金伟良, 郭柱, 许晨. 电化学修复后钢筋极化状态分析[J]. 中国腐蚀与防护学报, 2013, 33(1): 75-80.

[81] 许晨, 金伟良, 李志远, 岳增国. 混凝土中钢筋极化曲线特征分析[J]. 土木建筑与环境工程, 2012, 34(5): 64-69.

[82] 许晨, 金伟良, 李志远, 张奕, 姚昌建. 一种新的模拟潮差区混凝土受氯盐侵蚀试验方法[J]. 海洋工程, 2011, 29(4): 51-59.

[83] 许晨, 李志远, 金伟良. 混凝土中钢筋锈蚀的电化学阻抗谱特征研究[J]. 腐蚀科学与防护技术, 2011, 23(5): 393-398.

[84] 薛文, 金伟良, 横田弘. 养护条件与暴露环境对氯离子传输的耦合作用[J]. 浙江大学学报(工学版), 2011, 45(8): 1416-1422.

[85] 金伟良, 许晨. 钢筋脱钝氯离子阈值快速测定新方法[J]. 浙江大学学报(工学版), 2011, 45(3): 520-525.

[86] 金伟良, 延永东, 王海龙, 等. 饱和状态下开裂混凝土中氯离子扩散简化分析[J]. 交通科学与工程, 2010, 26(1): 23-28.

[87] 徐小巍, 金伟良, 赵羽习, 等. 不同环境下普通混凝土抗冻试验研究及机理分析[J]. 混凝土, 2010(2): 21-24.

[88] 宋峰, 金伟良, 武海荣. 多因素耦合作用下混凝土氯盐侵蚀模糊网络评估模型[J]. 材料导报, 2010, 24(2): 71-74.

[89] 王晓舟, 金伟良. 海港码头混凝土结构干湿交替区域氯离子侵蚀规律研究[J]. 海洋工程, 2010, 28(4): 97-104.

[90] 干伟忠, M Raupach, 金伟良, 等. 杭州湾跨海大桥混凝土结构耐久性原位监测预警系统[J]. 中国公路学报, 2010, 23(2): 30-35.

[91] 许晨, 赵羽习, 金伟良. 基于神经网络预测混凝土中氯离子浓度的分布[J]. 混凝土, 2010(6): 6-8.

[92] 金伟良, 延永东, 王海龙. 氯离子在受荷混凝土内的传输研究进展[J]. 硅酸盐学报, 2010, 38(11): 2217-2224.

索　引

后　记

在明确了混凝土结构耐久性的作用机理、失效模式、设计方法、动态评估和预防措施的基础上，如何将混凝土结构耐久性的被动防御转变成主动抵抗，实现混凝土结构在全寿命周期内长期而有效地工作，实现可持续发展的目的，一直都是学术界和工程界非常关注的理论与现实问题。本书作者结合承担的科技部国际合作重点项目“沿海混凝土基础设施结构延寿提升技术与应用”(2010DFB74060)、国家自然科学基金委员会重点项目“混凝土结构全寿命周期耐久性能提升与控制的基础理论研究”(51638013)及相关研究项目，历时十载，形成了混凝土结构耐久性电化学的防护、修复、提升和控制的新方法，丰富和发展了混凝土结构耐久性的理论体系，产生了新规范。因此，作为混凝土结构耐久性学术丛书之一，呈现给大家，其目的就是使研究成果尽快被国内外同行知晓和交流，尽快应用于工程实践。

当此书呈现于读者面前时，作者及其团队首先要感谢国家自然科学基金委员会在十年的时间里的大力支持，先后获得了基金委的项目(51408534，51408537，51408544，51578490，51778566，51878610)资助，使得作者能对混凝土结构耐久性的基础理论问题有深入的研究，特别要感谢基金委的茹继平教授，他以独特的视角、前瞻性的观点，持续支持浙江大学混凝土结构耐久性研究团队开展研究，使我们的研究工作在混凝土结构耐久性电化学理论和方法上取得了有益的成果。

作者还要感谢中国工程院院士、中国人民解放军陆军大学王景全教授对浙江大学混凝土结构耐久性研究团队的支持，特别是对混凝土结构耐久性“防”“抗”“治”的概念提出了有益的意见，有力地推进了混凝土结构耐久性电化学方法的理论创新和工程实践。

混凝土结构耐久性电化学方法不仅要在理论研究上开拓创新，还要在工程实践中得到应用。作者要特别感谢浙江省交通运输厅、浙江省交通投资集团有限公司、浙江省交通规划设计研究院有限公司、浙江舟山跨海大桥有限公司、宁波市杭州湾大桥发展有限公司等单位给予的大力支持，使得本书的理论研究能够应用到实际工程，再在实践中丰富和发展理论研究，从而形成了混凝土结构耐久性电化学新方法。同时，作者也注重将成熟的研究成果及时反映到技术规范之中，《建筑结构可靠性设计统一标准》(GB 50068—2018)、《混凝土结构耐久性设计标准》(GB/T 50476—2019)、《混凝土结构耐久性电化学技术规程》(T/CECS 565—2018)都采用了作者的研究成果，进一步扩大了工程的应用。

应当看到，混凝土结构耐久性是可靠性的有机组成部分，在结构全寿命周期中占据重要的地位，本书的研究成果不但对发展和完善混凝土结构耐久性理论体系具有重要的意义，而且对丰富和发展工程结构全寿命周期的理论体系具有重要的参考价值。